从·入·门·到·精·通·系·列

新手学 Office 高效办公从入门到精通

柏松 主编

- 内容精炼实用、容易掌握
- 全程图解教学、一看就会
- 特色教学体例、轻松自学
- 附赠超值光盘、视频教学

赠送DVD光盘

上海科学普及出版社

图书在版编目（CIP）数据

新手学 Office 高效办公从入门到精通 / 柏松主编.
— 上海：上海科学普及出版社，2014.2
（从入门到精通系列）
ISBN 978-7-5427-5924-5

Ⅰ.①新⋯　Ⅱ.①柏⋯　Ⅲ.①办公自动化－应用软件
Ⅳ.①TP317.1

中国版本图书馆 CIP 数据核字（2013）第 266020 号

策　　划　胡名正

责任编辑　刘湘雯

新手学 Office 高效办公从入门到精通
柏松　主编
上海科学普及出版社出版发行
（上海中山北路 832 号　邮政编码 200070）
http://www.pspsh.com

各地新华书店经销	北京市燕山印刷厂印刷
开本 787×1092　　1/16	印张 19　　字数 323000
2014 年 3 月第 1 版	2014 年 3 月第 1 次印刷

ISBN 978-7-5427-5924-5　　　　　　　　　　　　定价：39.80 元
ISBN 978-7-89418-036-0/G.31（附赠 DVD 光盘 1 张）

内 容 提 要

　　本书为一本新手学 Office 高效办公从入门到精通手册，书中讲解了 Office 办公的各项核心技术与精髓内容，帮助读者从入门开始，快速精通使用电脑进行 Office 办公的各项操作，从新手成为电脑办公高手。

　　全书共分为 15 章，具体内容包括：了解 Office 2013、办公文档基本操作、办公文本基本操作、文档精美图文排版、轻松创建表格对象、打印办公文档内容、Excel 数据基本操作、公式与函数应用、排序与筛选数据、让数据也会说话、演示文稿基本操作、美化修饰演示文件、制作幻灯片动画、打包发布演示文稿，以及 Office 综合案例实战，详细介绍了各项知识的操作步骤，让读者融会贯通、举一反三，逐步精通 Office 办公组件的操作方法。

　　本书结构清晰、语言简洁，尤其适合刚进入职场的各类与电脑操作相关的办公人员，以及在职场中需要进行电脑知识充电的行政、文秘等办公人员，同时也可作为各类计算机培训中心、高职高专院校等相关专业的辅导教材。

前　言

随着计算机技术的不断发展，电脑在我们日常的工作、生活和学习中的作用日益增强，掌握电脑基础知识以及常用 Office 办公软件的基本操作已经成为现代人的必备技能之一，为了让大家能够快速掌握 Office 办公操作，我们经过精心策划，面向广大电脑办公人员编写了这本《新手学 Office 高效办公从入门到精通》。本书集易学性、实用性于一体，帮助读者轻松入门，让大家快速成为 Office 办公高手。

 本书特色

作为一本面向初、中级读者的电脑图书，《新手学 Office 高效办公从入门到精通》具有以下几大特色：

1. 内容精炼实用、容易掌握

本书在内容和知识点的选择上更加精炼、实用且浅显易懂；在内容和知识点的安排上逻辑清楚、由浅入深，符合读者循序渐进、逐步提高的学习规律。

本书首先精选适合初学读者快速入门、轻松掌握的必备知识与技能，再配合相应的实例操作与技巧说明，阅读轻松、易学易用，起到事半功倍、一学就会的效果。

2. 全程图解教学、一看就会

本书使用"全程图解"的讲解方式，以图解方式将各种操作直观地表现出来，并配以简洁的文字对内容进行说明，更准确地对各知识点进行演示讲解。初学者只需"按图索骥"地对照图书进行操作练习和逐步推进，即可快速掌握 Office 办公的丰富技能。

3. 特色教学体例、轻松自学

我们在编写本书时，非常注重初学者的认知规律和学习心态，每章都安排了"章前知识导读"、"重点知识索引"、"效果图片赏析"等特色栏目，并将平时工作中总结的 Office 办公软件的使用方法与操作技巧，以"专家指点"的形式奉献给读者，让大家可以方便、高效地学习，必将学有所成。

4. 附赠超值光盘、视频教学

本书随书赠送一张超值的多媒体 DVD 教学光盘，由专业人员精心录制了本书重点操作案例的操作视频，并伴有语音讲解，读者可以结合书本，也可以独立观看视频演示，像看电影一样进行学习，让学习过程既轻松又高效。

此外，光盘中还提供了书中案例所涉及的相关素材与效果文件，便于大家上机练习实践，达到举一反三、融会贯通的学习效果。

内容编排

本书为一本新手学 Office 高效办公从入门到精通手册，书中讲解了 Office 办公的各项核心技术与精髓内容，帮助读者从入门开始，快速精通使用电脑进行 Office 办公的各项常用操作。

全书共分为15章，具体内容包括：了解Office 2013、办公文档基本操作、办公文本基本操作、文档精美图文排版、轻松创建表格对象、打印办公文档内容、Excel数据基本操作、公式与函数应用、排序与筛选数据、让数据也会说话、演示文稿基本操作、美化修饰演示文件、制作幻灯片动画、打包发布演示文稿，以及Office综合案例实战，详细介绍了各项知识的操作步骤，让读者融会贯通、举一反三，逐步精通Office办公组件的操作方法。

 ## 适用读者

本书结构清晰、语言简洁，尤其适合刚进入职场的各类与电脑操作相关的办公人员，以及在职场中需要进行电脑知识充电的行政、文秘等办公人员，同时也可作为各类计算机培训中心、高职高专院校等相关专业的辅导教材。

 ## 编者信息

本书由柏松主编，参与编写的人员还有江雄、谭贤、宋金梅、罗林、刘嫔、苏高、曾杰、罗权、李龙禹、罗磊、田潘、黄英、刘志燕、郭领艳等，在此对他们的辛勤劳动深表感谢。由于编写时间仓促，书中难免存在疏漏与不妥之处，恳请广大读者来信咨询并指正，联系网址：http://www.china-ebooks.com。

 ## 版权声明

本书及光盘中所采用的图片、模型、音频、视频和赠品等素材，均为所属公司、网站或个人所有，本书引用仅为说明（教学）之用，特此声明。

编　者

目 录

第 1 章 新手入门：了解 Office 2013……1

1.1 安装与启动 Office 2013……2
- 1.1.1 快速安装 Office 2013……2
- 1.1.2 快速启动 Office 2013 组件……3
- 1.1.3 快速退出 Office 2013 组件……4

1.2 Office 2013 的工作界面……4
- 1.2.1 认识标题栏……5
- 1.2.2 了解快速访问工具栏……5
- 1.2.3 了解菜单栏和面板……6
- 1.2.4 了解编辑区……6
- 1.2.5 了解帮助按钮……6
- 1.2.6 认识状态栏和视图栏……7

1.3 Office 2013 组件介绍……7
- 1.3.1 了解 Word 2013……7
- 1.3.2 了解 Excel 2013……8
- 1.3.3 了解 PowerPoint 2013……9
- 1.3.4 Office 2013 的其他组件……13

第 2 章 热身进阶：办公文档基本操作……15

2.1 快速创建 Word 文档……16
- 2.1.1 轻松创建空白文档……16
- 2.1.2 使用模板新建文档……16

2.2 快速保存 Word 文档……17
- 2.2.1 快速手动保存文档……17
- 2.2.2 快速直接保存文档……17
- 2.2.3 自动保存文档……19
- 2.2.4 快速保存为网页……20

2.3 Office 文档安全……21
- 2.3.1 快速设置文档权限密码……21
- 2.3.2 轻松设置修改文档权限密码……22
- 2.3.3 轻松设置文档为只读……23

2.4 快速新建与拆分窗口……23
- 2.4.1 快速新建窗口……24
- 2.4.2 快速拆分窗口……24

2.5 Office 视图的显示方式……25
- 2.5.1 进入草稿视图……25
- 2.5.2 进入大纲视图……26
- 2.5.3 进入 Web 版式视图……26
- 2.5.4 进入阅读视图……27
- 2.5.5 进入页面视图……27
- 2.5.6 展开"导航"窗格……27

第 3 章 小试牛刀：办公文本基本操作……29

3.1 轻松掌握文本操作……30
- 3.1.1 输入文本内容……30
- 3.1.2 选择文本内容……30
- 3.1.3 移动文本内容……32
- 3.1.4 删除文本内容……32
- 3.1.5 复制文本内容……33
- 3.1.6 查找与替换文本……34

3.2 文本格式我做主……36
- 3.2.1 设置文本字体……36
- 3.2.2 设置文本字号……36
- 3.2.3 设置文本字形……37
- 3.2.4 设置文本颜色……38
- 3.2.5 设置字符间距……39
- 3.2.6 设置文本效果……40

3.3 项目符号美化操作……41
- 3.3.1 添加项目符号……41
- 3.3.2 添加项目编号……42

3.4 灵活运用边框和底纹……42
- 3.4.1 添加文字边框和底纹……43
- 3.4.2 添加段落边框和底纹……44

第 4 章 图文编排：文档精美图文排版……45

4.1 轻松进行混排操作……46
- 4.1.1 在文档中插入图片……46
- 4.1.2 在文档中绘制图形……47
- 4.1.3 快速插入艺术字……48
- 4.1.4 在 Word 中绘制文本框……49
- 4.1.5 快速创建 SmartArt 图形……50

4.2 制作精美图形特效……51
- 4.2.1 快速添加图片样式……51
- 4.2.2 快速设置填充效果……52

- 4.2.3 快速设置艺术效果 53
- 4.2.4 快速设置阴影效果 54
- 4.2.5 快速设置三维效果 55

4.3 设置分栏排版 56
- 4.3.1 创建分栏版式 56
- 4.3.2 设置栏宽效果 57
- 4.3.3 快速设置跨栏标题 58

4.4 设置特殊版式 59
- 4.4.1 快速设置首字下沉 59
- 4.4.2 快速设置带圈字符 60
- 4.4.3 快速设置合并字符 61
- 4.4.4 快速设置双行合一 61
- 4.4.5 快速设置拼音文字 63
- 4.4.6 快速设置符号样式 64

第 5 章 巧用表格：轻松创建表格对象 66

5.1 轻松创建和编辑表格 67
- 5.1.1 快速插入表格 67
- 5.1.2 快速绘制表格 67
- 5.1.3 快速拆分单元格 68
- 5.1.4 快速拆分表格 69
- 5.1.5 快速合并单元格 70
- 5.1.6 快速插入单元格 71
- 5.1.7 快速删除单元格 72
- 5.1.8 快速调整行高和列宽 73

5.2 快速编辑内容与格式 74
- 5.2.1 快速选择表格文本 74
- 5.2.2 快速移动表格内容 75
- 5.2.3 快速复制表格内容 75
- 5.2.4 快速删除表格内容 76
- 5.2.5 设置表格边框和底纹 77
- 5.2.6 快速设置对齐方式 79
- 5.2.7 自动套用表格样式 79

5.3 对数据进行排序和计算 80
- 5.3.1 快速排序表格数据 81
- 5.3.2 快速排序方式规则 82
- 5.3.3 快速计算表格数据 82

第 6 章 打印输出：打印办公文档内容 84

6.1 制定个性化文档页面 85
- 6.1.1 设置纸张大小 85
- 6.1.2 设置页边距 85
- 6.1.3 设置页边框 86
- 6.1.4 设置页面方向 87
- 6.1.5 设置打印版式 88

6.2 美化 Word 页面版式 88
- 6.2.1 插入文档页码 88
- 6.2.2 设置页码格式 89
- 6.2.3 设置页眉效果 90
- 6.2.4 设置页脚效果 91
- 6.2.5 插入分页符和分节符 91

6.3 轻松打印文档内容 92
- 6.3.1 文档打印预览 93
- 6.3.2 打印当前文档 93
- 6.3.3 打印一部分内容 94
- 6.3.4 打印文档内容 94

第 7 章 制表入行：Excel 数据基本操作 96

7.1 工作簿的基本操作 97
- 7.1.1 了解 Excel 的基本概念 97
- 7.1.2 新建空白工作簿 98
- 7.1.3 直接保存工作簿 99
- 7.1.4 另存为工作簿 99
- 7.1.5 快速关闭工作簿 100
- 7.1.6 快速设置工作簿密码 100
- 7.1.7 使工作簿得到保护 101
- 7.1.8 快速隐藏工作簿 102

7.2 工作表的基本操作 102
- 7.2.1 轻松插入和删除工作表 102
- 7.2.2 移动和复制工作表 105
- 7.2.3 隐藏和显示工作表 107
- 7.2.4 为工作表重命名 109
- 7.2.5 轻松选择工作表 110
- 7.2.6 轻松冻结窗口 110
- 7.2.7 轻松拆分窗口 111

7.3 单元格的基本操作 111
- 7.3.1 轻松插入单元格 111
- 7.3.2 轻松选择单元格 112
- 7.3.3 轻松复制单元格 114

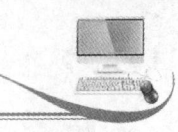

7.3.4 轻松移动单元格 …………… 115	8.3.4 "#NUM"的处理方法 ………… 143
7.3.5 轻松删除单元格 …………… 115	8.3.5 "#VALUE"的处理方法 ……… 144
7.3.6 轻松清除单元格 …………… 116	8.3.6 "#NULL"的处理方法 ……… 144
7.3.7 轻松套用单元格样式 ……… 116	8.4 学会使用常用函数 …………………… 144
7.3.8 轻松合并单元格 …………… 117	8.4.1 使用 SUM 函数 ……………… 144
7.3.9 轻松拆分单元格 …………… 118	8.4.2 使用 AVERAGE 函数 ………… 145
7.3.10 设置单元格自动换行 ……… 119	8.4.3 使用 MAX 函数 ……………… 146
7.3.11 轻松更改单元格数据 ……… 120	8.4.4 使用 MIN 函数 ……………… 147
7.4 轻松输入和编辑数据 …………… 120	8.5 了解其他函数类型 ………………… 148
7.4.1 快速输入和编辑日期数据 … 120	8.5.1 日期和时间函数 …………… 148
7.4.2 快速输入时间数据 ………… 122	8.5.2 数学和三角函数 …………… 148
7.4.3 快速修改单元格数据 ……… 123	8.5.3 统计函数 …………………… 148
7.4.4 快速复制和移动数据 ……… 123	8.5.4 查找和引用函数 …………… 148
7.5 轻松设置工作表格式 …………… 125	**第 9 章 条理清晰：排序与筛选**
7.5.1 轻松设置字体 ……………… 125	**数据** ……………………………… 150
7.5.2 轻松设置字号 ……………… 126	9.1 对数据进行排序 …………………… 151
7.5.3 轻松设置文本颜色 ………… 127	9.1.1 了解排序规则 ……………… 151
7.5.4 轻松设置文本字形 ………… 127	9.1.2 简单排序 …………………… 151
7.6 轻松设置边框与背景 …………… 128	9.1.3 高级排序 …………………… 152
7.6.1 快速添加边框 ……………… 128	9.1.4 自定义排序 ………………… 153
7.6.2 轻松设置边框样式 ………… 129	9.1.5 按行排序 …………………… 155
7.6.3 轻松设置单元格背景 ……… 130	9.2 对数据进行筛选 …………………… 156
第 8 章 运算能手：公式与函数	9.2.1 对数据进行单条件筛选 …… 157
应用 ……………………………… 132	9.2.2 对数据进行多条件筛选 …… 158
8.1 了解公式的基本操作 …………… 133	9.2.3 自定义筛选 ………………… 159
8.1.1 认识运算符 ………………… 133	9.2.4 高级筛选 …………………… 160
8.1.2 快速输入公式 ……………… 134	9.3 分类汇总表格数据 ………………… 160
8.1.3 快速复制公式 ……………… 135	9.3.1 分类汇总概述 ……………… 160
8.1.4 自定义公式计算 …………… 136	9.3.2 分类汇总要素 ……………… 161
8.1.5 快速修改公式 ……………… 138	9.3.3 创建分类汇总 ……………… 161
8.1.6 快速删除公式 ……………… 138	9.3.4 嵌套分类汇总 ……………… 163
8.1.7 快速显示公式 ……………… 140	9.3.5 轻松删除分类汇总 ………… 164
8.2 灵活使用公式计算 ……………… 140	9.4 数据的应用 ………………………… 165
8.2.1 相对引用计算数据 ………… 140	9.4.1 创建清单的准则 …………… 165
8.2.2 绝对引用计算数据 ………… 141	9.4.2 轻松创建数据清单 ………… 165
8.2.3 混合引用计算数据 ………… 142	9.4.3 单变量求解 ………………… 166
8.3 修改公式错误的方法 …………… 143	9.4.4 双变量求解 ………………… 166
8.3.1 "#####"的处理方法 ……… 143	**第 10 章 形象展示：让数据**
8.3.2 "#DIV/0!"的处理方法 …… 143	**也会说话** ……………………… 167
8.3.3 "#NAME"的处理方法 …… 143	

10.1 创建与编辑图表对象 168
- 10.1.1 快速创建数据图表 168
- 10.1.2 轻松更改图表类型 168
- 10.1.3 快速移动图表位置 169
- 10.1.4 快速重设图表数据源 170
- 10.1.5 快速添加数据标签 171
- 10.1.6 快速设置纹理填充效果 172

10.2 创建数据透视表 173
- 10.2.1 使用向导创建 173
- 10.2.2 创建分类筛选数据透视表 174

10.3 轻松编辑数据透视表 175
- 10.3.1 调整透视表排序 175
- 10.3.2 更改数据透视表布局 176
- 10.3.3 轻松复制数据透视表 177
- 10.3.4 轻松删除数据透视表 178
- 10.3.5 更改数据透视表样式 179

10.4 创建数据透视图 180
- 10.4.1 运用数据表格创建透视图 180
- 10.4.2 运用数据透视表创建透视图 181

10.5 轻松编辑数据透视图 182
- 10.5.1 设置数据透视图样式 183
- 10.5.2 重新设置数据透视图 184
- 10.5.3 添加数据透视图标题 185
- 10.5.4 更改数据透视图类型 186

第 11 章 文稿初成:演示文稿基本操作 188

11.1 轻松创建演示文稿 189
- 11.1.1 创建空白演示文稿 189
- 11.1.2 运用已安装的模板创建 189
- 11.1.3 运用现有演示文稿创建 191

11.2 快速保存演示文稿 191
- 11.2.1 直接保存演示文稿 191
- 11.2.2 将演示文稿进行另存为 192
- 11.2.3 保存演示文稿为旧版本 193
- 11.2.4 自动保存演示文稿 194
- 11.2.5 为演示文稿加密保存 194

11.3 轻松打开与关闭演示文稿 196
- 11.3.1 快速打开演示文稿 196
- 11.3.2 快速关闭演示文稿 196

11.4 轻松创建与编辑幻灯片 197
- 11.4.1 快速新建幻灯片 197
- 11.4.2 快速选择幻灯片 199
- 11.4.3 快速移动幻灯片 200
- 11.4.4 快速复制幻灯片 202
- 11.4.5 快速删除幻灯片 205

11.5 文本内容基本操作 205
- 11.5.1 快速输入文本内容 205
- 11.5.2 快速添加批注文本 206
- 11.5.3 快速设置文本字体 207
- 11.5.4 快速设置文本颜色 208
- 11.5.5 快速设置文本上标 209
- 11.5.6 快速设置文本删除线 210
- 11.5.7 轻松复制与粘贴文本 211
- 11.5.8 轻松撤销和恢复文本 212
- 11.5.9 轻松查找与替换文本 212
- 11.5.10 添加常用项目符号 214
- 11.5.11 添加自定义项目符号 215

第 12 章 完美展现:美化修饰演示文件 217

12.1 轻松插入与编辑图片 218
- 12.1.1 快速插入图片 218
- 12.1.2 快速调整图片大小 218
- 12.1.3 快速设置图片边框 220
- 12.1.4 设置图片亮度和对比度 221
- 12.1.5 快速插入剪贴画 222
- 12.1.6 快速编辑剪贴画 223

12.2 轻松绘制与编辑自选图形 225
- 12.2.1 快速绘制矩形图形 225
- 12.2.2 快速绘制标注形状 226
- 12.2.3 快速翻转图形对象 228
- 12.2.4 快速旋转图形对象 228
- 12.2.5 快速调整叠放次序 228

12.3 轻松插入与编辑 SmartArt 图形 229
- 12.3.1 快速插入关系图形 229
- 12.3.2 快速插入列表图形 229
- 12.3.3 快速插入矩阵图形 230

12.3.4 快速更改图形布局 ………… 231
12.3.5 快速设置图形样式 ………… 232
12.3.6 快速转换文本与图形 ……… 233
12.4 美化幻灯片版式 …………………… 234
12.4.1 轻松设置幻灯片主题 ……… 234
12.4.2 轻松设置幻灯片背景 ……… 238
12.4.3 轻松设置幻灯片母版 ……… 241
12.5 修饰幻灯片的声音和视频 ………… 245
12.5.1 插入文件中的声音 ………… 245
12.5.2 设置声音连续播放 ………… 245
12.5.3 设置播放声音模式 ………… 246
12.5.4 插入文件中的视频 ………… 246
12.5.5 快速设置视频样式 ………… 247
12.5.6 快速设置视频选项 ………… 248

第 13 章 特效制作：制作幻灯片动画 …………… 250

13.1 轻松添加幻灯片动画 ……………… 251
13.1.1 快速添加飞入动画效果 …… 251
13.1.2 添加十字形扩展动画 ……… 252
13.1.3 快速添加百叶窗动画 ……… 253
13.1.4 快速添加形状动画 ………… 255
13.2 轻松编辑幻灯片动画 ……………… 255
13.2.1 快速添加动画效果 ………… 256
13.2.2 快速设置动画效果选项 …… 257
13.2.3 快速设置动画计时 ………… 258
13.2.4 快速添加动画声音 ………… 259
13.3 轻松添加切换效果 ………………… 259
13.3.1 快速添加淡出切换效果 …… 259
13.3.2 快速添加溶解切换效果 …… 260
13.3.3 添加摩天轮切换效果 ……… 261
13.3.4 快速添加蜂巢切换效果 …… 261
13.3.5 快速设置切换效果选项 …… 262
13.4 创建交互式演示文稿 ……………… 263
13.4.1 插入超链接 ………………… 263
13.4.2 删除超链接 ………………… 264
13.4.3 添加动作按钮 ……………… 265
13.4.4 更改超链接 ………………… 267
13.4.5 设置超链接格式 …………… 268
13.4.6 链接到其他演示文稿 ……… 269
13.4.7 快速链接到电子邮件 ……… 270

13.4.8 快速链接到网页 …………… 270
13.4.9 快速链接到新建文档 ……… 270
13.4.10 设置屏幕提示 …………… 270

第 14 章 后期输出：打包发布演示文稿 …………… 272

14.1 快速设置幻灯片放映方式 ………… 273
14.1.1 设置演讲者放映 …………… 273
14.1.2 设置观众自行浏览 ………… 274
14.1.3 设置展台浏览放映 ………… 274
14.1.4 设置循环放映 ……………… 275
14.1.5 快速放映换片方式 ………… 275
14.2 快速设置幻灯片放映 ……………… 276
14.2.1 从头开始放映 ……………… 276
14.2.2 从当前幻灯片开始放映 …… 276
14.2.3 自定义幻灯片放映 ………… 277
14.3 快速打包演示文稿 ………………… 278
14.3.1 将演示文稿打包 …………… 279
14.3.2 快速输出为图形文件 ……… 280
14.3.3 快速输出为放映文件 ……… 281
14.4 轻松设置打印页面 ………………… 282
14.4.1 快速设置幻灯片大小 ……… 282
14.4.2 快速设置幻灯片方向 ……… 283
14.4.3 设置幻灯片编号起始值 …… 284
14.4.4 设置幻灯片宽度和高度 …… 284
14.5 轻松打印演示文稿 ………………… 284
14.5.1 快速设置打印方式 ………… 285
14.5.2 快速设置打印内容 ………… 285
14.5.3 快速设置幻灯片边框 ……… 286
14.5.4 快速打印当前演示文稿 …… 287

第 15 章 高手过招：Office 综合案例实战（本章内容参见光盘电子稿）………… 288

15.1 Word 办公案例实战 ……………… 289
15.1.1 制作会议通知 ……………… 289
15.1.2 制作个人简历 ……………… 292
15.1.3 制作试用期合同 …………… 298
15.2 Excel 办公案例实战 ……………… 301
15.2.1 制作销售情况分析 ………… 301
15.2.2 制作员工档案管理 ………… 305

15.2.3 制作产品销售单 ……………… 307	15.3.2 制作工作汇报模板 …………… 314
15.3 PowerPoint 商务应用 ……………… 309	15.3.3 制作业务流程模板 …………… 320
15.3.1 制作财务管理模板 …………… 309	

Chapter 01

章前知识导读

Office 2013 是 Microsoft 公司推出的最新套装版本,它由 Word 2013、Excel 2013 和 PowerPoint 2013 等组件构成,并在原版本的基础上进行了更新改进,是集文字排版、表格制作、幻灯片设计与数据处理等功能于一身的办公软件。

新手入门:了解 Office 2013

重点知识索引

- 快速安装 Office 2013
- 认识标题栏
- 了解自定义快速访问工具栏
- 模板库应用
- 新增主题变体

效果图片赏析

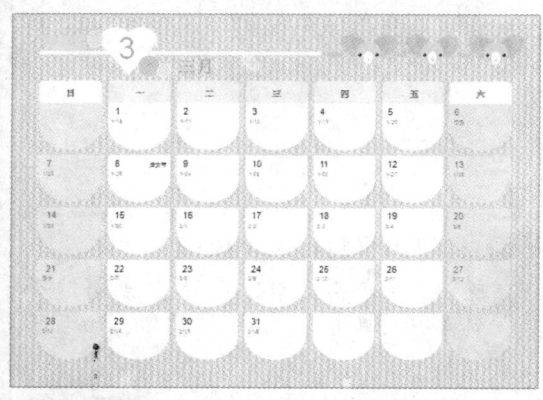
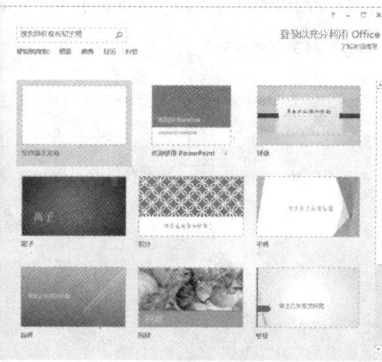

	产品类别			
产品项目	电视机	电冰箱	空调	洗衣机
销售金额	¥150,000	¥120,000	¥250,000	¥150,000
原料成本	¥50,000	¥35,000	¥12,000	¥9,000
物料成本	¥20,000	¥25,000	¥23,000	¥20,000
人工成本	¥30,000	¥20,000	¥20,000	¥20,000
制造成本	¥8,000	¥8,000	¥8,500	¥7,500
毛利	¥42,000	¥32,000	¥186,500	¥93,500
销售数量	¥10	¥8	¥15	¥20

新手学 Office 高效办公从入门到精通

1.1 安装与启动 Office 2013

Office 2013 是 Windows 操作系统环境下的办公自动化软件，在使用 Office 2013 各组件之前，首先需要启动 Office 2013 应用程序。本节主要介绍安装、启动与退出 Office 2013 的操作方法。

1.1.1 快速安装 Office 2013

Office 2013 提供了两种不同的安装模式，即"升级"和"自定义"安装。"升级"方式是指将常用选项安装到默认目录下，并且只安装最常用的组件；"自定义"方式是指允许用户选择安装指定的软件和安装位置以及指定要安装的选项。下面以"自定义"安装为例，介绍安装 Office 2013 的操作方法。

STEP 01 双击安装文件

打开 Office 2013 安装程序所在的文件夹，找到 EXE 格式的安装文件，双击鼠标左键，如下图所示。

STEP 02 单击"自定义"按钮

弹出相应的对话框，在"选择所需的安装"界面中，单击"自定义"按钮，如下图所示。

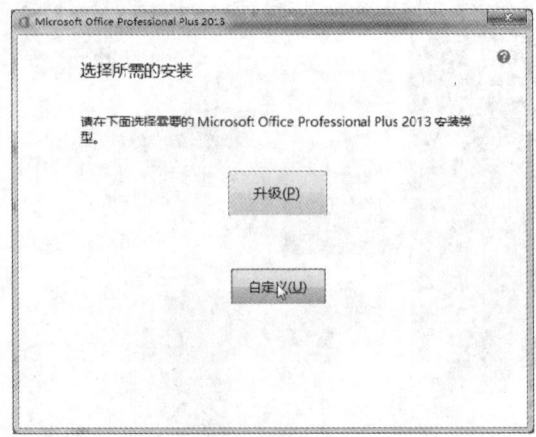

STEP 03 选中相应单选按钮

STEP 04 保持各选项为默认设置

切换至"安装选项"选项卡，保持各选项为默认设置，如下图所示。

进入相应界面，其中有 4 个选项卡，在"升级"选项卡中，选中"保留所有早期版本"单选按钮，如下图所示。

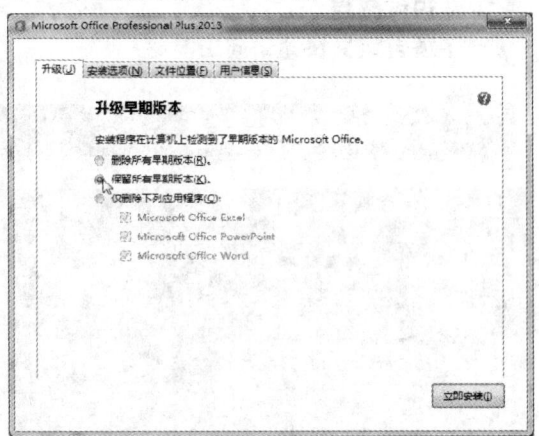

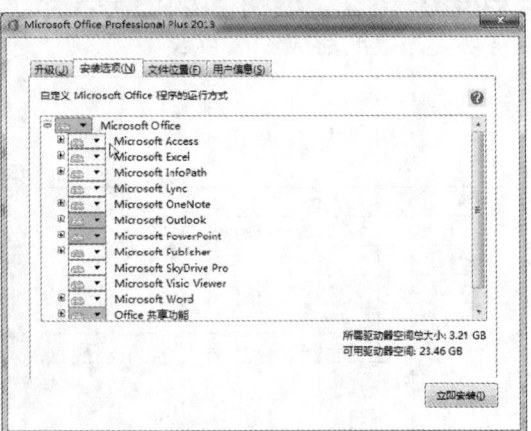

STEP 05 设置软件安装位置

第1章 新手入门：了解 Office 2013

> **专家指点**
> 在"选择所需的安装"界面中，若单击"立即安装"按钮，则默认安装 Office 2013 的所有组件。在"安装选项"选项卡中，单击"不可用"即不安装该程序。

切换到"文件位置"选项卡，在"选择文件位置"处，设置软件安装位置，如下图所示。

Office 2013 的安装操作。

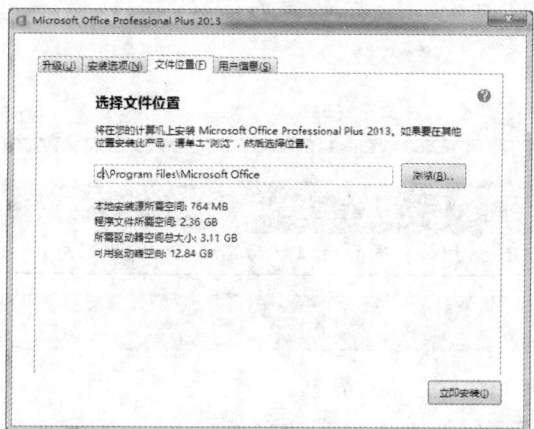

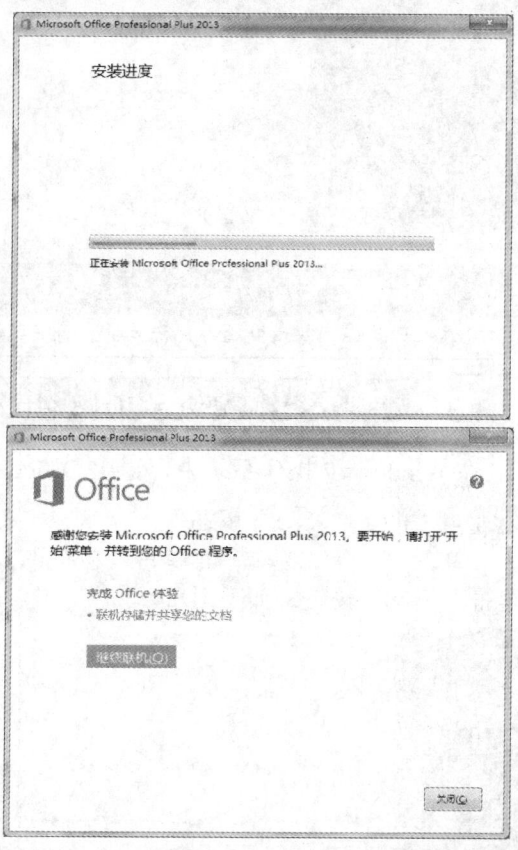

STEP 06 显示安装进度

返回"升级"选项卡，单击"立即安装"按钮，即可开始安装 Office 2013，并显示软件的安装进度，如下图所示。

STEP 07 进入安装完成界面

待软件安装完成后，进入安装完成界面，如下图所示，单击"关闭"按钮，完成

1.1.2 快速启动 Office 2013 组件

启动 Office 2013 组件的方法有很多种，如从"开始"菜单启动、从桌面程序的快捷方式启动以及从软件的安装目录中启动。下面以从"开始"菜单启动为例，介绍启动 Office 2013 组件的方法。

STEP 01 单击 Word 2013 命令

在 Windows 7 系统桌面上，单击"开始"按钮，在弹出的菜单列表中单击"所有程序"| Microsoft Office 2013 | Word 2013 命令，如下图所示。

STEP 02 选择"空白文档"选项

执行操作后，即可进入相应界面，选择"空白文档"选项，如下图所示。

STEP 03 进入相应工作界面

执行操作后，即可进入 Word 2013 工作界面，如下图所示。

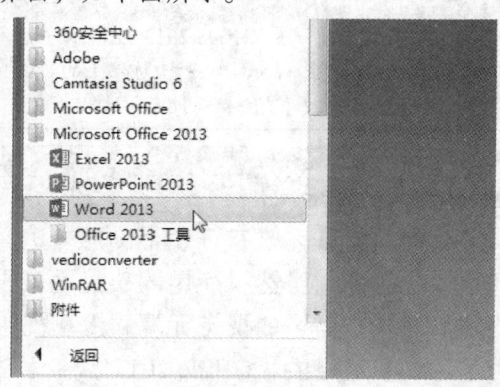

新手学 Office 高效办公从入门到精通

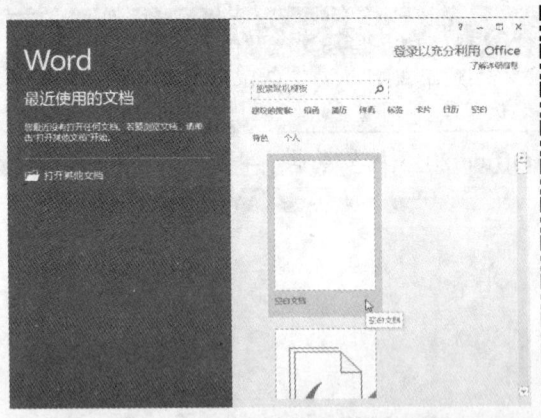

> **专家指点**
> 在"计算机"窗口中双击鼠标左键，打开某个 Office 组件，同样可以启动其相应的应用程序。

1.1.3 快速退出 Office 2013 组件

在 Windows 7 操作系统中，退出 Office 2013 的方法非常简单。

STEP 01 单击"关闭"按钮

单击"文件"按钮，在弹出的面板中，单击"关闭"按钮，如下图所示。

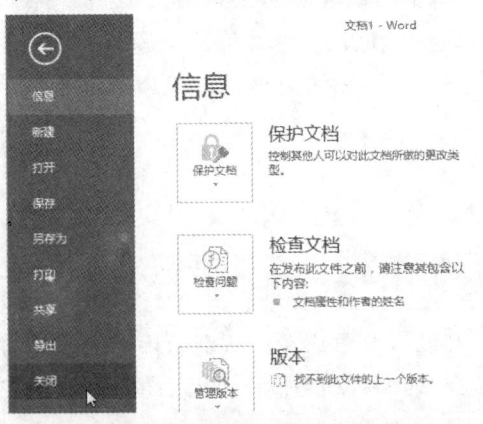

STEP 02 弹出提示信息框

执行上述操作后，即可退出 Office 2013 应用程序。若在工作界面中进行了部分操作，之前也未保存，在退出该软件时，将会弹出提示信息框，如下图所示，单击"保存"按钮，将文件保存后退出；单击"不保存"按钮，将不保存文件直接退出；单击"取消"按钮，将不退出 Office 2013 应用程序。

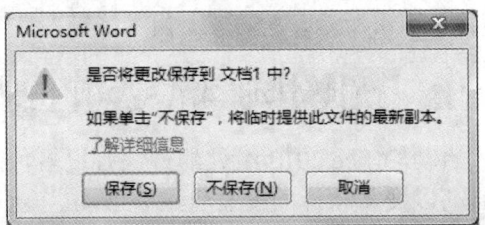

> **专家指点**
> 除了应用上述退出 Office 2013 应用程序的方法外，还有以下两种方法。
> ● 按钮：单击 Word 2013 标题栏上的"关闭"按钮。
> ● 快捷键：按【Alt + F4】组合键。

1.2 Office 2013 的工作界面

微软 Office 团队在开发最新版本时，除了最核心的功能方面，还对工作界面进行了大幅改进，虽然不能用改头换面来形容，不过 Office 2013 对 UI 进行了精简，删除了一些不需要的视觉元素，更重视主题内容，而不是窗口架构的边缘和小器具。为了达到上述目的，Office 2013 减少了边框、水平线条等，使得 Office 界面的垂直

第 1 章 新手入门：了解 Office 2013

空间增大了 6 个像素，而且添加了更多空白区域。本节主要以 Word 2013 为例，介绍 Office 2013 工作界面的基本组成，它主要包括快速访问工具栏、标题栏、菜单栏和面板、编辑区、状态栏、视图栏、帮助按钮等部分。

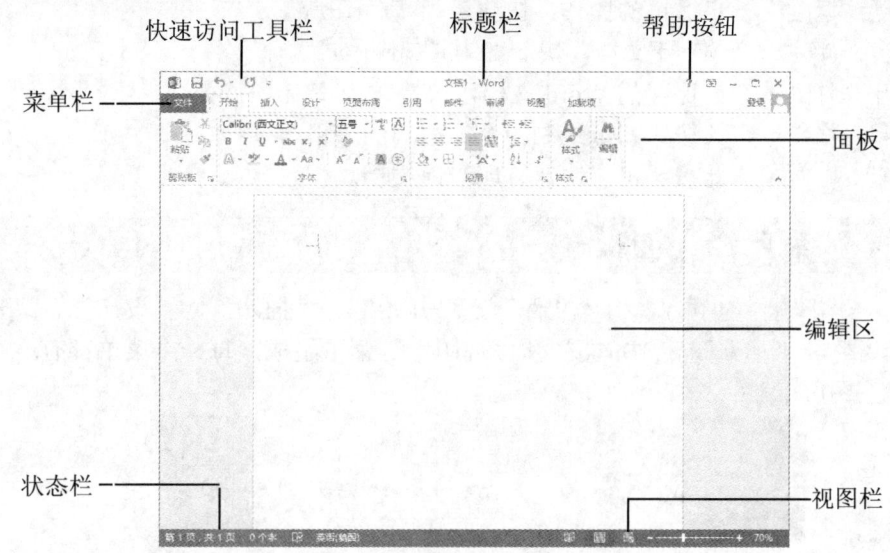

Word 2013 的工作界面

1.2.1 认识标题栏

标题栏位于窗口最上方、快速访问工具栏的右侧。在 Word 2013 中，标题栏由 5 个部分组成：文档名称 文档1 - Microsoft Word 、程序名称 、"最小化"按钮 、"最大化"按钮 和"关闭"按钮 ，如下图所示。

标题栏

1.2.2 了解快速访问工具栏

自定义快速访问工具栏中包括"保存" 、"撤销" 、"恢复" 等按钮，单击其右侧的下拉按钮，可以将隐藏的按钮显示出来。单击工具栏中的按钮，可以执行相应的操作，如下图所示。

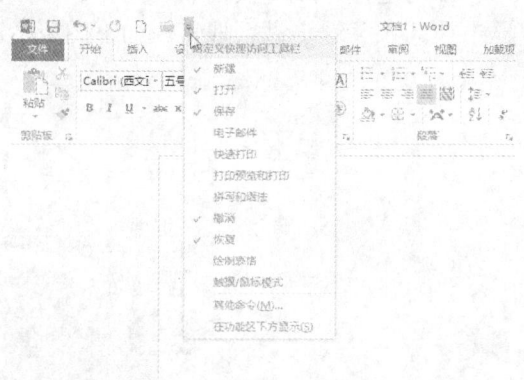

快速访问工具栏

Word 2013 的快速访问工具栏中各按钮的含义如下。

- 保存：将新建文档保存，快捷键为【Ctrl+S】。
- 撤销：返回上一步操作，快捷键为【Ctrl+Z】。
- 恢复：返回上一步撤销的操作，快捷键为【Ctrl+Y】。
- 新建：新建一个 Word 文档，快捷键为【Ctrl+N】。
- 打开：打开一个已保存的 Word 文档，快捷键为【Ctrl+O】。
- 绘制表格：单击该按钮即可绘制一个无内容的表格。
- 快速打印：单击此按钮可以快速打印当前文档。

1.2.3 了解菜单栏和面板

菜单栏位于标题栏的下方，由"文件"、"开始"、"插入"、"设计"、"页面布局"、"引用"、"邮件"、"审阅"和"视图"等菜单组成，每一个菜单都有一个相应的面板，如下图所示。

菜单栏和面板

1.2.4 了解编辑区

编辑区也称为工作区，是 Word 2013 工作界面中最大的区域，位于工作界面的中央，可以在编辑区中输入文字、编辑文字或插入图片等。查看文档的宽度和设置制表符的位置可以通过标尺来操作。当页面内容较多时，页面右侧和底部会显示滚动条，拖动滚动条可以浏览编辑区中的文档内容，也可通过滚动鼠标滚轮来实现。

1.2.5 了解帮助按钮

帮助按钮位于菜单栏的右侧，单击该按钮可以打开相应组件的帮助窗口，在其中可查找需要的帮助信息。

使用帮助窗口查找信息的方法有以下两种。

- 在帮助窗口中单击相应的链接，即可找到需要的内容，如下图所示。
- 在"搜索"文本框中，输入关键字进行搜索，如下图所示。

Word 的帮助窗口

通过关键字进行搜索

1.2.6 认识状态栏和视图栏

状态栏位于工作界面底端的左半部分，用来显示当前 Word 文档的相关信息，如当前文档的页码、总页数、字数、当前光标在文档中的位置等。

状态栏的右侧是视图栏，其中包括视图按钮组、调节页面显示比例滑块和当前显示比例等。

1.3 Office 2013 组件介绍

Office 2013 是 Microsoft 公司目前推出的 Office 办公系列套装中的最高版本，是一个功能强大的编辑程序，具有一整套的编写工具和易于使用的用户界面，其稳定安全的文件格式、无缝高效的沟通协作能力，受到广大电脑办公人员的追捧。本节主要介绍 Office 2013 的组件类型。

1.3.1 了解 Word 2013

随着计算机技术的发展，用纸和笔来进行文字处理的时代即将过去。文字处理软件经过多年的整理和完善，已经成为目前应用最广泛的软件产品之一。而 Word 作为 Office 系列产品的重要组件之一，则是众多文字处理软件中的佼佼者。

Word 2013 在 Word 2010 的版本上新增和改进了许多功能，最突出的优点主要有模板库应用、快速样式应用以及共享文档等。

1. 模板库应用

Word 2013 的模板库和 Microsoft Office Online 官方网站上提供了个人简历、备忘录、传真、信函和证书奖状等各种模板，使用户可以方便地创建出具有专业水准的文档，如下图所示。

使用模板创建的文档

2. 多种快速样式

在 Word 2013 中，可以为段落、文本设置多种快速样式。用户在输入文本、绘制表格时可以轻松地应用精美的样式，还可以在文档中插入图片、文本框和艺术字等对象，制作出各种图文并茂的办公文档，如下图所示。

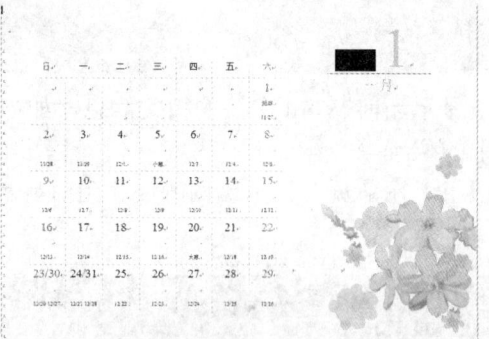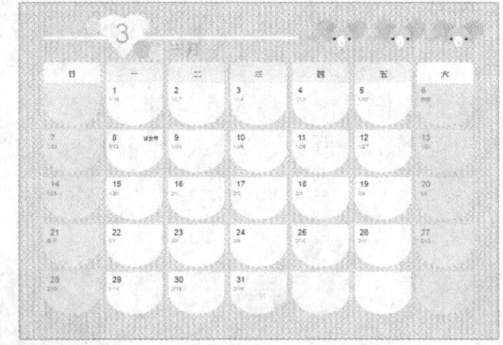

图文并茂的办公文档

3. 共享文档

在 Word 2013 中，将制作的文档保存在文档管理服务器中，还可以与朋友、同事共享以及有效地收集反馈信息。

1.3.2 了解 Excel 2013

Excel 2013 提供了更专业的表格应用与格式设置，加强了数据处理的能力（主要体现在更强大的数据排序与过滤功能），新增了丰富的条件格式化功能、更容易使用的数据透视表、丰富的数据导入功能等。

1. 电子表格

在 Excel 2013 中，用户可以方便地制作出各种电子表格，还可以套用模板中的各种表格格式，如下图所示。

电子表格

2. 数据筛选

在 Excel 2013 中，用户可以对数据进行排序和筛选，以便于进行数据统计和分析等操作，如下图所示。

> **专家指点**
>
> 数据筛选是指从工作表中筛选出满足条件的记录，是查找数据时常用的一种方法，对筛选出的满足条件的记录，可以继续使用排序功能对其进行排序操作。数据筛选功能可以只显示符合条件的数据记录，将不符合条件的数据隐藏起来，这种模式更便于在大型工作表中查看数据。

第 1 章 新手入门：了解 Office 2013

数据筛选

3. 转换图表

在 Excel 2013 中，用户可以将数据转换为各种形式的可视性图表，并显示或打印出来，如下图所示。

将数据转换为图表

4. 数据运算

在 Excel 2013 中，用户可以对表格中的数据进行各种运算，包括简单的加、减、乘、除，同时也包括各种复杂的函数运算，如下图所示。

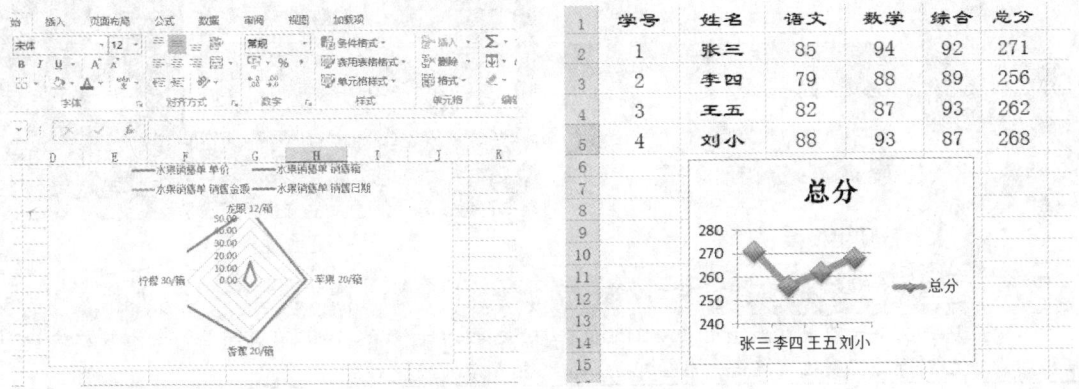

数据运算

1.3.3 了解 PowerPoint 2013

PowerPoint 2013 具有全新的外观，更加简洁，适合在平板电脑和电视上使用，因此可以在演示文稿中点击。演示者视图可自动适应投影设置,甚至可以在一台监视器上使用。

1. 使用模板

PowerPoint 2013 提供了多种方式来使用模板、主题、最近的演示文稿、较旧的演示文稿或空白演示文稿,以启动下一个演示文稿,而不是直接打开空白演示文稿,如下图所示。

2. 简易的演示者视图

在以往的 PowerPoint 中设置演示者视图时可能会出现问题,但是在 PowerPoint 2013 中已有很大改进。只需连接监视器,PowerPoint 将自动设置。在演示者视图中,用户可以在演示时看到本身的备注,而观众只能看到幻灯片,如下图所示。

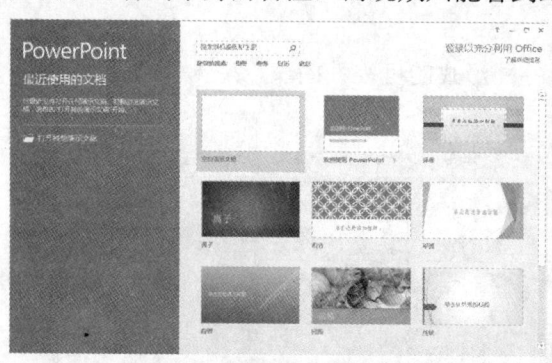
使用模板

演示者视图

> **专家指点**
> 如果用户在一台监视器上使用 PowerPoint,并且想要显示演示者视图,需要在"幻灯片放映"视图中的左下角的控制栏上单击,然后单击"显示演示者视图"按钮。

在演示者视图中,用户还可以进行以下操作。

● 若要切换到上一张或下一张幻灯片,则单击"上一张"或"下一张"按钮,如下图所示。

● 若要查看演示文稿中的所有幻灯片,则可以单击"请查看所有幻灯片"按钮,如下图所示。

切换幻灯片

单击"请查看所有幻灯片"按钮

● 若要近距离查看幻灯片中的细节,则单击"放大到幻灯片"按钮,然后指向需要查看的部分,如下图所示。

● 若要在演示时指向幻灯片或在幻灯片上书写,则单击"笔和激光笔工具"按钮,如下图所示。

● 若要在演示文稿中隐藏或取消隐藏当前幻灯片,则单击"变黑或还原幻灯片放映"按钮,如下图所示。

第 1 章 新手入门：了解 Office 2013

单击"放大到幻灯片"按钮　　单击"笔和激光笔工具"按钮　　单击"变黑或还原幻灯片放映"按钮

3. 新增的宽屏模式

世界上的许多电视和视频都采用了宽屏和高清格式，PowerPoint 也是如此。它具有 16:9 的显示模式，新主题旨在尽可能利用宽屏，如下图所示。

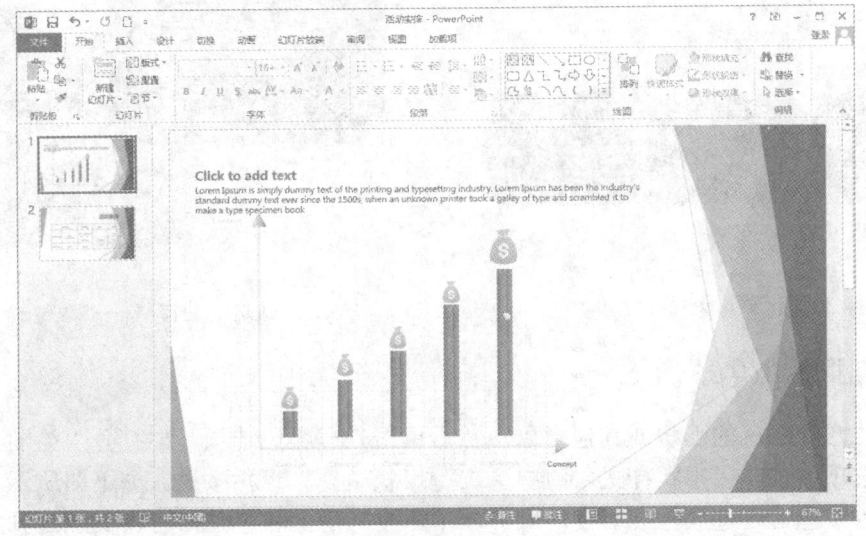

宽屏模式

4. 新增的主题和变体

主题现在提供了一组变体，包含不同的调色板和字体系列，在启动屏幕或"设计"面板中，可以选择一个主题和变体，如下图所示。

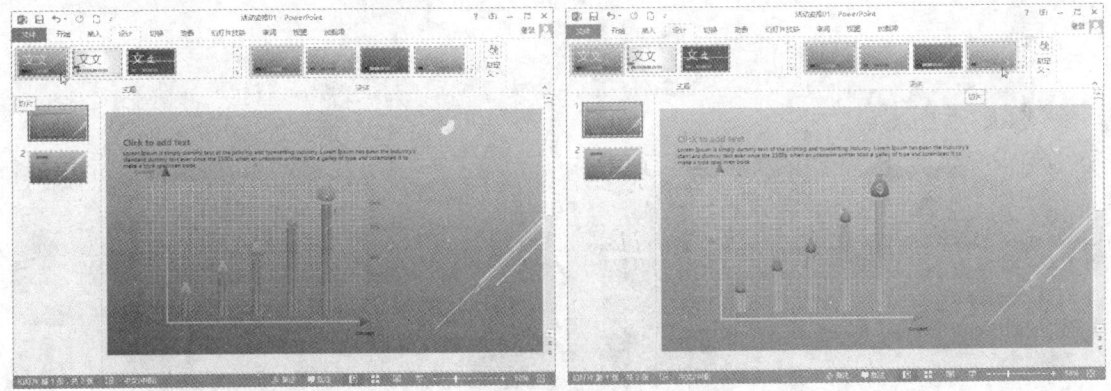

选择主题和变体

5. 均匀地排列和间隔对象

在 PowerPoint 2013 中，无须目测幻灯片上的对象以查看它们是否已对齐。当使用的对象（如图片、形状等）距离较近且均匀时，智能参考线会自动显示，并显示对象的间隔均匀，如下图所示。

6. 改进的动作路径

在 PowerPoint 2013 中创建动作路径时，PowerPoint 会显示对象的结束位置，原始对象始终存在，而"虚影"图像会随着路径一起移动到终点，如下图所示。

均匀排列对象　　　　　　　　　　　　改进的动作路径

7. 新增的取色器功能

双击要匹配颜色的形状或其他对象，然后单击任一颜色选项，如打开"绘图工具"的"格式"选项卡，在"形状样式"组中单击"形状填充"下拉按钮，如下图所示。

选择"取色器"选项，然后使用取色器单击要匹配的颜色，即可将其应用到所选形状或对象，如下图所示。

当鼠标指针在不同颜色周围移动时，将显示颜色的实时预览，将鼠标指针悬停或暂停在一种颜色上以查看其 RGB（红、绿、蓝）值，如下图所示。当很多颜色聚集在一起时，要获得所需的精确颜色，更准确的方法是按【Enter】或空格键选择颜色。

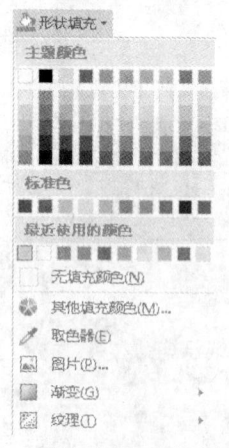

单击"形状填充"下拉按钮 　　　　拾取颜色 　　　　查看颜色的 RGB 值

专家指点

在 PowerPoint 2013 中，若要取消取色器而不选取任何颜色，可以按【Esc】键。

8. 共享 Office 文件并保存到云

在 PowerPoint 2013 中可以将演示文稿保存到 Microsoft SkyDrive，以便在云中更轻松地访问、存储和共享文件。

9. 处理同一演示文稿

在 PowerPoint 2013 中，可以使用 PowerPoint 的桌面或联机版本处理同一演示文稿，并查看彼此所作的更改。

1.3.4 Office 2013 的其他组件

除了 Word 2013、Excel 2013、PowerPoint 2013 三大核心组件外，Office 2013 还有以下组件。

1. Outlook 2013

Outlook 2013 是一款功能强大的桌面信息管理软件，可用于组织和共享桌面信息，并可用于与他人通信。Outlook 2013 最基础的信息分类是项目，各种信息都以项目为基本单位，存储在各个文件夹中。

2. Access 2013

Access 2013 作为数据库管理软件，相对于 SQL Server 的复杂操作，它大大简化了烦琐的数据管理，让数据库外行人操作起来更方便。运用 Access 2013 可以制作的数据库包括办公数据库、网站后台数据库、公司产品销售数据库和人力资源管理数据库等，还可以与其他 Office 组件交流数据。

3. Publisher 2013

Publisher 2013 是完整的企业发布和营销材料解决方案，与客户保持联络并进行沟通，对任何企业都非常重要，它可以帮助用户快速有效地创建专业的营销材料。使用 Publisher 软件，用户可以在企业内部比以往更轻松地设计、创建和发布专业的营销和沟通材料。

> **专家指点**
>
> Microsoft Office Publisher 是 Publisher 的全称，是 Microsoft 公司发行的桌面出版应用软件。它不仅可以对文字进行处理，还可以输出为 PDF 格式文件。

4. InfoPath 2013

InfoPath 2013 新版本支持在线填写表单。InfoPath 是企业级搜索信息和制作表单的工具，为企业开发表单搜集系统提供了极大的方便。

InfoPath 文件的后缀名是 xml，可见 InfoPath 是基于 XML 技术的，作为一个数据存储中间层的技术，InfoPath 拥有大量常用的控件，如 Date Picker、文本框、重复节等，同时提供了很多表格的页面设计工具。IT 开发人员可以为每个空间设置相应的数据有效性规则或数据公式。

如果 InfoPath 仅能做到上述功能，那么用户可以用 Excel 中的表单代替 InfoPath。该软件最重要的功能在于它可以提供与数据库和 Web 服务之间的连接。用户可以将需要搜集的数据字段和表之间的关系在数据库中定义好，可以使用 SQL Server 和 Access 进行设计。

5. OneNote 2013

通俗地说，OneNote 2013 是一个用电脑文字涂鸦的软件。利用它可以与 Office 2013 的其他组件进行整合，相互引用，快速查找信息。

> **专家指点**
> Office OneNote 2013 可将用户所需的信息保留在某一个位置，并可减少在电子邮件、书面笔记本以及文件夹中搜索信息的时间，从而有助于用户提高工作效率。

● 读书笔记

Chapter 02

章前知识导读

Word 2013 是 Office 2013 办公系列套装中的核心软件，是专门为文本编辑、排版以及打印而设计的软件。它具有强大的文字输入、处理和自由制表等功能，是目前世界上最优秀、最流行的文字处理及排版软件之一。

热身进阶：办公文档基本操作

重点知识索引

- 轻松创建空白文档
- 快速手动保存文档
- 快速设置文档权限密码
- 快速新建窗口
- 进入草稿视图

效果图片赏析

2.1 快速创建 Word 文档

Word 文档是文本等对象的载体，在文档中输入文本和插入图片进行编辑操作之前，首先需要新建文档。新建的文档可以是空白文档，也可以是包含一定文本内容和格式的文档，或者是博客和字帖等。本节主要介绍轻松创建空白文档、使用模板新建文档等操作方法。

2.1.1 轻松创建空白文档

启动 Word 2013 后，系统将自动新建一个名为"文档1"的空白文档，用户可直接进行编辑，也可以另外新建其他空白文档或根据 Word 提供的模板新建带有格式和内容的文档，以提高工作效率。

STEP 01 单击"新建"命令

在打开的 Word 文档中，单击"文件"|"新建"命令，如下图所示。

STEP 03 创建一个空白文档

执行操作后，即可创建一个空白文档，如下图所示。

STEP 02 选择"空白文档"选项

在相应选项区中，选择"空白文档"选项，如下图所示。

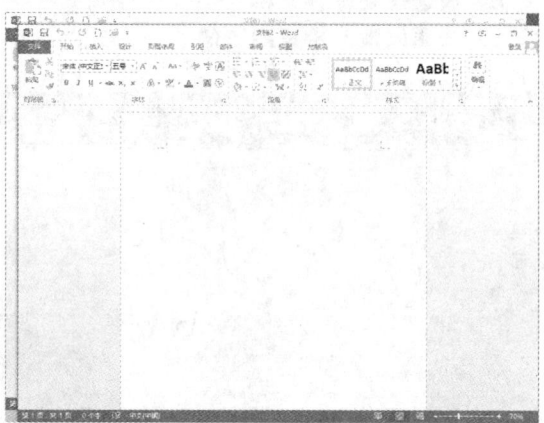

> **专家指点**
>
> 在 Word 2013 中，还可以使用以下两种方法创建空白文档：一种是按【Ctrl+N】组合键；另一种是直接单击快速访问工具栏中的"新建"按钮。

2.1.2 使用模板新建文档

在 Word 2013 中，用户还可以根据已有模板新建文档的方法来创建新文档。

STEP 01 单击"新建"命令

在打开的 Word 文档中，单击"文件"|"新建"命令，如下图所示。

STEP 02 选择相应选项

在"新建"选项区中的"特色"下方的列表框中，选择合适的模板，如下图所示。

STEP 03 单击"创建"按钮

弹出"多面设计(空白)"窗格,单击"创建"按钮,如下图所示。

STEP 04 新建文档

稍等片刻后,即可使用模板新建文档,如下图所示。

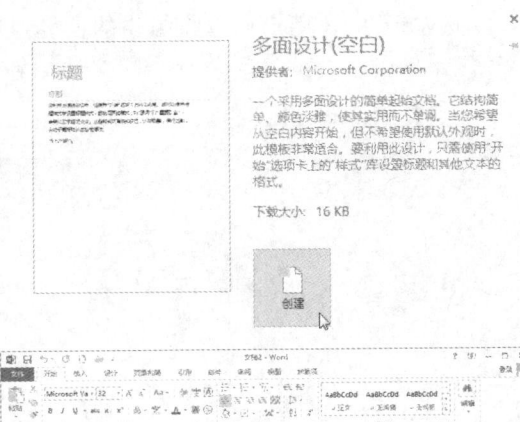
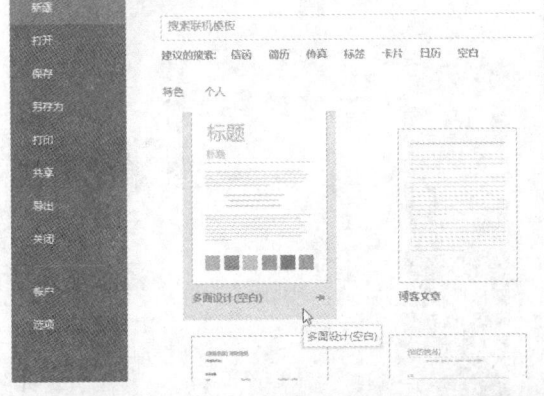
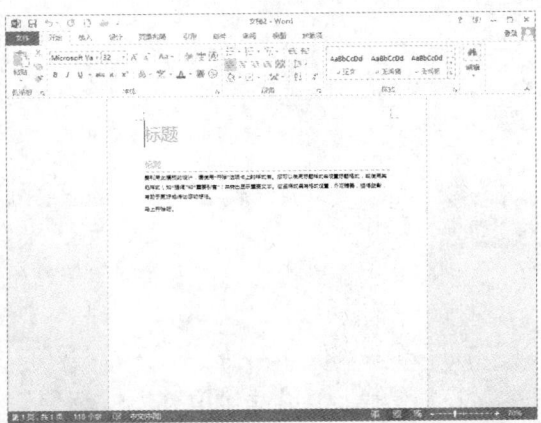

2.2 快速保存 Word 文档

新建文档后,可以通过保存功能将其存储到电脑中,便于以后打开和编辑使用。如果不进行保存,编辑的文档内容将会丢失。本节主要介绍快速手动保存文档、快速直接保存文档、自动保存文档以及快速保存为网页等操作方法。

2.2.1 快速手动保存文档

在处理文档的过程中,最重要的操作就是保存文档,因为用户所做的工作都是在内存中进行的,一旦计算机突然断电或系统发生意外而不能正常退出 Word 2013,那么这些内存中的内容就会丢失,所有的工作都会白做。因此,用户要养成及时保存文档的习惯。

在 Word 2013 中,手动保存文档有以下几种方法。

- 单击快速访问工具栏上的"保存"按钮。
- 按【Ctrl+S】组合键。
- 按【Shift+F12】或【F12】组合键。

2.2.2 快速直接保存文档

编辑完成的 Word 文档应该及时保存,以免遗失。

新手学 Office 高效办公从入门到精通

保存编辑的文档分为两种情况：一种原文档的保存；另一种是另存备份。

1. 原文档的保存

在 Word 中，用户可以将编辑的文档进行保存。

STEP 01 打开一个 Word 文档

打开一个 Word 文档，如下图所示。

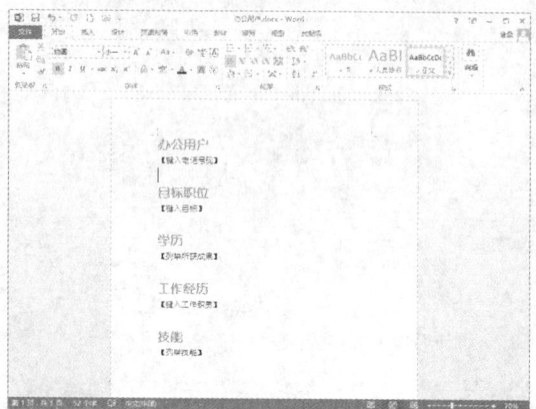

STEP 02 编辑文档内容

在文档中，对内容进行相应的编辑，如下图所示。

STEP 03 单击"保存"命令

编辑完成后，单击"文件"|"保存"命令，如下图所示。

2. 另存为文件进行备份

在 Word 2013 中，为了防止文件的丢失，可以将编辑的文档进行另存为操作。

STEP 01 打开一个 Word 文档

打开一个 Word 文档，如下图所示。

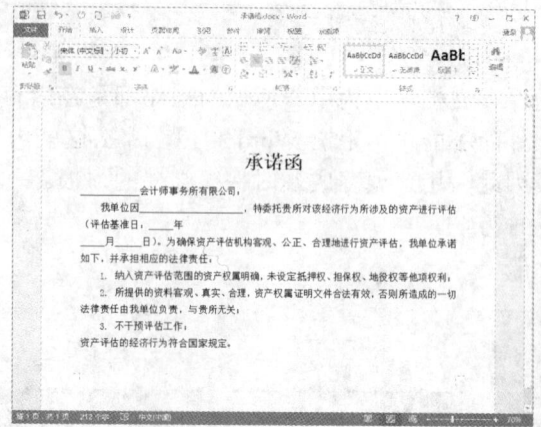

STEP 02 编辑文档内容

在文档中，对内容进行相应的编辑，如

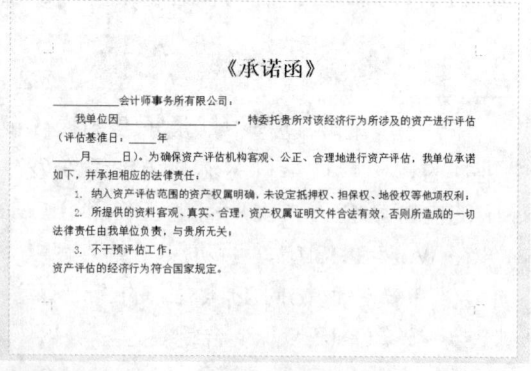

下图所示。

STEP 03 单击"另存为"命令

编辑完成后，单击"文件"|"另存为"命令，如下图所示。

STEP 04 单击"浏览"按钮

第 2 章　热身进阶：办公文档基本操作

在中间的"另存为"选项区中，单击"计算机"按钮，然后在右侧的"计算机"选项区中，单击"浏览"按钮，如下图所示。

STEP 05 设置文件保存路径及名称

弹出"另存为"对话框，在该对话框中设置文件保存的路径及名称，如下图所示。

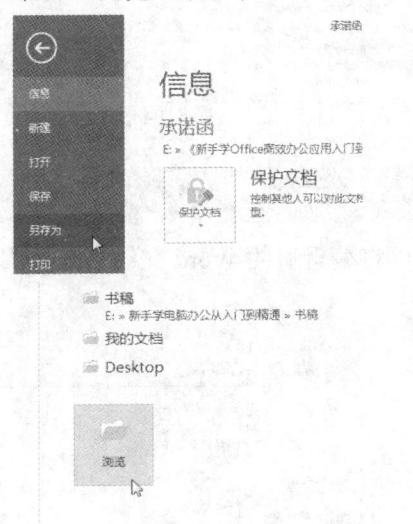

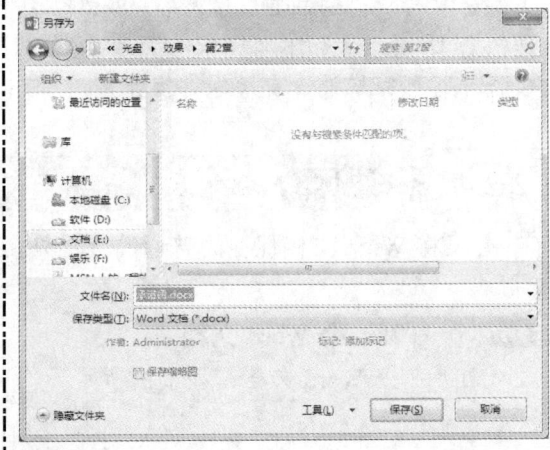

STEP 06 保存文档

单击"保存"按钮，即可将编辑后的文档另存为备份文件。

2.2.3　自动保存文档

Word 2013 具有"自动保存"功能，每隔一段时间 Word 2013 会自动对文档进行一次保存，这项功能可以有效地避免和减少由断电、死机等意外造成数据丢失。

STEP 01 打开一个 Word 文档

打开一个 Word 文档，如下图所示。

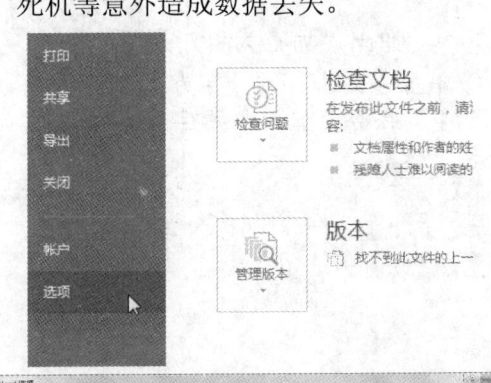

STEP 02 单击"选项"命令

单击"文件"菜单，进入相应界面，在左侧的列表框中单击"选项"命令，如下图所示。

STEP 03 切换至"保存"选项卡

弹出"Word 选项"对话框，切换至"保存"选项卡，如下图所示。

STEP 04 设置时间间隔

在"保存文档"选项区中,选中"保存自动恢复信息时间间隔"复选框,设置时间间隔为 10 分钟,如下图所示,单击"确定"按钮,即可完成设置自动保存操作。

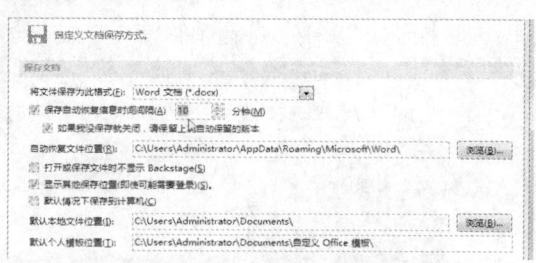

2.2.4 快速保存为网页

除了将 Word 文档保存为普通的文档外,还可以将编辑后的 Word 文档另存为网页或框架页。

STEP 01 打开一个 Word 文档

打开一个 Word 文档,如下图所示。

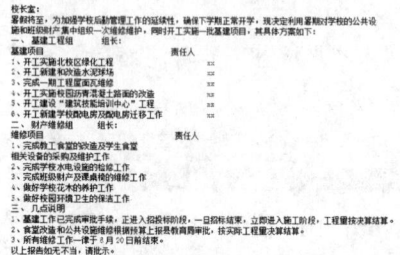

STEP 02 弹出"另存为"对话框

单击"文件"|"另存为"|"计算机"|"浏览"命令,弹出"另存为"对话框,如下图所示。

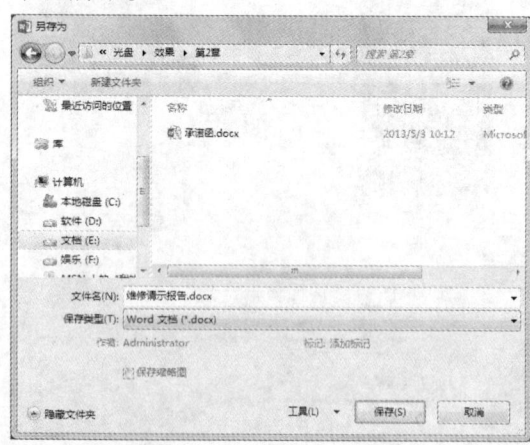

STEP 03 选择"网页"选项

单击"保存类型"右侧的下三角按钮▼,在弹出的列表框中选择"网页"选项,如下图所示。

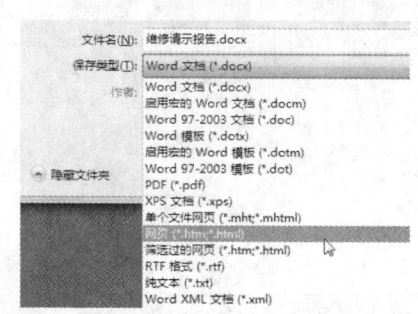

STEP 04 输入页标题

单击"更改标题"按钮,弹出"输入文字"对话框,在该对话框中输入页标题,如下图所示。

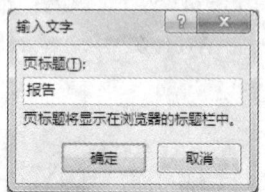

STEP 05 保存为网页

依次单击"确定"按钮和"保存"按钮,即可保存为网页,如下图所示。

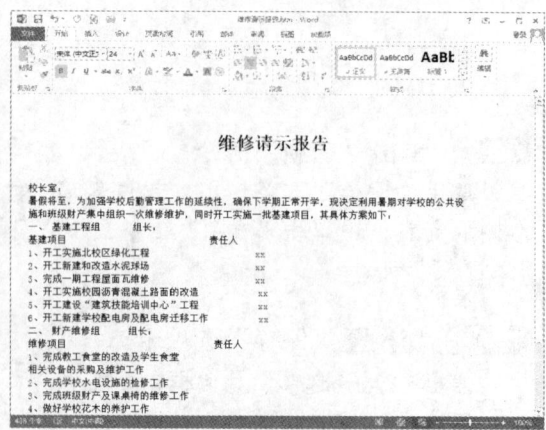

第 2 章 热身进阶：办公文档基本操作

2.3 Office 文档安全

在文档中，如果与其他用户共享文件或电脑，有时为了阻止其他用户打开或修改某些文档，可以给文档设置一个密码。本节主要介绍快速设置文档权限密码、轻松设置修改文档权限密码以及轻松设置文档为只读等操作方法。

2.3.1 快速设置文档权限密码

用户如果有重要的个人信息或公司资料不想让其他用户知道，可以对文件设置密码，进行加密保护。

STEP 01 打开一个 Word 文档

打开一个 Word 文档，如下图所示。

成绩表

学号	姓名	语文	数学	化学	物理
1	李豪	96	87	80	82
2	肖文	85	83	85	78
4	刘斌	75	78	80	84
5	杨辉	82	85	97	85
6	陈芳	82	86	87	85
7	王杰	86	84	78	80
8	李鏊	89	78	95	85
9	张国	95	85	80	75
10	陈林	86	87	86	98
11	周涛	78	75	86	78
12	李娟	80	85	90	90

STEP 02 选择"常规选项"选项

单击"文件"|"另存为"|"计算机"|"浏览"命令，弹出"另存为"对话框，在该对话框中的合适位置，单击"工具"右侧的下拉按钮，在弹出的列表框中选择"常规选项"选项，如下图所示。

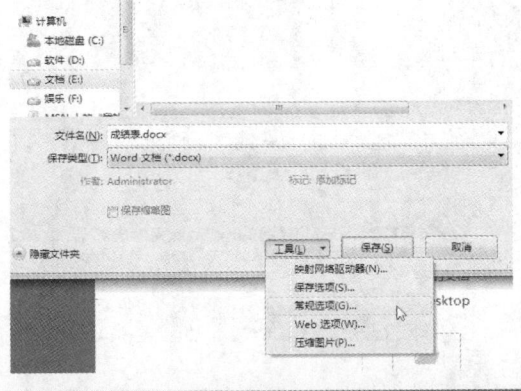

STEP 03 输入密码

弹出"常规选项"对话框，在"打开文件时的密码"文本框中输入密码（123456789），如下图所示，单击"确定"按钮。

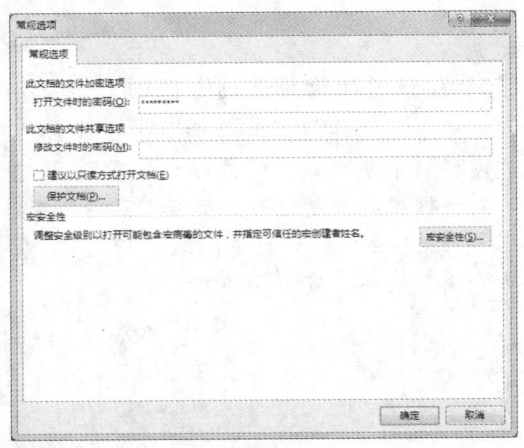

STEP 04 输入密码

弹出"确认密码"对话框，再次输入密码，如下图所示。

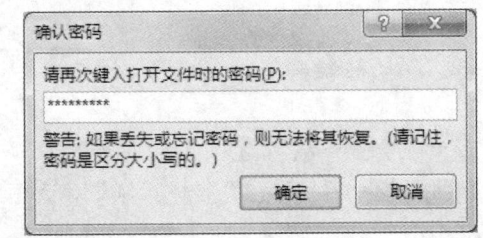

STEP 05 完成密码的设置

依次单击"确定"和"保存"按钮，即可完成打开文档权限密码的设置。

> **? 专家指点**
>
> 设置文档密码时，要注意密码的安全强度以及字母的大小写，由大小写字母、数字和符号组合而成的密码称为强密码，如果只有数字或只有字母，则属于弱密码。

2.3.2 轻松设置修改文档权限密码

为了防止其他用户打开文档后，对该文档进行修改，用户还可以设置修改文档的权限密码。

STEP 01 打开一个 Word 文档

打开一个 Word 文档，如下图所示。

中国保险公司企业财产保险单
保险单号码：
本公司依照企业财产保险条款及在保险单上注明的其他条件承保被保险人坐落于________下列财产的保险________。
保险费率：每千元________元。
保险费：人民币________元。
保险期限：______月自______年______月______
______日至______年______月______日
保险公司：________（签章）
经办人：________（签章）

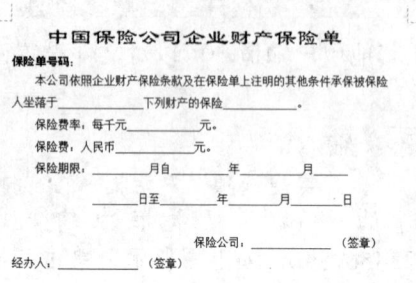

STEP 02 选择“常规选项”选项

单击“文件”|“另存为”|“计算机”|“浏览”命令，弹出“另存为”对话框，在该对话框中的合适位置，单击“工具”右侧的下三角按钮，在弹出的列表框中选择“常规选项”选项，如下图所示。

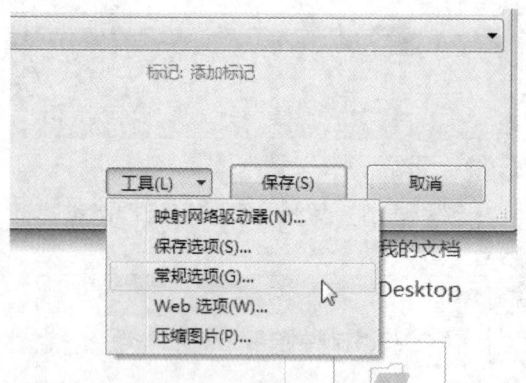

STEP 03 弹出“常规选项”对话框

执行操作后，弹出“常规选项”对话框，如下图所示。

STEP 04 输入修改文件时需要的密码

在“修改文件时的密码”文本框中输入修改文件时需要的密码，如下图所示。

STEP 05 输入密码

单击“确定”按钮，弹出“确认密码”对话框，在“请再次键入修改文件时的密码”文本框中，输入修改文件时的密码，如下图所示。

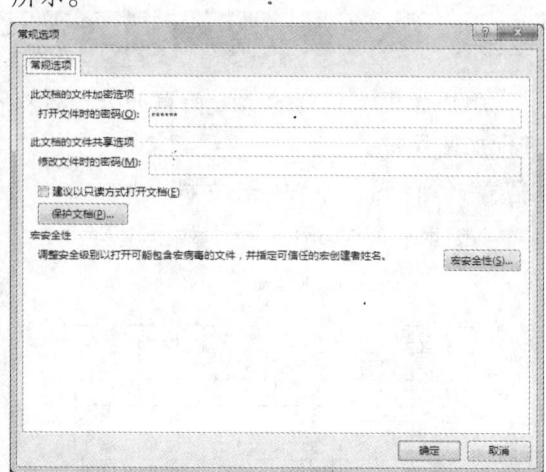

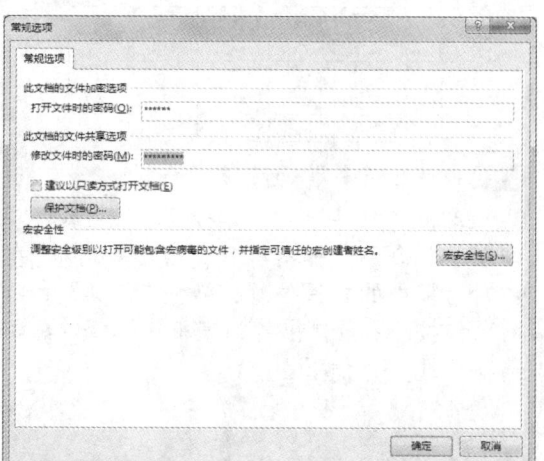

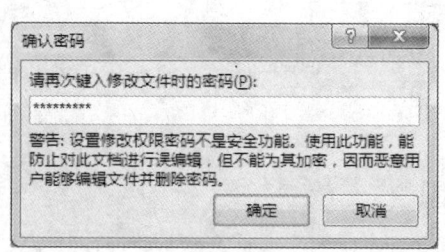

STEP 06 设置修改文档权限密码

依次单击“确定”和“保存”按钮，即可完成修改文档权限密码的设置。

第 2 章 热身进阶：办公文档基本操作

> **专家指点**
> 设置打开文档权限密码和修改文档权限密码时，为了使文档操作安全，两个密码不能设为相同的密码。

2.3.3 轻松设置文档为只读

Word 2013 可以设置在打开文件时以只读方式打开，即文件打开后用户不能进行任何操作，只能阅读文档，如果用户选择以只读方式打开文档并对其进行修改，必须另存为文件。将文档设置为只读后，再打开时系统会提示该文档已设为只读模式。

STEP 01 打开一个 Word 文档

打开一个 Word 文档，如下图所示。

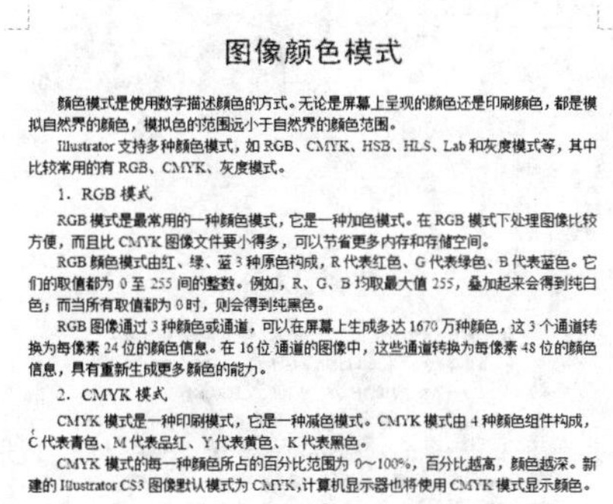

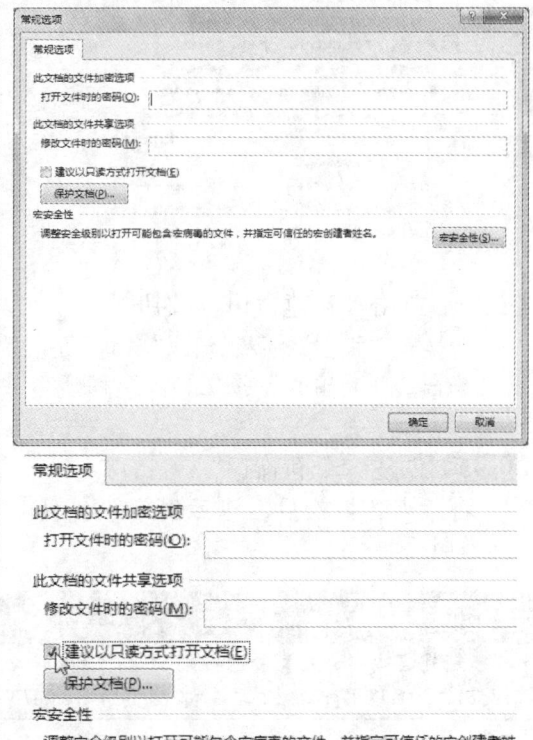

STEP 02 弹出"常规选项"对话框

单击"文件"|"另存为"|"计算机"|"浏览"命令，弹出"另存为"对话框，在该对话框中的合适位置，单击"工具"右侧的下三角按钮，在弹出的列表框中选择"常规选项"选项，弹出"常规选项"对话框，如下图所示。

STEP 03 选中相应复选框

在该对话框中，选中"建议以只读方式打开文档"复选框，如下图所示。

STEP 04 设置文档为只读

依次单击"确定"和"保存"按钮，即可将文档设置为只读。

> **专家指点**
> 当用户保存文档并关闭文档后，再次打开该文档时，会弹出提示信息框，询问用户是否以只读方式打开该文档，如果单击"否"按钮，则文档以普通文档形式打开；如果单击"是"按钮，则文档以只读方式打开。

2.4 快速新建与拆分窗口

在 Word 2013 中，用户可以对窗口进行快速的新建和拆分操作，这样有助于提高工作效率。本节主要介绍快速新建窗口和快速拆分窗口等操作方法。

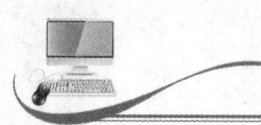

2.4.1 快速新建窗口

新建窗口是指在一个窗口中再次新建一个或多个窗口，新建窗口的命名方式均为 1:2、1:3、1:4 等。

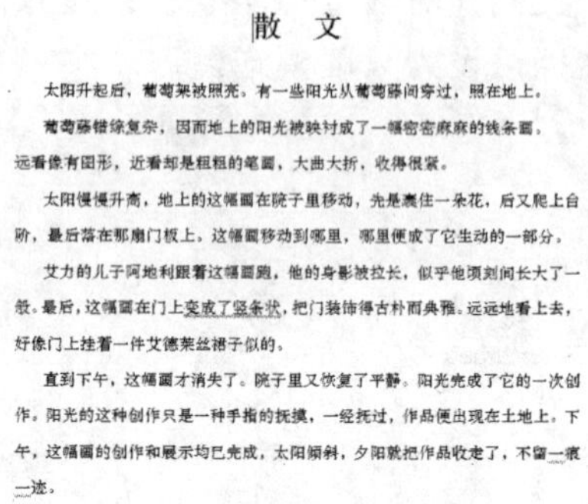

STEP 01 打开一个 Word 文档

打开一个 Word 文档，如下图所示。

散 文

太阳升起后，葡萄架被照亮。有一些阳光从葡萄藤间穿过，照在地上。

葡萄藤错综复杂，因而地上的阳光被映衬成了一幅密密麻麻的线条画。远看像有图形，近看却是粗粗的笔画，大曲大折，收得很紧。

太阳慢慢升高，地上的这幅画在院子里移动，先是裹住一朵花，后又爬上台阶，最后落在那扇门板上。这幅画移动到哪里，哪里便成了它生动的一部分。

艾力的儿子阿地利跟着这幅画跑，他的身影被拉长，似乎他顷刻间长大了一般。最后，这幅画在门上变成了竖条状，把门装饰得古朴而典雅。远远地看上去，好像门上挂着一件艾德莱丝裙子似的。

直到下午，这幅画才消失了。院子里又恢复了平静。阳光完成了它的一次创作。阳光的这种创作只是一种手指的抚摸，一经抚过，作品便出现在土地上。下午，这幅画的创作和展示均已完成，太阳倾斜，夕阳就把作品收走了，不留一痕一迹。

STEP 02 单击“新建窗口”按钮

切换至“视图”面板，在“窗口”选项板中单击“新建窗口”按钮，如下图所示。

STEP 03 创建一个新窗口

执行上述操作后，即可创建一个新窗口，如下图所示。

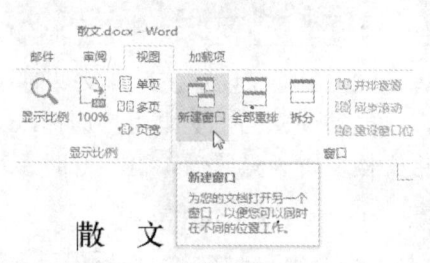

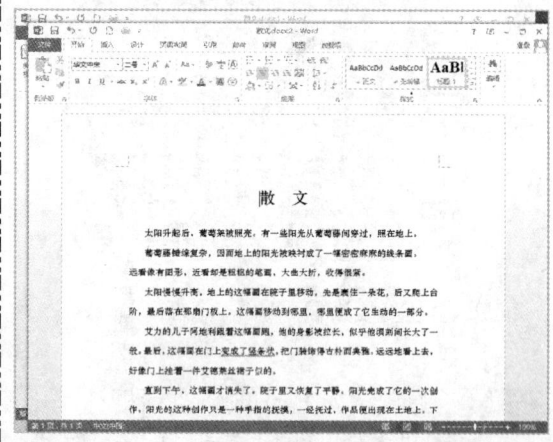

> **专家指点**
>
> 新建窗口与新建文档的区别就是两者的命名方式不同，前者命名方式为“文档 1：1-Microsoft Word”；后者的命名方式为“文档 1-Microsoft Word”。

2.4.2 快速拆分窗口

拆分窗口是指将一个窗口拆分为两个窗口，用户可根据需要在适当的位置，对窗口进行拆分操作，以便同时查看文档的不同部分。

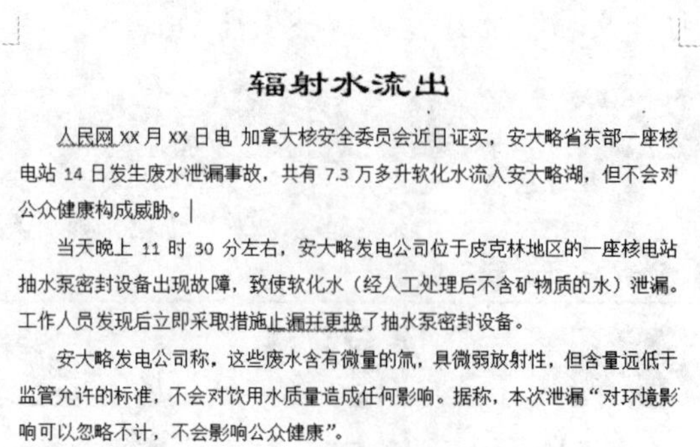

STEP 01 打开一个 Word 文档

打开一个 Word 文档，如下图所示。

辐射水流出

人民网 xx 月 xx 日电 加拿大核安全委员会近日证实，安大略省东部一座核电站 14 日发生废水泄漏事故，共有 7.3 万多升软化水流入安大略湖，但不会对公众健康构成威胁。

当天晚上 11 时 30 分左右，安大略发电公司位于皮克林地区的一座核电站抽水泵密封设备出现故障，致使软化水（经人工处理后不含矿物质的水）泄漏。工作人员发现后立即采取措施止漏并更换了抽水泵密封设备。

安大略发电公司称，这些废水含有微量的氚，具微弱放射性，但含量远低于监管允许的标准，不会对饮用水质量造成任何影响。据称，本次泄漏“对环境影响可以忽略不计，不会影响公众健康”。

STEP 02 单击“拆分”按钮

切换至“视图”面板，在“窗口”选项板中单击“拆分”按钮（如下图所示），在需要拆分的位置上单击鼠标左键。

STEP 03 拆分窗口

执行上述操作后，即可完成拆分窗口的操作，如下图所示。

第 2 章 热身进阶：办公文档基本操作

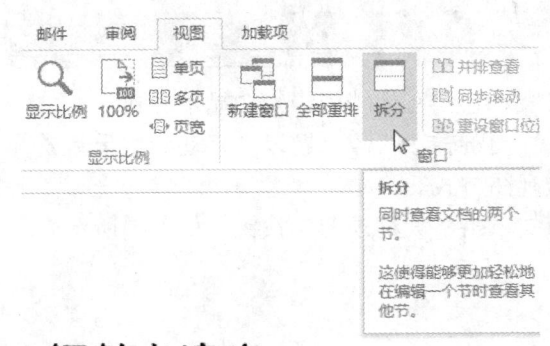

2.5 Office 视图的显示方式

视图是用户进行文档编辑时查看文档结构的屏幕显示方式。选择适当的视图模式，不仅有利于查看文档的结构，而且还可以查看文档的编辑效果，从而便于文档的输入和排版。

在 Word 2013 中提供了 6 种视图，分别为草稿视图、大纲视图、Web 版式视图、阅读版式视图、页面视图以及导航窗格。本节主要介绍进入草稿视图、进入大纲视图、进入 Web 版式视图、进入阅读视图、进入页面视图以及展开"导航"窗格等操作方法。

2.5.1 进入草稿视图

草稿视图的优点是响应速度快，能够最大限度地缩短视图显示的等待时间，以提高工作效率。但草稿视图的缺点也非常明显，它无法显示文档排版的真实情况，在多栏排版时，不能并排显示，而是显示为连续的栏位；当用户使用文本框时，文本框中的内容将无法显示；图文框中的内容虽然能够显示出来，但却无法显示到设定的位置上。

切换至草稿视图的方法很简单，只需切换至"视图"面板，在"视图"选项板中，单击"草稿"按钮（如下图所示），即可切换至草稿视图，如下图所示。

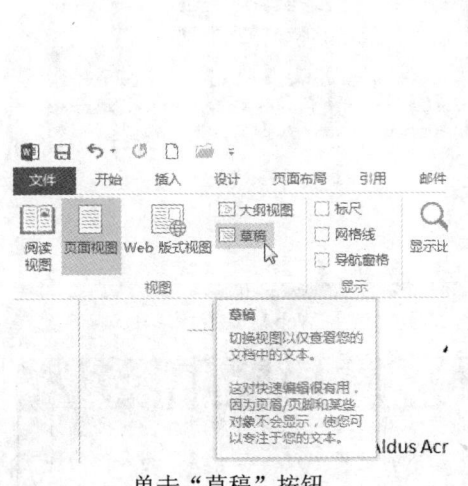

单击"草稿"按钮

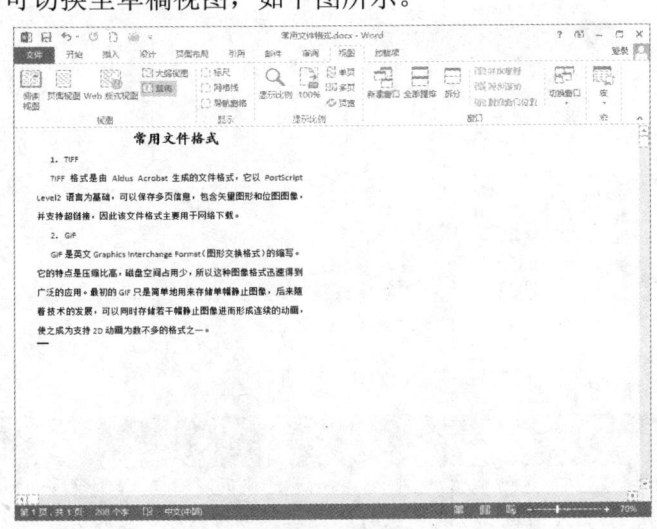

进入草稿视图

2.5.2 进入大纲视图

大纲视图是一种通过缩进文档标题方式来表示它们在文档中级别的显示方式。

用户通过该视图可以方便地在文档中进行页面跳转、修改标题以及移动标题重新安排文本等操作，是进行文档结构重组操作的最佳视图方式。

切换至"视图"面板，在"视图"选项板中单击"大纲视图"按钮（如下图所示），即可切换至大纲视图，如下图所示。

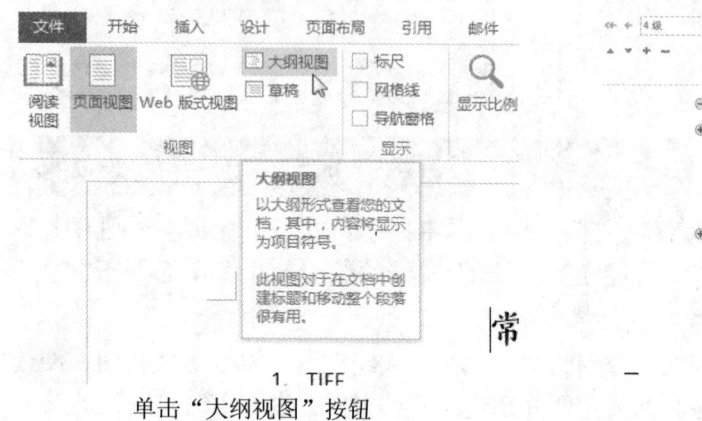

单击"大纲视图"按钮　　　　　　　　　　进入大纲视图

2.5.3 进入 Web 版式视图

Web 版式视图主要用于编辑 Web 页面，用户可以在其中编辑文档，并把文档存储为 HTML 文件。在 Web 版式视图下，编辑窗口将显示文档的 Web 布局视图。

切换至 Web 版式视图的方法很简单，只需切换至"视图"面板，在"视图"选项板中单击"Web 版式视图"按钮（如下图所示），即可切换至 Web 版式视图，如下图所示。

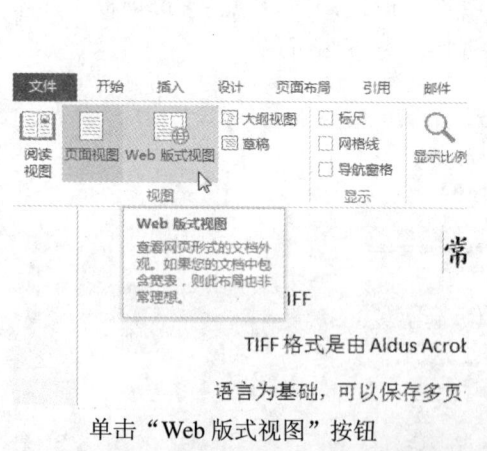
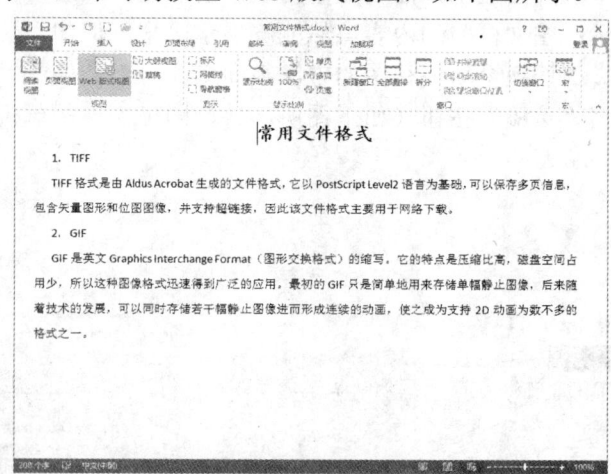

单击"Web 版式视图"按钮　　　　　　　进入 Web 版式视图

> **专家指点**
>
> 在 Web 版式视图中，Word 文档不显示与 Web 无关的信息，如分页符和分节符等，但可以显示背景和为适合窗口而换行的文本，而且图形位置与所在浏览器中的位置一致，而不显示为实际打印的样式。

2.5.4 进入阅读视图

阅读视图是使用 Word 软件阅读文章时经常使用的视图。在阅读视图中，用户可以进行批注、用色笔标记文本和查找参考文本等操作，使得阅读比较贴近自然习惯，让用户从疲劳的阅读方式中解脱出来。

切换至阅读视图的方法很简单，只需切换至"视图"面板，在"视图"选项板中单击"阅读视图"按钮（如下图所示），即可切换至阅读视图，如下图所示。

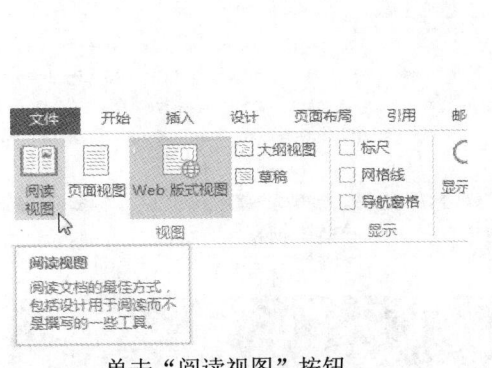

单击"阅读视图"按钮 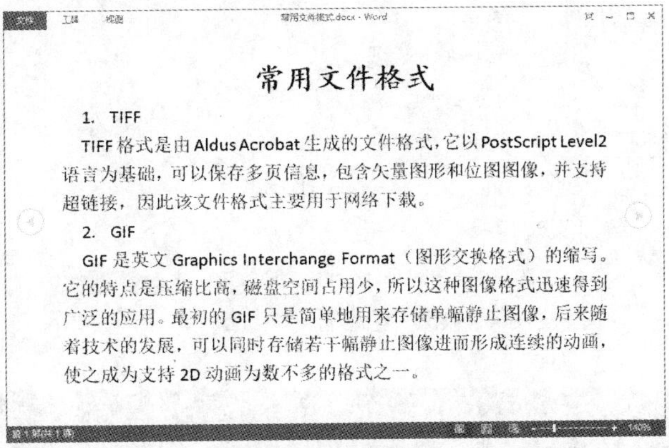　　　　　　　　进入阅读视图

> **专家指点**
> 在阅读视图中，当阅读内容紧凑时，可以把相连的两页显示在一个版面上，十分方便，切换至阅读视图的快捷键是【Esc】键。

2.5.5 进入页面视图

页面视图是 Word 文档中最常见的视图方式，也是 Word 文档默认的视图方式。由于页面视图可以很好地显示排版的格式，因此常被用来进行文本、段落格式、版面及文档外观的修改进行操作。在页面视图下，能够显示水平标尺和垂直标尺，可以用鼠标移动图形和表格等在页面上的位置，并且可以对页眉和页脚进行修改。

切换至页面视图的方法很简单，只需切换至"视图"面板，在"视图"选项板中单击"页面视图"按钮，如右图所示，即可切换至页面视图。

单击"页面视图"按钮

> **专家指点**
> 页面视图可用于编辑页眉和页脚、调整页边距、处理分栏以及图形对象，如果用户习惯在页面视图中插入和编辑文本，则可以通过隐藏页面顶部和底部的空白空间来节省屏幕空间。

2.5.6 展开"导航"窗格

"导航"窗格是一个独立的窗口，位于文档窗口的左侧，用来显示文档的标题列表，通过"导航"窗格可以对整个文档结构进行浏览，还可以跟踪光标在文档中的位置。

展开"导航"窗格的方法很简单，只需切换至"视图"面板，在"显示"选项板中，选中"导航窗格"复选框（如下图所示），即可打开"导航"窗格，如下图所示。

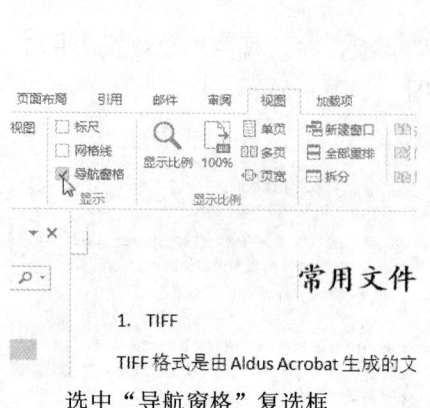

选中"导航窗格"复选框

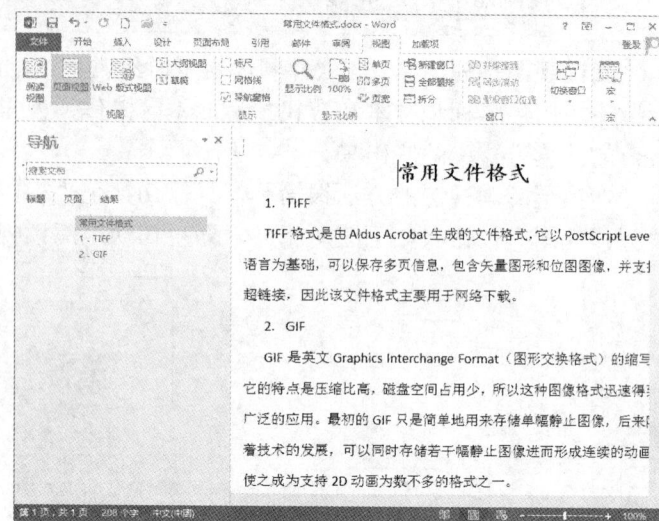

打开"导航"窗格

● 读书笔记

Chapter 03

章前知识导读

掌握在 Word 2013 中输入文本、选定文本对象、编辑文本对象、查找与替换文本对象，是进一步编辑文档的基础，完成了文本的输入和编辑后，往往需要设置文本的格式，也就是美化文本，通过美化操作，可以使文档在外观上看起来更加整齐、美观。

小试牛刀：办公文本基本操作

重点知识索引

- 输入文本内容
- 复制文本内容
- 设置文本字体
- 添加项目符号
- 添加文字边框和底纹

效果图片赏析

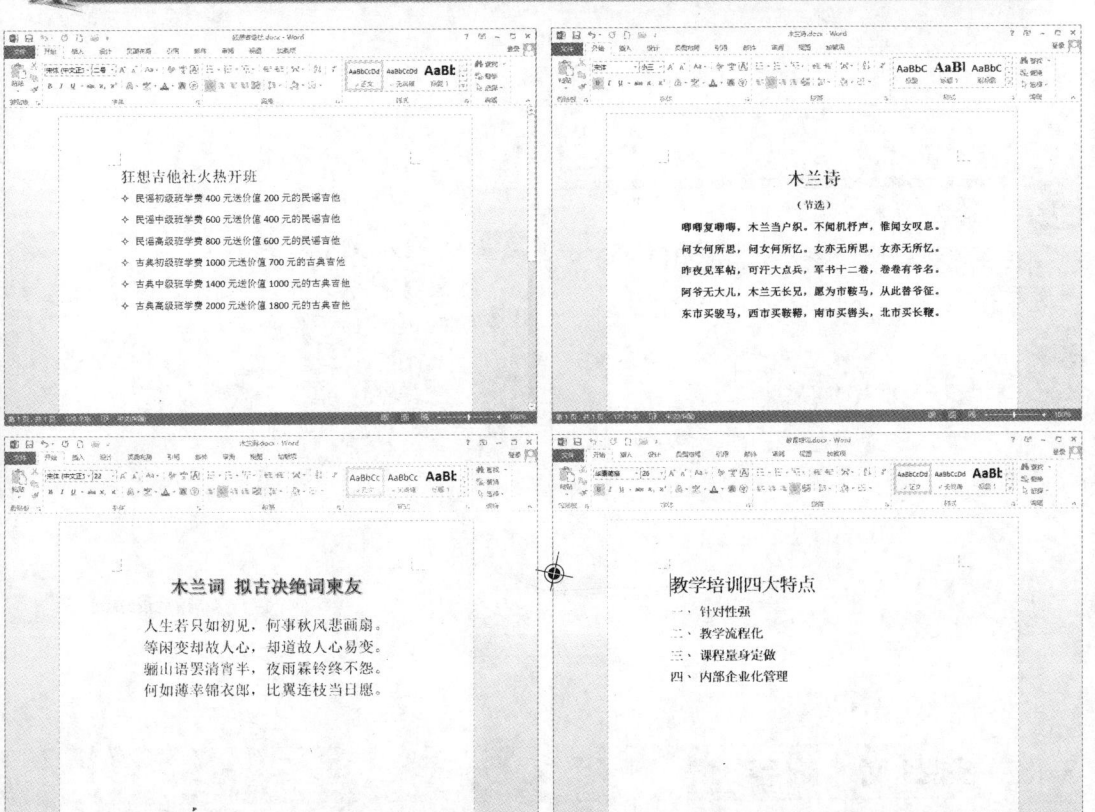

3.1 轻松掌握文本操作

在 Word 2013 中，文本内容的基本操作包括文本的输入、选择、移动、删除、复制、查找以及替换等，只有熟练掌握这些基本的操作方法和编辑技巧，才能在处理文档时灵活自如。本节主要介绍输入文本内容、选择文本内容以及复制文本内容等操作方法。

3.1.1 输入文本内容

当新建一个 Word 文档后，通常编辑文档的第一步就是在文档中的插入点处输入文本内容。在文档中输入文字的具体操作步骤如下：

STEP 01 显示光标定位

新建一个 Word 文档，此时光标将自动定位在文档页首位置，如下图所示。

STEP 02 输入文本

在文档编辑区中输入 Word 2013，如下图所示。

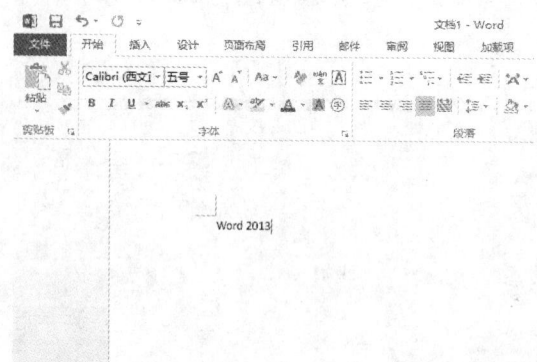

STEP 03 移动光标

按【Enter】键，光标将移至第 2 行，如下图所示。

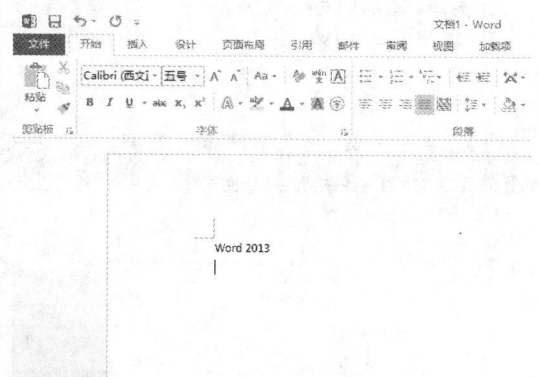

STEP 04 输入文字对象

在第 2 行输入相应的内容，完成对文字对象的输入，如下图所示。

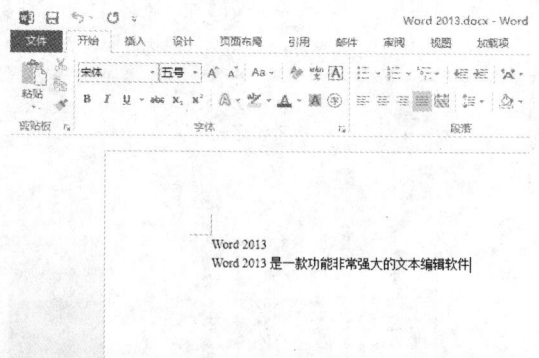

3.1.2 选择文本内容

在编辑文本之前，首先必须选取文本。在 Word 2013 中，用户既可以使用鼠标选定文本，也可以使用键盘选定文本，还可以结合鼠标和键盘进行选定。

第3章 小试牛刀：办公文本基本操作

1. 鼠标选定文本

使用鼠标可以轻松地改变插入点的位置，因此使用鼠标选定文本十分方便。下面分别介绍通过不同的鼠标操作，完成不同的选定效果。

- 拖动选定：将光标定位在起始位置，再按住鼠标左键并拖曳至目标位置后释放鼠标左键，即可选取文本。
- 单击选定：将光标移动到选定行的左侧空白处，当光标呈⒜形状时，单击鼠标左键，即可选定该行文本。
- 双击选定：将光标移到文本编辑区左侧，当光标呈⒜形状时，双击鼠标左键，即可选定该段文本；将光标定位到单词中间或左侧，双击鼠标左键即可选定该单词。
- 三击选定：将光标定位到需要选定的段落中，三击鼠标左键可选中该段的所有文本；将光标移到文档左侧空白位置，当光标呈⒜形状时，三击鼠标左键即可选中文档中的所有内容。

2. 键盘选定文本

使用键盘上相应的快捷键，同样可以选定文本。下面分别介绍使用键盘选定文本的快捷键及功能，记住这些快捷键可以提高输入与编辑文档的效率。

- 【Shift+→】：选定插入点右侧的一个字符。
- 【Shift+←】：选定插入点左侧的一个字符。
- 【Shift+↑】：选定插入点位置至上一行相同位置之间的文本。
- 【Shift+↓】：选定插入点位置至下一行相同位置之间的文本。
- 【Shift+Home】：选定插入点位置至行首之间的文本。
- 【Shift+End】：选定插入点位置至行尾之间的文本。
- 【Shift+PageDown】：选定插入点位置至下一屏之间的文本。
- 【Shift+PageUp】：选定插入点位置至上一屏之间的文本。
- 【Ctrl+Shift+Home】：选定插入点位置至文档开始之间的文本。
- 【Ctrl+Shift+End】：选定插入点位置至文档结尾之间的文本。
- 【Ctrl+A】：选定文档中所有的文本对象。

3. 鼠标和键盘结合选定文本

使用鼠标和键盘结合的方式，不仅可以选定连续的文本，也可以选定不连续的文本，具体操作方法如下。

- 选定连续的较长文本：将插入点定位到要选定区域的开始位置，按住【Shift】键的同时，再移动光标至要选定区域的结尾处，单击鼠标左键即可选定该区域之间的所有文本内容。
- 选定不连续的文本：选定任意一段文本，按住【Ctrl】键的同时，再拖动鼠标选定其他文本，即可同时选定多段不连续的文本。
- 选定整篇文档：按住【Ctrl】键的同时，将光标移动到文本编辑区左侧空白处，当光标变成⒜形状时，单击鼠标左键即可选定整篇文档。

★ 选定矩形文本：将插入点定位到开始位置，按住【Alt】键并拖曳鼠标，即可选定矩形文本。

3.1.3 移动文本内容

在对文本进行编辑时，有时需要移动某些文本的位置，移动文本的方法与复制文本的方法类似。在 Word 2013 中移动文本的具体操作步骤如下：

STEP 01 选择相应的文本对象

打开一个 Word 文档，在编辑区中选中相应的文本对象，如下图所示。

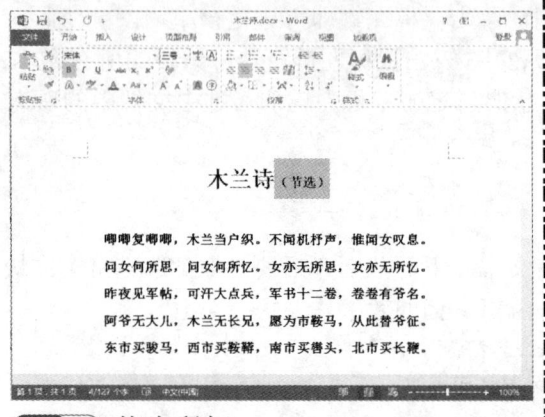

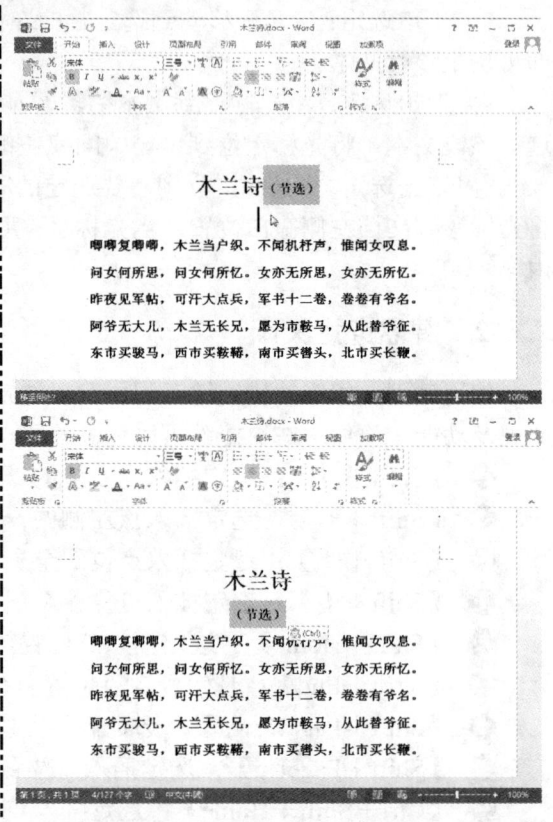

STEP 02 拖曳鼠标

按住鼠标左键并拖曳至合适位置，如下图所示。

STEP 03 移动文本对象

释放鼠标左键，执行操作后，即可移动文本对象到目标位置，如下图所示。

3.1.4 删除文本内容

在 Word 2013 中，可以采用不同的方法删除文本。如果想要在输入文本的过程中删除单个文本，最简单的方法是使用键盘上的【Backspace】键或【Delete】键，【Delete】键会删除插入点所在位置右侧的内容，而【Backspace】键会删除插入点所在位置左侧的内容；如果要删除大段文字或多个段落，则可以通过"剪切"命令来执行。下面通过"剪切"命令，介绍删除文本内容的操作方法。

STEP 01 选择文本对象

在 Word 2013 中，选择并打开一个 Word 文档，在编辑区中选中需要删除的文本对象，如下图所示。

STEP 02 单击"剪切"按钮

在"剪贴板"选项板中单击"剪切"按钮，如下图所示。

STEP 03 删除文本内容

执行上述操作后，即可删除文本内容，如下图所示。

第 3 章 小试牛刀：办公文本基本操作

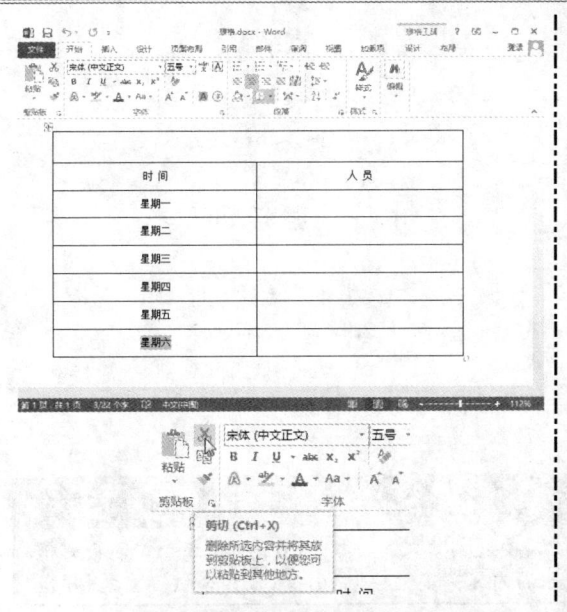

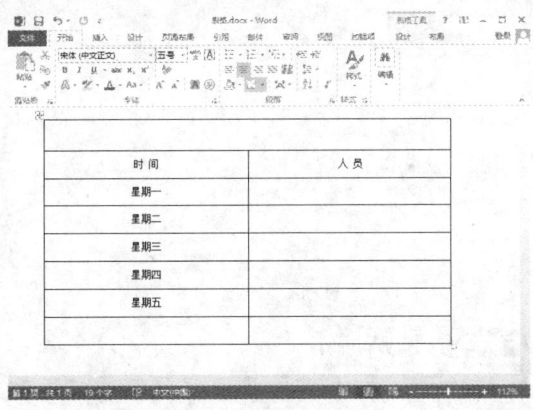

> **专家指点**
> 用户还可以通过按【Ctrl+X】组合键，剪切选中的文本。

3.1.5 复制文本内容

复制是简化文档输入的有效方式之一，当编辑文档过程中有与上文相同的部分时，就可以使用复制功能来避免重复的编辑工作，以节省时间。

STEP 01 选择文本对象

打开一个 Word 文档，选中相应文本对象，如下图所示。

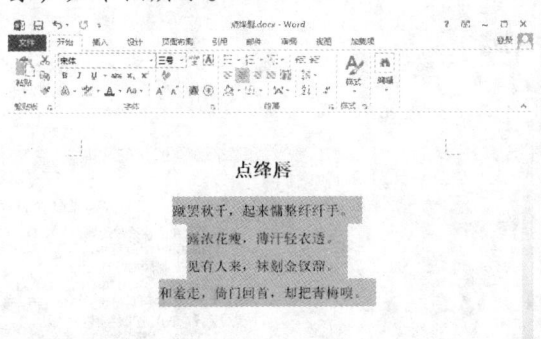

STEP 02 单击"复制"按钮

在"剪贴板"选项板中单击"复制"按钮，如下图所示。

STEP 03 定位光标

将光标定位到需要粘贴文本的目标位置，如下图所示。

STEP 04 单击"粘贴"按钮

在"剪贴板"选项板中单击"粘贴"按钮，如下图所示。

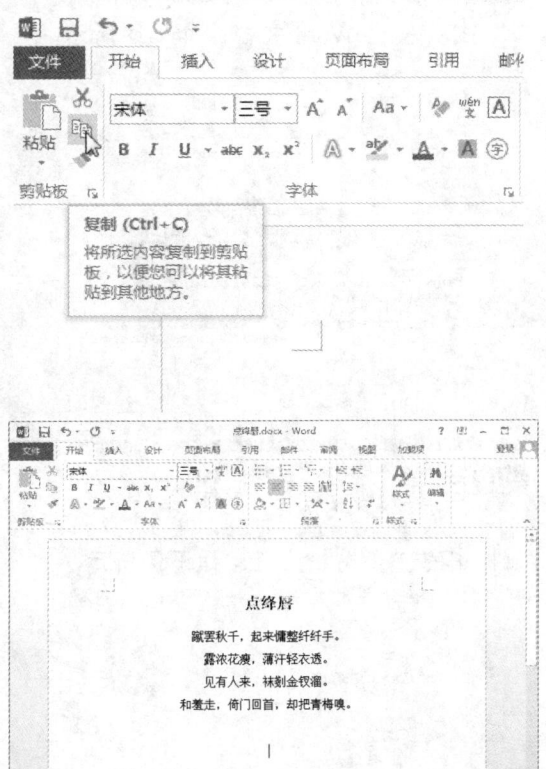

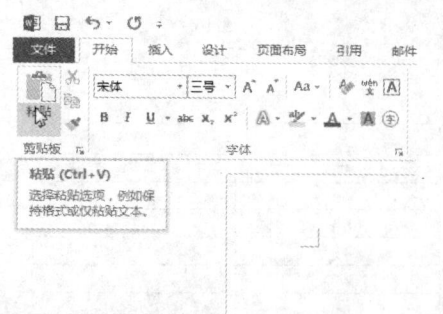

点绛唇

蹴罢秋千，起来慵整纤纤手。

露浓花瘦，薄汗轻衣透。

见有人来，袜刬金钗溜。

和羞走，倚门回首，却把青梅嗅。

蹴罢秋千，起来慵整纤纤手。

露浓花瘦，薄汗轻衣透。

见有人来，袜刬金钗溜。

和羞走，倚门回首，却把青梅嗅。

STEP 05 粘贴文本

执行上述操作后，即可将复制的文本粘贴到目标位置，如下图所示。

> **专家指点**
>
> 用户还可以通过快捷键的方式复制文本，选中需要复制的文字，按【Ctrl+C】组合键，复制相应的文本内容，再按【Ctrl+V】组合键粘贴所复制的内容；多次按【Ctrl+V】组合键可重复粘贴。

3.1.6 查找与替换文本

查找与替换是在编辑文档过程中经常要用到的操作。使用查找与替换功能可以轻松地解决大篇幅文档中的文字查找和替换问题。

STEP 01 打开一个 Word 文档

打开一个 Word 文档，如下图所示。

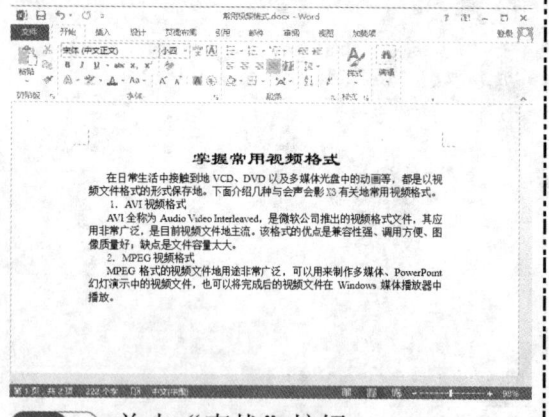

STEP 02 单击"查找"按钮

切换至"开始"面板，单击"编辑"选项板中的"查找"按钮，如下图所示。

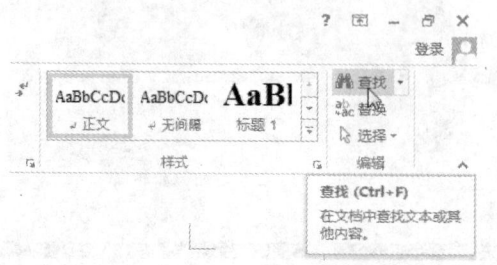

STEP 03 弹出"导航"窗格

执行操作后，在文档左侧弹出"导航"窗格，如下图所示。

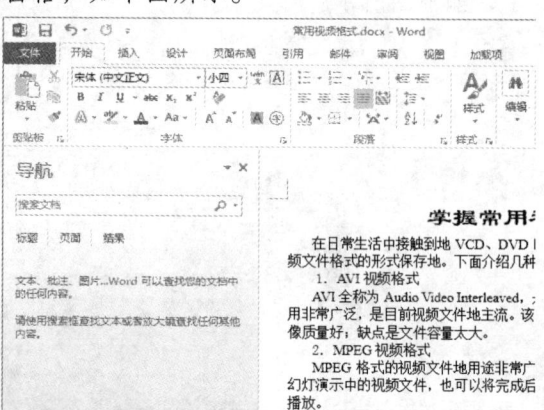

STEP 04 单击"搜索"下拉列表框

在"导航"窗格中，单击"搜索"下拉列表框，如下图所示。

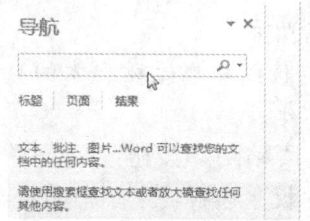

第3章 小试牛刀：办公文本基本操作

STEP 05 输入文本

在"搜索"下拉列表框中输入需要查找的文本，如下图所示。

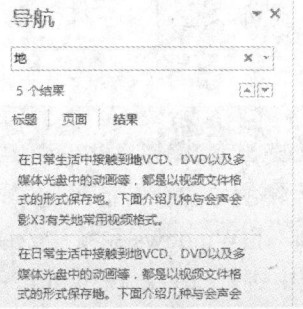

STEP 06 自动搜索出查找的内容

按【Enter】键，即可在文档中自动搜索出查找的内容，如下图所示。

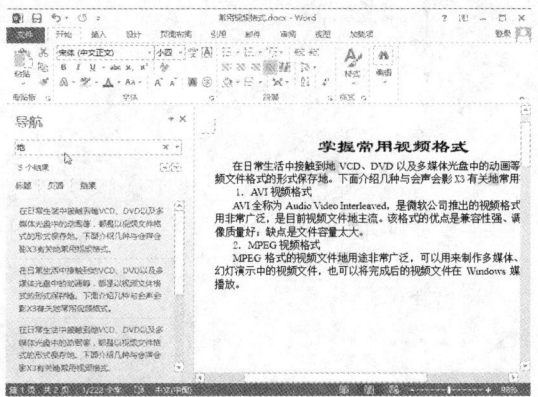

STEP 07 选择"替换"选项

单击"搜索"下拉列表框右侧的下三角按钮，在弹出的列表框中选择"替换"选项，如下图所示。

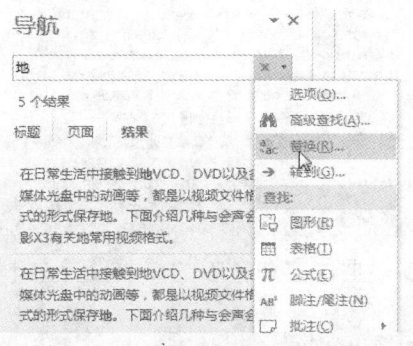

STEP 08 输入文本

执行操作后，弹出"查找和替换"对话框，在"替换为"文本框中输入"的"，如下图所示。

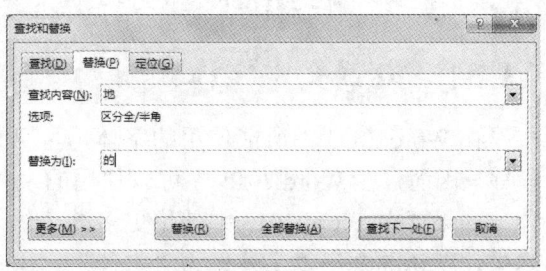

STEP 09 弹出提示信息框

单击"全部替换"按钮，即会弹出提示信息框，如下图所示。

STEP 10 替换文本

单击"确定"按钮，完成文本替换，如下图所示。

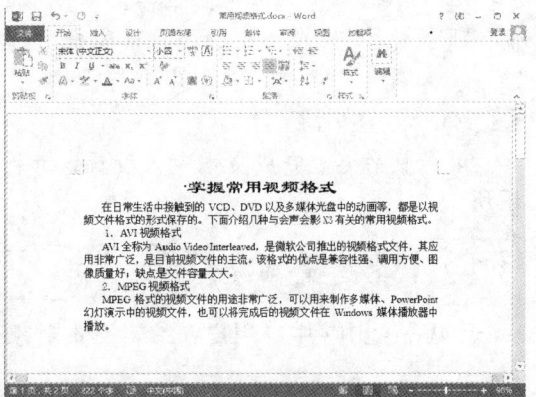

> **专家指点**
>
> 在 Word 2013 中，替换文本还可以单击"开始"面板中的"替换"按钮，然后在弹出的"查找和替换"对话框中设置相应选项。"查找和替换"对话框是一种"无模式"窗口，所以可以在不关闭"查找和替换"对话框的情况下继续对 Word 进行其他的编辑。

新手学 Office 高效办公从入门到精通

3.2 文本格式我做主

设置文档中的文字格式，主要包括对文字的字体、字号、字形、字符间距以及字体效果等方面的设置。在 Word 2013 中，设置文字格式可以通过"字体"选项板和对话框两种方式进行设置。

3.2.1 设置文本字体

在 Word 2013 中所能使用的字体，本身只是 Windows 系统的一部分，而不属于 Word 程序。因而，在 Word 2013 中可以使用的字体类型取决于用户在 Windows 系统中安装的字体。如果要在 Word 2013 中使用更多的字体，就必须在系统中进行安装。在 Word 2013 文本中，默认的文字"字体"为"宋体"，用户可以根据自己的需要设置文本的字体样式。

STEP 01 选中文本对象

打开一个 Word 文档，选中需要设置字体的文本对象，如下图所示。

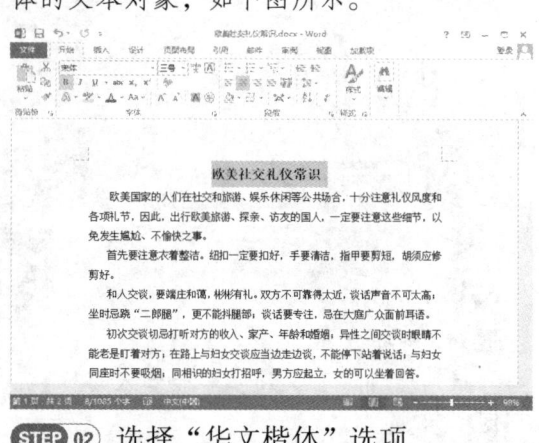

STEP 02 选择"华文楷体"选项

在"字体"选项板中，单击"字体"右侧的下三角按钮，在弹出的下拉列表框中选择"华文楷体"选项，如下图所示。

STEP 03 设置文本字体

执行操作后，完成文本字体设置，如下图所示。

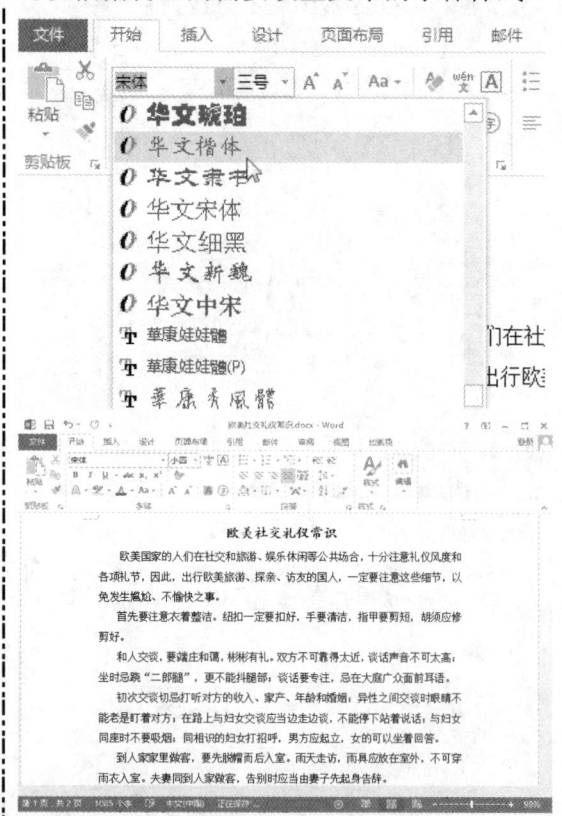

3.2.2 设置文本字号

在 Word 2013 中，用户在编辑文本对象时，可以根据内容和排版的需要设置文本的字号大小。

STEP 01 选中文本对象

打开一个 Word 文档，在编辑区中，选中需要设置字号的文本对象，如下图所示。

STEP 02 选择"一号"选项

在"字体"选项板中，单击"字号"右侧的下三角按钮，在弹出的下拉列表框中选择"一号"选项，如下图所示。

STEP 03 设置文本字号

执行操作后,完成文本字号设置,如下图所示。

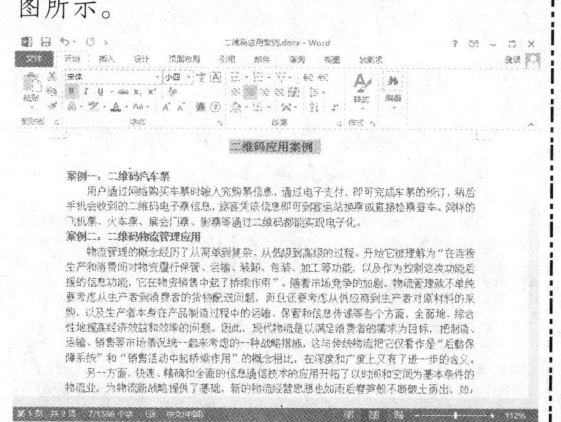

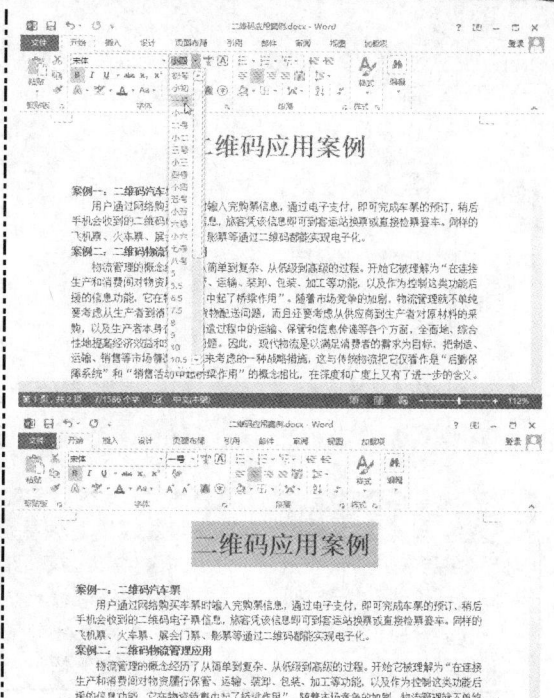

> **专家指点**
>
> 除了使用上述方法设置文本字号外,还可以在"字体"选项板中单击"字体"按钮,弹出"字体"对话框,在"字号"下方的列表框中选择需要设置的字号,并单击"确定"按钮,完成对字号的设置。

3.2.3 设置文本字形

改变文档中某些文字的字形,也可以起到突出显示这些文本的作用。在 Word 2013 中,可以通过加粗、倾斜文本或者同时使用两种格式来更改文本的字形。

STEP 01 选中文本对象

打开一个 Word 文档,选中需要设置字形的文本对象,如下图所示。

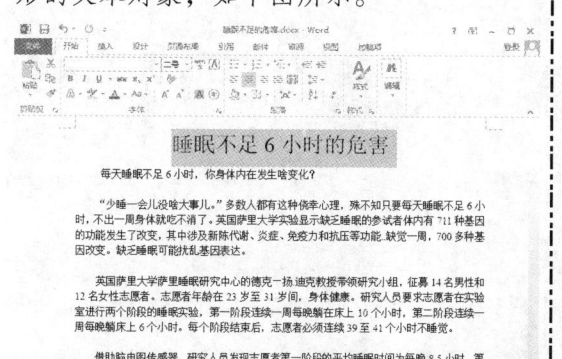

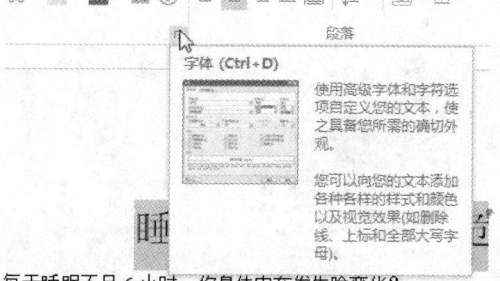

STEP 02 单击"字体"按钮

在"开始"面板的"字体"选项板中,单击"字体"按钮,如下图所示。

STEP 03 选择"加粗 倾斜"选项

执行操作后,弹出"字体"对话框,在"字形"列表框中选择"加粗 倾斜"选项,如下图所示。

STEP 04 设置文本字形

单击"确定"按钮,即可将选中的文本的字形加粗并倾斜,如下图所示。

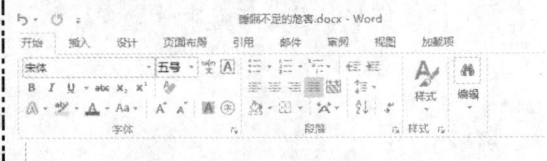

> **专家指点**
>
> 在"字形"列表框中，各选项的含义如下。
> - 常规：选择该选项，字形没有任何特效显示。
> - 加粗：选择该选项，笔画会比常规字的笔画粗。
> - 倾斜：选择该选项，字形将会出现倾斜效果。

3.2.4 设置文本颜色

在 Word 2013 中，设置字体颜色不仅可以标记重点，方便识别，还可以使文档中的文本效果更具观赏性，用户可根据需要设置文本的字体颜色。

STEP 01 选择文本内容

打开一个 Word 文档，选择需要设置颜色的文本内容，如下图所示。

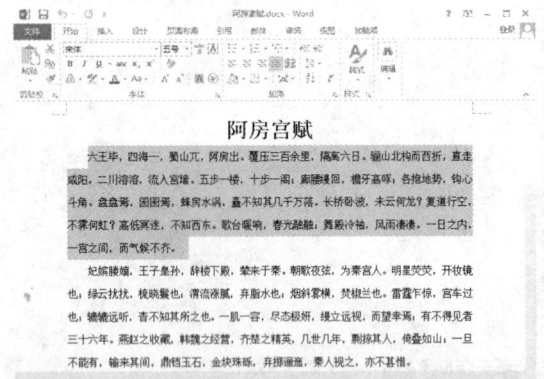

STEP 02 选择"蓝色，着色 1"选项

在"字体"选项板中单击"字体颜色"右侧的下三角按钮，在弹出的面板中选择"蓝色，着色 1"选项，如下图所示。

STEP 03 设置文本颜色

执行上述操作后，即可设置文本颜色，效果如下图所示。

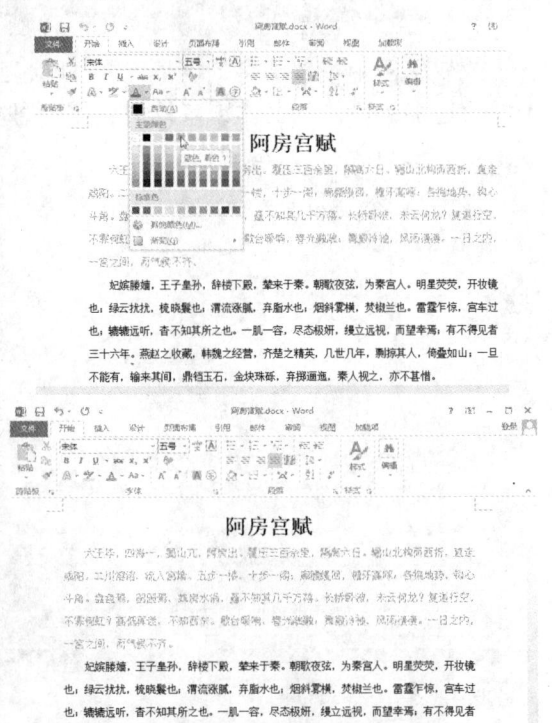

第 3 章　小试牛刀：办公文本基本操作

> **专家指点**
> 在"字体颜色"面板中选择"其他颜色"选项，在弹出的"颜色"对话框中可以自定义更多的颜色。

3.2.5 设置字符间距

字符间距是指文档中字与字之间的距离。通常情况下，文本是以标准间距显示的，并且字符与字符之间的间距也是标准格式，这样的字符间距适用于绝大多数文本。但有时为了创建一些特殊的文本效果，用户需要适当对字符间距进行扩大或缩小。下面以扩大字符间距为例，讲解设置字符间距的具体操作方法。

STEP 01　选择文本对象

打开一个 Word 文档，选中需要设置字符间距的文本对象，如下图所示。

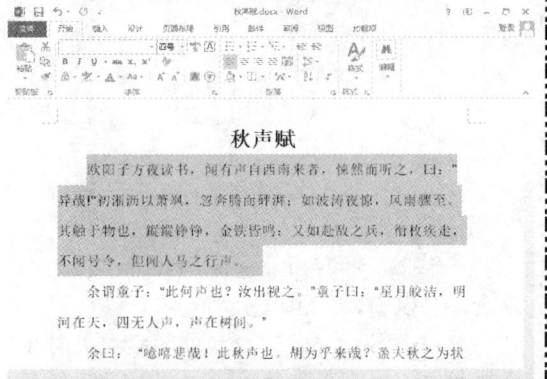

STEP 02　单击"字体"按钮

在"字体"选项板中，单击右下角的"字体"按钮，如下图所示。

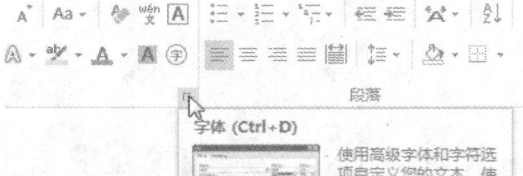

STEP 03　设置各选项

弹出"字体"对话框，切换至"高级"选项卡，在"字符间距"选项区中设置"间距"为"加宽"、"磅值"为"2 磅"，如下图所示。

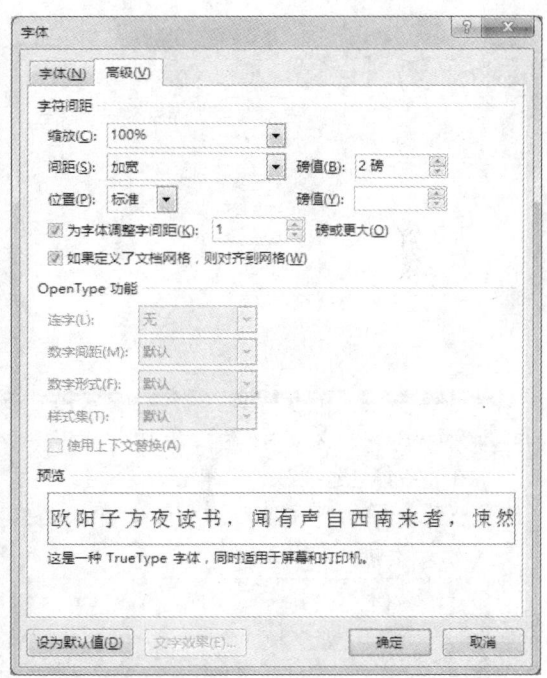

STEP 04　设置字符间距

单击"确定"按钮，完成字符间距设置，效果如下图所示。

专家指点

通常用户在"字体"对话框中设置文字的间距值后,在下方的预览框中会显示相应的预览效果。

3.2.6 设置文本效果

在编辑文本的过程中,用户若要为文本添加特殊效果,则需要在"字体"对话框中进行设置,如为文本添加轮廓、映像、发光和柔化边缘等,使文档更加美观、整齐。

STEP 01 选择文本内容

打开一个 Word 文档,选择需要设置文本效果的文本内容,如下图所示。

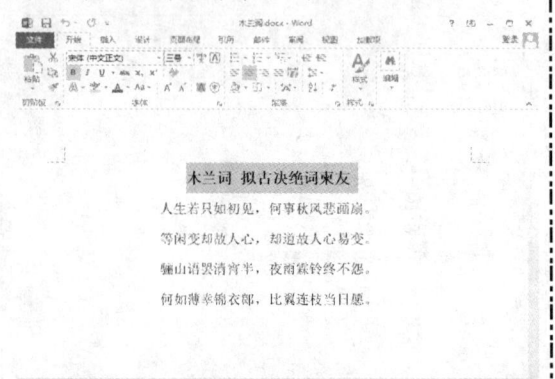

STEP 02 单击"文字效果"按钮

在"字体"选项板中,单击右下角的"字体"按钮,弹出"字体"对话框,单击"文字效果"按钮,如下图所示。

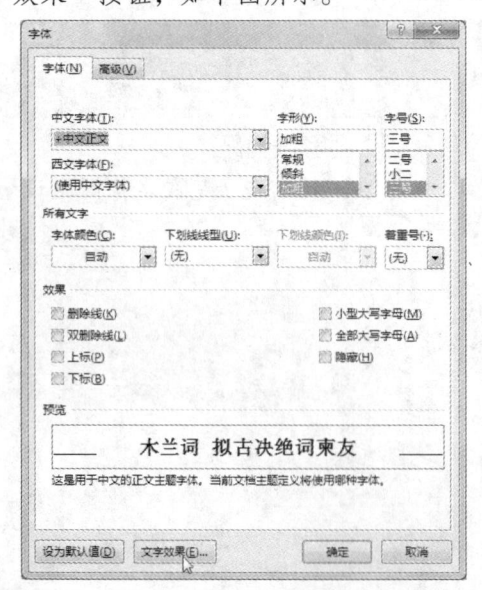

STEP 03 "设置文本效果格式"对话框

执行上述操作后,弹出"设置文本效果格式"对话框,如下图所示。

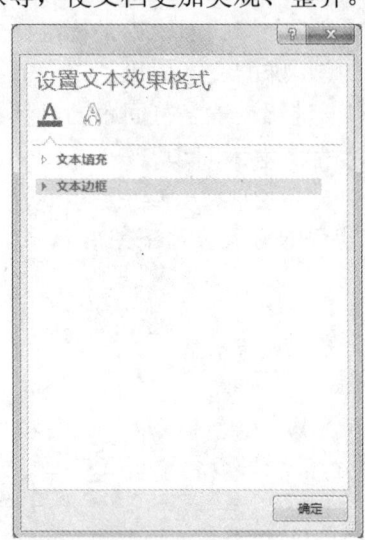

STEP 04 设置填充颜色

展开"文本边框"列表,选中"实线"单选按钮,并设置其填充颜色,如下图所示。

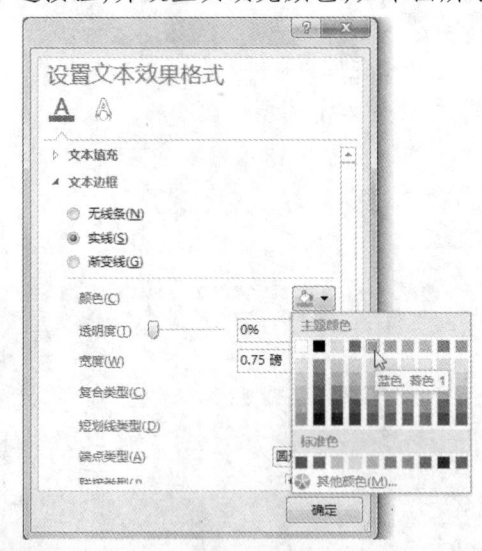

STEP 05 选择相应样式

单击"文本效果"按钮,展开"阴影"列表,单击"预设"右侧的按钮,在弹出的下拉列表框中选择"右下斜偏移"样式,如下图所示。

设置文本效果格式
阴影
预设(P)
颜色(C)
透明度(T)
大小(S)
模糊(B)
角度(A)
距离(D)
映像
预设(P)
透明度(T)
100%
外部
右下斜偏移
内部

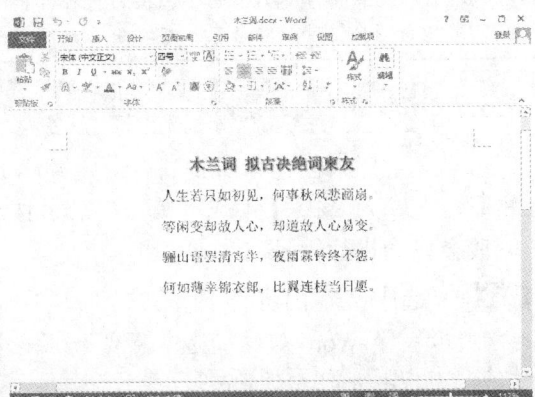

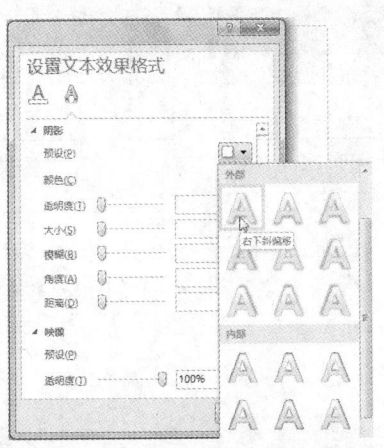

STEP 06 完成文本特殊效果的设置

单击“确定”按钮，即可完成对文本特殊效果的设置，如下图所示。

木兰词 拟古决绝词柬友
人生若只如初见，何事秋风悲画扇。
等闲变却故人心，却道故人心易变。
骊山语罢清宵半，夜雨霖铃终不怨。
何如薄幸锦衣郎，比翼连枝当日愿。

> **专家指点**
>
> 在“字体”对话框中，还可以完成“字体”选项板中的所有字体设置功能。

3.3 项目符号美化操作

在编写文档的过程中，经常需要添加项目符号或编号，在文档中使用项目符号和编号来组织文档，可以使文档层次分明、条理清晰、内容醒目。在制作一些规章制度、管理条例时经常用到项目符号和编号。

3.3.1 添加项目符号

项目符号一般在表述并列意思的情况下使用，创建项目符号后，能够使文档结构更加清晰，便于阅读。

STEP 01 选中文本

打开一个 Word 文档，选中需要添加项目符号的文本，如下图所示。

狂想吉他社火热开班
民谣初级班学费 400 元送价值 200 元的民谣吉他
民谣中级班学费 600 元送价值 400 元的民谣吉他
民谣高级班学费 800 元送价值 600 元的民谣吉他
古典初级班学费 1000 元送价值 700 元的古典吉他
古典中级班学费 1400 元送价值 1000 元的古典吉他
古典高级班学费 2000 元送价值 1800 元的古典吉他

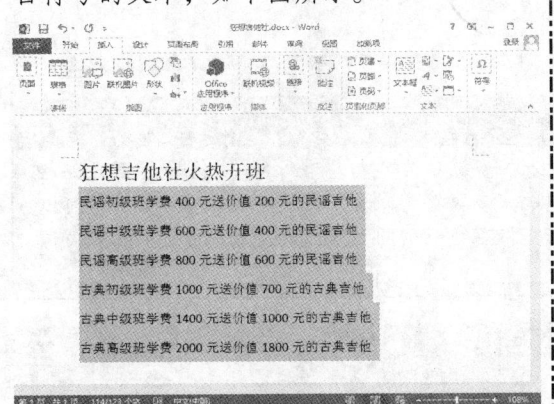

STEP 02 选择项目符号

在“段落”选项板中单击“项目符号”右侧的下三角按钮，在弹出的下拉列表框中选择相应项目符号，如下图所示。

页面布局
引用
邮件
审阅
视图
加载项
项目符号库
无
文档项目符号

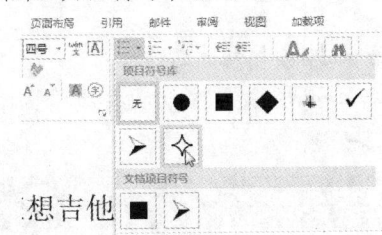

STEP 03 添加项目符号

执行上述操作后，即可添加项目符号，如下图所示。

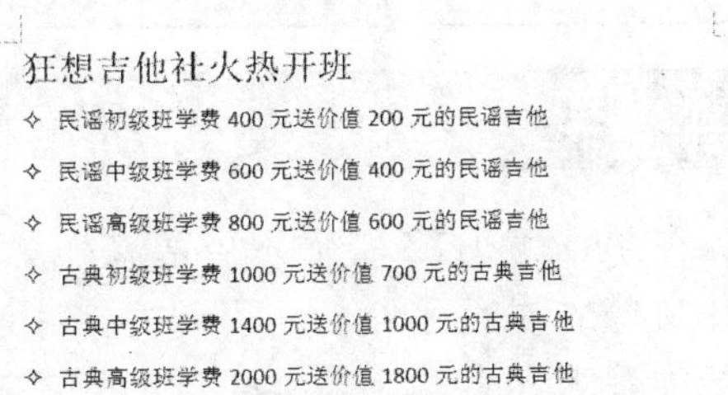

狂想吉他社火热开班
民谣初级班学费 400 元送价值 200 元的民谣吉他
民谣中级班学费 600 元送价值 400 元的民谣吉他
民谣高级班学费 800 元送价值 600 元的民谣吉他
古典初级班学费 1000 元送价值 700 元的古典吉他
古典中级班学费 1400 元送价值 1000 元的古典吉他
古典高级班学费 2000 元送价值 1800 元的古典吉他

> **专家指点**
>
> 单击"项目符号"右侧的下拉按钮,在弹出的下拉列表框中选择"定义新项目符号"选项,弹出"定义新项目符号"对话框,在其中用户可以根据需要自定义其他图片或图形为项目符号样式。

3.3.2 添加项目编号

编号经常用来创建由低到高有一定顺序的项目。在默认状态下,运用 Word 2013 进行编辑时,在输入(1)、1或"第一"后再按空格键,然后输入文本,按【Enter】键时,新的一段会自动进行编号。

STEP 01 选中文本内容

打开一个 Word 文档,选中需要添加编号的文本内容,如下图所示。

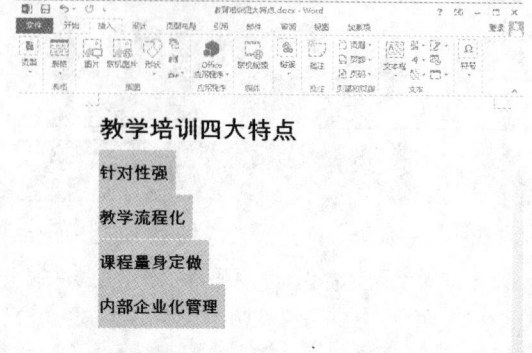

STEP 02 选择相应选项

在"段落"选项板中,单击"编号"右侧的下拉按钮,在弹出的下拉列表框中选择相应的选项,如下图所示。

STEP 03 添加项目编号

执行上述操作后,即可添加项目编号,如下图所示。

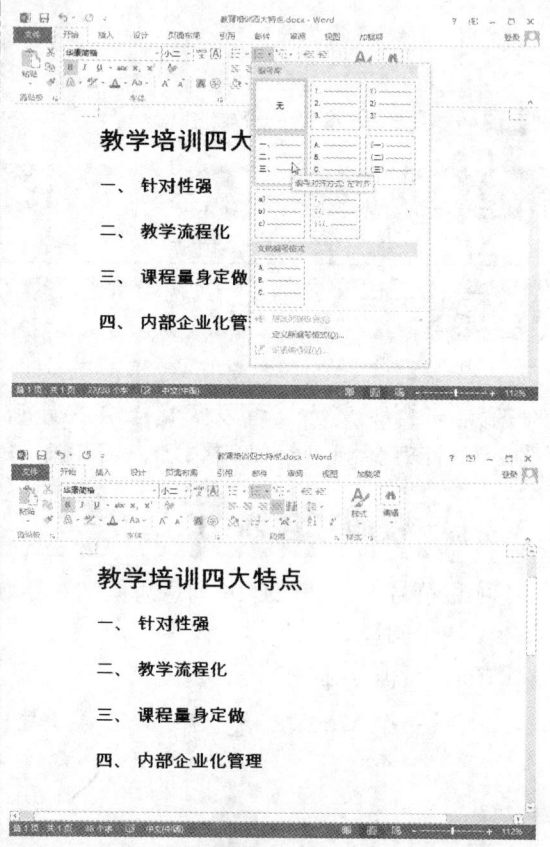

> **专家指点**
>
> 在 Word 2013 中,用户还可以添加多级符号列表。多级符号列表是为列表或文档设置层次结构而创建的列表,一般由项目符号和编号列表混合组成。多级符号列表中每段的项目符号或编号可以根据缩进范围发生变化,在 Word 2013 中,最多可支持 9 个级别的多级列表,每个级别的项目符号或者编号格式都可以进行自定义设置。

3.4 灵活运用边框和底纹

在 Word 2013 中输入一篇文档后,除了可以对文字和段落的格式进行设置起到美化文档的作用之外,还可以为文字、段落添加边框或底纹,从而突出重点,使文档更加美观和生动。

第 3 章 小试牛刀：办公文本基本操作

3.4.1 添加文字边框和底纹

为文字添加边框和底纹，可以达到修饰与美化文字的目的。下面介绍添加文字边框和底纹的方法。

STEP 01 选择文字

打开一个 Word 文档，在编辑区中选择需要添加边框的文字，如下图所示。

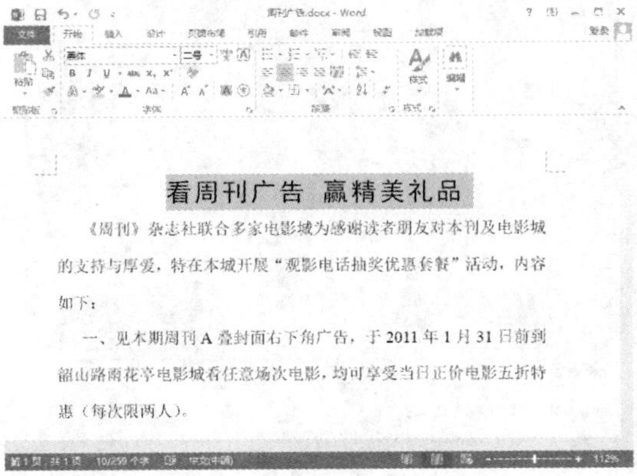

STEP 02 单击"字符边框"按钮

在"字体"选项板中，单击"字符边框"按钮，如下图所示。

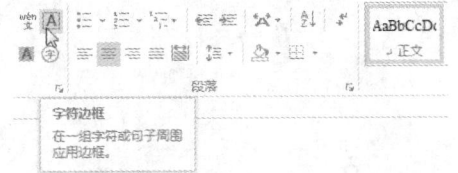

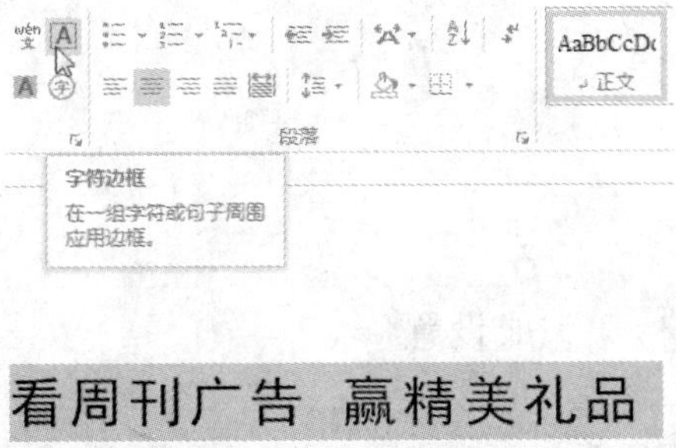

STEP 03 添加边框

执行上述操作后，即可为选择的文字添加边框，如下图所示。

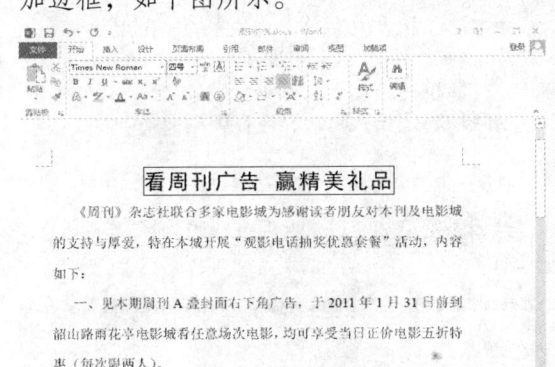

STEP 04 选择文字

在编辑区中，选中需要添加底纹的文字，如下图所示。

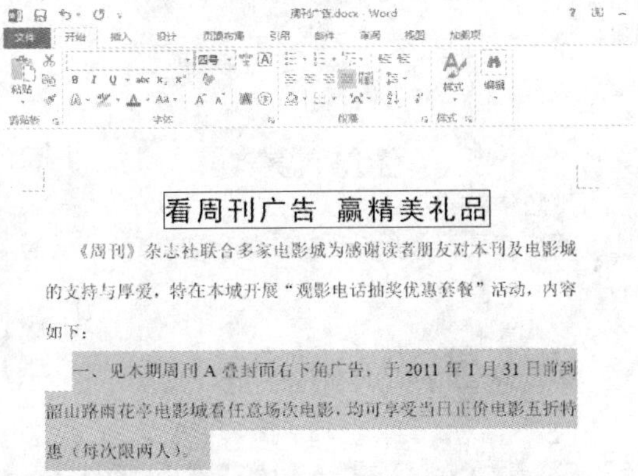

STEP 05 选择相应颜色

在"字体"选项板中，单击"以不同颜色突出显示文本"右侧的下拉按钮，在弹出的颜色面板中选择相应颜色，如下图所示。

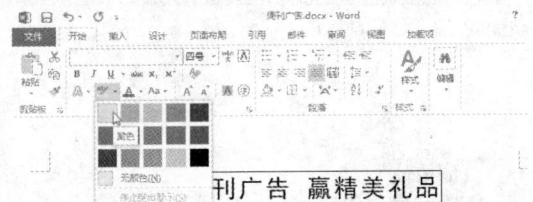

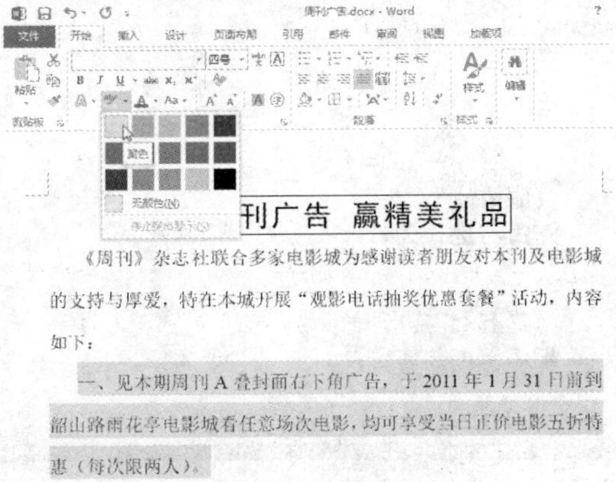

STEP 06 添加底纹

执行上述操作后，即可为选中的文字添加底纹，如下图所示。

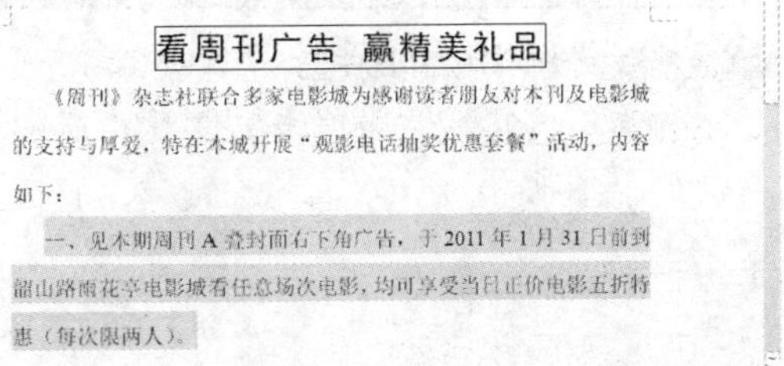

3.4.2 添加段落边框和底纹

在 Word 2013 中，用户可以根据需要为段落添加边框和底纹，下面介绍添加段落边框和底纹的方法。

STEP 01 选择段落

打开一个 Word 文档，选中需要添加边框和底纹的段落，如下图所示。

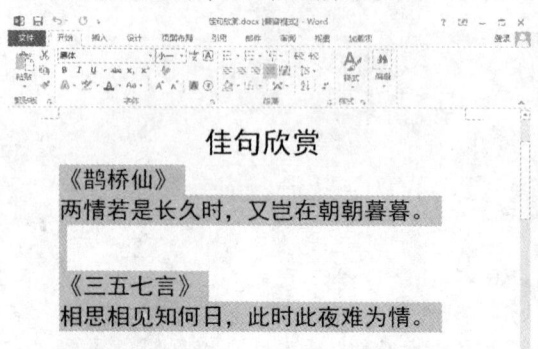

STEP 02 选择"边框和底纹"选项

在"段落"选项板中，单击"下框线"右侧的下拉按钮，在弹出的下拉列表框中选择"边框和底纹"选项，如下图所示。

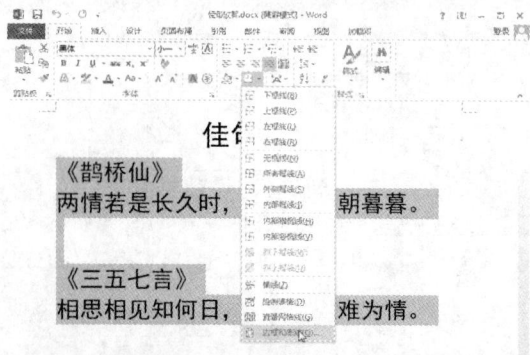

STEP 03 选择边框样式

弹出"边框和底纹"对话框，在"设置"选项区中，单击"三维"按钮，在"样式"选项区中，选择一种边框样式，如下图所示。

STEP 04 设置相应的颜色

切换至"底纹"选项卡，设置相应的颜色，如下图所示。

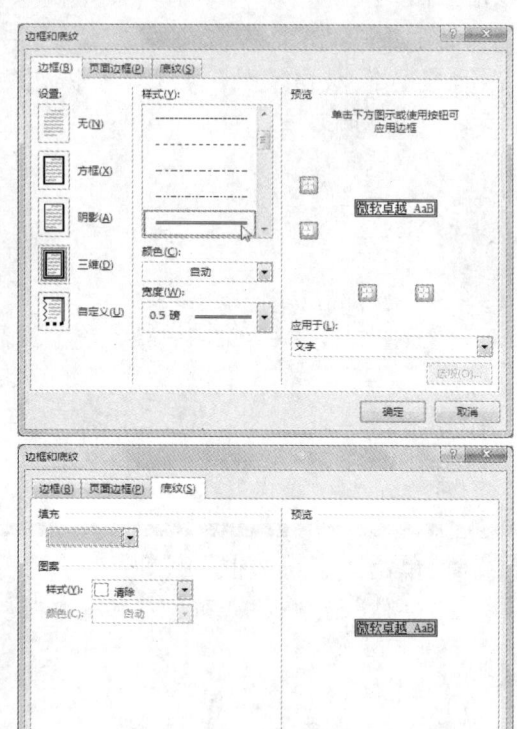

STEP 05 完成设置

单击"确定"按钮，即可完成对选中段落边框和底纹的设置，如下图所示。

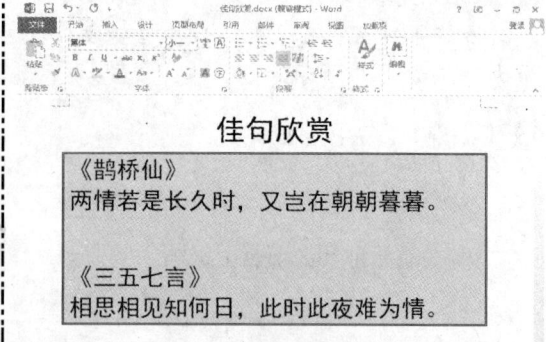

Chapter 04

章前知识导读

在用户使用 Word 编辑文档的过程中,加入精美的图片或图形,不仅可以增加文档的可读性,而且会使整个文档变得赏心悦目。本章主要介绍轻松进行图文混排操作、制作精美图形特效、设置分栏排版以及设置特殊版式等内容。

图文编排:文档精美图文排版

重点知识索引

- 在文档中插入图片
- 快速创建 SmartArt 图形
- 快速添加图片样式
- 创建分栏版式
- 快速设置首字下沉

效果图片赏析

4.1 轻松进行混排操作

一篇文档如果只有文字，阅读起来会令人感到十分单调，如果在文档中插入各种形式的图片，不仅可以增加文档的可读性，还能提高文档的感染力。本节主要介绍插入艺术字、图片和绘制图形、文本框以及创建 SmartArt 图形等操作方法。

4.1.1 在文档中插入图片

在文档中插入图片，既可以插入来自文件的图片，又可以插入很多种不同格式的图片，如 JPEG、CDR、BMP 以及 TIFF 等格式。

STEP 01 打开一个 Word 文档

打开一个 Word 文档，如下图所示。

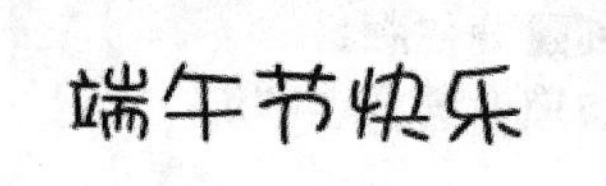

STEP 02 单击"图片"按钮

将光标定位于要插入图片的位置，切换至"插入"面板，在"插图"选项板中单击"图片"按钮，如下图所示。

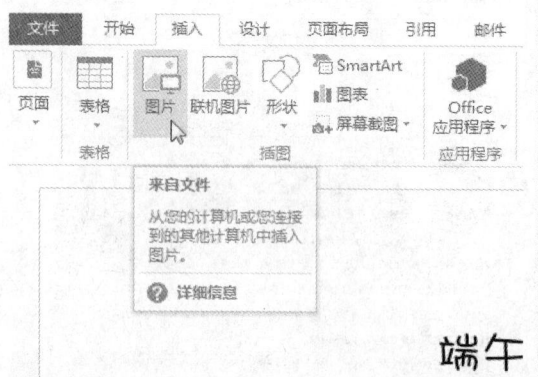

STEP 03 选择需要插入的图片

弹出"插入图片"对话框，在其中选择需要插入的图片，如下图所示。

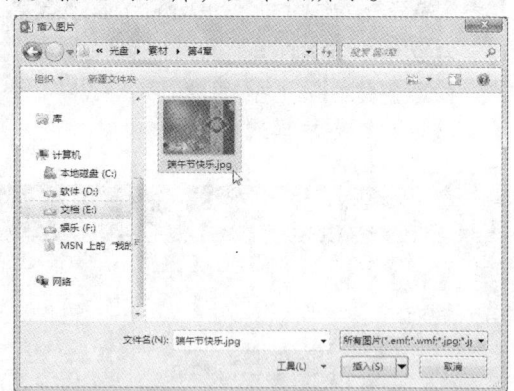

STEP 04 调整图片后的效果

单击"插入"按钮，即可将图片插入到 Word 文档中，拖曳四周的控制柄，调整图片的大小，效果如下图所示。

? 专家指点

用户还可以从扫描仪或数码相机中插入图片，要直接从扫描仪或数码相机中插入图片，必须确认设备是 TWAIN 或 WIA 兼容的设备，并且要与计算机正常连接。

第 4 章 图文编排：文档精美图文排版

4.1.2 在文档中绘制图形

在 Word 2013 中，不但可以插入图片、剪贴画，还可以绘制各种图形形状。Word 2013 提供了丰富的绘图工具，包括线条、矩形、基本形状、箭头总汇和流程图等，通过使用这些工具可绘制出用户所需要的图形。

STEP 01 打开一个 Word 文档

打开一个 Word 文档，如下图所示。

STEP 02 单击"矩形"按钮

切换至"插入"面板，在"插图"选项板中单击"形状"下拉按钮，在弹出的列表框中，单击"矩形"按钮，如下图所示。

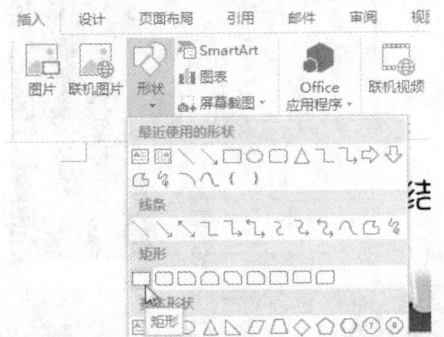

STEP 03 绘制一个矩形

在图片的合适位置按住鼠标左键并拖曳，至合适位置后释放鼠标，即可绘制一个"矩形"形状，如下图所示。

STEP 04 选择"添加文字"选项

选择矩形并单击鼠标右键，在弹出的快捷菜单中，选择"添加文字"选项，如下图所示。

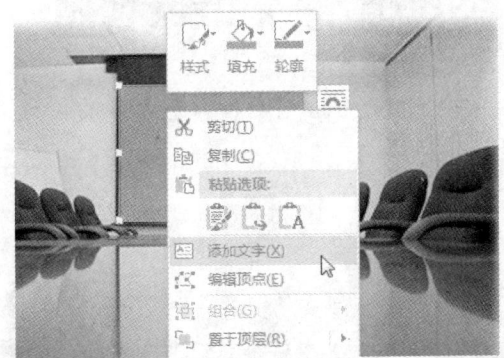

STEP 05 设置字体相应属性

在矩形上添加所需的文字，设置字体相应属性，如下图所示。

> **专家指点**
>
> 绘制图形后，如果其大小、位置不能满足用户需求，这时还可以使用图形编辑功能对这些图形进行适当的处理，使文档更加美观。

4.1.3 快速插入艺术字

在 Word 2013 中，常常需要为文档添加艺术字以增加文档的吸引力，用户可以根据需要按预定义的方法来插入艺术字。

STEP 01 打开一个 Word 文档

打开一个 Word 文档，如下图所示。

STEP 02 定位光标

将光标定位在需要插入艺术字的位置，如下图所示。

STEP 03 单击"艺术字"下拉按钮

切换至"插入"面板，在"文本"选项板中单击"艺术字"下拉按钮，如下图所示。

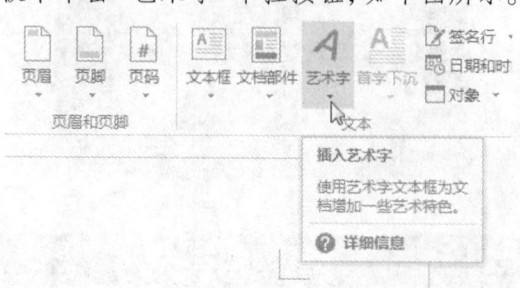

STEP 04 选择相应选项

在弹出的列表框中，选择相应的艺术字效果，如下图所示。

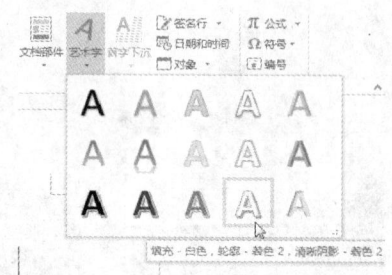

STEP 05 输入文字

弹出"请在此输入您的文字"文本框，按【Delete】键将其删除，在文本框中输入需要设置为艺术字的文字，如下图所示。

STEP 06 插入艺术字

在编辑区的空白位置单击鼠标左键，即可完成艺术字的插入，调整至合适位置，如下图所示。

4.1.4 在 Word 中绘制文本框

文本框实际上是一种可移动、大小可调整的文字或图形容器。使用文本框可以实现多个文本混排的效果。

STEP 01 打开一个 Word 文档

打开一个 Word 文档，如下图所示。

STEP 02 选择"绘制文本框"选项

切换至"插入"面板，在"文本"选项板中，单击"文本框"下拉按钮，在弹出的列表框中，选择"绘制文本框"选项，如下图所示。

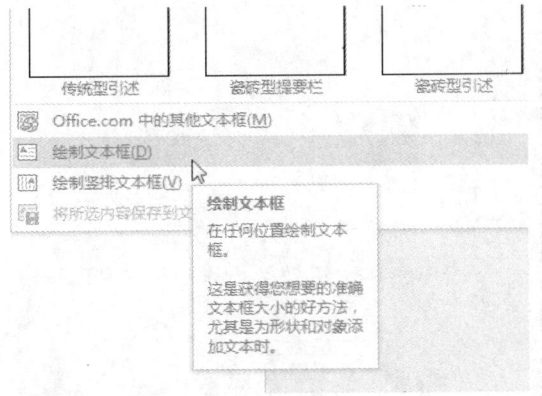

STEP 03 输入文字

在图片中的合适位置，按住鼠标左键并拖曳，绘制一个文本框，在其中输入文字"保护环境 共创绿色家园"，选中文字，在"开始"面板的"字体"选项板中设置"字体"为"楷体"、"字号"为"小初"、"字体颜色"为绿色，效果如下图所示。

STEP 04 设置相应选项

切换至"绘图工具"中的"格式"面板，在"形状样式"选项板中，设置"形状填充"为"无填充颜色"、"形状轮廓"为"无轮廓"，在"段落"选项板中，单击"居中"按钮，效果如下图所示。

STEP 05 绘制文本框

在编辑区的其他空白位置单击鼠标左键，即可完成绘制文本框的操作，效果如下图所示。

> **专家指点**
>
> 在文档中插入文本框后，文本框的边框上将出现8个控制点。将鼠标指针移至控制点上，鼠标指针将会变成双箭头形状，按住鼠标左键并拖曳控制点，即可调整文本框大小。
> 用鼠标也可调整文本框的位置，将鼠标指针移至文本框边缘的8个控制点以外的区域，鼠标指针变成点箭头的十字形，按住鼠标左键并拖动鼠标，即可移动文本框。

4.1.5 快速创建 SmartArt 图形

在 Word 2013 中，使用 SmartArt 图形，可以制作出具有专业水准的插图。

STEP 01 打开一个 Word 文档

打开一个 Word 文档，如下图所示。

关系图形

STEP 02 单击 SmartArt 按钮

切换至"插入"面板，在"插图"选项板中，单击 SmartArt 按钮，如下图所示。

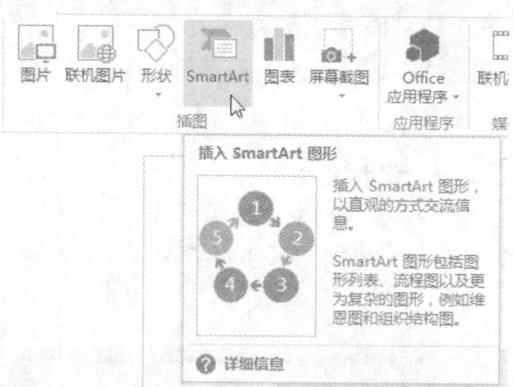

STEP 03 选择"射线群集"选项

弹出"选择 SmartArt 图形"对话框，在左侧列表框中，选择"关系"选项，在中间的列表框中，选择"射线群集"选项，如下图所示。

STEP 04 设置相应选项

单击"确定"按钮，即可将"射线群集"插入到文档中，在图形中的"文本"处单击，

输入所需文本，并对文字进行相应的设置，如下图所示。

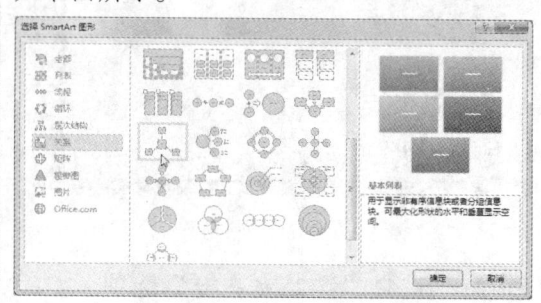

关系图形

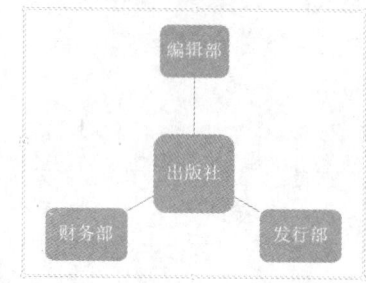

STEP 05 切换至"设计"面板

选中图形，切换至"SMARTART 工具"中的"设计"面板，如下图所示。

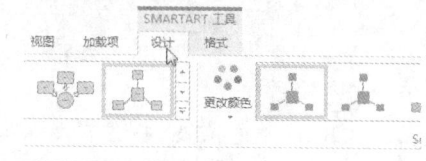

关系图形

STEP 06 选择相应选项

单击"SmartArt 样式"选项板中的"更改颜色"下拉按钮，在弹出的列表框中，选择相应选项，如下图所示。

第 4 章　图文编排：文档精美图文排版

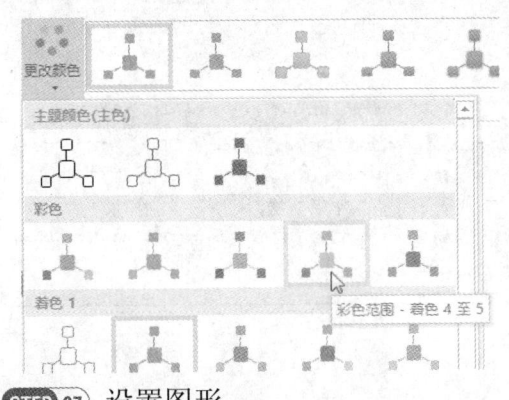

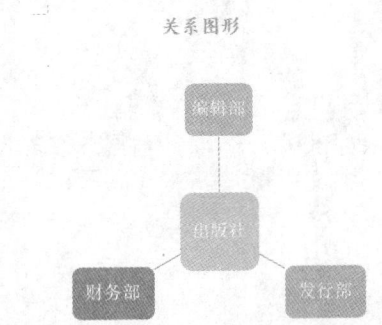

执行操作后，完成图形设置，效果如下图所示。

STEP 07 设置图形

4.2 制作精美图形特效

在 Word 2013 中，为了使绘制的图形更加美观，可以给图形添加图形特效，包括填充效果、艺术效果、阴影效果和三维效果。本节主要介绍快速添加图片样式、快速设置填充效果以及快速设置三维效果等内容。

4.2.1 快速添加图片样式

在 Word 2013 中，为了使图片更加美观，可以给图片添加各种样式，而操作起来也比其他专业的图片处理软件更简单。

STEP 01 打开一个 Word 文档

打开一个 Word 文档，如下图所示。

STEP 02 单击"其他"下拉按钮

选中文档中的图片，切换至"图片工具"中的"格式"面板，单击"图片样式"选项板中的"其他"下拉按钮，如下图所示。

STEP 03 选择"旋转，白色"选项

弹出列表框，选择"旋转，白色"选项，如下图所示。

STEP 04 添加图片样式

执行上述操作后，即可为图片添加样式，调整图片大小和位置，如下图所示。

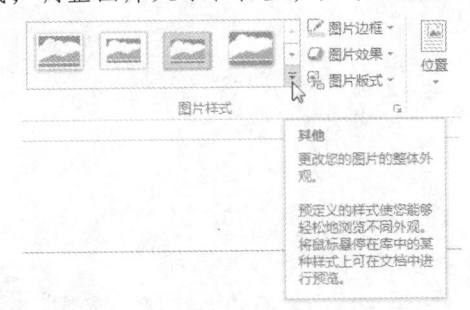

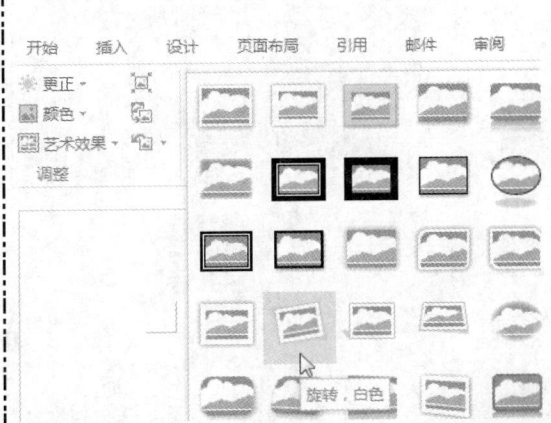

浪漫情人节

> **专家指点**
> 在"图片样式"选项板中还有3个按钮，分别是：图片边框、图片效果和图片版式，单击按钮右侧的下拉按钮，也可以为图片添加相应的效果。

4.2.2 快速设置填充效果

在 Word 2013 中，不仅可以给绘制的图形添加背景颜色，还可以在图形中添加用户所需的各种图片。

STEP 01 单击"形状"下拉按钮

新建一个 Word 文档，切换至"插入"面板，单击"插图"选项板中的"形状"下拉按钮，如下图所示。

STEP 02 选择"矩形"选项

在弹出的列表框中，选择"矩形"选项区中的"矩形"选项，如下图所示。

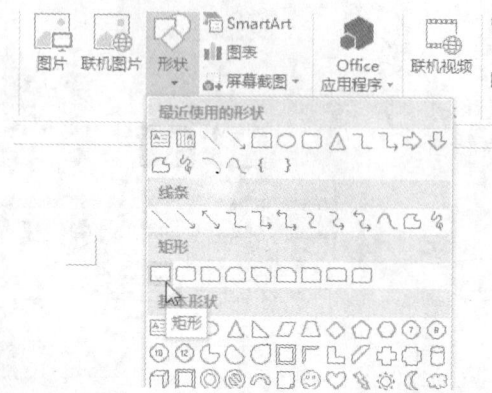

STEP 03 绘制一个形状

执行操作后，在文档中绘制一个形状，如下图所示。

STEP 04 选择"图片"选项

选择绘制的形状，切换至"绘图工具"中的"格式"面板，在"形状样式"选项板中单击"形状填充"下拉按钮，在弹出的列表框中选择"图片"选项，如下图所示。

STEP 05 单击"浏览"按钮

执行操作后，弹出相应窗格，单击"来自文件"右侧的"浏览"按钮，如下图所示。

STEP 06 选择需要的图片

弹出"插入图片"对话框，在其中选择需要进行填充的图片，如下图所示。

STEP 07 插入图片

单击"插入"按钮，即可将图片插入至

图形中，如下图所示。

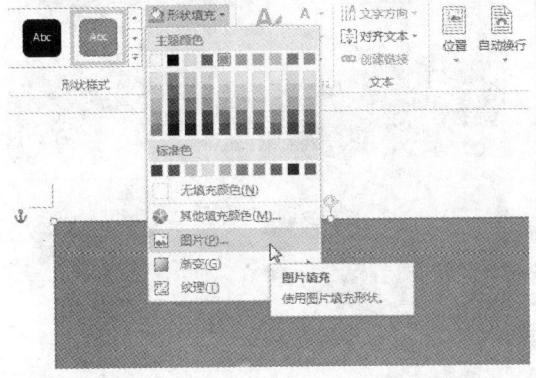

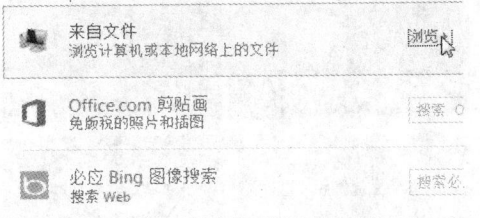

> **专家指点**
> 在"形状填充"下拉列表框中还可以填充纹理和渐变色，用户可根据需要进行适当的设置。

4.2.3 快速设置艺术效果

在 Word 2013 中，可以在插入的图片中设置各种艺术效果，如给图片添加铅笔素描、粉笔素描、纹理化等，使图片更像素描或油画。

STEP 01 打开一个 Word 文档

打开一个 Word 文档，如下图所示。

中的"格式"面板，在"调整"选项板中单击"艺术效果"下拉按钮，如下图所示。

STEP 02 单击"艺术效果"下拉按钮

选择第 2 张图片，切换至"图片工具"

STEP 03 选择"画图刷"选项

弹出列表框，选择"画图刷"选项，如下图所示。

新手学 Office 高效办公从入门到精通

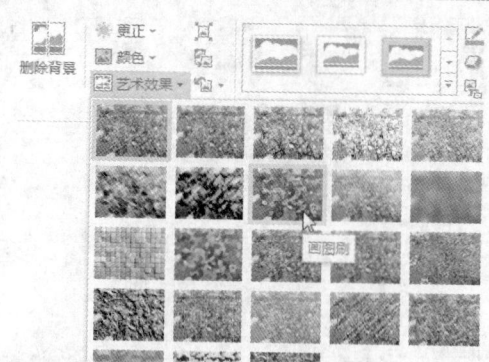

STEP 04 设置艺术效果

执行上述操作后，即可设置图片艺术效果，如下图所示。

STEP 05 设置艺术效果

用与上述相同的方法，将其他图片设置"艺术效果"为"混凝土"，如下图所示。

> **专家指点**
>
> 在"艺术效果"下拉列表框中，选择"艺术效果选项"选项，弹出"设置图片格式"对话框，用户可以根据需要对图片的艺术效果进行其他操作，如设置图片艺术效果的透明度等。

4.2.4 快速设置阴影效果

在 Word 2013 中，用户可为文档中绘制的图形对象添加阴影效果，并且可以改变阴影的方向和颜色，在改变阴影颜色的同时，只改变阴影部分，而不会改变图形本身。

STEP 01 打开一个 Word 文档

打开一个 Word 文档，如下图所示。

STEP 02 单击"图片效果"下拉按钮

选中文档中的图片，切换至"图片工具"中的"格式"面板，在"图片样式"选项板中单击"图片效果"下拉按钮，如下图所示。

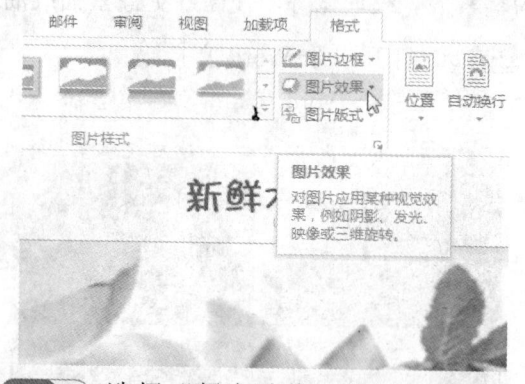

STEP 03 选择"紧密映像，接触"选项

弹出列表框，选择"映像"|"紧密映像，接触"选项，如下图所示。

STEP 04 设置图片映像

执行上述操作后，即可设置图片映像，如下图所示。

> **专家指点**
>
> 如果对映像中的样式不满意，还可以通过"映像"子菜单下的"映像选项"命令，进行相应的映像设置。

4.2.5 快速设置三维效果

在 Word 2013 中，还可以给绘制的线条、自选图形、任意多边形、艺术字和图片添加三维效果，并且允许用户自定义延伸深度、照明颜色、旋转角度和方向等，在改变三维效果的颜色时，只会影响对象的三维效果，而不会影响对象本身。

STEP 01 打开一个 Word 文档

打开一个 Word 文档，如下图所示。

粽子

STEP 02 单击"图片效果"下拉按钮

选中文档中的图片，切换至"图片工具"中的"格式"面板，然后在"图片样式"选项板中单击"图片效果"下拉按钮，如下图所示。

STEP 03 选择"预设 9"选项

弹出列表框，选择"预设"|"预设 9"选项，如下图所示。

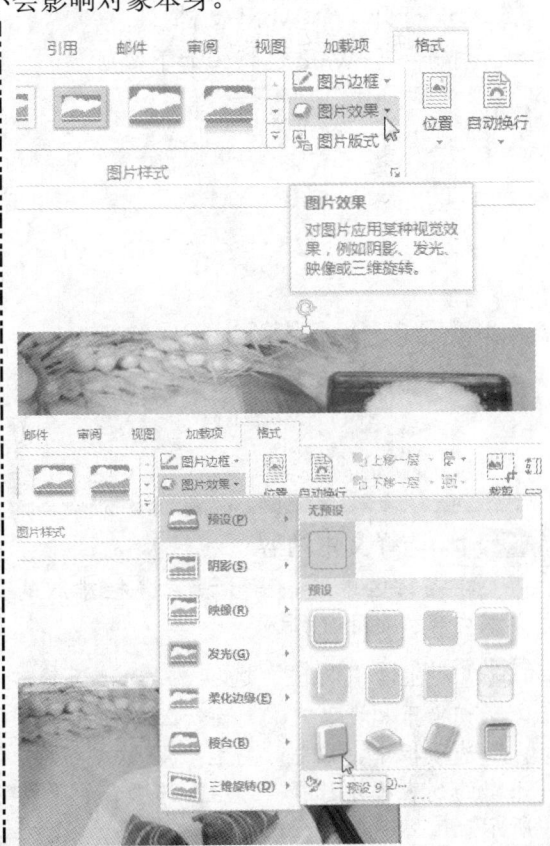

STEP 04 设置图片三维效果

执行上述操作后，即可完成图片三维效果的设置，如下图所示。

粽子

4.3 设置分栏排版

应用分栏排版功能，可以将较宽的文档版面分成多栏，不仅有利于文档的阅读，而且使整个文档的版面更加生动、美观。本节主要介绍创建分栏版式、设置栏宽效果以及快速设置跨栏标题等操作方法。

4.3.1 创建分栏版式

在报刊和杂志上经常会看到分栏效果，分栏既可以美化页面，又可以方便阅读。

STEP 01 打开一个 Word 文档

打开一个 Word 文档，如下图所示。

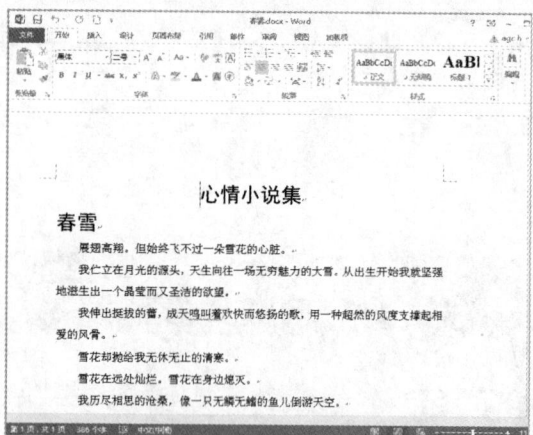

STEP 02 选择文本内容

在编辑区中选中需要设置分栏排版的文本内容，如下图所示。

STEP 03 选择"两栏"选项

切换至"页面布局"面板，在"页面设置"选项板中，单击"分栏"下拉按钮，在弹出的列表框中选择"两栏"选项，如下图所示。

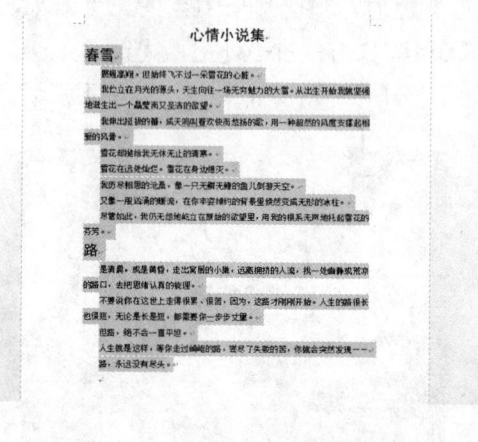

第 4 章　图文编排：文档精美图文排版

STEP 04 将文档内容分为两栏

执行操作后，即可将文档内容分为两栏，如下图所示。

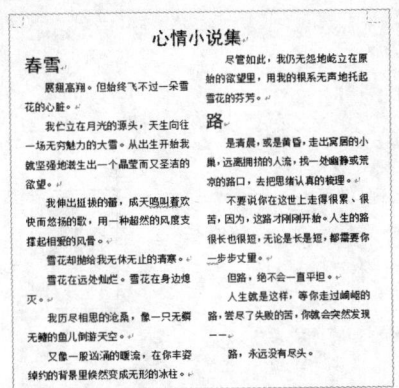

> **专家指点**
>
> 在"页面设置"选项板中，单击"分栏"下拉按钮，在弹出的列表框中，选择相应的栏数，即可对文档进行相应的分栏。

4.3.2　设置栏宽效果

将文本设置为分栏排版后，若发现分栏后的栏数或栏宽不太符合文本的排版，就需要对栏数和栏宽进行调整。

STEP 01 选中文本

打开一个 Word 文档，在编辑区中选中设置分栏后的文本，如下图所示。

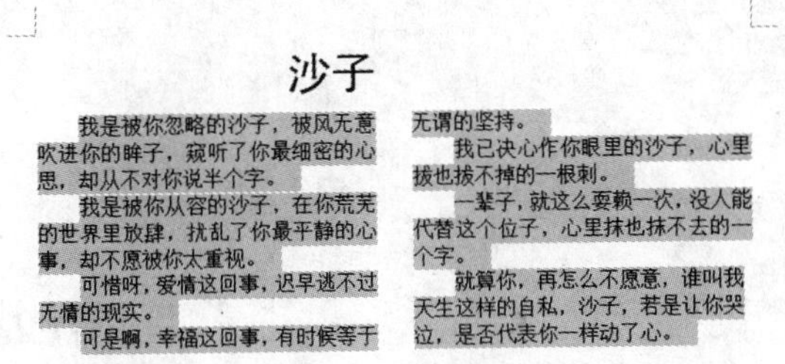

STEP 02 选择"更多分栏"选项

切换至"页面布局"面板，在"页面设置"选项板中选择"分栏"|"更多分栏"选项，如下图所示。

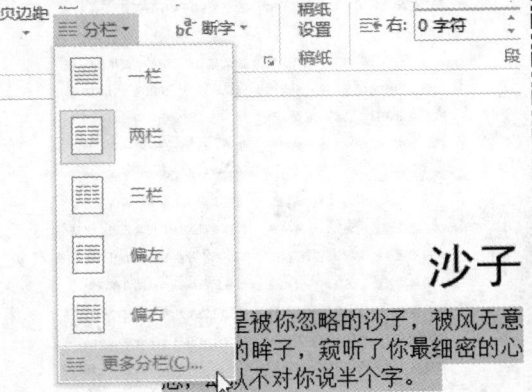

STEP 03 选择"三栏"选项

弹出"分栏"对话框，其中显示了当前文本的分栏属性，在"预设"选项区中选择"三栏"选项，如下图所示。

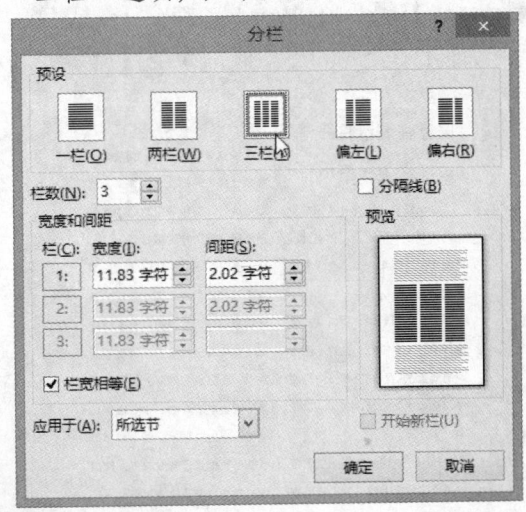

STEP 04 设置各选项

在"宽度和间距"选项区中，设置"宽度"为 11.5 字符、"间距"为 2.5 字符，如下图所示。

> **专家指点**
>
> 在"分栏"对话框中，可以通过设置"栏数"数值来调整分栏，其输入范围为 1~11。

STEP 05 改变栏数和栏宽

单击"确定"按钮，所选文本的栏数和栏宽进行了相应的改变，如下图所示。

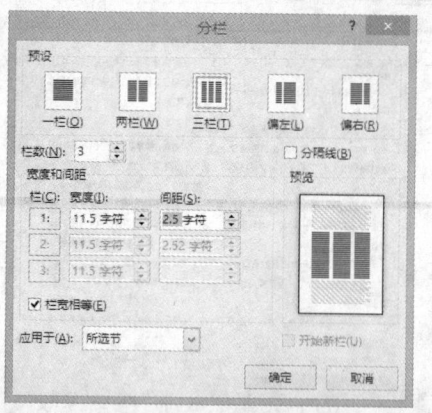

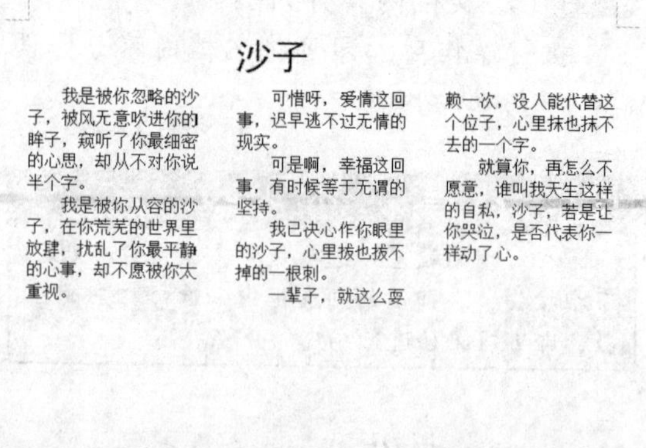

沙子

我是被你忽略的沙子，被风无意吹进你的眸子，窥听了你最细密的心思，却从不对你说半个字。

我是被你从容的沙子，在你荒芜的世界里放肆，扰乱了你最平静的心事，却不愿被你太重视。

可惜呀，爱情这回事，迟早逃不过无情的现实。

可是啊，幸福这回事，有时候等于无谓的坚持。

我已决心作你眼里的沙子，心里拔也拔不掉的一根刺。

一辈子，就这么要赖一次，没人能代替这个位子，心里抹也抹不去的一个字。

就算你，再怎么不愿意，谁叫我天生这样的自私，沙子，若是让你哭泣，是否代表你一样动了心。

专家指点

选中“栏宽相等”复选框后，只要设置“宽度”和“间距”其中一个选项，则另一个选项自动进行相应的调整。

4.3.3 快速设置跨栏标题

在杂志或报纸等的编排过程中，正文虽然被分为多栏，但通常文章的标题却只在第一栏中，因此用户还需要为文档设置跨栏标题。

STEP 01 打开一个 Word 文档

打开一个 Word 文档，如下图所示。

国务院表示将严格审批新上核电项目

会议强调，要充分认识核安全的重要性和紧迫性，核电发展要把安全放在第一位。会议做出四项决定：

——立即组织对中国核设施进行全面安全检查。通过全面细致的安全评估，切实排查安全隐患，采取相关措施，确保绝对安全。

——切实加强正在运行核设施的安全管理。核设施所在单位要健全制度，严格操作规程，加强运行管理。监管部门要加强监督检查，指导企业及时发现和

——严格审批新上核电项目。抓紧编制核安全规划，调整完善核电发展中长期规划，核安全规划批准前，暂停审批核电项目包括开展前期工作的项目。

会议指出，3月11日，日本东北部和关东首都圈发生里氏9级强震，并引发海啸，日本福岛第一核电站发生放射性物质泄漏事故。日方正在采取一切可能的措施缓解事故影响。中国辐射环境监测未发现异常，国内所有运行核电机组处于安全状态。根据国家核事故应急协调委员会专家组分析，福岛核电站目前泄漏的放射性物质经大气和海洋稀释后，不会对中国公众健康造成影响。

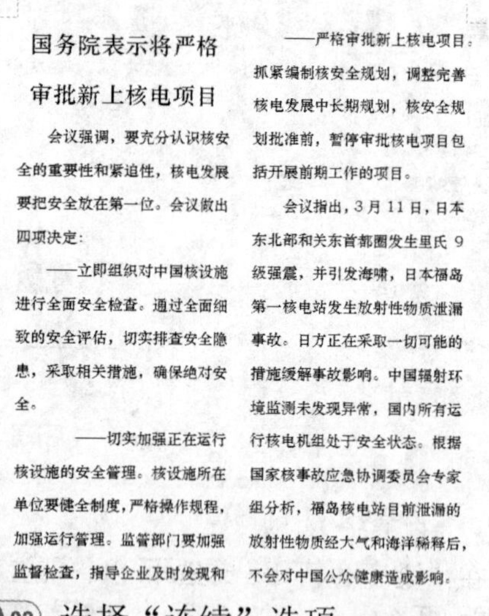

STEP 02 选择“连续”选项

切换至“页面布局”面板，在“页面设置”选项板中，单击“分隔符”下拉按钮，弹出列表框，在“分节符”选项区中，选择“连续”选项，如下图所示。

STEP 03 设置跨栏效果

执行上述操作后，即可设置跨栏效果，如下图所示。

国务院表示将严格审批新上核电项目

会议强调，要充分认识核安全的重要性和紧迫性，核电发展要把安全放在第一位。会议做出四项决定：

——立即组织对中国核设施进行全面安全检查。通过全面细致的安全评估，切实排查安全隐患，采取相关措施，确保绝对安全。

——切实加强正在运行核设施的安全管理。核设施所在单位要健全制度，严格操作规程，加强运行管理。监管部门要加强监督检查，指导企业及时发现和消除隐患。——全面审查在建核电站。要用最先进的标准对所

核电发展中长期规划，核安全规划批准前，暂停审批核电项目包括开展前期工作的项目。

会议指出，3月11日，日本东北部和关东首都圈发生里氏9级强震，并引发海啸，日本福岛第一核电站发生放射性物质泄漏事故。日方正在采取一切可能的措施缓解事故影响。中国辐射环境监测未发现异常，国内所有运行核电机组处于安全状态。根据国家核事故应急协调委员会专家组分析，福岛核电站目前泄漏的放射性物质经大气和海洋稀释后，不会对中国公众健康造成影响。

会议要求继续加强辐射环境

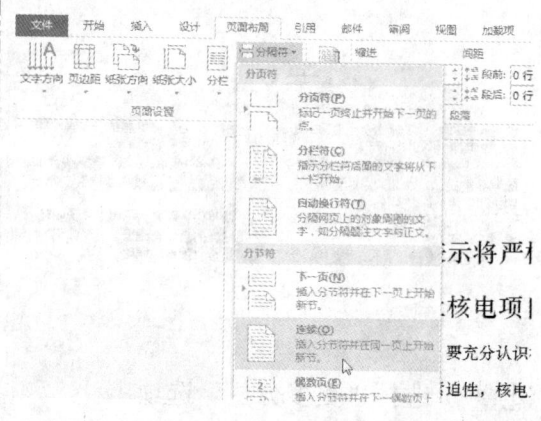

第 4 章 图文编排：文档精美图文排版

> **专家指点**
> 要制作跨栏标题，可以把标题与正文划分成两个不同的节，使得标题本身在一节中，而正文在另一节中；然后以节为单位，分别在各节中设定不同的栏数、栏间距等。

4.4 设置特殊版式

为了使浏览者产生深刻印象，用户可以设置特殊的效果，如文字排版中常用的首字下沉和分栏排版，都可以很好地突出主题。另外，在报纸上我们也会常常看到多变的排版形式，这些变幻多样的排版方式使文本更加生动形象。

4.4.1 快速设置首字下沉

首字下沉，顾名思义就是改变段落中的第一个字或若干个字符的字号，并以下沉或悬挂的方式改变文档的版式，一般用于文档的开头。

STEP 01 打开一个 Word 文档

打开一个 Word 文档，如下图所示。

STEP 02 选择文本内容

在编辑区中选中需要设置首字下沉的文本内容，如下图所示。

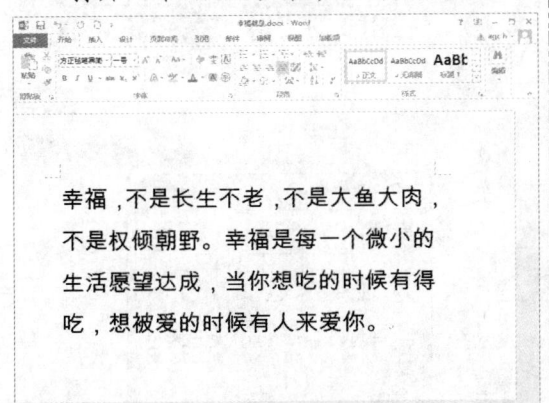

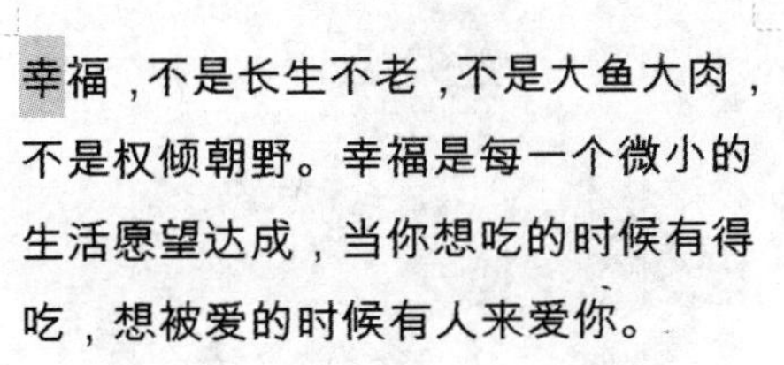

STEP 03 选择"下沉"选项

切换至"插入"面板，在"文本"选项

板中单击"首字下沉"下拉按钮，在弹出的列表框中选择"下沉"选项，如下图所示。

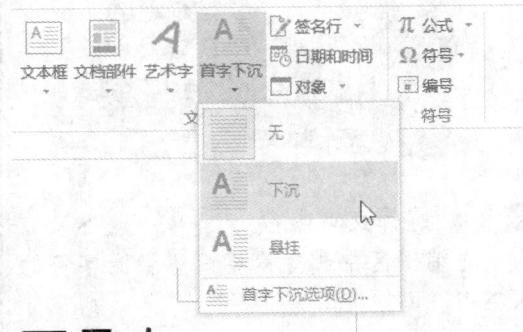

STEP 04 设置文本为首字下沉样式

执行操作后，即可为文档中选中的内容设置首字下沉样式，如下图所示。

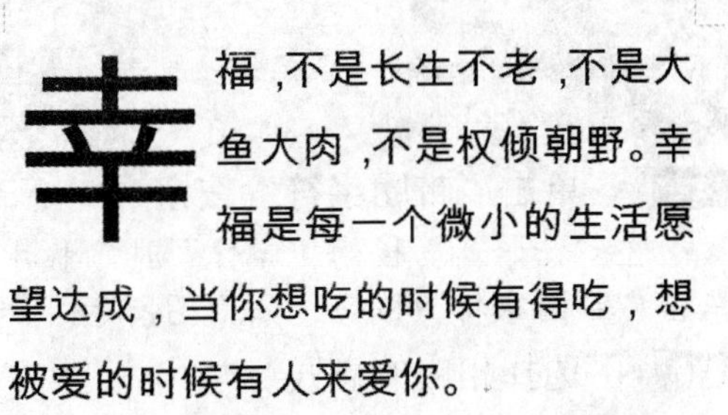

> **专家指点**
>
> 单击"首字下沉"下拉按钮后，在弹出的列表框中选择"首字下沉选项"选项，弹出"首字下沉"对话框，在其中可以设置首字下沉的"字体"、"下沉行数"和"距文本"等。

4.4.2 快速设置带圈字符

带圈字符是指在 Word 2013 文档中使用的带圈(圆圈或其他符号)的编号，下面介绍设置带圈字符的操作方法。

STEP 01 打开一个 Word 文档

打开一个 Word 文档，如下图所示。

STEP 02 选择文本内容

在编辑区中选择需要设置带圈字符的文本内容，如下图所示。

STEP 03 单击"带圈字符"按钮

在"开始"面板的"字体"选项板中，单击"带圈字符"按钮，如下图所示。

STEP 04 选择相应的样式

弹出"带圈字符"对话框，在"圈号"列表框中，选择相应的样式，如下图所示。

STEP 05 设置文本为带圈字符

单击"确定"按钮，即可设置文本为带圈字符，如下图所示。

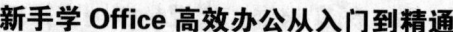

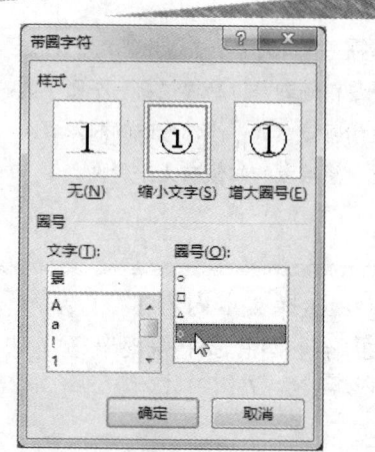

> **专家指点**
>
> 在"带圈字符"对话框的"文字"列表框中,用户可根据需要选择带圈字符中的文字内容;在"样式"选项区中,可以选择相应的带圈样式。

4.4.3 快速设置合并字符

合并字符就是将选中的多个字符进行压缩,使之合并为一个字符。在 Word 2013 中,合并的字符既可以是中文也可以是英文。

STEP 01 选择文本

打开一个 Word 文档,选择需要合并字符的文本,如下图所示。

STEP 03 设置字号

弹出"合并字符"对话框,设置"字号"为 10 磅,如下图所示。

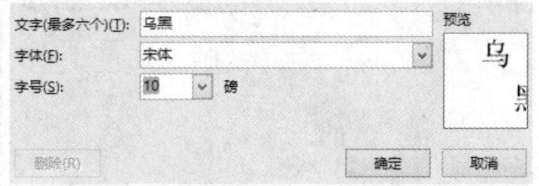

STEP 04 合并字符

单击"确定"按钮,所选择的文本内容即可合并为一个字符,如下图所示。

STEP 02 选择"合并字符"选项

单击"段落"选项板中的"中文版式"下拉按钮,在弹出的列表框中,选择"合并字符"选项,如下图所示。

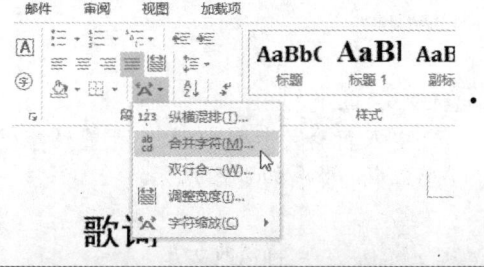

> **专家指点**
>
> "合并字符"功能最多可以合并 6 个字符。若需要清除合并字符的格式,只需先选中合并字符的文本,打开"合并字符"对话框,单击"删除"按钮,再单击"确定"按钮即可。

4.4.4 快速设置双行合一

在编辑文档的过程中,应用双行合一功能可以制作出特殊的文档排列效果。

STEP 01 选择文本内容

打开一个 Word 文档,选择一段文本内容,如下图所示。

STEP 02 选择"双行合一"选项

单击"段落"选项板中的"中文版式"下拉按钮,在弹出的列表框中选择"双行合一"选项,如下图所示。

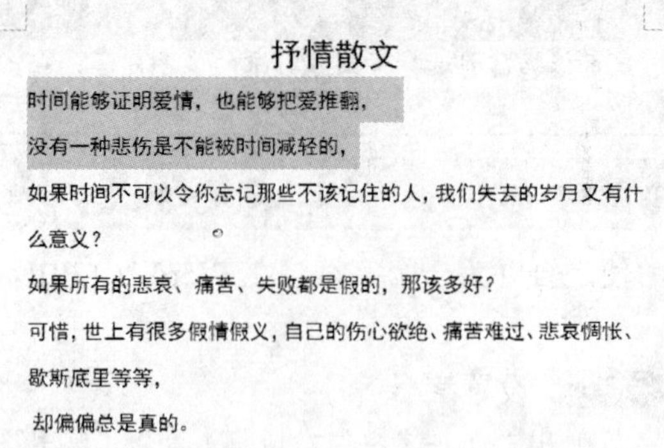

抒情散文

时间能够证明爱情，也能够把爱推翻，
没有一种悲伤是不能被时间减轻的，
如果时间不可以令你忘记那些不该记住的人，我们失去的岁月又有什么意义？
如果所有的悲哀、痛苦、失败都是假的，那该多好？
可惜，世上有很多假情假义，自己的伤心欲绝、痛苦难过、悲哀惆怅、歇斯底里等等，
却偏偏总是真的。

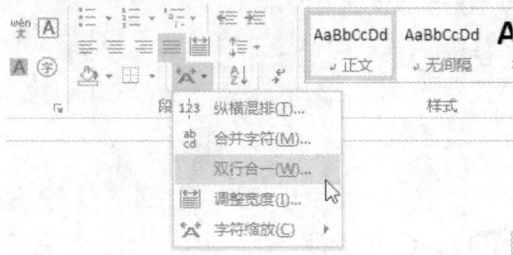

抒情散文

也能够把爱推翻，

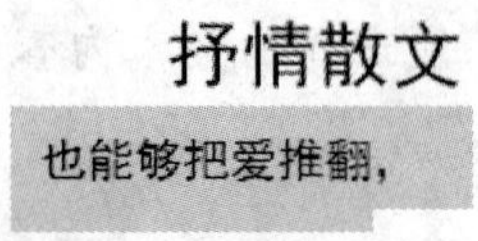

STEP 03 显示双行合一的文本效果

执行操作后，弹出"双行合一"对话框，"预览"选项区中显示了双行合一的文本效果，如下图所示。

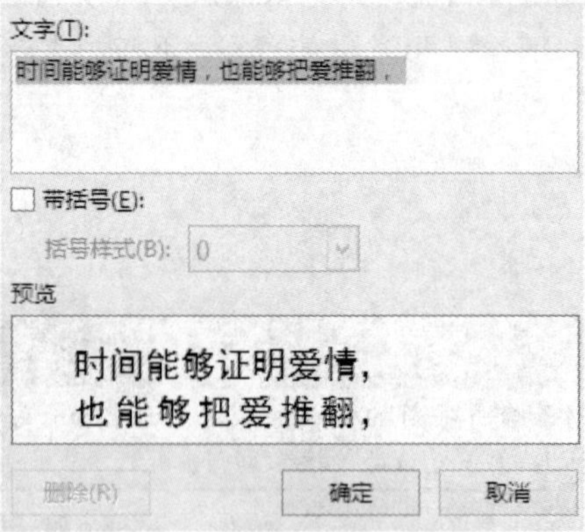

STEP 04 选择括号样式

选中"带括号"复选框，单击"括号样式"右侧的下三角按钮，在弹出的下拉列表框中选择一种括号样式，如下图所示。

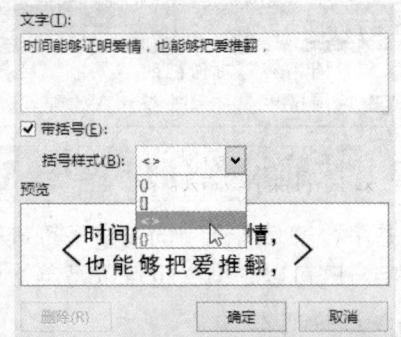

? 专家指点

执行"双行合一"操作时，对文本的字数没有任何限制，但文本内容必须同时在一行中。

STEP 05 双行合一

单击"确定"按钮，所选择的文本内容以双行合一形式显示，如下图所示。

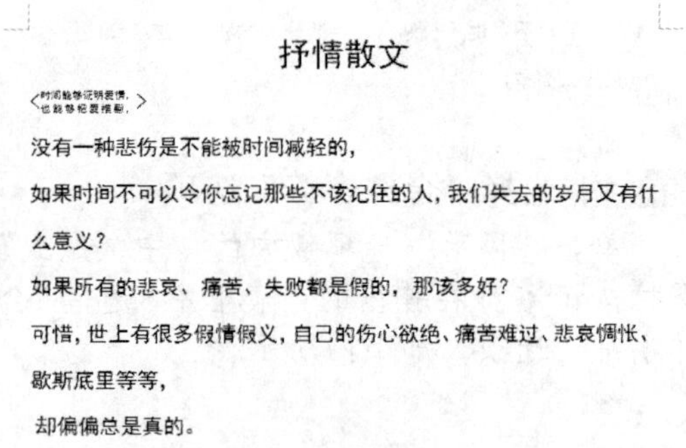

抒情散文

〈时间能够证明爱情，也能够把爱推翻，〉
没有一种悲伤是不能被时间减轻的，
如果时间不可以令你忘记那些不该记住的人，我们失去的岁月又有什么意义？
如果所有的悲哀、痛苦、失败都是假的，那该多好？
可惜，世上有很多假情假义，自己的伤心欲绝、痛苦难过、悲哀惆怅、歇斯底里等等，
却偏偏总是真的。

STEP 06 设置字号

选中双行合一后的文本，设置"字号"为"小二"，效果如下图所示。

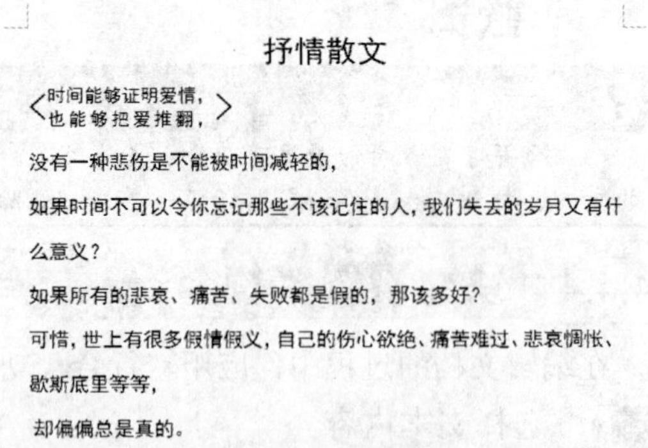

抒情散文

〈时间能够证明爱情，也能够把爱推翻，〉
没有一种悲伤是不能被时间减轻的，
如果时间不可以令你忘记那些不该记住的人，我们失去的岁月又有什么意义？
如果所有的悲哀、痛苦、失败都是假的，那该多好？
可惜，世上有很多假情假义，自己的伤心欲绝、痛苦难过、悲哀惆怅、歇斯底里等等，
却偏偏总是真的。

? 专家指点

选中设置双行合一的文本，打开"双行合一"对话框，单击"删除"按钮，再单击"确定"按钮，即可取消双行合一格式，恢复文本原来的格式。

第 4 章 图文编排：文档精美图文排版

> **专家指点**
> 在"带圈字符"对话框的"文字"列表框中，用户可根据需要选择带圈字符中的文字内容；在"样式"选项区中，可以选择相应的带圈样式。

4.4.3 快速设置合并字符

合并字符就是将选中的多个字符进行压缩，使之合并为一个字符。在 Word 2013 中，合并的字符既可以是中文也可以是英文。

STEP 01 选择文本

打开一个 Word 文档，选择需要合并字符的文本，如下图所示。

STEP 03 设置字号

弹出"合并字符"对话框，设置"字号"为 10 磅，如下图所示。

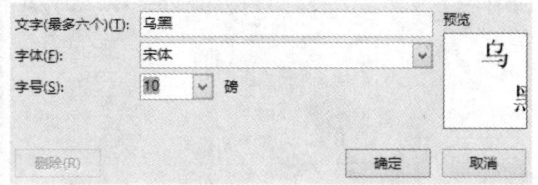

STEP 04 合并字符

单击"确定"按钮，所选择的文本内容即可合并为一个字符，如下图所示。

STEP 02 选择"合并字符"选项

单击"段落"选项板中的"中文版式"下拉按钮，在弹出的列表框中，选择"合并字符"选项，如下图所示。

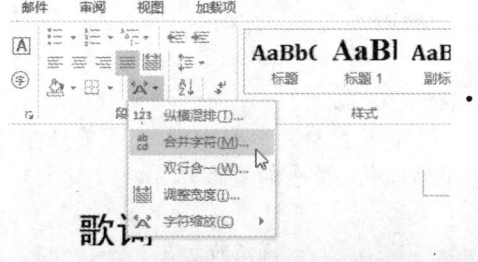

> **专家指点**
> "合并字符"功能最多可以合并 6 个字符。若需要清除合并字符的格式，只需先选中合并字符的文本，打开"合并字符"对话框，单击"删除"按钮，再单击"确定"按钮即可。

4.4.4 快速设置双行合一

在编辑文档的过程中，应用双行合一功能可以制作出特殊的文档排列效果。

STEP 01 选择文本内容

打开一个 Word 文档，选择一段文本内容，如下图所示。

STEP 02 选择"双行合一"选项

单击"段落"选项板中的"中文版式"下拉按钮，在弹出的列表框中选择"双行合一"选项，如下图所示。

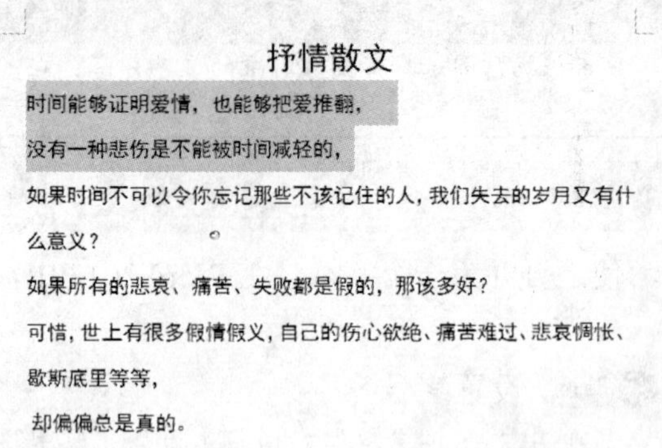

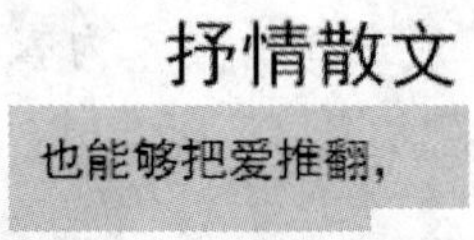

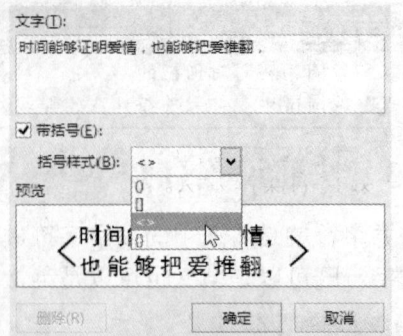

STEP 05 双行合一

单击"确定"按钮,所选的文本内容以双行合一形式显示,如下图所示。

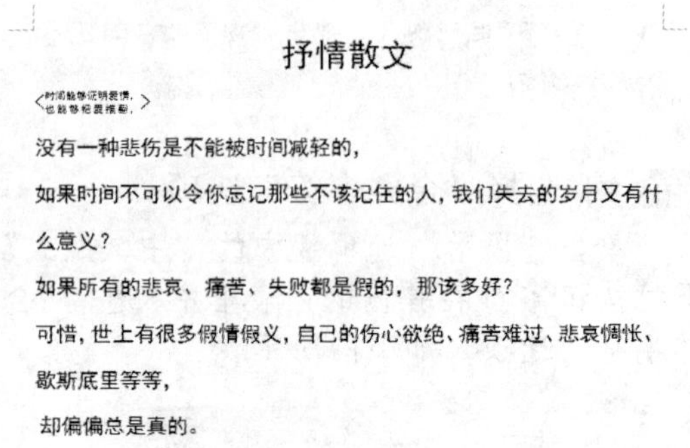

STEP 03 显示双行合一的文本效果

执行操作后,弹出"双行合一"对话框,"预览"选项区中显示了双行合一的文本效果,如下图所示。

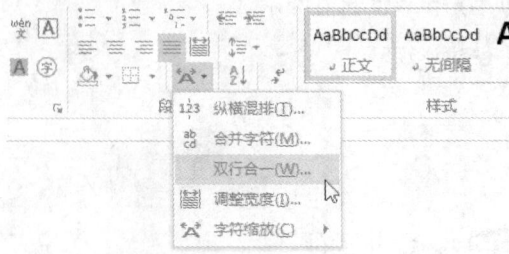

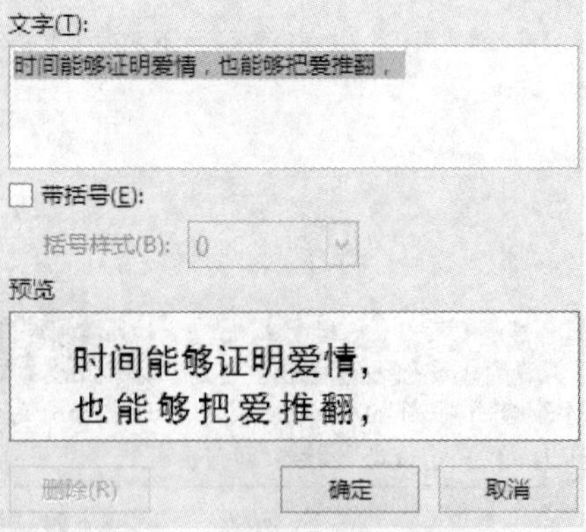

STEP 06 设置字号

选中双行合一后的文本,设置"字号"为"小二",效果如下图所示。

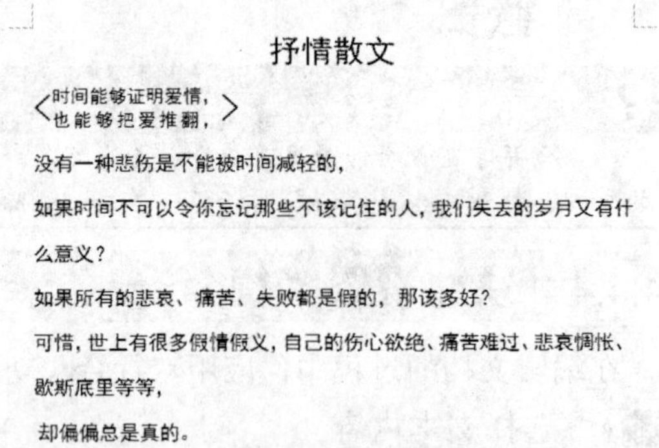

STEP 04 选择括号样式

选中"带括号"复选框,单击"括号样式"右侧的下三角按钮,在弹出的下拉列表框中选择一种括号样式,如下图所示。

专家指点

执行"双行合一"操作时,对文本的字数没有任何限制,但文本内容必须同时在一行中。

专家指点

选中设置双行合一的文本,打开"双行合一"对话框,单击"删除"按钮,再单击"确定"按钮,即可取消双行合一格式,恢复文本原来的格式。

4.4.5 快速设置拼音文字

在 Word 2013 中，用户可以方便地在文档内添加"拼音指南"、"纵横混排"、"合并字符"和"双行合一"等效果，这些效果可以使文档格式更加丰富。下面介绍设置"拼音指南"效果的操作方法。

STEP 01 打开一个 Word 文档

打开一个 Word 文档，如下图所示。

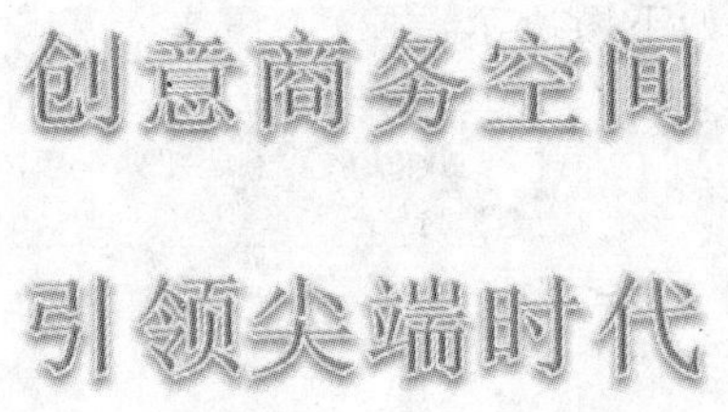

STEP 02 选择文本内容

在编辑区中，选中需要设置拼音指南的文本内容，如下图所示。

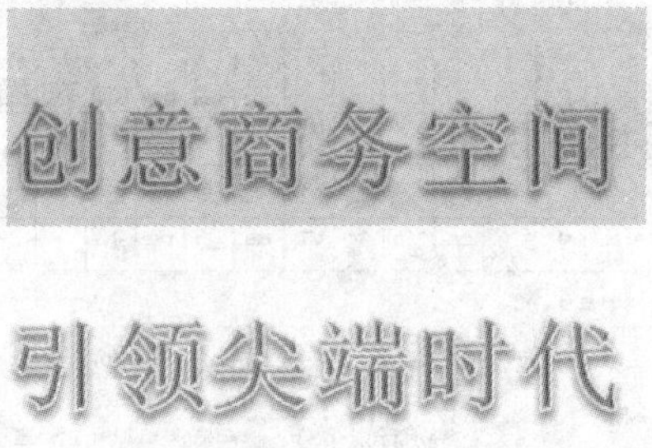

STEP 03 单击"拼音指南"按钮

在"开始"面板的"字体"选项板中，单击"拼音指南"按钮，如下图所示。

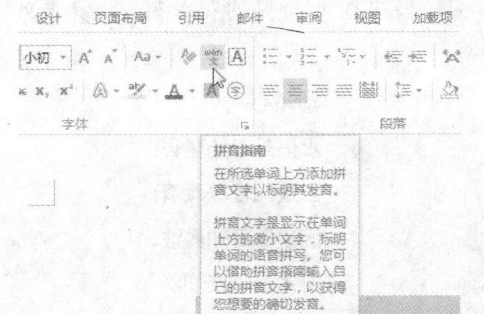

STEP 04 单击"确定"按钮

弹出"拼音指南"对话框，保持各选项为默认设置，并单击"确定"按钮，如下图所示。

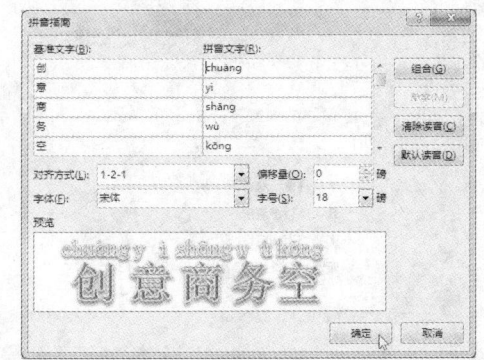

STEP 05 设置文本的拼音指南效果

执行操作后，即可设置文本的拼音指南效果，如下图所示。

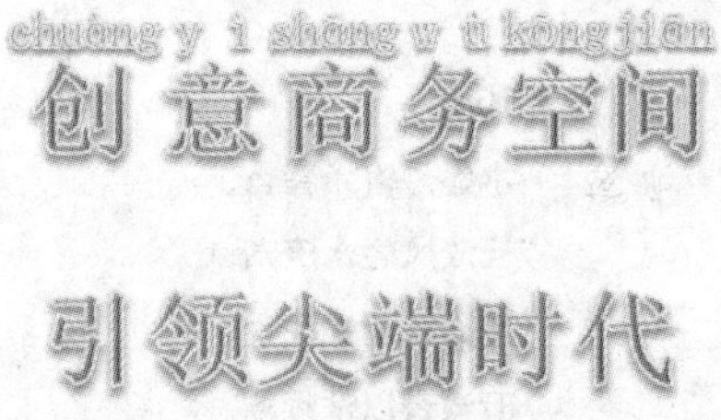

STEP 06 设置其他文本的拼音

用与上述相同的方法，为其他文本添加拼音标注，效果如下图所示。

> **专家指点**
> 要删除添加的拼音标注，首先选中添加了拼音标注的文本，然后单击"拼音指南"按钮，弹出"拼音指南"对话框，再单击"清除读音"按钮即可。

4.4.6 快速设置符号样式

在 Word 中进行文本编排时，有时需要插入一些特殊符号、图表等来编辑和美化文本。

STEP 01 打开一个 Word 文档

打开一个 Word 文档，如下图所示。

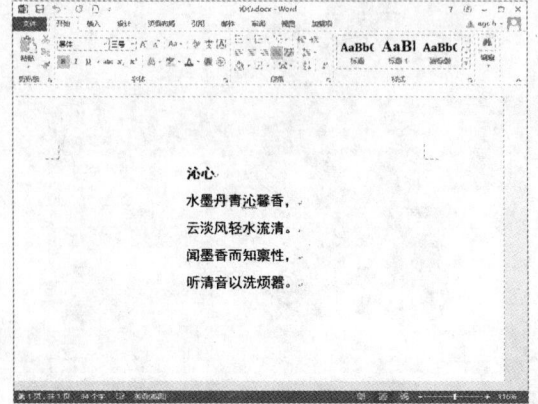

STEP 02 定位光标

在编辑区中，将光标定位于需要插入符号的位置，如下图所示。

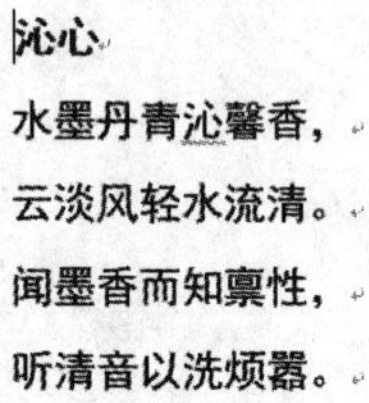

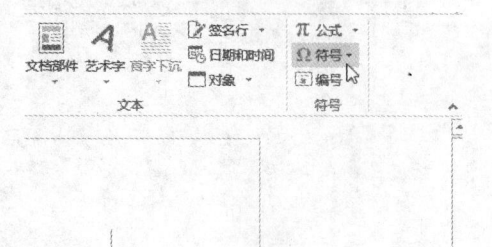

STEP 03 单击"符号"下拉按钮

切换至"插入"面板，在"符号"选项板中单击"符号"下拉按钮，如下图所示。

STEP 04 选择"其他符号"选项

在弹出的列表框中，选择"其他符号"选项，如下图所示。

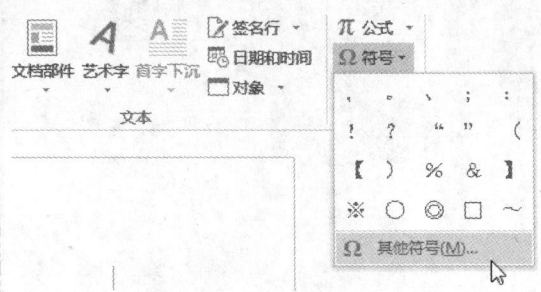

STEP 05 选择需要的符号样式

弹出"符号"对话框，在其中选择需要的符号样式，如下图所示。

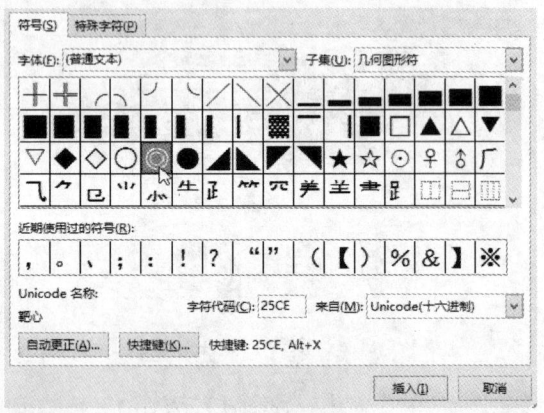

STEP 06 插入需要的符号样式

依次单击"插入"和"关闭"按钮，即可在文档中插入需要的符号样式，效果如下图所示。

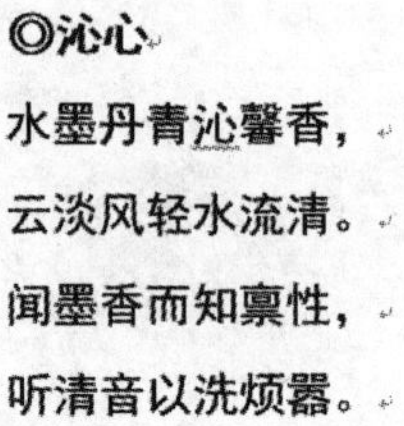

第 4 章　图文编排：文档精美图文排版

专家指点

在 Word 2013 中，在"符号"对话框中单击"字体"右侧的下拉按钮，在弹出的下拉列表框中选择不同的字体，在下方的符号列表框中将显示不同的符号。用户近期使用过的符号，会显示在"近期使用过的符号"选项区中。

读书笔记

Chapter 05

章前知识导读

表格是一种简明扼要的表达方式，它以行和列的形式组织信息，结构严谨，效果直观，而且可容纳的信息量很大，Word 2013 提供了强大的表格功能。本章主要介绍创建和编辑表格、编辑内容与格式以及对数据进行排序和计算等内容。

巧用表格：轻松创建表格对象

重点知识索引

- 快速插入表格
- 快速插入单元格
- 快速选择表格文本
- 设置表格边框和底纹
- 快速排序表格数据

效果图片赏析

值 日 表	
时 间	人 员
星期一	
星期二	
星期三	
星期四	
星期五	
星期六	

邀请函资料		
公司	姓名	职务
常林科技公司	张键	总经理
常林科技公司	范勇	副总经理
常林科技公司	李刚	部门经理
天航公司	成刚	总经理
天航公司	李玉	副经理
天航公司	彭文	部门经理

花名册		
章键	文芳	韩文
李浩	刘也	邝奇
李昊	张康	戴军
彭文	姚林	周文涛
范勇	段峰	李娟

三月员工工资表			
姓名	基本工资	奖金	总工资
章 键	2600	500	3100
李 好	3000	200	3200
周文涛	2700	500	3200
彭 亮	2500	500	3000
冯 花	3500	200	3700
范 勇	3000	500	3500
赵 兄	2800	500	3300

第 5 章 巧用表格：轻松创建表格对象

5.1 轻松创建和编辑表格

表格是按行和列的方式由多个矩形小方框组合而成，在其中不但可以输入文本、数字，还可以插入图片等。创建表格的方法有很多种，既可以利用 Word 自带的命令插入表格，也可以绘制表格，还可以几种方法混合使用，用户可以根据需要选定不同的方法。

5.1.1 快速插入表格

在使用表格前，首先要创建表格，Word 2013 中的表格以单元格为中心来组织信息，一张表是由多个单元格组成的。

STEP 01 单击"表格"下拉按钮

新建一个 Word 文档，切换至"插入"面板，在"表格"选项板中单击"表格"下拉按钮，如下图所示。

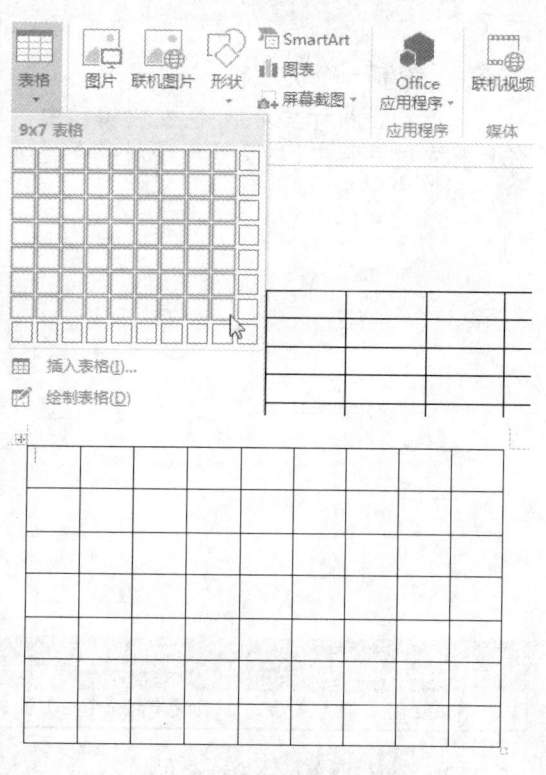

STEP 02 选择合适的表格

弹出列表框，选择合适的表格，如下图所示。

STEP 03 在文档中创建一个空白表格

移动鼠标指针，当虚拟表格中的行和列满足用户需要时，单击鼠标左键，即可在文档中创建一个空白表格，调整表格的大小和位置，效果如下图所示。

> **专家指点**
>
> 在"表格"选项板中单击"表格"下拉按钮，在弹出的列表框中选择"插入表格"选项，在弹出的"插入表格"对话框中设置行数和列数，也可以创建一个空白表格。

5.1.2 快速绘制表格

对于简单的表格和固定格式的表格，可以用上节讲述的方法创建，但是在实际工作中常常需要创建一些复杂的表格，如包含不同高度的单元格或者每行不同列数的表格。对于这些复杂且不固定格式的表格，需要使用 Word 2013 提供的绘制表格功能来创建。

STEP 01 选择"绘制表格"选项

新建一个 Word 文档，切换至"插入"面板，在"表格"选项板中单击"表格"下拉按钮，在弹出的列表框中，选择"绘制表格"选项，如下图所示。

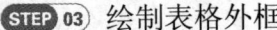

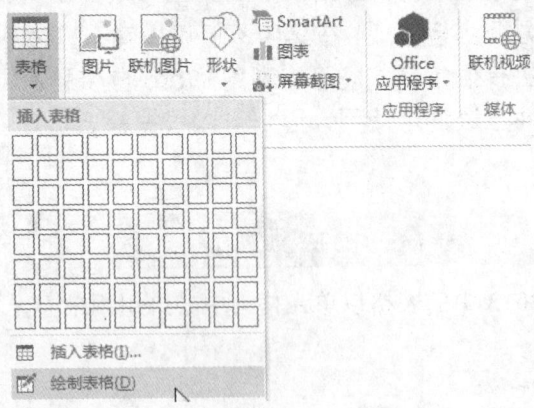

STEP 03 绘制表格外框

拖曳至合适位置后释放鼠标左键，即可绘制一个表格的外框，如下图所示。

STEP 02 绘制一个虚线框

此时鼠标指针呈 ⌀ 形状，在编辑区中按住鼠标左键并拖曳，在文档中绘制一个虚线框，如下图所示。

STEP 04 绘制其他线条

使用上述相同的方法，在表格中绘制其他线条，如下图所示。

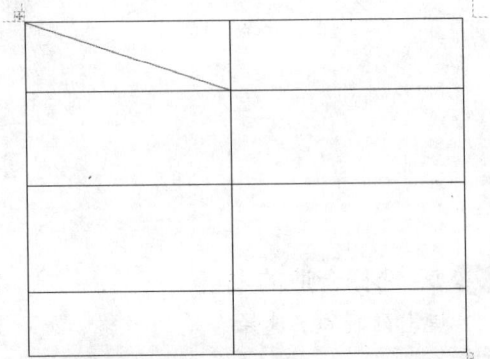

> **专家指点**
>
> 在绘制表格完成后，如果没有按【Esc】键退出，则还可以继续绘制表格线条。

5.1.3　快速拆分单元格

除了使用拆分表格把一个表格拆分为两个表格外，Word 2013 还提供了一个"拆分单元格"选项，允许用户把一个单元格拆分为多个单元格，这样就能达到增加行数和列数的目的。

STEP 01 打开一个 Word 文档

打开一个 Word 文档，如下图所示。

STEP 02 定位光标

在编辑区中，将光标定位于要拆分的单元格中，如下图所示。

STEP 03 单击"拆分单元格"按钮

切换至"表格工具"中的"布局"面板，在"合并"选项板中，单击"拆分单元格"

按钮，如下图所示。

姓 名	成 绩
成 橙	100
刘 草	99
章 键	90
文 宽	80
颜 丹	85
李 彪	86
王 丹	90
陈 巧	100

STEP 04 设置各选项

弹出"拆分单元格"对话框，设置各选项，如下图所示。

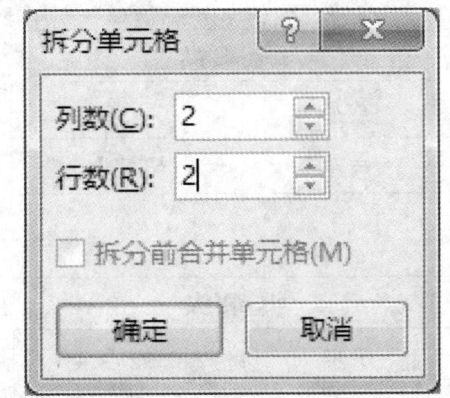

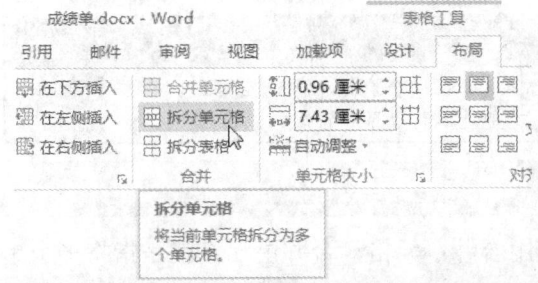

STEP 05 拆分单元格

单击"确定"按钮，即可拆分所选单元格，如下图所示。

姓 名		成 绩
成 橙		100
刘 草		99
章 键		90
文 宽		80
颜 丹		85
李 彪		86
王 丹		90
陈 巧		100

？ 专家指点

选择需要拆分的单元格，单击鼠标右键，在弹出的快捷菜单中选择"拆分单元格"选项，也可拆分单元格。

5.1.4 快速拆分表格

拆分表格是指将一个表格拆分成两个表格的操作，选中的行将会成为新表格的第一行。

STEP 01 打开一个Word文档

打开一个Word文档，如下图所示。

STEP 02 定位光标

在编辑区中，将光标定位于要拆分的表格内，如下图所示。

STEP 03 单击"拆分表格"按钮

切换至"表格工具"中的"布局"面板，在"合并"选项板中单击"拆分表格"按钮，如下图所示。

水果类	
苹果	梨子
草莓	芒果
蔬菜类	
黄瓜	苦瓜
白菜	胡萝卜

水果类	
苹果	梨子
草莓	芒果
蔬菜类	
黄瓜	苦瓜
白菜	胡萝卜

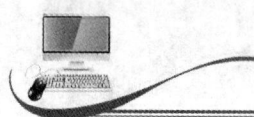

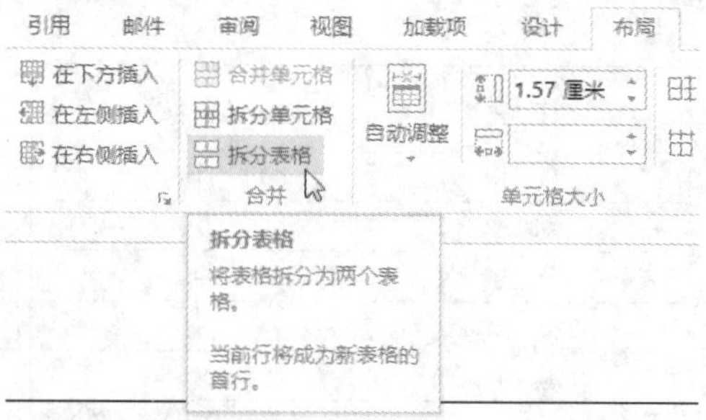

STEP 04 拆分表格效果

执行上述操作后，即可拆分表格，效果如下图所示。

水果类	
苹果	梨子
草莓	芒果

蔬菜类	
黄瓜	苦瓜
白菜	胡萝卜

专家指点

如果要将拆分的表格放在两页上，首先要将光标定位在两个表格中间的空行上，再按【Ctrl + Enter】组合键，这样表格就放在两页上，并且不会改变表格的边界和排版信息。

5.1.5 快速合并单元格

有时为了方便编辑表格中的数据，可以使用合并单元格，合并单元格就是指将多个单元格合并成一个单元格。

STEP 01 打开一个 Word 文档

打开一个 Word 文档，如下图所示。

值 日 表	
时 间	人 员
星期一	
星期二	
星期三	
星期四	
星期五	
星期六	

STEP 02 选择需要合并的单元格

在表格中，选择需要合并的单元格，如下图所示。

值 日 表	
时 间	人 员
星期一	
星期二	
星期三	
星期四	
星期五	
星期六	

STEP 03 单击“合并单元格”按钮

切换至“表格工具”中的“布局”面板，

第 5 章 巧用表格：轻松创建表格对象

在"合并"选项板中单击"合并单元格"按钮，如下图所示。

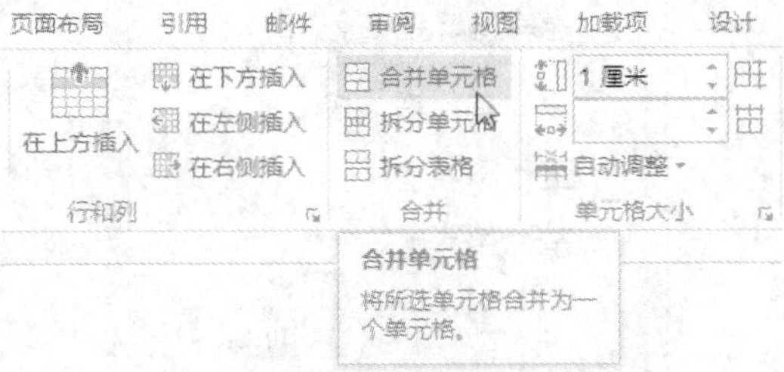

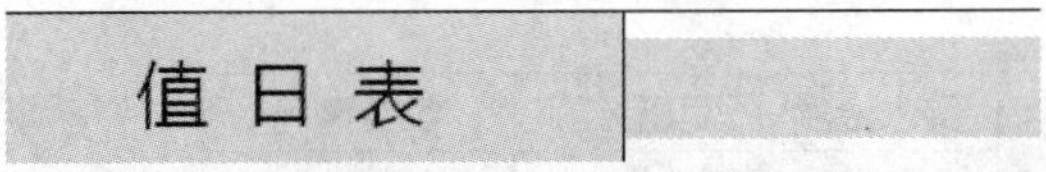

STEP 04 合并单元格效果

执行上述操作后，即可合并单元格，效果如下图所示。

专家指点

选择需要合并的单元格，单击鼠标右键，在弹出的快捷菜单中选择"合并单元格"选项，也可合并单元格。

5.1.6 快速插入单元格

在 Word 2013 中，除了应用绘制表格的方式来创建复杂的表格外，还可以通过插入单元格的形式来创建表格。

STEP 01 打开一个 Word 文档

打开一个 Word 文档，如下图所示。

STEP 02 定位光标

将光标定位在第 6 行的第 1 个单元格位置，如下图所示。

STEP 03 切换至"布局"面板

切换至"表格工具"中的"布局"面板，如下图所示。

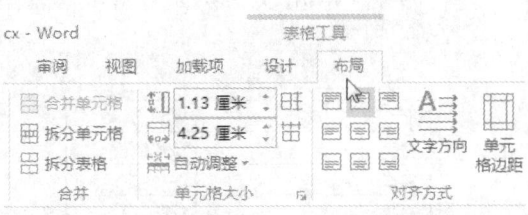

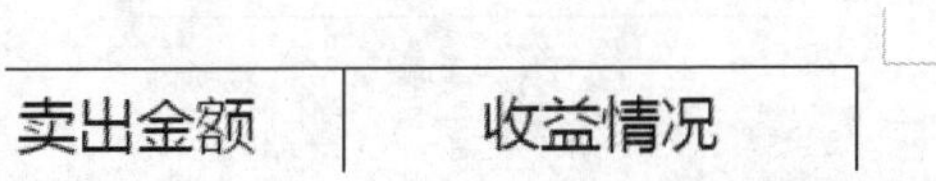

STEP 04 单击"表格插入单元格"按钮

在"行和列"选项板中，单击该选项板右下角的"表格插入单元格"按钮，如下图所示。

单击"确定"按钮，即可在所选单元格的左侧插入单元格，如下图所示。

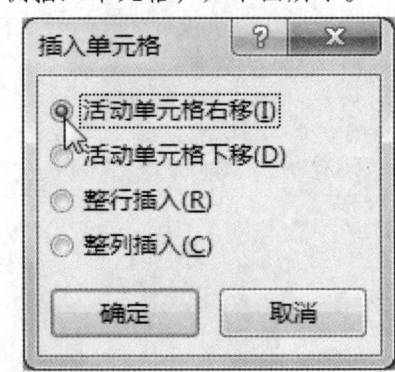

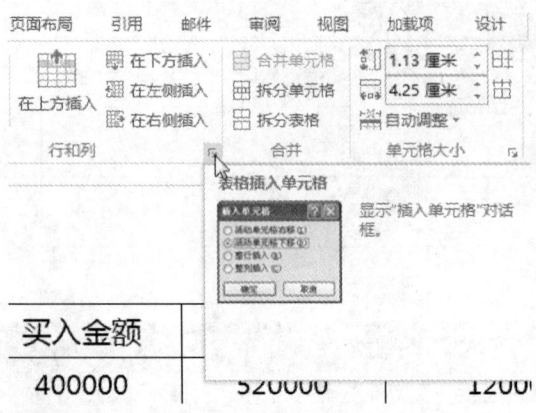

STEP 05 选中相应的单选按钮

弹出"插入单元格"对话框，在该对话框中选中"活动单元格右移"单选按钮，如下图所示。

买入金额	卖出金额	收益情况	
400000	520000	120000	
320000	400000	80000	
300000	320000	20000	
340000	320000	20000	
	380000	360000	20000
300000	320000	20000	
340000	320000	20000	

STEP 06 插入单元格

> **专家指点**
> 用户可以根据需要在"插入单元格"对话框中选中其他单选按钮，进行相应的插入单元格操作。

5.1.7 快速删除单元格

在创建表格或在表格中输入文本后，有时可能会有多余的单元格、行或列，或不需要的文本内容，这时就需要将多余的部分删除。

STEP 01 打开一个 Word 文档

打开一个 Word 文档，如下图所示。

值 日 表

星期一	陈行	
星期二		张美
星期三	李力	
星期四		刘恋
星期五	朱化	
星期六	张章	
星期日		

STEP 02 定位光标

将光标定位在第7行的第1个单元格位置，如下图所示。

值 日 表

星期一	陈行	
星期二		张美
星期三	李力	
星期四		刘恋
星期五	朱化	
星期六	张章	
星期日		

第 5 章　巧用表格：轻松创建表格对象

STEP 03 单击"删除"下拉按钮

切换至"表格工具"中的"布局"面板，在"行和列"选项板中单击"删除"下拉按钮，如下图所示。

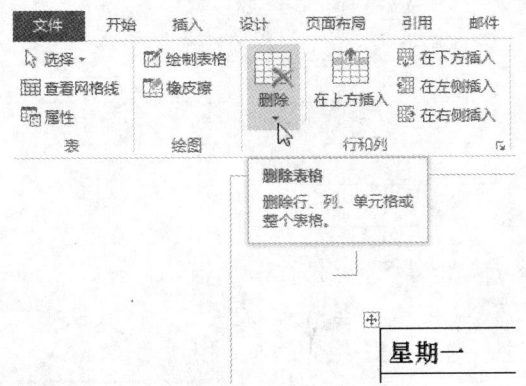

STEP 04 设置相应选项

在弹出的列表框中，选择"删除单元格"选项，如下图所示。

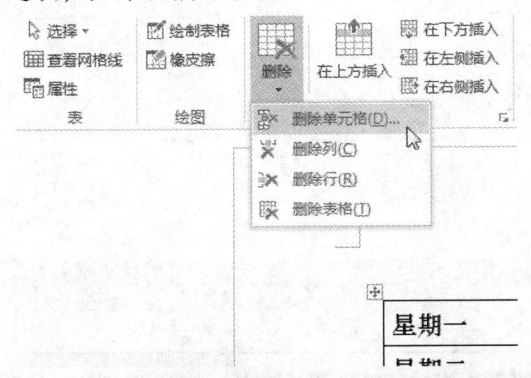

STEP 05 选中"删除整行"单选按钮

弹出"删除单元格"对话框，选中"删除整行"单选按钮，如下图所示。

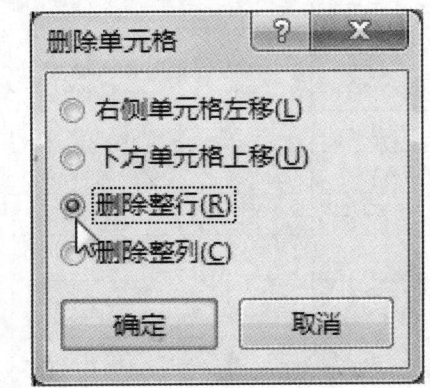

STEP 06 删除行

单击"确定"按钮，即可将选中单元格所在的行删除，如下图所示。

值 日 表		
星期一	陈行	
星期二		张美
星期三	李力	
星期四		刘恋
星期五	朱化	
星期六	张章	

5.1.8　快速调整行高和列宽

用户在初步创建表格时，表格中的每一个单元格的高度和宽度都是一样的，向表格中输入内容时，Word 会自动调整行高以显示输入的内容，也可以根据需要对行高和列宽进行调整。

STEP 01 打开一个 Word 文档

打开一个 Word 文档，如下图所示。

STEP 02 表格行线呈虚线显示

将鼠标指针移至需要调整行高的行线上，此时鼠标指针呈双向箭头形状，按住鼠标左键并向下拖曳，此时表格行线呈虚线显示，如下图所示。

STEP 03 调整行高效果

拖曳至合适位置后，释放鼠标左键，完成行高调整，如下图所示。

邀请函资料		
公司	姓名	职务
常林科技公司	张键	总经理
常林科技公司	范勇	副总经理
常林科技公司	李刚	部门经理
天航公司	成刚	总经理
天航公司	李玉	副经理
天航公司	彭文	部门经理

邀请函资料		
公司	姓名	职务
常林科技公司	张键	总经理
常林科技公司	范勇	副总经理
常林科技公司	李刚	部门经理
天航公司	成刚	总经理
天航公司	李玉	副经理
天航公司	彭文	部门经理

邀请函资料		
公司	姓名	职务
常林科技公司	张键	总经理
常林科技公司	范勇	副总经理
常林科技公司	李刚	部门经理
天航公司	成刚	总经理
天航公司	李玉	副经理
天航公司	彭文	部门经理

STEP 04 表格列线呈虚线显示

将鼠标指针移至需要调整列宽的列线上，此时鼠标指针呈双向箭头形状，按住鼠标左键并向右拖曳，此时表格列线呈虚线显示，如下图所示。

邀请函资料		
公司	姓名	职务
常林科技公司	张键	总经理
常林科技公司	范勇	副总经理
常林科技公司	李刚	部门经理
天航公司	成刚	总经理
天航公司	李玉	副经理
天航公司	彭文	部门经理

STEP 05 调整列宽效果

拖曳鼠标至合适位置后，释放鼠标左键，完成列宽调整，如下图所示。

邀请函资料		
公司	姓名	职务
常林科技公司	张键	总经理
常林科技公司	范勇	副总经理
常林科技公司	李刚	部门经理
天航公司	成刚	总经理
天航公司	李玉	副经理
天航公司	彭文	部门经理

> **专家指点**
> 将鼠标指针移至标尺上的"移动表格列"滑块上，按住鼠标左键并拖曳，也可调整列宽。

5.2 快速编辑内容与格式

要真正完成一个表格，还需要在表格中输入内容，在表格中处理文本与在普通文档中处理文本略有不同，这是因为在表格中，每一个单元格就是一个独立的单位，在输入的过程中，Word 2013会根据内容的多少自动调整单元格的大小。

5.2.1 快速选择表格文本

对表格中的内容进行编辑之前，首先需要选择编辑的对象，在表格中选择文本，多数情况下与在文档中的其他位置选择文本的方法相同。只需将鼠标指针移至要选择的文本表格左侧，鼠标指针呈形状时，按住鼠标左键并向下拖曳，至合适位置后释放鼠标，即可选择多行表格文本。

> **专家指点**
> 将光标移至表格内，表格的左上角将出现相应形状，单击该形状，即可选择整个表格。将光标移至某一单元格前面，单击鼠标左键，可选择该单元格中的文本。

第 5 章　巧用表格：轻松创建表格对象

5.2.2　快速移动表格内容

在表格中输入文本后，用户可以根据需要移动表格中的文本，移动文本时可用鼠标直接拖动，也可运用键盘上的快捷键移动。

STEP 01 打开一个 Word 文档

打开一个 Word 文档，如下图所示。

课　程　表		
	上午	下午
星期一	电子商务概论	Flash
星期二	法律基础	电子商务物流管理
星期三	Flash	电子商务概论
星期四	电子商务物流管理	上机
星期五	商务英语	电子商务概论
星期六		

STEP 02 鼠标指针呈 形状

在表格中选择需要移动的表格内容，按住鼠标左键并向下拖曳，此时鼠标指针呈 形状，如下图所示。

课　程　表		
	上午	下午
星期一	电子商务概论	Flash
星期二	法律基础	电子商务物流管理
星期三	Flash	电子商务概论
星期四	电子商务物流管理	上机
星期五	商务英语	电子商务概论
星期六		

STEP 03 移动表格内容

拖曳至合适位置释放鼠标左键，即可完成移动表格内容的操作，如下图所示。

课　程　表		
	上午	下午
星期一		Flash
星期二	法律基础	电子商务物流管理
星期三	Flash	电子商务概论
星期四	电子商务物流管理	上机
星期五	商务英语	电子商务概论
星期六	电子商务概论	

专家指点

使用键盘在表格中移动插入点的方法有：按【Alt + End】组合键，将插入点移至最后一个单元格；按【Alt + PageUp】组合键，将插入点移至本列的第一个单元格；按【Alt + PageDown】组合键，将插入点移至本列的最后一个单元格。

5.2.3　快速复制表格内容

在 Word 2013 中，可对表格中的内容进行复制操作，以提高工作效率，节省工作时间。

STEP 01 打开一个 Word 文档

打开一个 Word 文档，如下图所示。

姓名	职位	进入公司时间

STEP 02 选择需要复制的内容

在表格中，选择需要复制的内容，如下图所示。

姓名	职位	进入公司时间

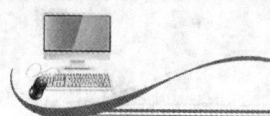

STEP 03 选择“复制”选项

单击鼠标右键，在弹出的快捷菜单中选择“复制”选项，如下图所示。

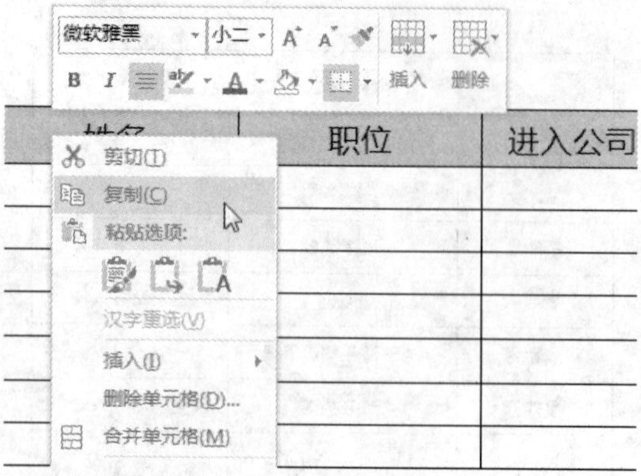

STEP 04 单击“覆盖单元格”按钮

将光标定位于需要粘贴的位置，单击鼠标右键，在弹出的列表框中单击“覆盖单元格”按钮，如下图所示。

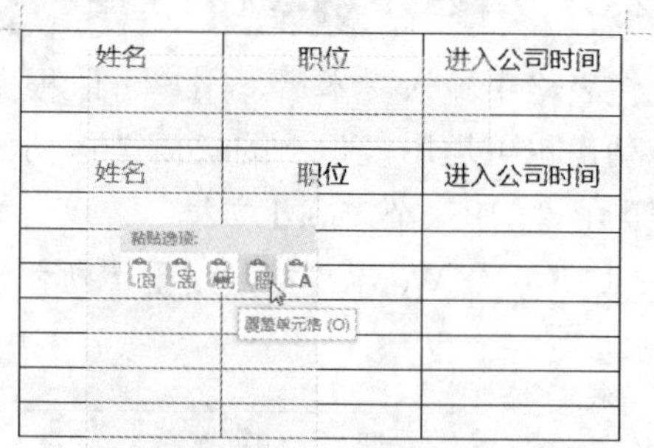

STEP 05 复制表格内容效果

执行上述操作后，即可复制表格内容，如下图所示。

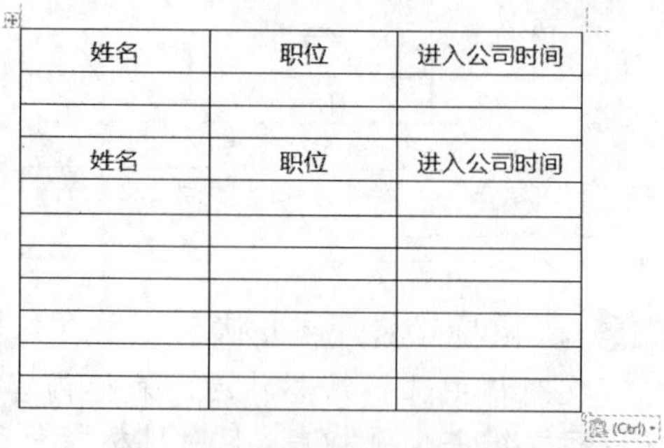

专家指点

在选择需要复制的内容后，按【Ctrl + C】组合键也可复制内容，然后在目标位置处按【Ctrl + V】组合键可粘贴内容。

5.2.4 快速删除表格内容

在 Word 2013 中，用户可以对不需要的表格内容进行删除操作，删除表格内容可以用鼠标操作，同时也可以通过键盘来删除。通常情况下，为了节省工作时间，都通过键盘来删除。

STEP 01 打开一个 Word 文档

打开一个 Word 文档，如下图所示。

个 人 简 历

姓 名		性 别		照片
年 龄		学 历		
籍 贯		爱 好		
电 话		Email		
毕 业 院 校				
应 聘 职 业				
有 何 奖 项				

STEP 02 选择表格内容

在表格中，选中需要删除的表格内容，如下图所示。

姓 名		性 别	
年 龄		学 历	
籍 贯		爱 好	
电 话		Email	
毕 业 院 校			
应 聘 职 业			
有 何 奖 项			

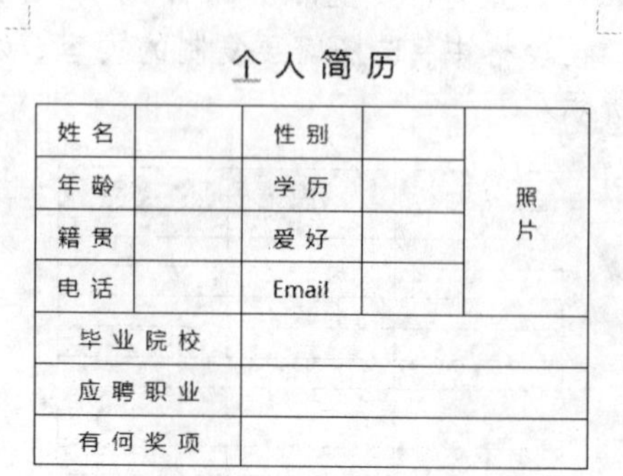

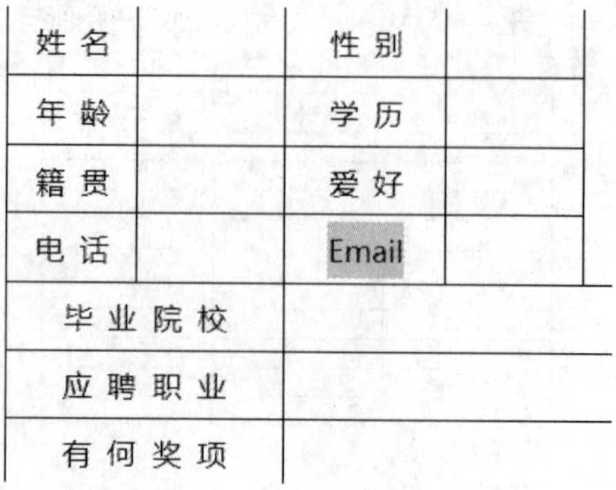

第 5 章　巧用表格：轻松创建表格对象

STEP 03 单击"剪切"按钮

在"开始"面板的"剪贴板"选项板中，单击"剪切"按钮，如下图所示。

STEP 04 删除表格中的内容

执行上述操作后，即可删除表格中的内容，如下图所示。

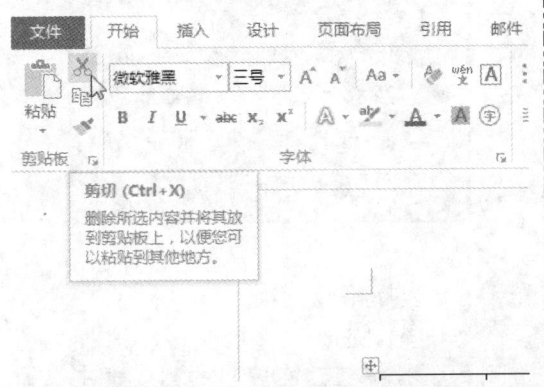

> **专家指点**
> 选择需要删除的表格内容后，按【Delete】键也可删除选择的表格内容。

5.2.5 设置表格边框和底纹

在 Word 2013 中，表格的边框分为整个表格的外边框线和表格内部各单元格的边框线，对这些边框线设置不同的样式和颜色，可以让表格所表达的内容一目了然。

STEP 01 打开一个 Word 文档

打开一个 Word 文档，如下图所示。

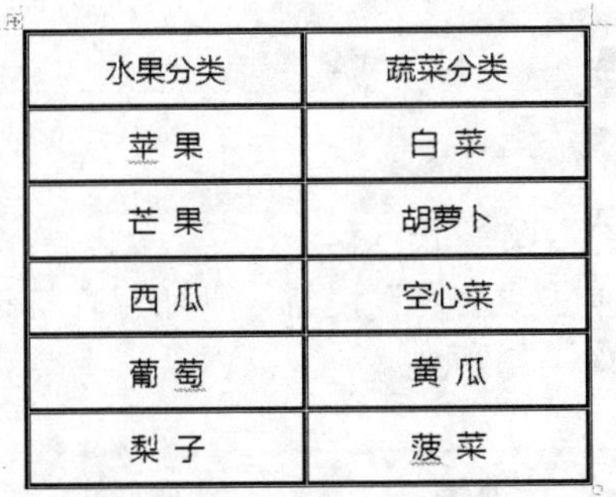

水果分类	蔬菜分类
苹果	白菜
芒果	胡萝卜
西瓜	空心菜
葡萄	黄瓜
梨子	菠菜

STEP 02 选择整个表格

在编辑区选择整个表格，如下图所示。

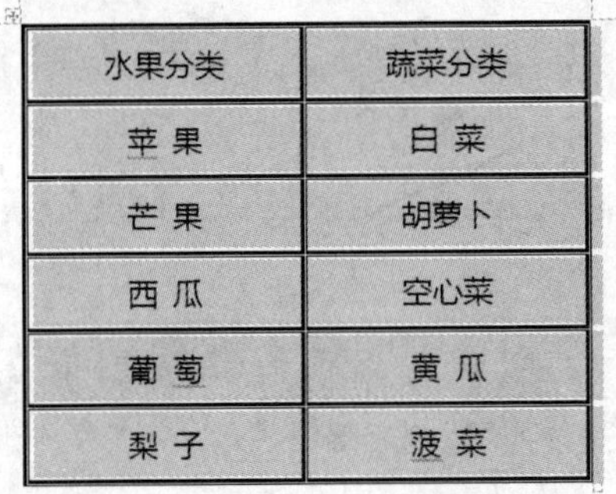

水果分类	蔬菜分类
苹果	白菜
芒果	胡萝卜
西瓜	空心菜
葡萄	黄瓜
梨子	菠菜

STEP 03 单击"边框和底纹"按钮

切换至"表格工具"中的"设计"面板，在"边框"选项板中单击"边框和底纹"按钮，如下图所示。

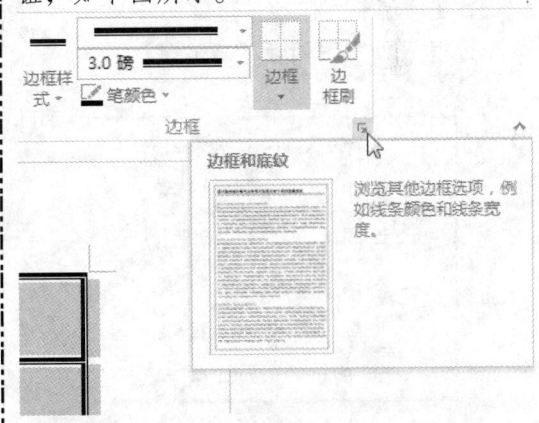

STEP 04 设置外边框选项

弹出"边框和底纹"对话框，在其中设置相应的外边框选项，如下图所示。

STEP 05 设置内边框选项

用与上述相同的方法，在"边框和底纹"对话框中设置内边框选项，如下图所示。

 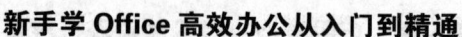

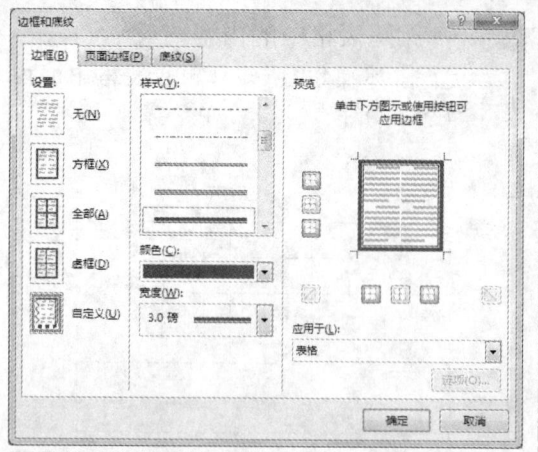

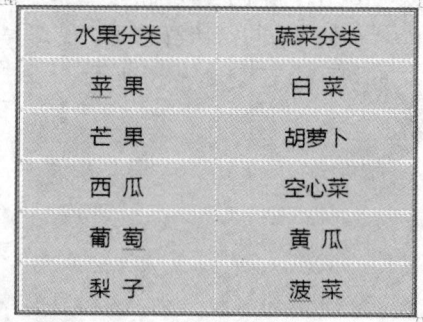

STEP 08 选择相应选项

切换至"底纹"选项卡，单击"填充"右侧的下拉按钮，在弹出的列表框中选择"金色，着色4，淡色80%"选项，如下图所示。

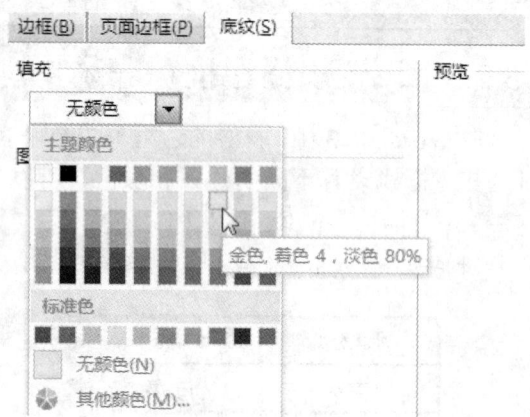

STEP 06 添加边框

单击"确定"按钮，即可为选择的表格添加边框，如下图所示。

STEP 09 设置底纹

单击"确定"按钮，即可为表格设置底纹，如下图所示。

STEP 07 选择表格区域

在编辑区中，选择相应的表格区域，如下图所示。

> **专家指点**
>
> 在"开始"面板的"段落"选项板中，单击"下框线"右侧的下拉按钮，在弹出的列表框中选择"边框和底纹"选项，也会弹出"边框和底纹"对话框。

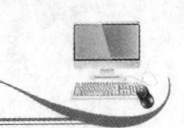

5.2.6 快速设置对齐方式

由于表格中每个单元格相当于一个小文档，因此能对选定的单个单元格、多个单元格、行或列里的文档进行文档的对齐方式操作，包括左对齐、右对齐、两端对齐、居中和分散对齐等对齐方式。

STEP 01 打开一个 Word 文档

打开一个 Word 文档，如下图所示。

花名册		
章 键	文 芳	韩 文
李 浩	刘 也	邝 奇
李 昊	张 康	戴 军
彭 文	姚 林	周文涛
范 勇	段 峰	李 娟

STEP 02 选择相应单元格

在表格中选择需要设置对齐方式的单元格，如下图所示。

花名册		
章 键	文 芳	韩 文
李 浩	刘 也	邝 奇
李 昊	张 康	戴 军
彭 文	姚 林	周文涛
范 勇	段 峰	李 娟

STEP 03 单击“居中”按钮

在“开始”面板的“段落”选项板中，单击“居中”按钮，如下图所示。

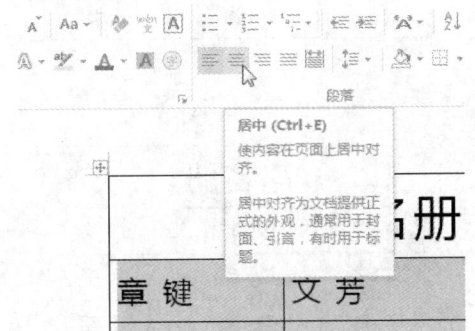

STEP 04 设置表格内容为水平居中

执行操作后，即可设置表格内容为水平居中，如下图所示。

花名册		
章 键	文 芳	韩 文
李 浩	刘 也	邝 奇
李 昊	张 康	戴 军
彭 文	姚 林	周文涛
范 勇	段 峰	李 娟

专家指点

选择需要设置对齐方式的文本，单击鼠标右键，在弹出的快捷菜单中选择“单元格对齐方式”选项，在弹出的子菜单中也可设置对齐方式。

5.2.7 自动套用表格样式

运用自动套用表格样式功能，可以达到快速美化表格的目的。

STEP 01 打开一个 Word 文档

打开一个 Word 文档，如下图所示。

STEP 02 选择整个表格

在编辑区选择整个表格，如下图所示。

STEP 03 切换至“设计”面板

切换至"表格工具"中的"设计"面板,如下图所示。

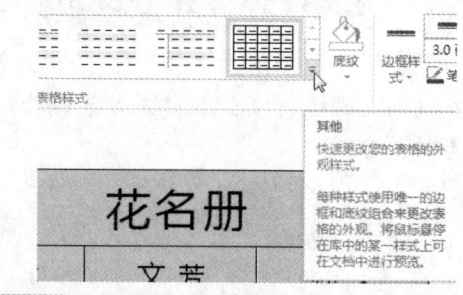

STEP 05 选择相应选项

在弹出的列表框中,选择"网格表4-着色2"选项,如下图所示。

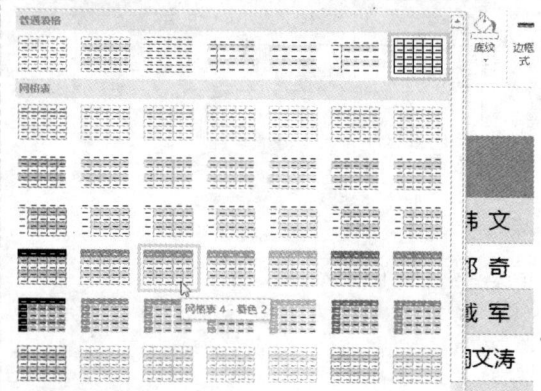

STEP 06 自动套用样式

执行上述操作后,即可自动套用相应表格样式,如下图所示。

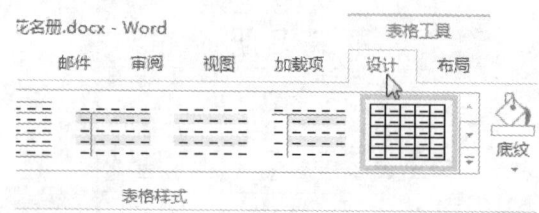

STEP 04 单击"其他"下拉按钮

在"表格样式"选项板中,单击"其他"下拉按钮,如下图所示。

> **专家指点**
> 在"设计"面板中,单击"表格样式"选项板右侧的"其他"下拉按钮,在弹出的列表框中显示了多种表格样式,用户可以根据需要选择合适的样式。

5.3 对数据进行排序和计算

在日常工作中,常常要对表格中的数据进行排序,Word 2013 提供了方便的排

第 5 章 巧用表格：轻松创建表格对象

序功能。此外，利用表格的计算功能，还可以对表格中的数据进行一些简单的运算。本节主要介绍快速排序表格数据、快速排序方式规则以及快速计算表格数据等内容。

5.3.1 快速排序表格数据

排序是指在二维表中针对某列的特性（如数字的大小、文字的拼音或笔画等）对二维表中的数据进行重新组织顺序的一种方法。在 Word 2013 中，用户可以方便地对表格中的数据进行排序操作。

STEP 01 打开一个 Word 文档

打开一个 Word 文档，如下图所示。

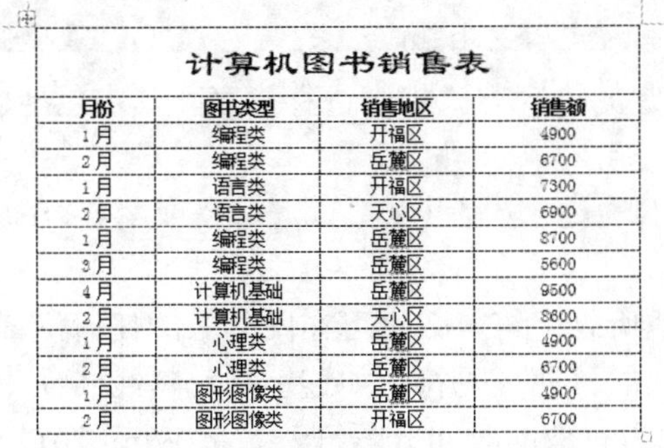

STEP 02 选择表格

在编辑区中，选择表格，如下图所示。

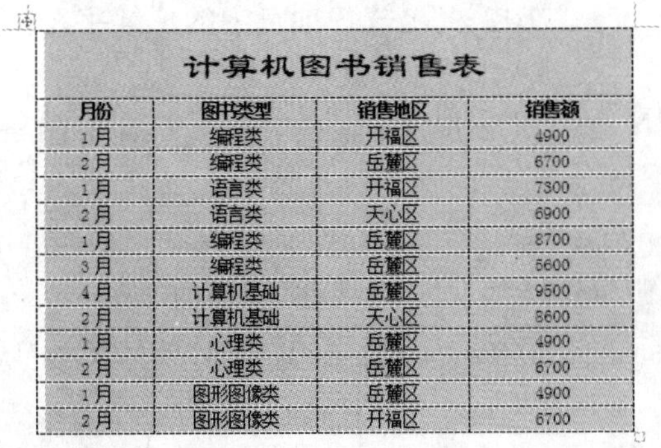

STEP 03 单击"排序"按钮

切换至"表格工具"中的"布局"面板，在"数据"选项板中单击"排序"按钮，如下图所示。

STEP 04 选择"数字"选项

弹出"排序"对话框，单击"类型"右侧的下拉按钮，在弹出的列表框中选择"数字"选项，如下图所示。

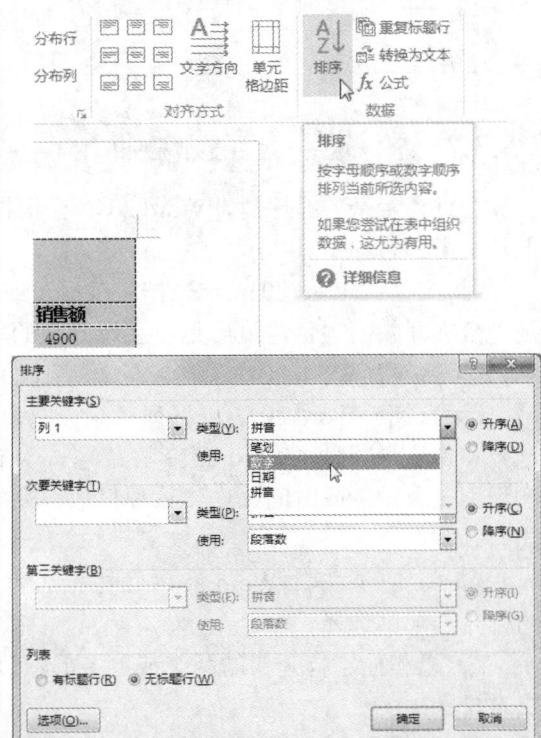

STEP 05 选中"升序"单选按钮

选中"升序"单选按钮，如下图所示。

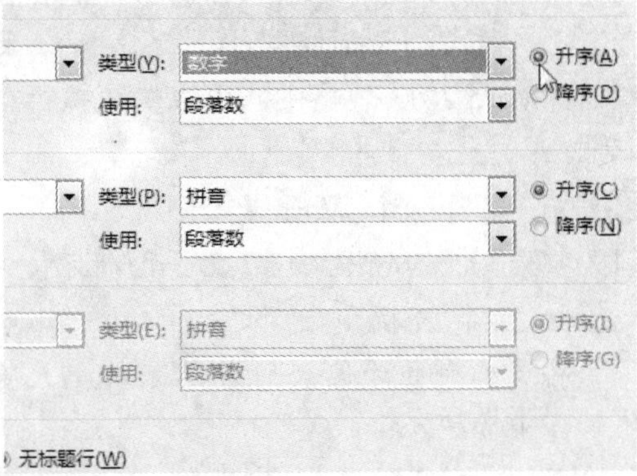

STEP 06 排序表格

单击"确定"按钮，即可对选择的表格内容进行排序，如下图所示。

计算机图书销售表			
月份	图书类型	销售地区	销售额
1月	编程类	开福区	4900
1月	语言类	开福区	7300
1月	编程类	岳麓区	8700
1月	心理类	岳麓区	4900
1月	图形图像类	岳麓区	4900
2月	编程类	岳麓区	6700
2月	语言类	天心区	6900
2月	计算机基础	天心区	8600
2月	心理类	岳麓区	6700
2月	图形图像类	开福区	6700
3月	编程类	岳麓区	5600
4月	计算机基础	岳麓区	9500

> **专家指点**
>
> 在"排序"对话框中,"主要关键字"用于选择排序的依据,一般是标题行中某个单元格的内容;"类型"用于指定排序依据的类型;"升序"和"降序"用于选择排序的顺序模式。

5.3.2 快速排序方式规则

在进行复杂的排序时,Word 2013 会根据一定的排序方式规则进行排序,其中包括以下几个内容。

● 文字:Word 2013 首先排序以标点或符号开头的项目(如!、#、&或%),随后是以数字开头的项目,最后是以字母开头的项目。

● 数字:Word 2013 会忽略除数字外的其他所有字符,数字可在段落中的任何位置。

● 日期:Word 2013 将下列字符识别为有效的日期分隔符,如连字符、斜线(\)、逗号和句号。同时,Word 2013 将冒号(:)识别为有效的时间分隔符。如果 Word 2013 无法识别一个日期或时间,会将该项目放置在列表的开头或结尾(依照升序或降序的排列方式)。

● 特定的语言:Word 2013 可根据语言的排序规则进行排序,某些特定的语言有不同的排序规则供选择。

● 以相同字符开头的两个或更多的项目:Word 2013 将比较各项目中的后续字符,以决定排序次序。

● 域结果:Word 2013 将按指定的排序选项对域结果进行排序。如果两个项目中的某个域(如姓氏)完全相同,Word 2013 将比较下一个域。

5.3.3 快速计算表格数据

在 Word 2013 表格中,可以快速执行一些简单的运算,如可以计算行或列中数值的总和等。

STEP 01 打开一个 Word 文档

打开一个 Word 文档,如下图所示。

STEP 02 定位光标

将光标定位于需要计算结果的单元格中,如下图所示。

STEP 03 单击"公式"按钮

切换至"表格工具"中的"布局"面板,在"数据"选项板中单击"公式"按钮,如下图所示。

三月员工工资表			
姓名	基本工资	奖金	总工资
章 健	2600	500	3100
李 好	3000	200	
周文涛	2700	500	
彭 亮	2500	500	
冯 花	3500	200	
范 勇	3000	500	
赵 兄	2800	500	

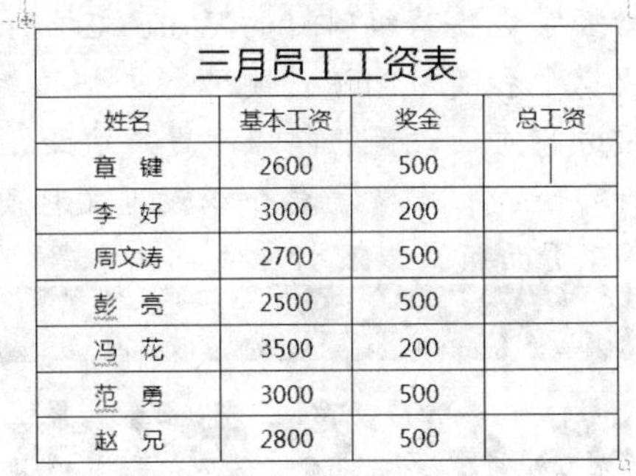

第 5 章　巧用表格：轻松创建表格对象

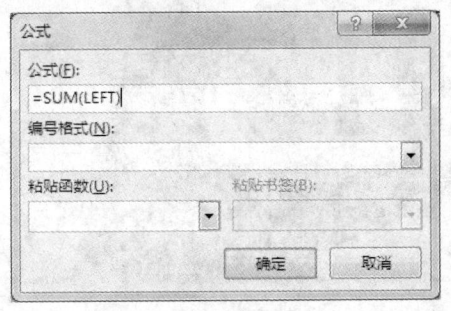

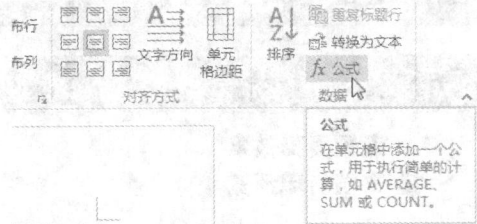

STEP 04 显示计算参数

弹出"公式"对话框，在"公式"下方的文本框中将显示计算参数，如下图所示。

STEP 05 计算表格数据

单击"确定"按钮，即可计算出表格数据，如下图所示。

STEP 06 计算其他数据结果

用与上述相同的方法，在表格中计算其他数据结果，如下图所示。

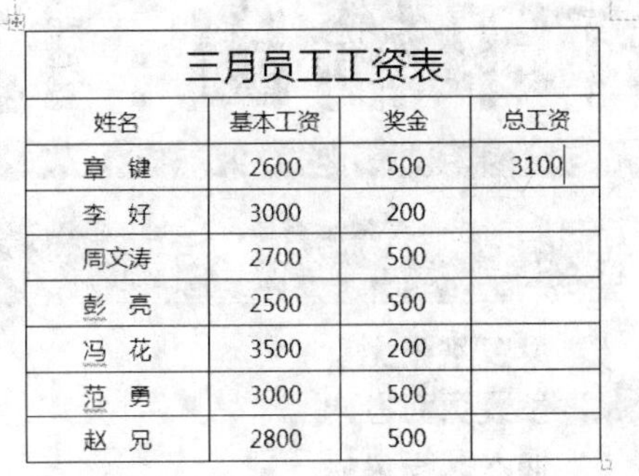

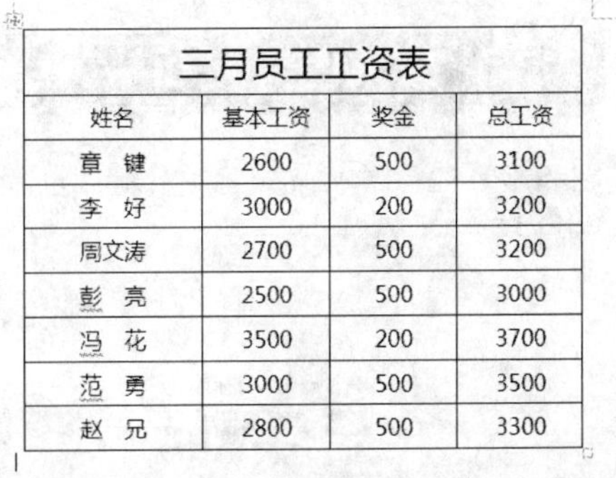

? 专家指点

对一组横排数据进行求和计算时，单击"公式"按钮，如果弹出的"公式"对话框中显示"=SUM(ABOVE)"，应将 ABOVE 更改为 LEFT，以计算该单元格左侧的数据总和。

Chapter 06

章前知识导读

用户经常需要将编辑好的 Word 文档打印出来，以便携带和随时阅读。要进行文档的打印，首先应该进行页面设置，包括设置页边距、页面方向和打印版式。本章主要介绍设置文档页面、美化 Word 页面版式以及打印文档内容等。

打印输出：打印办公文档内容

重点知识索引

- 设置纸张大小
- 设置页面方向
- 插入文档页码
- 设置页脚效果
- 文档打印预览

效果图片赏析

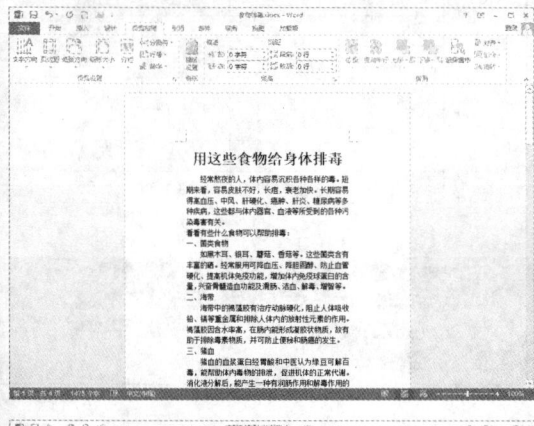

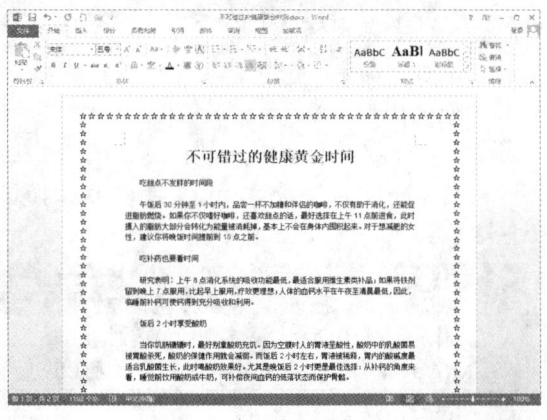

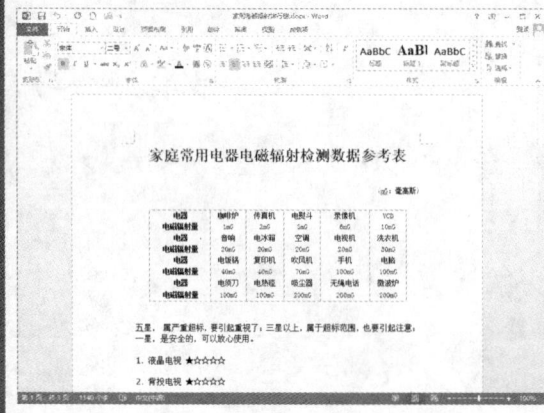

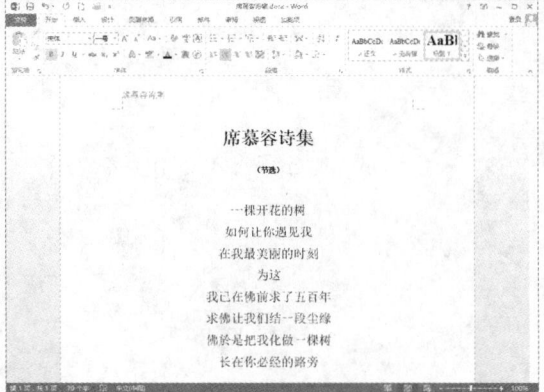

STEP 01 打开一个 Word 文档

打开一个 Word 文档，如下图所示。

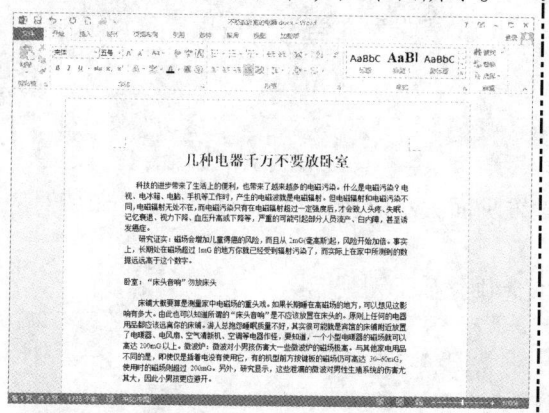

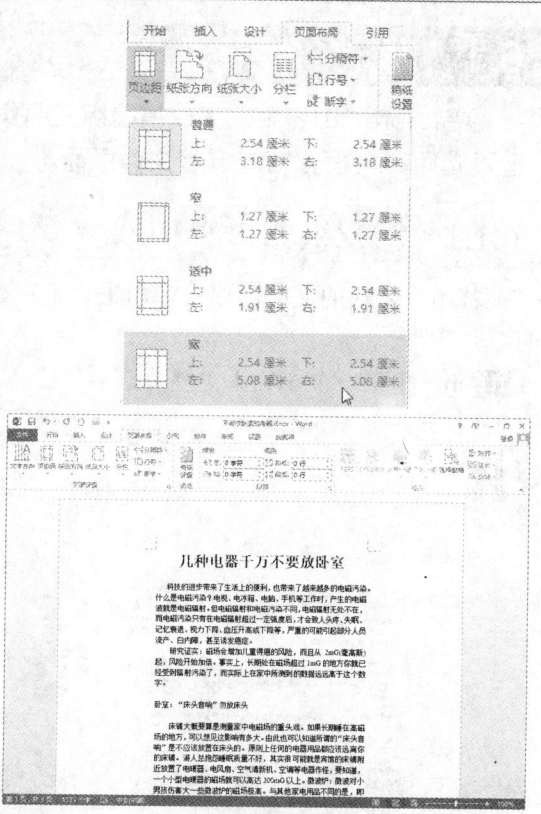

STEP 02 选择"宽"选项

单击"页面布局"标签，进入"页面布局"面板，在"页面设置"选项板中单击"页边距"下拉按钮，在弹出的列表框中选择"宽"选项，如下图所示。

STEP 03 设置页边距

执行操作后，完成页边距设置，如下图所示。

> **专家指点**
>
> 用户还可以在"页边距"下拉列表框中选择"自定义边距"选项，自定义设置页边距的大小。

6.1.3 设置页边框

在 Word 2013 中，为了使打印出来的文档更吸引眼球，用户可根据需要为文档添加页边框。

STEP 01 打开一个 Word 文档

打开一个 Word 文档，如下图所示。

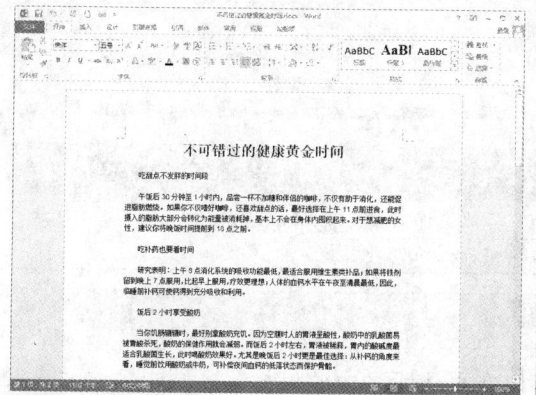

单击"下框线"右侧的下拉按钮，在弹出的列表框中，选择"边框和底纹"选项，如下图所示。

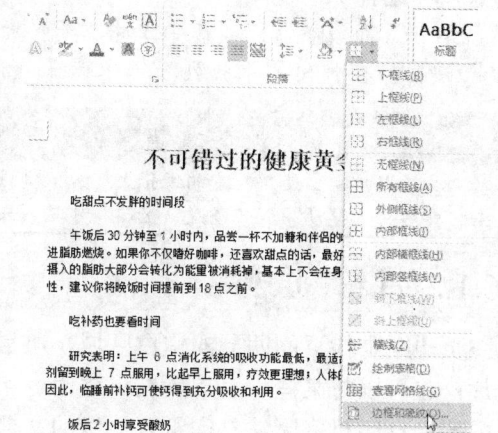

STEP 02 选择"边框和底纹"选项

在"开始"面板的"段落"选项板中，

第 6 章　打印输出：打印办公文档内容

6.1　制定个性化文档页面

在 Word 2013 中，创建精美版式的第一步就是要为文档设置页面，可以通过设置页边距和页面方向来调整文档页面。

6.1.1　设置纸张大小

若用户创建的文档需要打印出来，则在设置页面大小时应选用与打印机中打印所对应的纸张大小。

STEP 01 打开一个 Word 文档

打开一个 Word 文档，如下图所示。

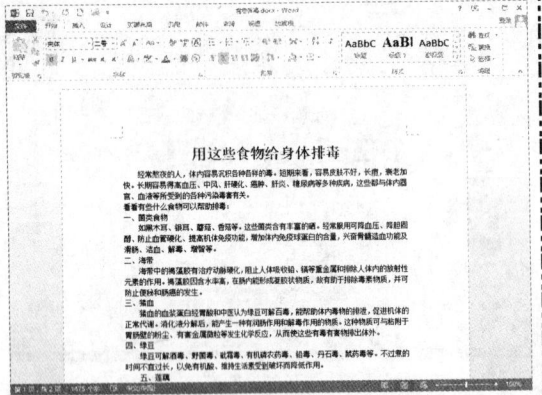

STEP 02 进入"页面布局"面板

单击"页面布局"标签，进入"页面布局"面板，如下图所示。

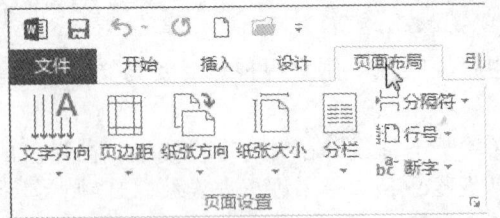

STEP 03 选择 A5 选项

在"页面设置"选项板中单击"纸张大小"按钮，在弹出的下拉列表框中选择 A5 选项，如下图所示。

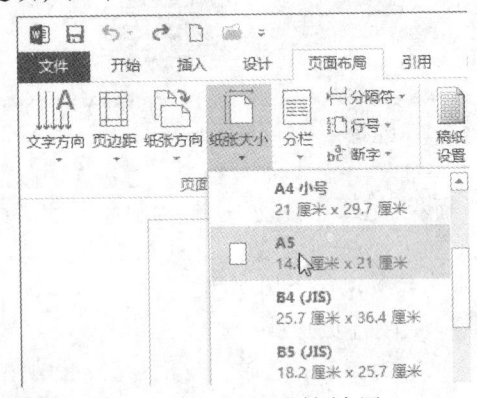

STEP 04 设置纸张大小后的效果

执行操作后，即可应用所设置的纸张大小，如下图所示。

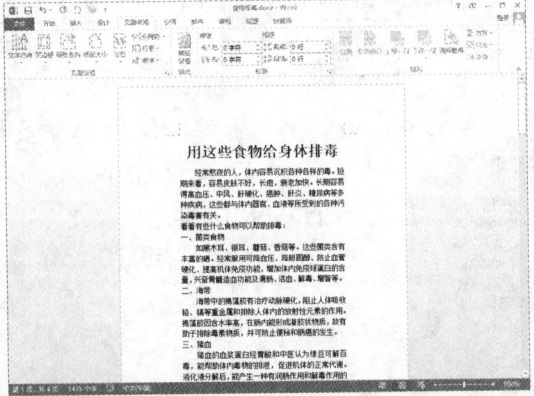

> **专家指点**
>
> 如果用户需要使用特定的纸张大小，只需选择"其他页面大小"选项，弹出"页面设置"对话框，然后在"宽度"和"高度"数值框中输入或选择相应数值，即可设定特定的纸张大小。

6.1.2　设置页边距

页边距是指页面四周的空白区域，通常可以在页边距之内的可打印区域中插入文字和图片，也可以将某些项目放置在页边距区域中，如页眉、页脚和页码等。如果页边距设置得太窄，打印机将无法打印纸张边缘的文档内容，从而导致打印不完整。

第 6 章 打印输出：打印办公文档内容

> **专家指点**
> 用户还可以在"文件"菜单中单击"打开"按钮来打开 Word 文档。

STEP 03 选择相应选项

弹出"边框和底纹"对话框，切换至"页面边框"选项卡，在"艺术型"下拉列表框中选择相应选项，如下图所示。

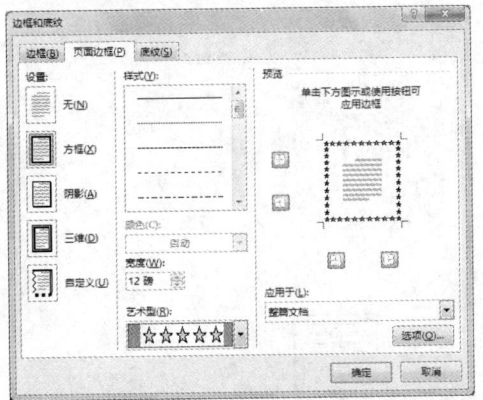

STEP 04 设置页面边框后的效果

单击"确定"按钮，即可设置选定的页面边框，如下图所示。

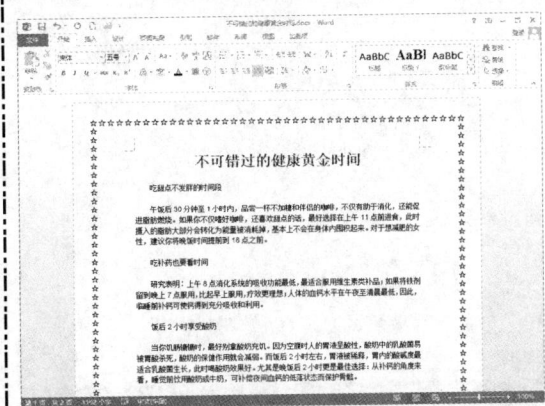

> **专家指点**
> 在"页面边框"选项卡中单击"宽度"右侧的微调按钮，可以调整页面边框的宽度。
> 除了使用艺术型页面边框外，还可以在"样式"列表框中，为页面边框选择其他的线型。

6.1.4 设置页面方向

在 Word 2013 中，系统默认的页面方向是"纵向"，用户可以根据需要将页面方向设置为"横向"。

STEP 01 打开一个 Word 文档

打开一个 Word 文档，如下图所示。

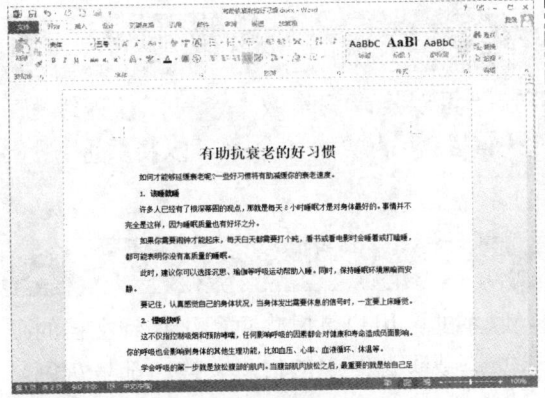

STEP 02 选择"横向"选项

切换至"页面布局"面板，在"页面设置"选项板中单击"纸张方向"下拉按钮，在弹出的列表框中，选择"横向"选项，如下图所示。

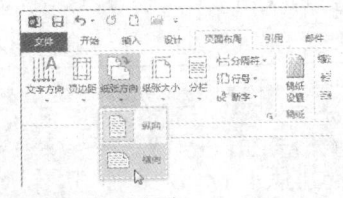

STEP 03 设置页面方向

执行操作后，即可设置页面方向为横向，如下图所示。

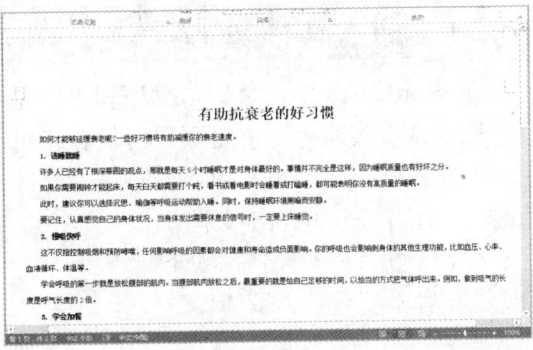

6.1.5 设置打印版式

在 Word 2013 中，通过为文档设置版式，可以使文档中的不同页使用不同的页眉和页脚，还可以设置文档的打印边框、打印时显示每页的行号等属性。

STEP 01 打开一个 Word 文档

打开一个 Word 文档，如下图所示。

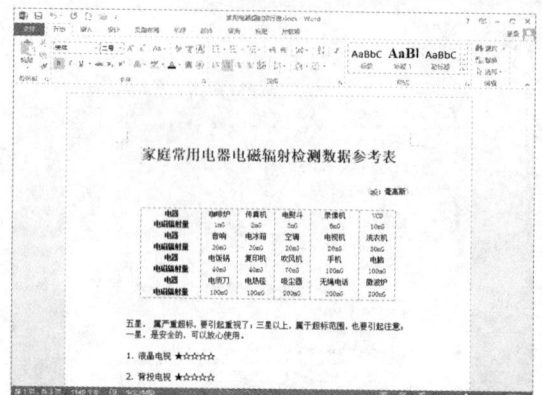

STEP 02 设置节的起始位置

切换至"页面布局"面板，在"页面设置"选项板中单击右侧的"页面设置"按钮，弹出"页面设置"对话框，切换至"版式"选项卡，在"节"选项区中单击"节的起始位置"右侧的下拉按钮，在其下拉列表中可对节的起始位置进行设置，如下图所示。

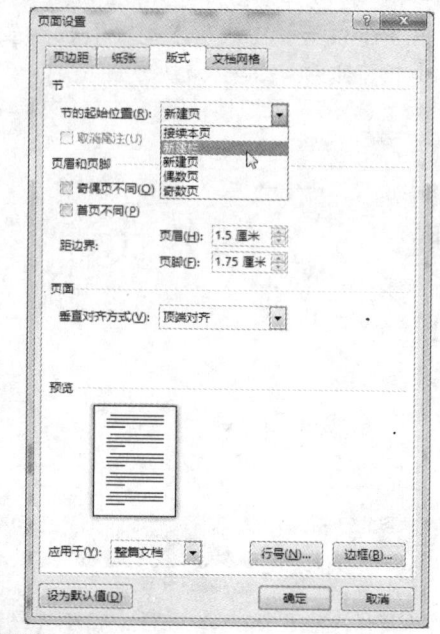

STEP 03 完成设置

设置完成后，单击"确定"按钮，完成节的起始位置设置。

> **专家指点**
>
> 选中"节"选项区中的"取消尾注"复选框，可以避免将尾注打印在当前节的末尾。只有用户将尾注设置在节的末尾时，该复选框才可用。

6.2 美化 Word 页面版式

文档排版有许多技巧，熟练地使用这些技巧可以提高编辑效率，可以快速编写出高质量的文档。在 Word 2013 中，有许多独具特色的功能和命令可以将页面设计得更加整齐和美观。

6.2.1 插入文档页码

在 Word 2013 中，页码与页眉和页脚是相互联系的，用户可以将页码添加到文档的顶部、底部或页边距处，但是页码与保存在页眉、页脚或页边距中的信息一样，都呈灰色显示，而且不能与文档正文内容同时进行修改。

STEP 01 打开一个 Word 文档

打开一个 Word 文档，如下图所示。

STEP 02 进入"插入"面板

单击"插入"标签，进入"插入"面板，如下图所示。

第 6 章 打印输出：打印办公文档内容

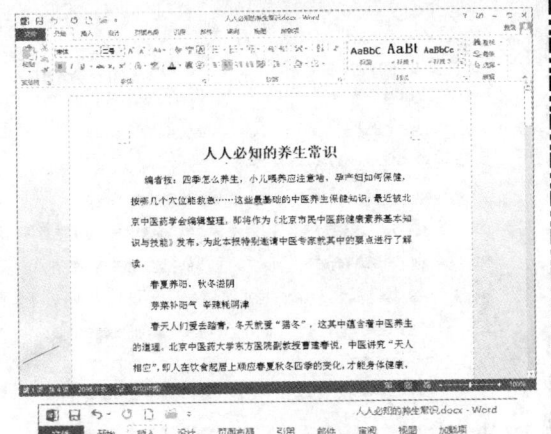

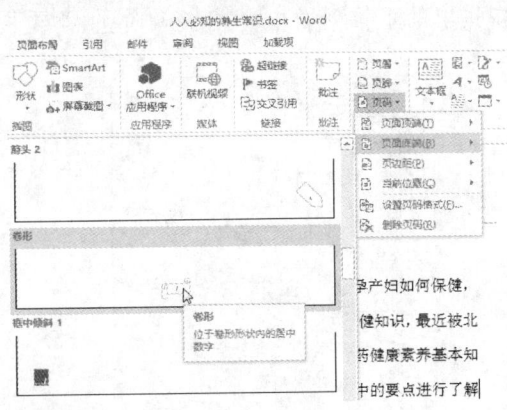

STEP 04 插入页码

执行操作后，即可在文档中插入页码，如下图所示。

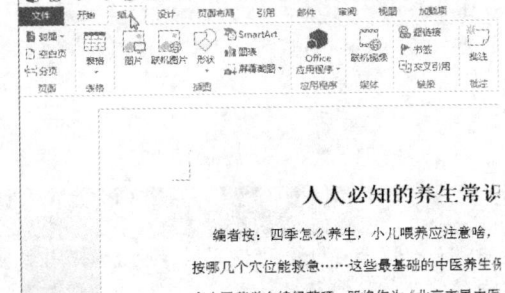

STEP 03 选择"卷形"选项

在"页眉和页脚"选项板中单击"页码"按钮，然后在弹出的下拉列表框中选择"页面底端" | "卷形"选项，如下图所示。

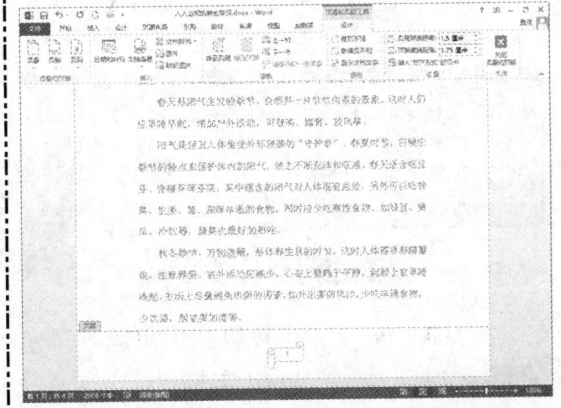

6.2.2 设置页码格式

在 Word 2013 中，如果对插入的页码格式不满意，还可以修改，如修改其编号格式、自定义起始页码等。

STEP 01 选择"设置页码格式"选项

打开上一例制作的效果文件，在"插入"面板的"页眉和页脚"选项板中单击"页码"按钮，在弹出的列表框中选择"设置页码格式"选项，如下图所示。

STEP 02 弹出"页码格式"对话框

弹出"页码格式"对话框，如下图所示。

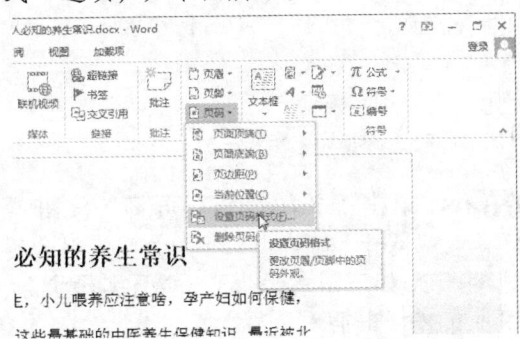

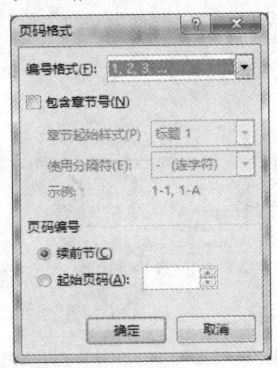

STEP 03 选择相应选项

单击"编号格式"右侧的下三角按钮，

在弹出的下拉列表中选择相应选项，如下图所示。

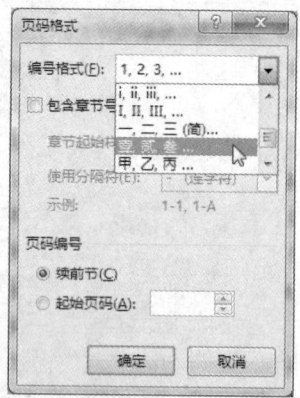

STEP 04 应用页码格式

单击"确定"按钮，即可应用所设置的页码格式，如下图所示。

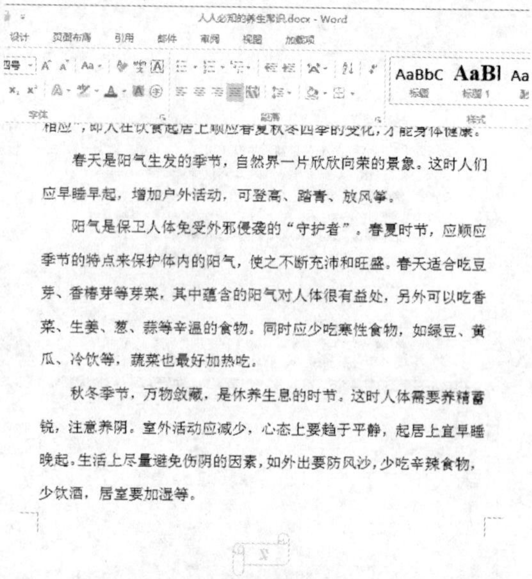

> **专家指点**
>
> 如果要将文档中的章节号添加到页码中，可以选中"包含章节号"复选框，然后设置章节号格式：在"章节起始样式"下拉列表框中，选择需要包含的章节标题的标题样式；在"使用分隔符"下拉列表框中，选择需要包含在章节号和页码之间的分隔符，默认状态下使用连字符。

6.2.3 设置页眉效果

在 Word 2013 中，可以使用页码、日期或公司徽标等文字或图形作为页眉或页脚。

STEP 01 打开一个 Word 文档

打开一个 Word 文档，如下图所示。

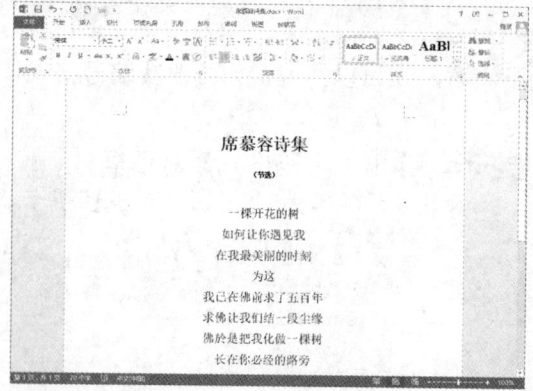

STEP 02 选择"空白"选项

切换至"插入"面板，在"页眉和页脚"选项板中单击"页眉"按钮，在弹出的下拉列表框中选择"空白"选项，如下图所示。

STEP 03 输入文字

执行操作后，进入"设计"面板，在页眉位置处输入所需文字，如下图所示。

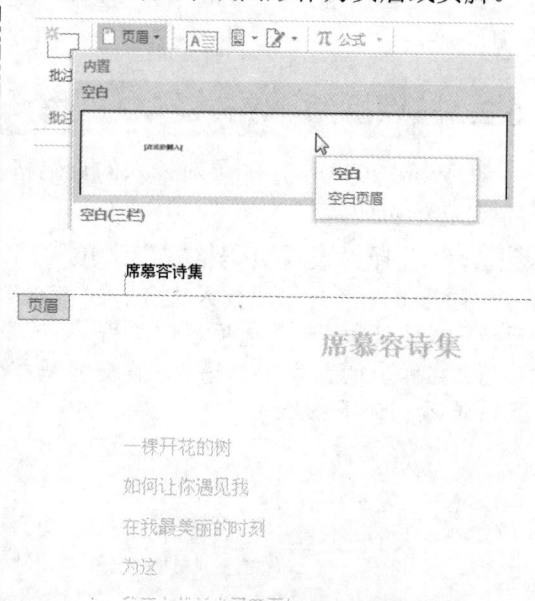

STEP 04 单击"关闭页眉和页脚"按钮

在"设计"面板中单击"关闭页眉和页脚"按钮，如下图所示，退出页眉编辑状态，即可在文档中插入页眉。

第 6 章 打印输出：打印办公文档内容

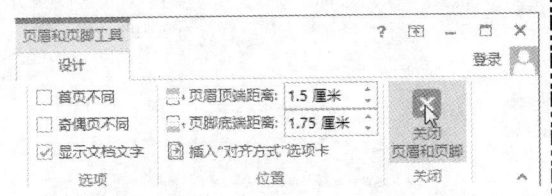

> **专家指点**
>
> 一般情况下，在书籍的页眉和页脚中，页眉中会有书名和章节的名称。"页眉"不属于正文，因此在编辑正文时，页眉以淡灰色显示。通常为文档建立了页眉，则在此文档的每一页中都会有页眉，而且同一文档中页眉都相同。

6.2.4 设置页脚效果

"页脚"在文档页面的底部，文档的页码一般也在页脚中。

STEP 01 选择"空白"选项

打开一个 Word 文档，切换至"插入"面板，在"页眉和页脚"选项板中单击"页脚"按钮，在弹出的下拉列表框中选择"空白"选项，如下图所示。

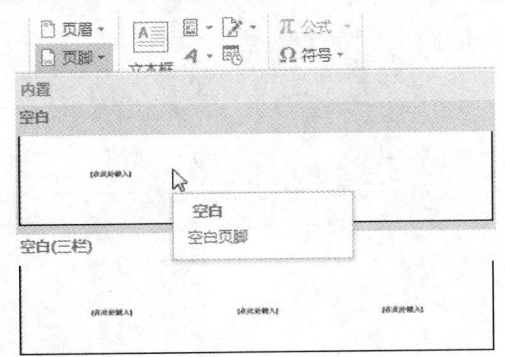

STEP 02 插入页脚

执行操作后，进入"设计"面板，在页脚位置处输入所需文字，在"设计"面板中单击"关闭页眉和页脚"按钮，退出编辑状态，即可在文档中插入页脚，如下图所示。

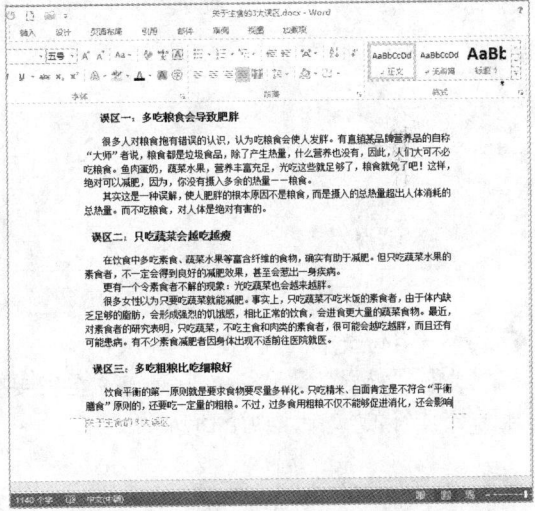

6.2.5 插入分页符和分节符

在 Word 2013 中，使用正常模板编辑一个文档时，系统会将整个文档作为一个节来处理，但在一些特殊情况下要求前后两页或一页中的两个部分之间有特殊格式，此时可以在其中插入分页符或分节符来实现对文档的强制分页或分节操作。

STEP 01 打开一个 Word 文档

打开一个 Word 文档，如下图所示。

STEP 02 单击"选项"按钮

单击菜单栏中的"文件"标签，然后在"文件"菜单中单击"选项"按钮，如下图所示。

STEP 03 "显示所有格式标记"复选框

弹出"Word 选项"对话框，切换至"显示"选项卡，在其中选中"显示所有格式标记"复选框，如下图所示。

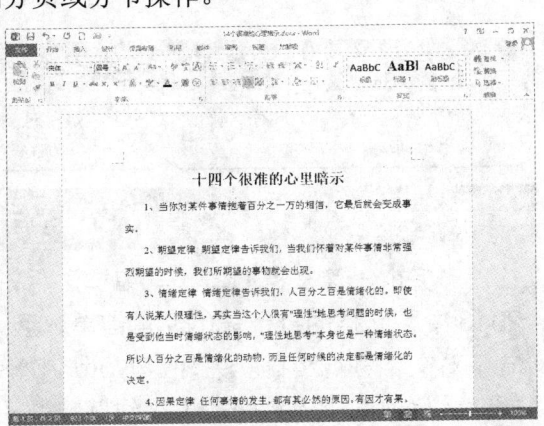

新手学 Office 高效办公从入门到精通

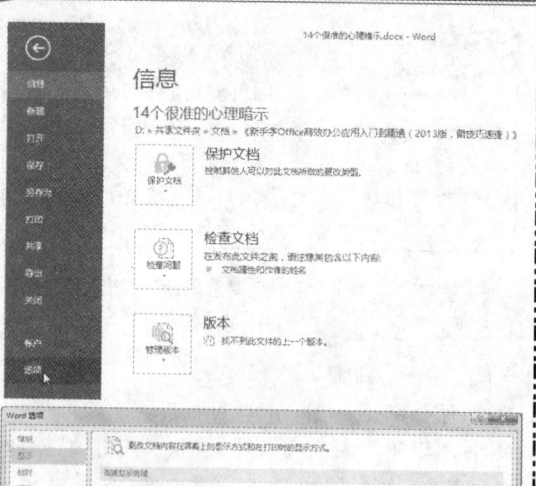

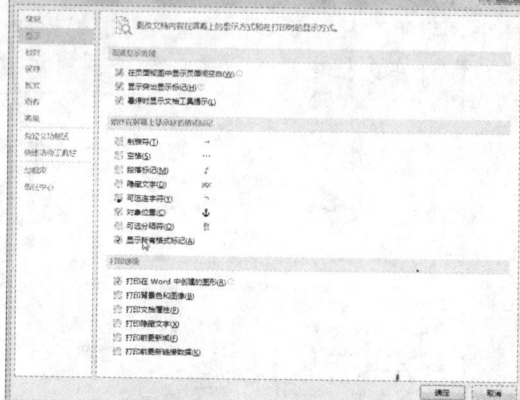

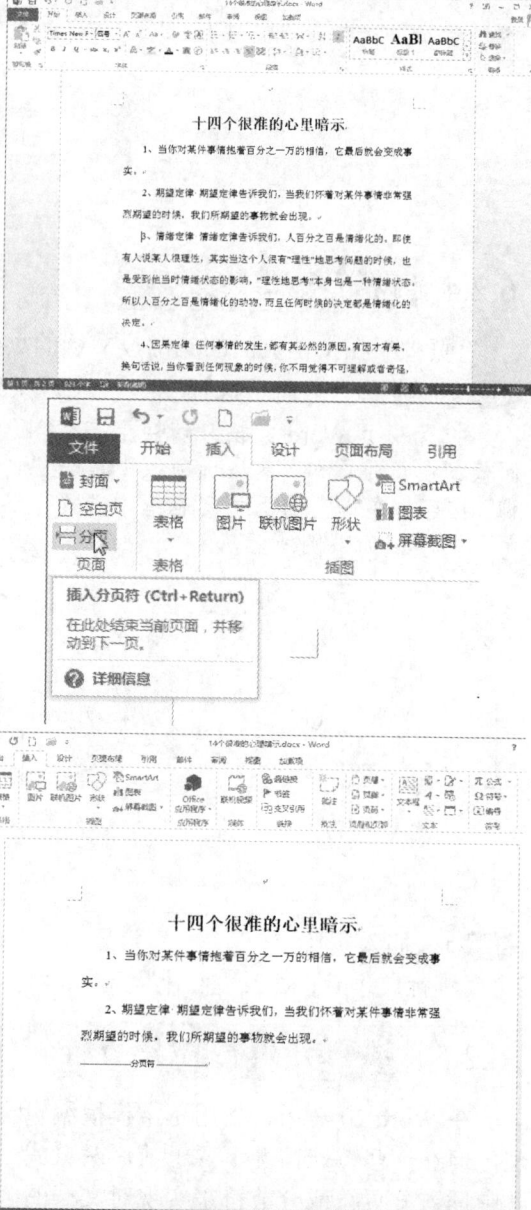

STEP 04 定位光标

单击"确定"按钮,将光标定位在需要插入分页符的位置,如下图所示。

STEP 05 单击"分页"按钮

单击菜单栏中的"插入"标签,在"页面"选项板中,单击"分页"按钮,如下图所示。

STEP 06 插入分页符

执行操作后,即可在光标位置插入分页符,如下图所示。

> **专家指点**
>
> 分页是将文档中的某一部分分成两页,如果不插入分页符,Word 2013 会自动在一页占满之后换到下一页。

6.3 轻松打印文档内容

当完成一篇文档的输入与编排之后,往往需要打印出来,以供阅读使用。在 Word 2013 中,文档的打印输出非常简单,因为 Word 2013 可以在"所见即所得"的方式下对文档进行编排。另外,Word 2013 还设置了打印预览显示方式,使用户在打印文档之前就可以准确地了解到打印的实际效果。

第 6 章 打印输出：打印办公文档内容

6.3.1 文档打印预览

打印预览功能可以使用户在打印前预览文档的打印效果。在打印文档之前，应该先预览一下，以查看文档页边距的设置是否有问题，图形位置是否得当，或者分栏是否合适等。

STEP 01 打开一个 Word 文档

打开一个 Word 文档，如下图所示。

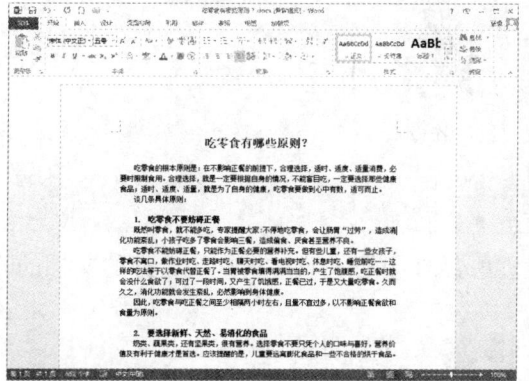

STEP 02 预览打印效果

单击"文件"标签，在"文件"菜单中单击"打印"按钮，即可预览打印效果，如下图所示。

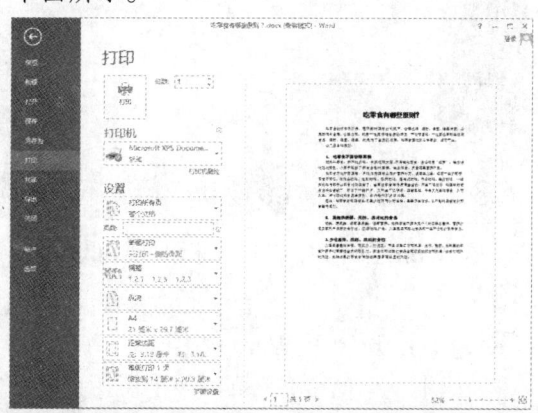

专家指点

打印预览功能不但能使用户在打印前看到非常逼真的打印效果，还能在预览时对文档进行调整和编辑，而不必切换到相应的视图状态。

6.3.2 打印当前文档

确定打印机与用户所使用的电脑正确连接后，便可以对打印机进行设置。

STEP 01 打开一个 Word 文档

打开一个 Word 文档，如下图所示。

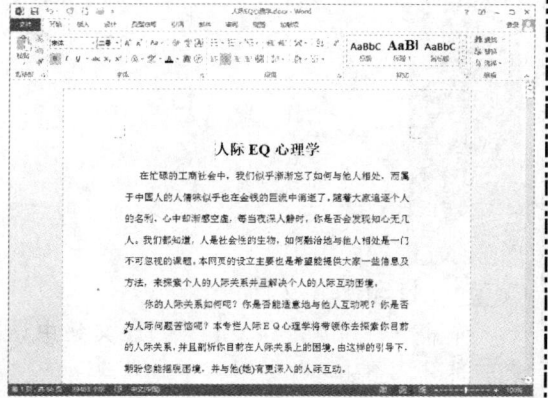

STEP 02 单击"打印"按钮

单击菜单栏中的"文件"标签，在"文件"菜单中单击"打印"按钮，如下图所示。

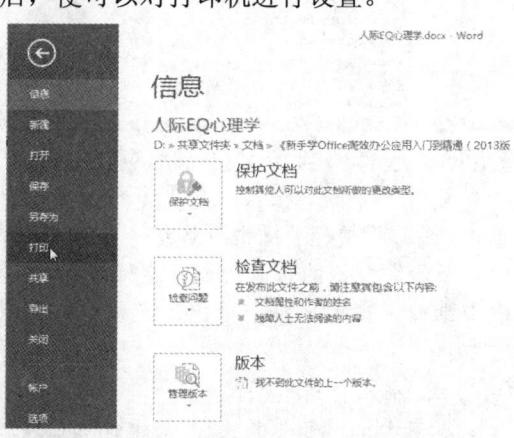

STEP 03 选择"打印当前页面"选项

单击"设置"下方的"打印所有页"右侧的下拉按钮，在弹出的列表框中选择"打印当前页面"选项，如下图所示。

STEP 04 单击"打印"按钮

单击"打印"按钮，如下图所示，即可打印当前页面。

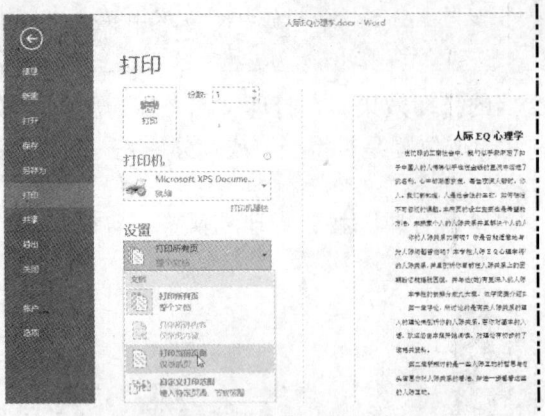

6.3.3 打印一部分内容

在 Word 2013 中打印文档时，可以通过设置所需打印的区域，只打印选择的文档的一部分。

STEP 01 打开一个 Word 文档

打开一个 Word 文档，如下图所示。

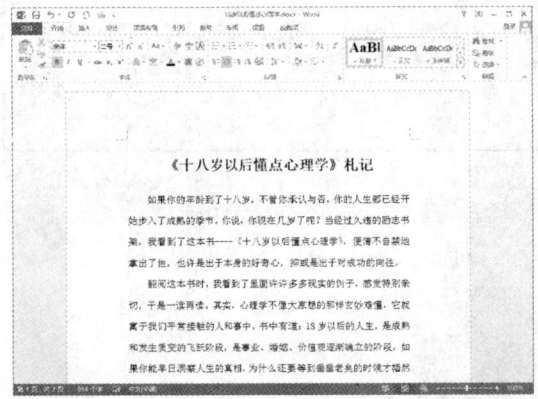

STEP 02 选择"自定义打印范围"选项

单击"文件"标签，在"文件"菜单中单击"打印"按钮，单击"设置"下方的"打印所有页"右侧的下拉按钮，在弹出的列表框中选择"自定义打印范围"选项，如下图所示。

STEP 03 输入打印范围

在下方的"页数"文本框中输入 4-5，如下图所示。

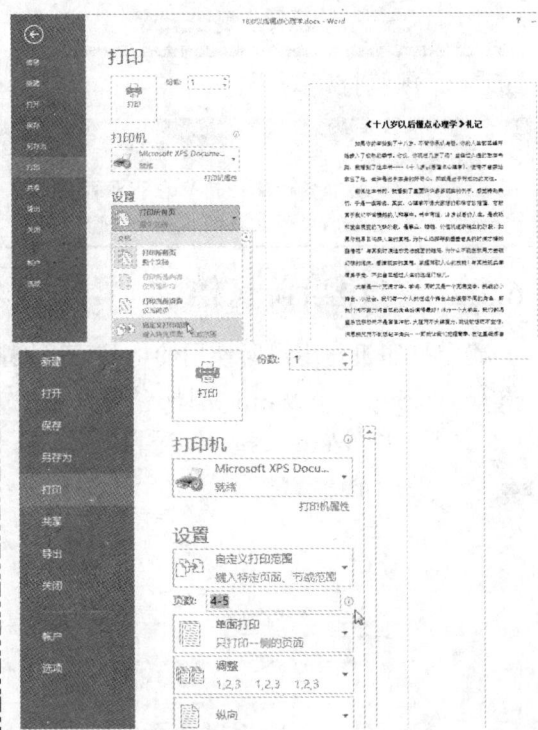

STEP 04 打印部分文档

单击"打印"按钮，即可打印文档中设置的部分内容。

6.3.4 打印文档内容

用户对一篇文档进行打印设置，同时打印预览无误后，便可进行打印文档操作。

STEP 01 打开一个 Word 文档

打开一个 Word 文档，如下图所示。

第6章 打印输出：打印办公文档内容

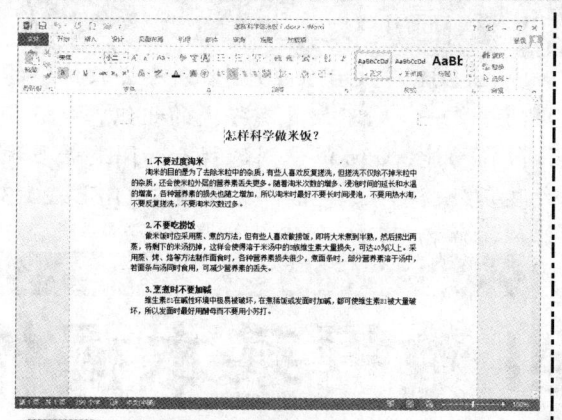

击"打印"命令，在中间窗格中单击"打印"按钮，如下图所示，执行操作后，即可打印文档内容。

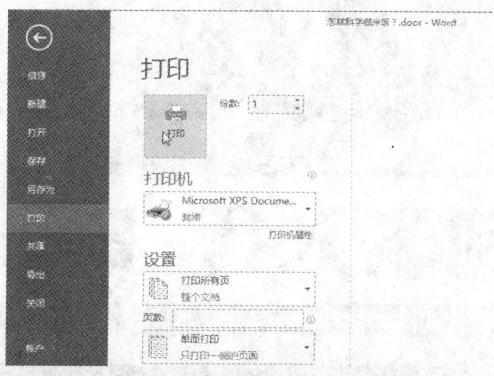

STEP 02 单击"打印"按钮

单击"文件"菜单，在弹出的面板中单

专家指点

在"份数"数值框中可根据需要输入或设置要打印的份数，默认的份数为1。

● 读书笔记

Chapter 07

章前知识导读

Excel 2013 是 Office 2013 系列办公软件中的重要组件之一。它不仅具有强大的组织、分析和统计数据功能，还可以使用透视表和图表等多种形式显示处理结果，也能够方便地与 Office 2013 的其他组件相互调用数据、共享资源。

制表入行：Excel 数据基本操作

重点知识索引

- 新建空白工作簿
- 轻松插入和删除工作表
- 轻松套用单元格样式
- 快速输入和编辑日期数据
- 轻松设置文本字形

效果图片赏析

新生资料库

编号	姓名	性别	出生日期
20131001	李一	男	一九八九年三月二日
20131002	张明	女	一九八九年六月五日
20131003	安远	男	一九八九年七月四日
20131004	聂冰	女	一九八九年九月十二日
20131005	高洁	男	一九八九年二月六日
20131006	李双	男	一九八九年十一月十日
20131007	张依	女	一九八九年十二月五日

销售累计表

制表时间： 4:20:00 PM

月份	彩电	平均单价	销售额	累计销售额
1	56	1450	81200	81200
2	63	1600	100800	182000
3	49	1500	73500	255500
4	85	1750	148750	404250
5	76	1700	129200	533450
6	82	1650	135300	668750
7	49	1600	78400	747150
8	76	1400	106400	853550
9	85	1450	123250	976800
10	48	1800	86400	1063200
11	73	1850	135050	1198250
12	107	2000	214000	1412250

产品销售表总计表

月份	冰箱	平均单价	销售额	总计销售额
1	56	1450	81200	81200
2	63	1600	100800	182000
13	49	1500	73500	255500
4	85	1750	148750	404250
5	76	1700	129200	533450
6	82	1650	135300	668750
7	49	1600	78400	747150
8	76	1400	106400	853550
9	85	1450	123250	976800
10	48	1800	86400	1063200
11	73	1850	135050	1198250
12	107	2000	214000	1412250

销售人员收入核算

2013年12月

销售人员	基本工资	本月销额	销售提成	应得收入
王瑞	¥1,200.00	¥10,000.00	¥200.00	¥1,400.00
李平	¥1,200.00	¥9,000.00	¥180.00	¥1,380.00
陈杰	¥1,200.00	¥12,000.00	¥240.00	¥1,440.00
黎辉	¥1,200.00	¥14,000.00	¥280.00	¥1,480.00

第7章 制表入行：Excel 数据基本操作

7.1 工作簿的基本操作

在 Excel 2013 中，工作簿的基本操作与在 Word 2013 中编辑文档的基本操作类似，包括新建、保存、打开和关闭工作簿，以及对工作簿进行保护等操作。本节主要介绍工作簿的基本知识与基本操作。

7.1.1 了解 Excel 的基本概念

在进行工作簿的创建之前，首先介绍一些有关工作簿和工作表的基本概念，以利于后面对工作簿的使用。Excel 的基本信息元素包括工作簿、工作表、单元格和单元格区域等。

1. 工作簿

在 Excel 2013 中，工作簿是处理和存储数据的文件，每个工作簿可以包含多张工作表，每张工作表可以存储不同类型的数据，因此，可以在一个工作簿文件中管理多种类型的相关信息。在工作簿中可进行的操作主要有以下两方面。

❀ 利用工作簿底部的 4 个标签滚动按钮，可以对同一个工作簿中的不同工作表进行切换。单击中间两个按钮每次只能沿指定方向前进或后退一张工作表，而单击位于左右两端的两个按钮，则可以直接切换到工作簿的第一个或最后一张工作表。

❀ 利用工作簿底部的工作表标签，可进行工作表之间的切换。单击控制按钮右边的工作表标签，进行工作表的选取或切换。例如，单击 Sheet3，则直接从 Sheet1 切换到 Sheet3，使 Sheet3 成为当前的工作表。

> **专家指点**
> 默认情况下启动 Excel 2013 时，系统会自动生成一个包含 3 张工作表的工作簿。

2. 工作表

工作表是组成工作簿的基本单位。工作表本身是由若干行、若干列组成的，了解工作表的行、列数对于编辑工作表非常重要。

工作表是 Excel 中用于存储和处理数据的主要文档，也称电子表格。工作表总是存储在工作簿中。从外观上看，工作表是由排列在一起的行和列，即单元格构成，列是垂直的，由字母区别；行是水平的，由数字区别，在工作表界面上分别移动垂直滚动条和水平滚动条，可以看到行的编号是由上到下从 1 到 1048576，列是从左到右字母编号，从 A 到 XFD。因此，一张工作表可以达到 1048576 行、16384 列。

默认情况下，每张工作表都有对应的工作表标签的，如 "Sheet1"、"Sheet2"、"Sheet3"等，根据数字依次递增。

> **专家指点**
> 用户可以通过单击不同的工作表标签来进行工作表之间的切换，在使用工作簿文件时，只有一张工作表是当前活动的工作表。

3. 单元格

单元格是工作表中的小方格，它是工作表的基本元素，也是 Excel 2013 独立操作的最小单位。用户可以向单元格中输入文字、数据和公式,也可以对单元格进行各种格式设置,如字体、颜色、长度、宽度和对齐方式等。单元格的位置是通过它所在的行号和列标来确定的,如 B12 单元格是第 B 列和第 12 行交汇处的小方格。

在 Excel 2013 中,当选择某个单元格后,在窗口"编辑栏"左侧的"名称框"中将会显示该单元格的名称。

> **专家指点**
> 当前选择的单元格称为当前活动单元格。若该单元格中有内容,则会将该单元格中的内容显示在"编辑栏"中。

4. 单元格区域

单元格区域是指多个单元格的集合,它是由许多个单元格组合而成的一个范围。单元格区域分为连续单元格区域和不连续单元格区域。对一个单元格区域的操作就是对该区域内的所有单元格执行相同的操作。要取消单元格区域的选择,只需在单元格区域外单击鼠标左键即可。

单元格或单元格区域可以以一个变量的形式引入到公式中参与计算。为了便于使用,需要给单元格或单元格区域取一个名称,这就是单元格的命名或引用。

> **专家指点**
> 在表示单元格区域时,如果单元格名称与单元格名称中间是冒号,则表示是一个连续的单元格区域;如果中间是逗号,则表示是不连续的单元格区域。

7.1.2 新建空白工作簿

一般情况下,当启动 Excel 2013 软件后,系统会默认为用户新建一个空白工作簿,文件名为"工作簿 1"。

若需要再新建一个空白的工作簿,可以通过以下 3 种方法实现。

- 按【Ctrl+N】组合键,可以新建一个空白文档。
- 单击"文件"菜单,进入相应界面,单击"新建"命令,在"新建"选项区中选择"空白工作簿"选项(如下图所示),即可新建一个空白工作簿,如下图所示。
- 单击快速访问工具栏中的"新建"按钮,即可新建一个空白工作簿。

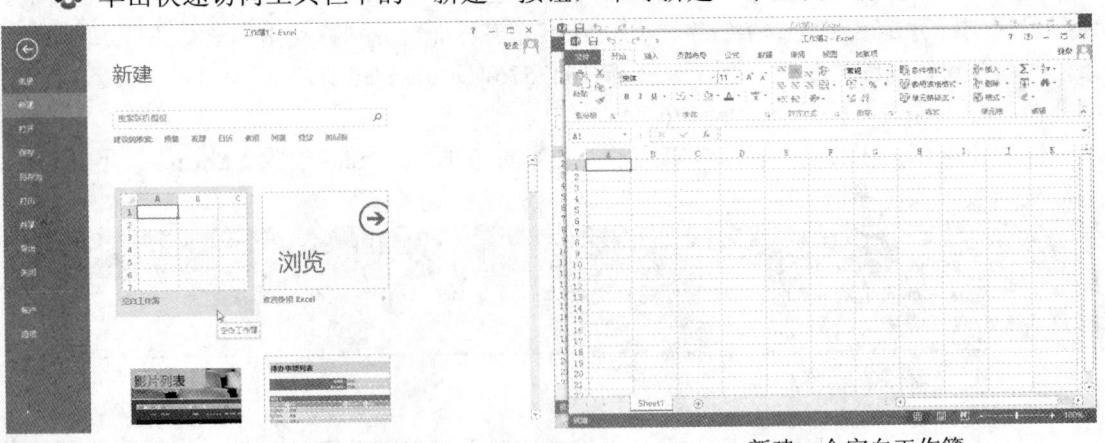

选择"空白工作簿"选项　　　　　　新建一个空白工作簿

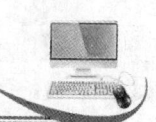

7.1.3 直接保存工作簿

在 Excel 2013 中，第一次保存新建的工作簿时，需要给这个工作簿命名，并设置其保存位置。

STEP 01 打开一个 Excel 工作簿

打开一个 Excel 工作簿，如下图所示。

期末考试成绩表						
姓名	语文	数学	英语	物理	生物	历史
李黎	80	55	88	74	85	85
陈向	79	89	55	72	75	95
王亮	82	70	67	97	59	79
刘晓	80	66	84	85	74	90
郭平	89	63	75	45	84	96

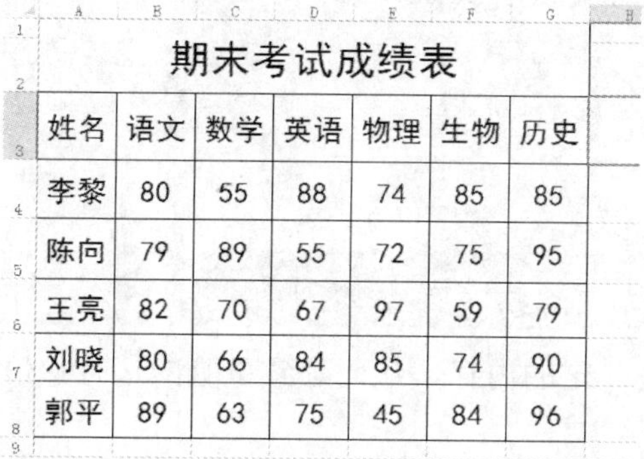

STEP 02 单击“保存”按钮

单击快速访问工具栏中的“保存”按钮，如下图所示。

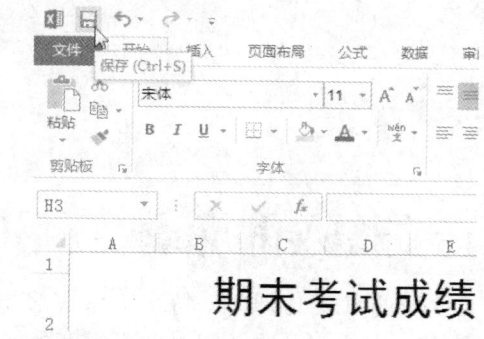

STEP 03 保存工作簿

执行操作后，即可将工作簿保存。

> **专家指点**
>
> 在 Excel 2013 中，还可以通过以下两种方法直接保存工作簿。
>
> - 单击“文件”标签，在“文件”菜单中单击“保存”按钮。
> - 按【Ctrl+S】组合键。

7.1.4 另存为工作簿

在 Excel 2013 中，对已有文档进行修改编辑后，若希望原有的工作簿内容不变，又需保存现有的工作簿，可以另存为工作簿。

STEP 01 打开一个 Excel 工作簿

打开一个 Excel 工作簿，如下图所示。

员工工资表				
姓名	部门	基本工资	加班费	总计
刘飞	销售部	800.00	200.00	1000.00
宋亦非	财务部	1000.00	450.00	1450.00
蒋孝严	销售部	850.00	200.00	1050.00
李贤杰	销售部	750.00	300.00	1050.00
李先国	销售部	750.00	300.00	1050.00
张清	公关部	1250.00	300.00	1550.00

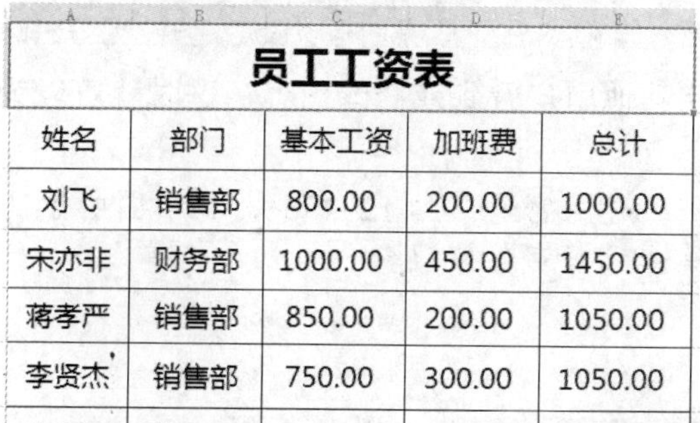

STEP 02 单击“浏览”按钮

单击“文件”|“另存为”|“计算机”|“浏览”按钮，如下图所示。

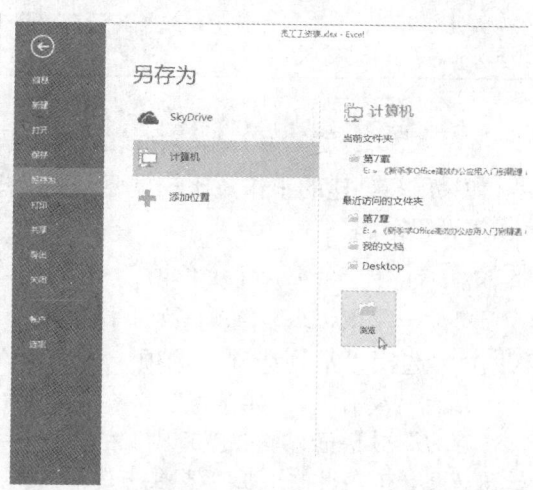

STEP 03 设置相应选项

弹出“另存为”对话框，在该对话框中的所需位置，设置工作簿的名称和保存路径，如下图所示。

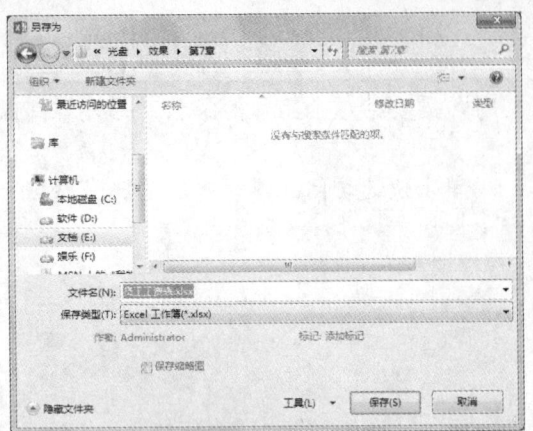

STEP 04 保存工作簿

单击"保存"按钮,即可将工作簿保存至指定文件夹。

7.1.5 快速关闭工作簿

当打开多个工作簿时,每个工作簿都要耗费一定的内存,从而导致电脑的运行速度变慢。因此,用户应及时关闭一些不需要的工作簿。

在 Excel 2013 中,用户可以通过以下几种方法关闭工作簿。

- 单击窗口右上角的"关闭"按钮。
- 单击"文件"菜单,在弹出的面板中单击"关闭"命令。
- 按【Alt+F4】组合键。
- 按【Ctrl+W】组合键。
- 依次按【Alt】、【F】、【C】键。
- 依次按【Alt】、【F】、【X】键。

> **专家指点**
>
> 如果在关闭工作簿之前未对编辑的工作簿进行保存,系统将弹出提示信息框询问用户是否对工作簿进行保存,单击"保存"按钮将其保存,单击"不保存"按钮不保存,单击"取消"按钮不关闭工作簿。

7.1.6 快速设置工作簿密码

如果用户创建的工作簿比较重要,又不想让其他用户看到或修改内容,这时就可以为工作簿设置密码。

STEP 01 打开一个 Excel 工作簿

打开一个 Excel 工作簿,如下图所示。

STEP 02 选择"常规选项"选项

单击"文件"|"另存为"命令,调出"另存为"对话框,单击"工具"右侧的下三角按钮,在弹出的下拉列表框中选择"常规选项"选项,如下图所示。

STEP 03 "常规选项"对话框

弹出"常规选项"对话框,在"打开权限密码"文本框和"修改权限密码"文本框

中,输入密码(如 123456),如下图所示,单击"确定"按钮。

产品编号	品名	规格	单价
F981001	液晶屏幕	15吋	$15,000
F981002	液晶屏幕	17吋	$21,000
F981003	屏幕	15吋	$5,000
F981000	屏幕	17吋	$7,000
F981001	绘图板	4X6	$4,500
F981002	绘图板	6X8	$7,500
F981003	扫描仪	600X600	$2,000
F981004	打印机	喷绘	$7,500

第 7 章　制表入行：Excel 数据基本操作

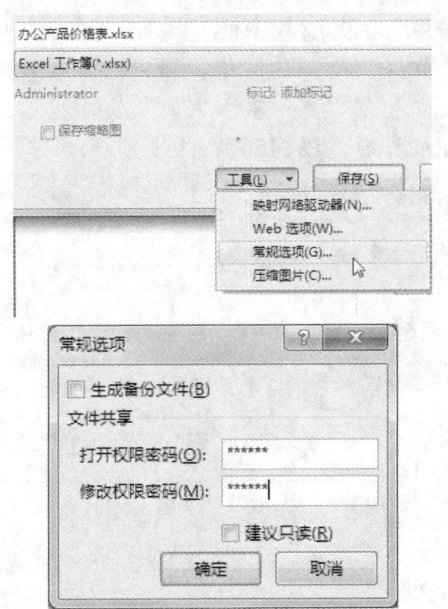

STEP 04 重新输入密码

弹出"确认密码"对话框，在"重新输入密码"文本框中，再次输入打开权限的密码（123456），如下图所示，单击"确定"按钮。

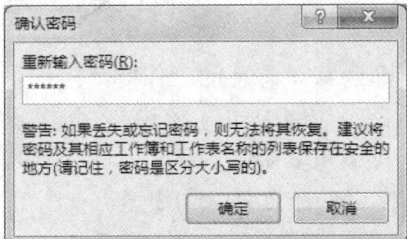

STEP 05 重新输入密码

再次弹出"确认密码"对话框，在"重新输入修改权限密码"文本框中，再次输入修改权限的密码（123456），如下图所示，单击"确定"按钮。

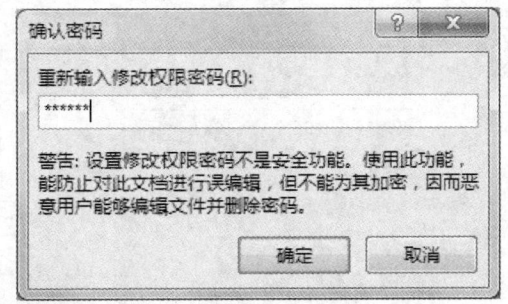

STEP 06 单击"保存"按钮

返回"另存为"对话框，单击"保存"按钮，如下图所示，完成工作簿密码设置。

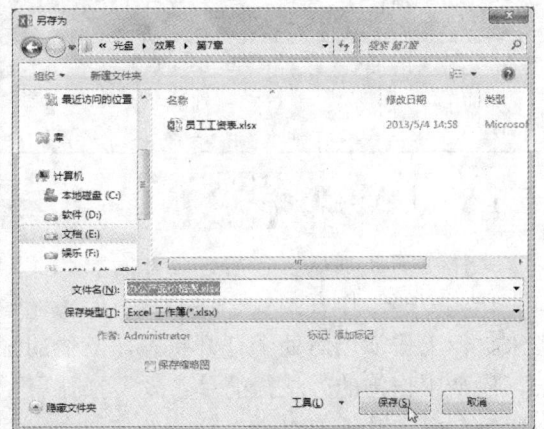

7.1.7 使工作簿得到保护

在 Excel 2013 中，除了给工作簿设置密码，防止其他用户看到或修改内容，还可以设置保护工作簿，防止其他用户对工作表进行移动、重命名和删除等操作。

STEP 01 打开一个 Excel 工作簿

打开一个 Excel 工作簿，如下图所示。

STEP 02 单击"保护工作簿"按钮

切换至"审阅"面板，在"更改"选项板中单击"保护工作簿"按钮，如下图所示。

STEP 03 输入密码

弹出"保护结构和窗口"对话框，在"保护工作簿"选项区中，选中"结构"复选框，在"密码"文本框中输入密码（如 123456），如下图所示。

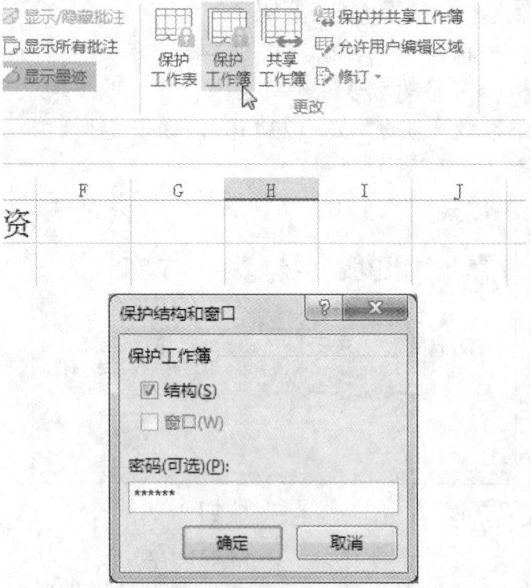

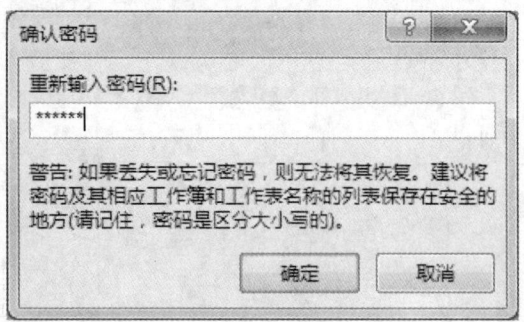

STEP 04 再次输入密码

单击"确定"按钮,弹出"确认密码"对话框,在"重新输入密码"文本框中,再次输入密码(123456),如下图所示。

STEP 05 保护工作簿

单击"确定"按钮,即可完成保护工作簿的操作。

> **专家指点**
>
> "结构"和"窗口"复选框的区别:选中"结构"复选框,可以防止修改工作簿的结构,防止删除、重命名、复制、移动工作表等;选中"窗口"复选框,可以防止修改工作簿的窗口,窗口控制按钮变为隐藏,并且多数窗口功能,如移动、缩放、最小化、关闭、拆分和冻结窗口将不可用。

7.1.8 快速隐藏工作簿

工作簿的显示状态有两种,即隐藏和非隐藏。在非隐藏状态下的工作簿,用户可以查看工作簿中的工作表;处于隐藏状态的工作簿,虽然该工作簿中的内容无法在屏幕上显示出来,但工作簿仍然处于打开状态,其他的工作簿仍可引用其中的数据。

隐藏工作簿的方法很简单,只需打开需要设置为隐藏的工作簿,切换至"视图"面板,在"窗口"选项板中单击"隐藏"按钮,即可将该工作簿隐藏。

用户如果要显示隐藏的工作簿,只需在"窗口"选项板中单击"取消隐藏"按钮即可。

> **专家指点**
>
> 当隐藏了多个工作簿时,在"取消隐藏"对话框的列表框中,将显示多个被隐藏的工作簿,可以对相应的工作簿进行显示操作。

7.2 工作表的基本操作

工作表是由单元格组成的,一张工作表标签代表一张工作表。本节主要介绍工作表的常用操作,包括添加、移动、删除、重命名、隐藏、显示、拆分和冻结工作表窗口等。

7.2.1 轻松插入和删除工作表

在使用 Excel 2013 进行大规模的数据处理时,系统默认的工作表往往不能满足用户的实际需要,此时就可以插入工作表;当不需要某张工作表时,用户可以将其删除。

1. 插入工作表

在 Excel 2013 中，插入工作表的方法有很多种，下面主要介绍常用的 4 种方法。

方法一：

STEP 01 打开一个 Excel 工作簿

打开一个 Excel 工作簿，如下图所示。

上半年饮料销售业绩表				
月份	橙汁（元）	柠檬（元）	可乐（元）	七喜(元)
一月	2000	1500	1500	1000
二月	1200	900	1400	1200
三月	1400	1400	1300	1600
四月	1300	800	2000	1200
五月	1600	950	1900	1400
六月	1700	900	1600	1200

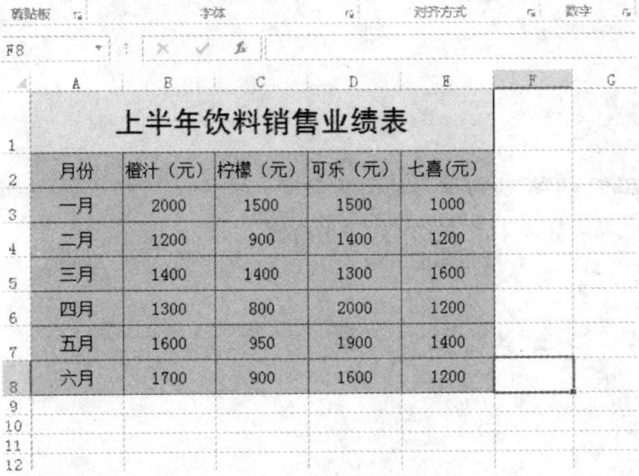

STEP 02 选择“插入”选项

选择第 1 张工作表标签，单击鼠标右键，在弹出的快捷菜单中选择“插入”选项，如下图所示。

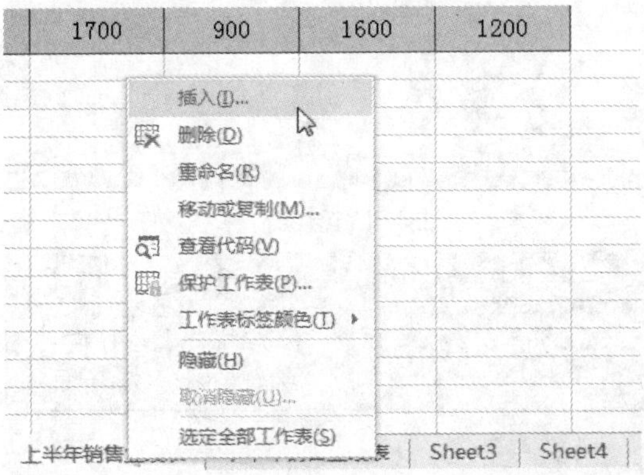

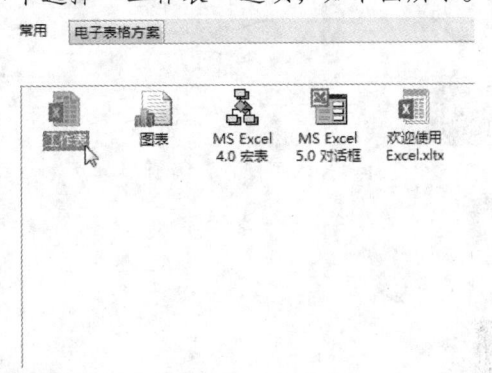

STEP 03 选择“工作表”选项

弹出“插入”对话框，在“常用”选项卡中选择“工作表”选项，如下图所示。

STEP 04 插入一张工作表

单击“确定”按钮，即可插入一张工作表，如下图所示。

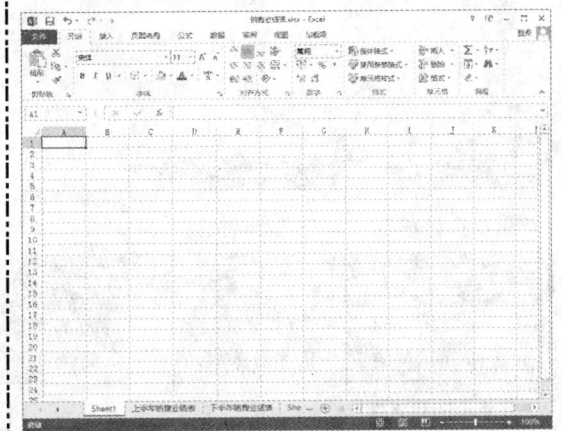

方法二：

打开一个 Excel 工作簿，在“开始”面板的“单元格”选项板中，单击“插入”右侧的下拉按钮，在弹出的列表框中选择“插入工作表”选项（如下图所示），即可插入一张工作表，如下图所示。

方法三：

打开一个 Excel 工作簿，将鼠标指针移至“新工作表”按钮上（如下图所示），单击鼠标左键，即可插入一张工作表，如下图所示。

方法四：

按【Shift＋F11】组合键，可快速插入一张工作表。

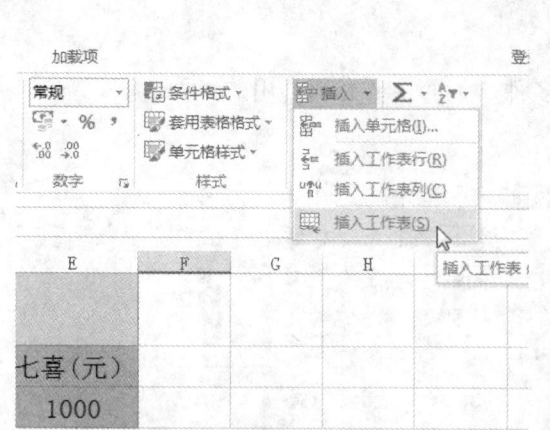

选择"插入工作表"选项 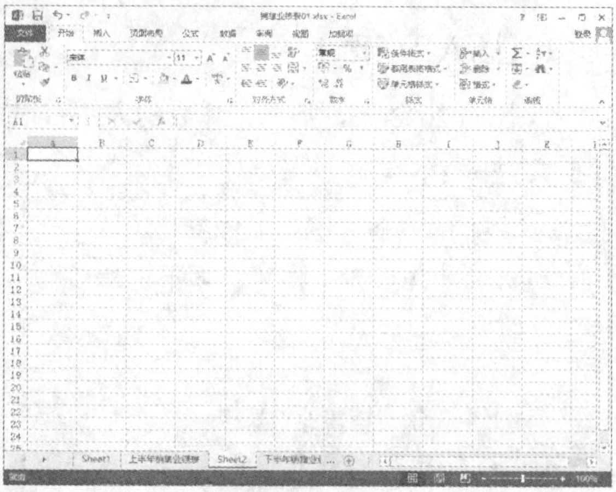　　　　　　插入工作表

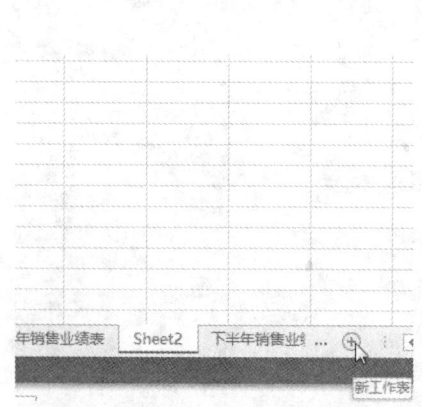
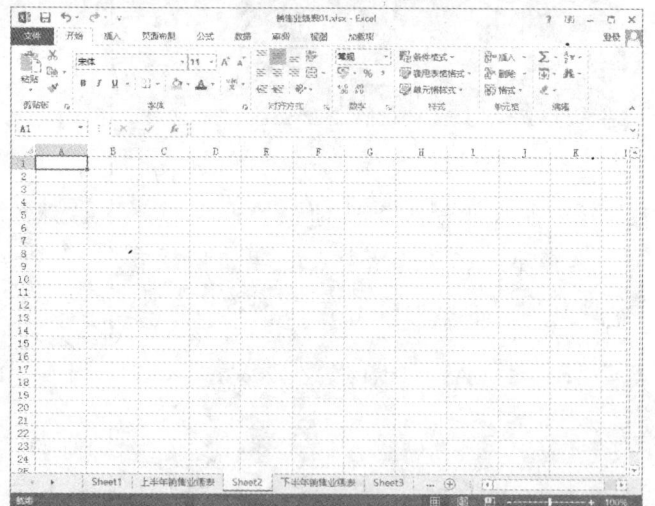

将鼠标指针移至"新工作表"按钮上　　　　插入工作表

> **专家指点**
>
> 　　如果要在第2张工作表前插入一张新的工作表，只需选择第2张工作表，然后执行上述任何一种方法，均可在第2张工作表前插入一张新的工作表。

2. 删除工作表

在 Excel 2013 中，可以通过以下两种方法删除工作表。

方法一：

在"开始"面板的"单元格"选项板中，单击"删除"右侧的下拉按钮，在弹出的列表框中，选择"删除工作表"选项，如下图所示。

方法二：

选择需要删除的工作表，单击鼠标右键，在弹出的快捷菜单中选择"删除"选项，如下图所示。

在删除工作表时，如果当前工作表中没有编辑内容，系统将直接删除该工作表；如果当前工作表中有内容，在删除时会弹出提示信息框，提示用户是否永久删除这些数据。

第 7 章 制表入行：Excel 数据基本操作

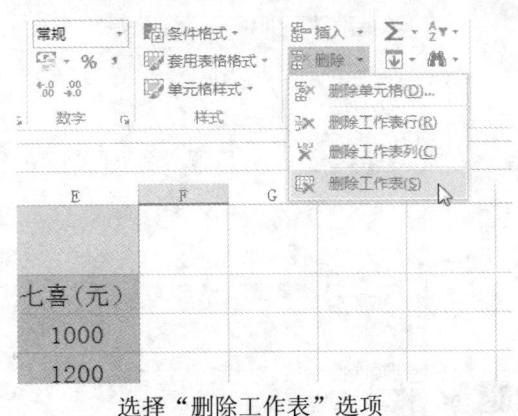

选择"删除工作表"选项 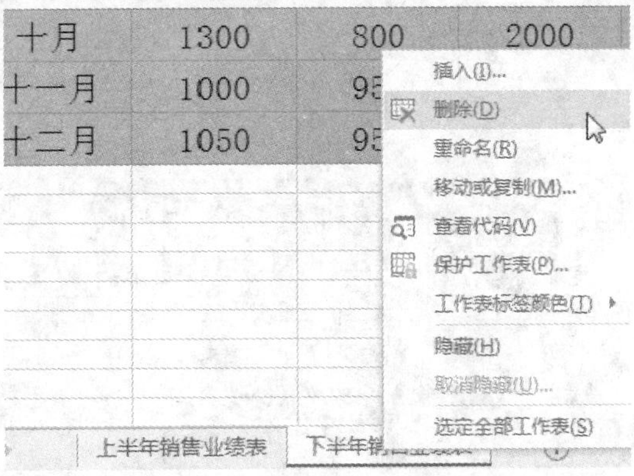　　　　　　　　选择"删除"选项

7.2.2 移动和复制工作表

Excel 2013 中的工作表并不是固定不变的，有时为了工作需要，可以移动或复制工作表，这样可以大大提高工作效率。

1. 运用鼠标移动工作表

打开一个 Excel 工作簿，选择第 1 张工作表标签（如下图所示），按住鼠标左键并拖曳，至合适位置后释放鼠标左键，即可移动工作表，如下图所示。

选择工作表标签 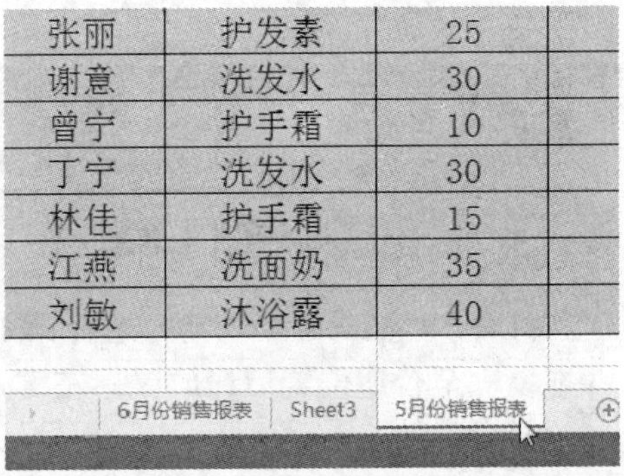　　　　　　　　移动工作表

> **专家指点**
> 在 Excel 2013 中，鼠标拖曳是移动工作表最简单的方法。

2. 运用快捷菜单移动工作表

STEP 01 选择第 2 张工作表标签

打开一个 Excel 工作簿，选择第 2 张工作表标签，如下图所示。

STEP 02 选择"移动或复制"选项

单击鼠标右键，在弹出的快捷菜单中选择"移动或复制"选项，如下图所示。

新手学 Office 高效办公从入门到精通

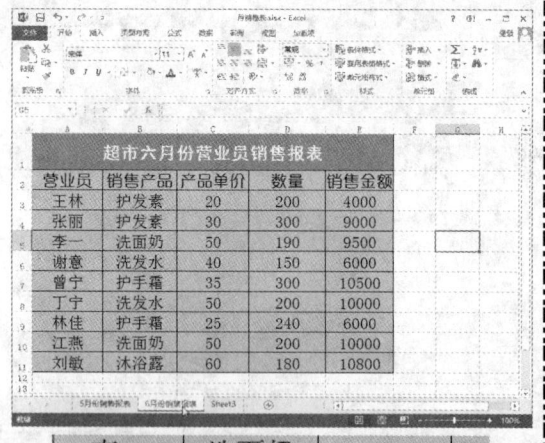

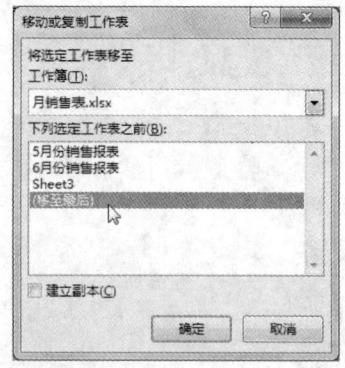

STEP 04 移动工作表

单击"确定"按钮，即可将选择的工作表移至最后，如下图所示。

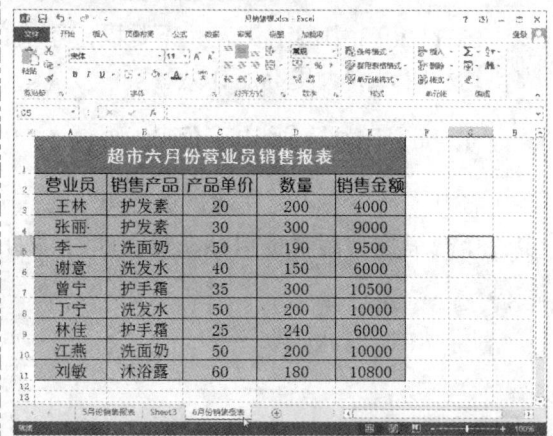

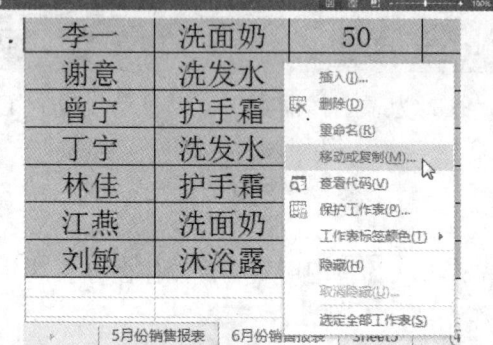

STEP 03 选择"(移至最后)"选项

弹出"移动或复制工作表"对话框，在"下列选定工作表之前"列表框中，选择"(移至最后)"选项，如下图所示。

专家指点

用户可以根据需要在"下列选定工作表之前"列表框中选择工作表的移动位置。

3. 运用鼠标复制工作表

打开一个 Excel 工作簿，选择第 1 张工作表标签，按住【Ctrl】键不放，按住鼠标左键并拖曳，至合适位置后释放鼠标左键，即可复制一张工作表，如下图所示。

运用鼠标复制工作表

Page 106

第 7 章 制表入行：Excel 数据基本操作

4. 运用快捷菜单复制工作表

STEP 01 选择第 2 张工作表

打开一个 Excel 工作簿，选择第 2 张工作表，如下图所示。

STEP 02 选择"移动或复制"选项

单击鼠标右键，在弹出的快捷菜单中选择"移动或复制"选项，如下图所示。

STEP 03 选中"建立副本"复选框

弹出"移动或复制工作表"对话框，选中"建立副本"复选框，如下图所示。

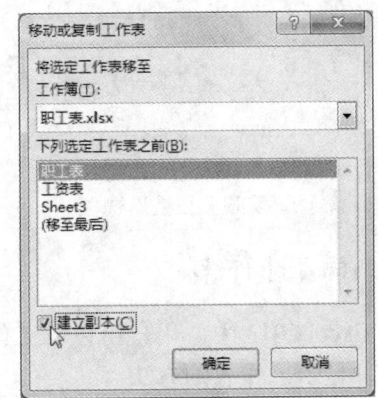

STEP 04 复制工作表

单击"确定"按钮，即可复制一张工作表，如下图所示。

7.2.3 隐藏和显示工作表

在参加会议、演讲活动时，若不想表格中的重要数据外泄，可将数据所在的工作表隐藏，需要时再将其显示出来。

1. 隐藏工作表

在 Excel 2013 中，用户可以将含有重要数据的工作表或暂时不使用的工作表隐藏起来，以方便管理和查阅。下面介绍两种常用的隐藏工作表的方法。

● 在"开始"面板的"单元格"选项板中，单击"格式"下拉按钮，在弹出的列表框中选择"隐藏和取消隐藏"|"隐藏工作表"选项，如下图所示。

● 选择需要隐藏的工作表，单击鼠标右键，在弹出的快捷菜单中选择"隐藏"选项，如下图所示。

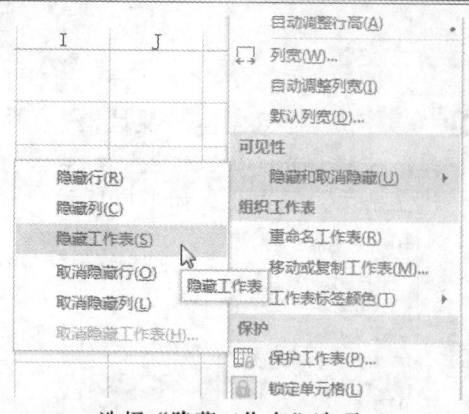 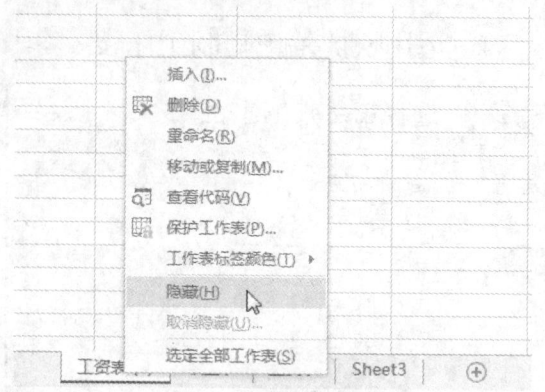

选择"隐藏工作表"选项　　　　　　　　　选择"隐藏"选项

2. 显示工作表

在 Excel 2013 中，用户可以将工作表隐藏，需要时可将隐藏的工作表显示出来。下面介绍两种显示工作表的方法。

❀ 在"开始"面板的"单元格"选项板中，单击"格式"下拉按钮，在弹出的列表框中选择"隐藏和取消隐藏"|"取消隐藏工作表"选项，如下图所示。

❀ 在工作表标签上单击鼠标右键，在弹出的快捷菜单中选择"取消隐藏"选项，如下图所示。

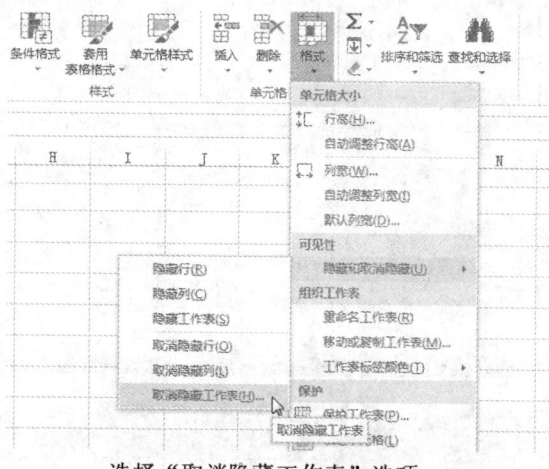 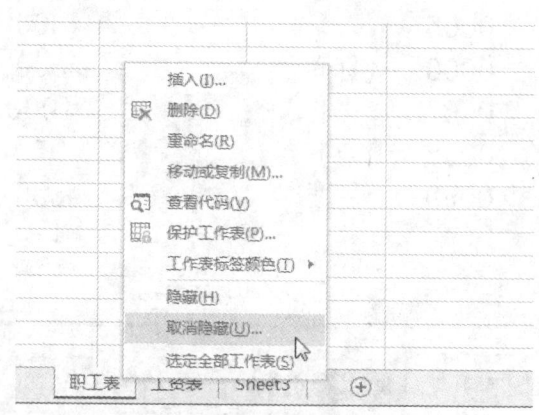

选择"取消隐藏工作表"选项　　　　　　　选择"取消隐藏"选项

用以上任意一种方法，都会弹出"取消隐藏"对话框，在其中选择需要取消隐藏的工作表（如下图所示），并单击"确定"按钮，即可显示该工作表。

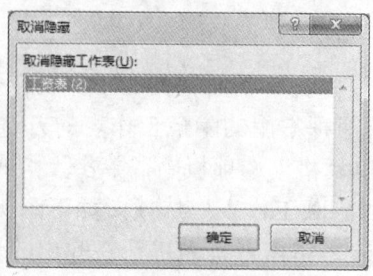

"取消隐藏"对话框

第 7 章 制表入行：Excel 数据基本操作

7.2.4 为工作表重命名

在 Excel 2013 中，系统默认情况下，工作表都是以 Sheet1、Sheet2、Sheet3……来命名的，这在实际工作中，很不方便记忆和进行有效的管理，这时用户可以通过对工作表重命名来进行有效的管理。

在 Excel 2013 中，用户可以通过以下几种方法重命名工作表。

1. 双击鼠标重命名工作表

打开一个 Excel 工作簿，选择第 1 张工作表标签，双击鼠标左键，此时工作表标签呈编辑状态，如下图所示。

输入所需的内容，按【Enter】键进行确认，即可完成对工作表的重命名操作，如下图所示。

工作表标签呈编辑状态　　　　　　　　重命名工作表

2. 运用快捷菜单重命名工作表

在 Excel 2013 中，除了运用以上方法重命名工作表以外，用户还可以通过快捷菜单重命名工作表。

STEP 01 选择第 1 张工作表标签

打开一个 Excel 工作簿，选择第 1 张工作表标签，如下图所示。

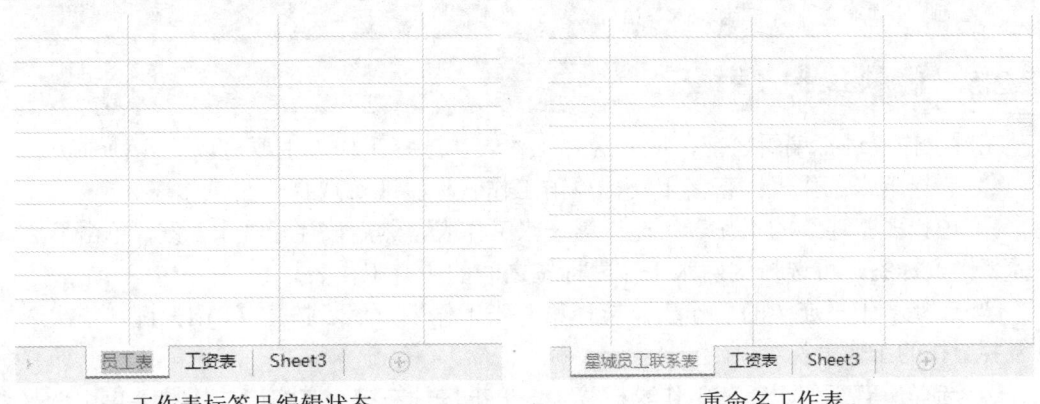

STEP 02 选择"重命名"选项

单击鼠标右键，在弹出的快捷菜单中选择"重命名"选项，如下图所示。

STEP 03 工作表标签呈编辑状态

执行操作后，工作表标签呈编辑状态，如下图所示。

STEP 04 重命名工作表

在工作表标签中输入工作表的新名称，并按【Enter】键确认，即可重命名工作表，如下图所示。

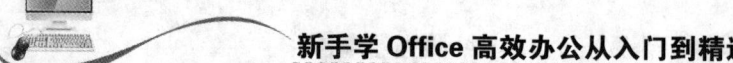

> **专家指点**
> 在同一个工作簿中，不能取两个相同名称的工作表。

7.2.5 轻松选择工作表

在对工作表进行编辑之前，应先选择工作表，选择工作表主要有以下几种方法。

- 选择单张工作表：直接用鼠标单击工作表标签即可选择一张工作表。
- 选择多张连续的工作表：选择第一张工作表，然后按住【Shift】键，单击最后一张目标工作表标签，可选择这两张工作表标签之间的所有工作表。
- 选择多张不连续的工作表：选择第一张工作表，然后按住【Ctrl】键，依次选择其他需要选择的工作表标签。
- 选择所有工作表：在工作表标签上，单击鼠标右键，在弹出的快捷菜单中选择"选定全部工作表"选项。

> **专家指点**
> 当用户在按住【Ctrl】键并单击鼠标左键选择多个不连续的工作表时，若选中了不需要选择的工作表，只需再次单击该工作表标签，即可取消选择。

7.2.6 轻松冻结窗口

如果要在工作表滚动时保持行列标志或其他数据可见，可以通过冻结窗口功能来冻结窗口的顶部和左侧区域，窗口中被冻结的数据区域不会随工作表的其他部分一同移动，并且始终保持可见。

冻结窗口的方法非常简单，打开一个需要冻结窗口的 Excel 表格，切换至"视图"面板，在"窗口"选项板中，单击"冻结窗格"右侧的下三角按钮，在弹出的下拉列表框中选择相应选项即可，如右图所示。

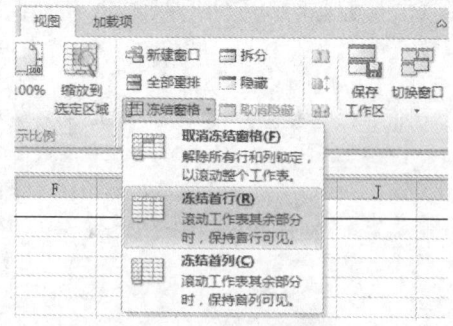

选择冻结窗格的方式

- "冻结拆分窗格"选项：滚动工作表其余部分时，保持行和列可见。
- "冻结首行"选项：滚动工作表其余部分时，保持首行可见。

第7章 制表入行：Excel 数据基本操作

- "冻结首列"选项：滚动工作表其余部分时，保持首列可见。

> **专家指点**
>
> 在没有设置"冻结窗口"前，按【Ctrl+Home】组合键可返回 A1 单元格；设置"冻结窗口"后，在被冻结的工作表中按【Ctrl+Home】组合键时，活动单元格的位置将返回冻结点所在单元格。

7.2.7 轻松拆分窗口

在编辑一些较大的工作表中的不同区域数据时，要单独查看或滚动工作表的不同部分，用户可以将工作表窗口，按水平或垂直方向拆分成多个单独的窗口。将工作表窗口拆分成多个窗口后，用户就可以同时查看工作表的不同部分。

"拆分窗口"命令可以将当前工作表窗口拆分成至少两个、最多四个的编辑窗口，并且每个窗口都可以进行编辑操作。

拆分窗口的方法很简单，打开需要拆分窗口的 Excel 表格，选择需要拆分的单元格位置，然后切换至"视图"面板，在"窗口"选项板中单击"拆分"按钮，即可轻松拆分窗口，如下图所示。

拆分窗口

7.3 单元格的基本操作

在编辑工作表的过程中，常常需要进行删除或更改单元格的内容、移动或复制单元格数据、插入或删除单元格、行和列等编辑操作。本节主要介绍一系列单元格的基本操作。

7.3.1 轻松插入单元格

在表格的实际应用中，经常需要在表格中添加一些内容或数据，这时可以通过插入的单元格来解决这些问题。

插入单元格或单元格区域的方法很简单：将光标定位于需要插入单元格的位置，单击鼠标右键，在弹出的快捷菜单中选择"插入"选项，如下图所示。

弹出"插入"对话框，选中相应的单选按钮，如下图所示，单击"确定"按钮即可。

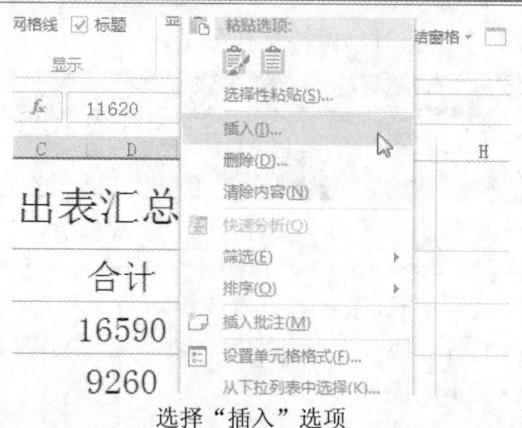

选择“插入”选项

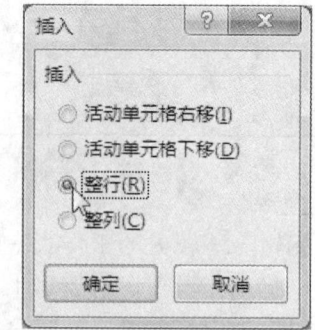

“插入”对话框

在 Excel 中，“插入”对话框中各单选按钮的含义如下。

- “活动单元格右移”单选按钮：插入的单元格出现在选定单元格的左边。
- “活动单元格下移”单选按钮：插入的单元格出现在选定单元格的上方。
- “整行”单选按钮：在选定的单元格上面插入一行。如果选定的是单元格区域，则选定单元格区域包括几行就插入几行。
- “整列”单选按钮：在选定的单元格左侧插入一列。如果选定的是单元格区域，则选定单元格区域包括几列就插入几列。

专家指点

在“开始”面板的“单元格”选项板中，单击“插入”右侧的下拉按钮，在弹出的列表框中选择相应的选项，也可以插入单元格。

7.3.2 轻松选择单元格

在 Excel 2013 中，对打开的工作表的操作都是建立在对单元格或单元格区域进行操作的基础上的。所以，要对当前的工作表进行各种操作，必须以选择单元格或单元格区域为前提。

1. 选择单个单元格

最常用的选择单元格的方法为鼠标选择，如将鼠标指针移至 B5 单元格上，单击鼠标左键，即可选择该单元格，如下图所示。

	A	B	C	D
1	计算机图书销售表			
2	月份	图书类型	销售地区	销售额
3	1月	编程类	天心区	5600
4	2月	编程类	天心区	3600
5	1月	编程类	开福区	7800
6	2月	编程类	天心区	6900
7	1月	编程类	岳麓区	8700
8	2月	编程类	岳麓区	5600
9	1月	计算机基础	天心区	9500
10	2月	计算机基础	天心区	8600
11	1月	计算机基础	岳麓区	4900
12	2月	计算机基础	岳麓区	6700
13	1月	图形图像类	开福区	4900
14	2月	图形图像类	开福区	6700

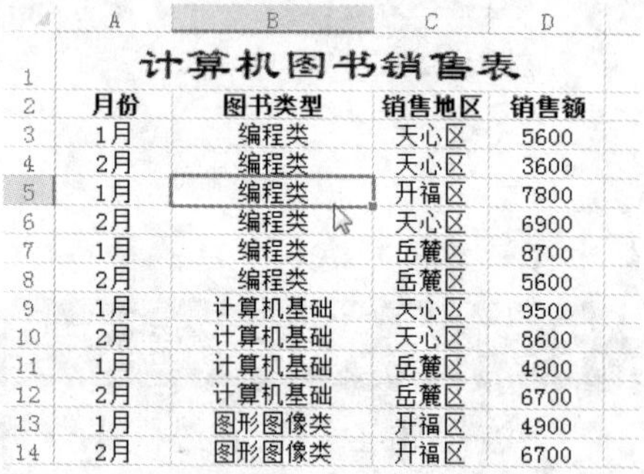

选择单个单元格

2. 选择相邻的多个单元格

在 Excel 2013 中，有多种方法可以选择相邻的多个单元格，下面介绍常用的 3 种方法。

- 拖曳鼠标。打开一个 Excel 工作簿，选择一个单元格（如下图所示），按住鼠标左键并将指针拖曳至 D8 单元格处，即可选择相邻的多个单元格，如下图所示。
- 快捷键。打开一个 Excel 工作簿，选择要选取范围的第一个单元格，然后按住【Shift】键，选择要选取范围的最后一个单元格，这里选择 D4 单元格，即可选择相邻的多个单元格，如下图所示。

第 7 章　制表入行：Excel 数据基本操作

通过拖曳鼠标选择相邻的多个单元格　　　　利用快捷键选择相邻的多个单元格

❀ 名称框。打开一个 Excel 工作簿，单击"编辑栏"左侧的"名称框"，即可激活该名称框，如下图所示。

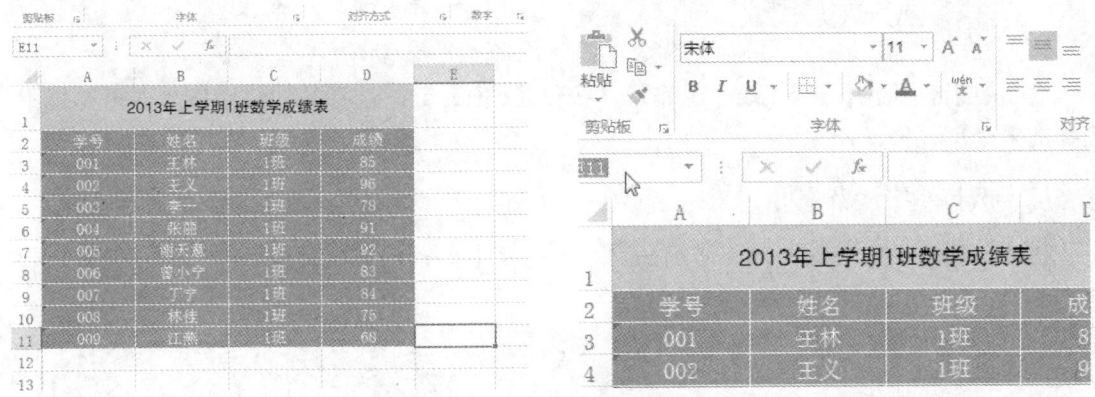

激活名称框

在"名称框"中输入要选取的区域，这里为 A9:D9，按【Enter】键进行确认，即可选择相邻的多个单元格，如下图所示。

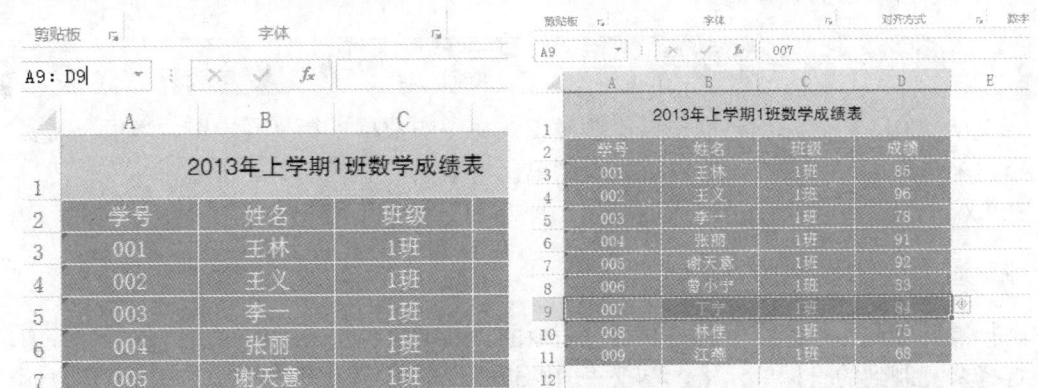

通过名称框选择相邻的多个单元格

> **专家指点**
>
> 在名称框中输入 A9:D9 的含义是选择 A9 至 D9 之间的单元格区域。如果输入的是单独的单元格，在工作表中就会选择指定的单个单元格。

3. 选择不相邻的多个单元格

在 Excel 2013 中，用户可以根据需要选择不相邻的多个单元格。

❀ 名称框。打开一个 Excel 工作簿，单击"编辑栏"左侧的"名称框"，激活该名称框,然后在"名称框"中输入"A10,B7,C4,D3",并按【Enter】键进行确认,即可选择不相邻的多个单元格,如下图所示。

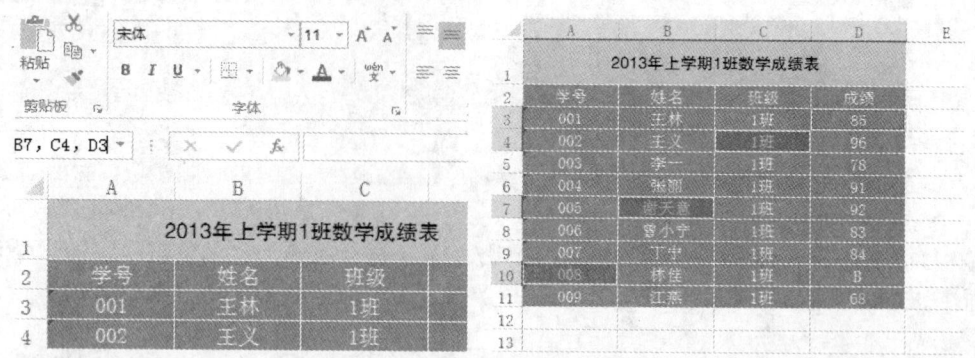

通过名称框选择不相邻的多个单元格

◎ 快捷键。打开一个 Excel 工作簿,按住【Ctrl】键,选择其他单元格,即可选择不相邻的多个单元格。

4. 选择整行或整列

将鼠标指针移至需要选择行或列的行号或列标上,然后单击鼠标左键,即可选择该行或该列。

5. 选择工作表中的所有单元格

选择工作表中的所有单元格主要有以下两种方法。
◎ 单击工作表左上角行号和列标交叉处的按钮,即可选择工作表中的所有单元格。
◎ 按【Ctrl+A】组合键。

7.3.3 轻松复制单元格

在 Excel 2013 中,用户可以根据需要对单元格中的数据进行复制操作,当用户需要在单元格中编辑相同的数据时,可以使用复制单元格数据功能来减少工作量。

在 Excel 2013 中,用户可以通过以下几种方法复制单元格中的数据。

1. 运用按钮复制单元格

选择需要复制的单元格,在"开始"面板的"剪贴板"选项板中单击"复制"按钮,然后选择要复制到的目标单元格,单击"剪贴板"选项板中的"粘贴"按钮,即可复制单元格数据。

2. 运用选项复制单元格

选择需要复制的单元格,单击鼠标右键,在弹出的快捷菜单中选择"复制"选项,选择要复制到的目标单元格,再单击鼠标右键,在弹出的快捷菜单中选择"粘贴"选项即可。

3. 运用快捷键复制单元格

按【Ctrl+C】组合键和【Ctrl+V】组合键,可以实现快速复制。

第 7 章 制表入行：Excel 数据基本操作

4. 运用鼠标复制单元格

按住【Ctrl】键的同时，将需要复制的单元格拖曳至目标单元格，即可复制单元格数据。

> **专家指点**
>
> 在按住【Ctrl】键拖曳鼠标进行复制时，当鼠标指针呈十字形时，才能进行复制操作，且复制的数据格式不会发生改变。

7.3.4 轻松移动单元格

单元格的移动一般是将选择的单元格或单元格区域中的内容移动到其他位置，移动单元格与复制单元格的操作基本类似。在 Excel 2013 中，用户可以通过以下几种方法移动单元格。

1. 运用按钮移动单元格

选中要移动的单元格，单击"剪贴板"选项板中的"剪切"按钮，选择要移动到的目标单元格，单击"粘贴"按钮即可。

2. 运用选项移动单元格

选择需要移动的单元格，单击鼠标右键，在弹出的快捷菜单中选择"剪切"选项，选择要移动到的目标单元格，再单击鼠标右键，在弹出的快捷菜单中选择"粘贴"选项即可。

3. 运用快捷键移动单元格

按【Ctrl+X】组合键和【Ctrl+V】组合键，也可移动单元格。

4. 运用鼠标移动单元格

选择需要移动的单元格，按住鼠标左键的同时，将单元格拖曳至目标单元格中即可。

7.3.5 轻松删除单元格

当工作表中的数据及表格不再需要时，用户也可以将其删除，删除的单元格及其单元格中的内容将一起从工作表中消失。

STEP 01 选择单元格数据

打开一个 Excel 工作表，选择需要删除的单元格数据，如下图所示。

STEP 02 选择"删除单元格"选项

在"开始"面板的"单元格"选项板中，单击"删除"右侧的下三角按钮，在弹出的下拉列表框中选择"删除单元格"选项，如下图所示。

STEP 03 选中"整列"单选按钮

弹出"删除"对话框，选中"整列"单选按钮，如下图所示。

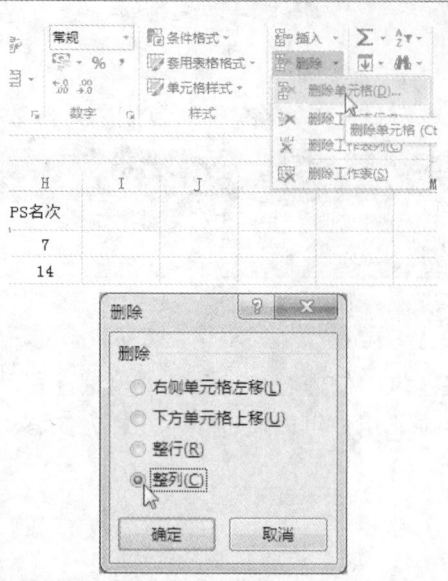

STEP 04 删除单元格

单击"确定"按钮，即可删除整列单元格，如下图所示。

专家指点

在选择的单元格上单击鼠标右键，在弹出的快捷菜单中选择"删除"选项，也会弹出"删除"对话框。

7.3.6 轻松清除单元格

清除单元格是将单元格中的数据部分或全部清除，也可以清除单元格中的格式。在 Excel 2013 中，用户可以根据需要对单元格中的数据或格式进行清除操作。

在工作表中选择要清除数据或格式的单元格，在"开始"面板的"编辑"选项板中单击"清除"下拉按钮，在弹出的列表框中，选择相应的选项即可，如右图所示。

"清除"列表框中各选项的含义如下。

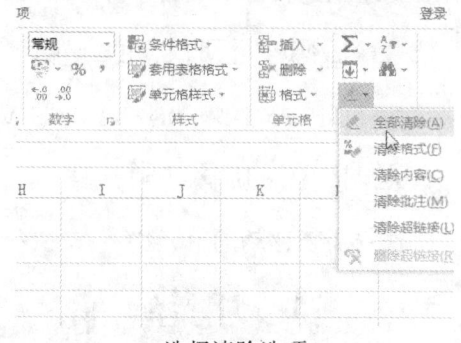

选择清除选项

- ❀ "全部清除"选项：彻底删除单元格中的全部内容、格式和批注。
- ❀ "清除格式"选项：只删除格式，保留单元格中的数据。
- ❀ "清除内容"选项：只删除单元格中的内容，保留其他的所有属性。
- ❀ "清除批注"选项：只删除单元格中附带的注解。
- ❀ "清除超链接"选项：只删除单元格中添加的超链接。

专家指点

选中需要清除的单元格，按【Delete】键，可清除单元格内容，但其他的所有属性将保留不变。

7.3.7 轻松套用单元格样式

在 Excel 2013 中，提供了许多内置的单元格样式，用户可以通过套用这些样式快速设置单元格格式。

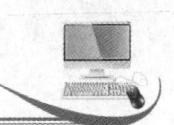

STEP 01 选择单元格

打开一个 Excel 工作表，选择需要套用样式的单元格，如下图所示。

	A	B	C	D
1	各类图书销售表			
2	月份	图书类型	销售地区	销售额
3	1月	人力资源类	天心区	5600
4	2月	人力资源类	天心区	3600
5	1月	人力资源类	开福区	7800
6	2月	人力资源类	天心区	6900
7	1月	人力资源类	岳麓区	8700
8	2月	人力资源类	岳麓区	5600
9	1月	计算机基础	天心区	9500
10	2月	计算机基础	天心区	8600
11	1月	计算机基础	岳麓区	4900
12	2月	计算机基础	岳麓区	6700
13	1月	图形图像类	开福区	4900
14	2月	图形图像类	开福区	6700
15	1月	图形图像类	天心区	7300

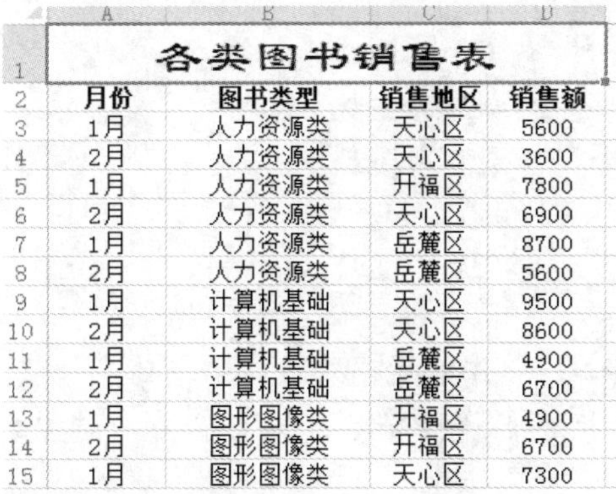

STEP 02 选择“标题 1”选项

在“开始”面板中，单击“样式”选项板中的“单元格样式”下拉按钮，弹出列表框，在“标题”选项区中，选择“标题 1”选项，如下图所示。

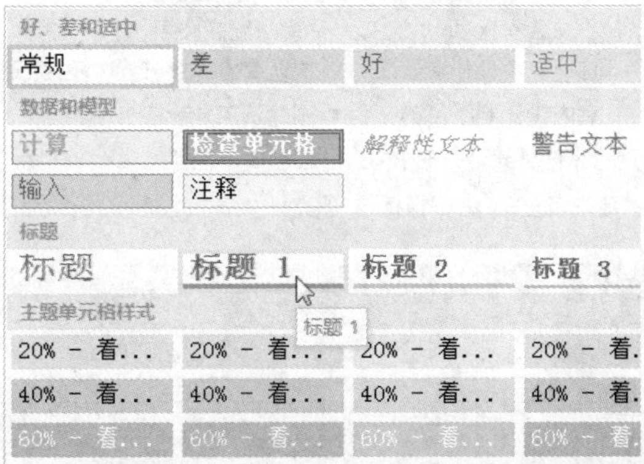

STEP 03 设置标题单元格的样式

执行操作后，即可设置标题单元格的样式，如下图所示。

各类图书销售表			
月份	图书类型	销售地区	销售额
1月	人力资源类	天心区	5600
2月	人力资源类	天心区	3600
1月	人力资源类	开福区	7800
2月	人力资源类	天心区	6900
1月	人力资源类	岳麓区	8700
2月	人力资源类	岳麓区	5600
1月	计算机基础	天心区	9500
2月	计算机基础	天心区	8600
1月	计算机基础	岳麓区	4900
2月	计算机基础	岳麓区	6700
1月	图形图像类	开福区	4900
2月	图形图像类	开福区	6700
1月	图形图像类	天心区	7300

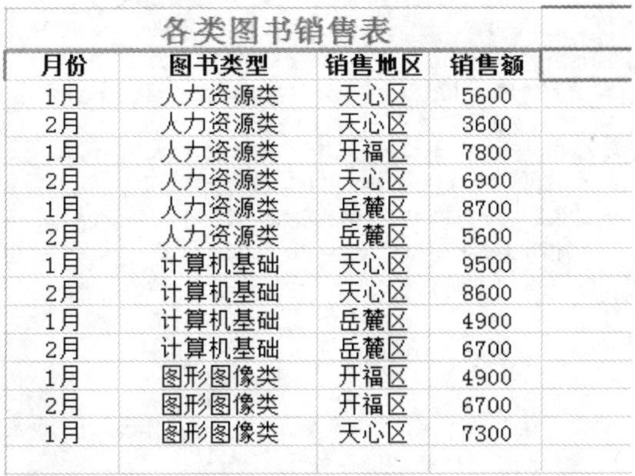

STEP 04 设置主体单元格的样式

用与上述相同的方法，设置主体单元格的样式，如下图所示。

1	各类图书销售表			
2	月份	图书类型	销售地区	销售额
3	1月	人力资源类	天心区	5600
4	2月	人力资源类	天心区	3600
5	1月	人力资源类	开福区	7800
6	2月	人力资源类	天心区	6900
7	1月	人力资源类	岳麓区	8700
8	2月	人力资源类	岳麓区	5600
9	1月	计算机基础	天心区	9500
10	2月	计算机基础	天心区	8600
11	1月	计算机基础	岳麓区	4900
12	2月	计算机基础	岳麓区	6700
13	1月	图形图像类	开福区	4900
14	2月	图形图像类	开福区	6700
15	1月	图形图像类	天心区	7300
16				

专家指点

在选择单元格样式时，可以对单元格样式进行编辑，包括应用、修改、复制、删除及添加到快速访问工具栏等。用户只需在要编辑的单元格样式上单击鼠标右键，然后在弹出的快捷菜单中选择相应的选项即可。

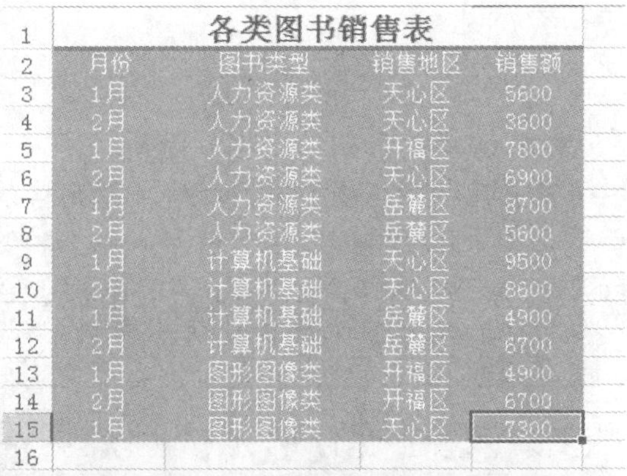

7.3.8 轻松合并单元格

在编辑工作表时，若要将占用多个单元格的内容放在多个单元格之间，就需要将多个单元格合并成一个单元格。

STEP 01 选择要合并的单元格区域

打开一个 Excel 工作表，选择需要合并的单元格区域，如下图所示。

STEP 02 单击“合并后居中”下拉按钮

在“开始”面板的“对齐方式”选项板中，单击“合并后居中”右侧的下拉按钮，如下图所示。

新手学Office高效办公从入门到精通

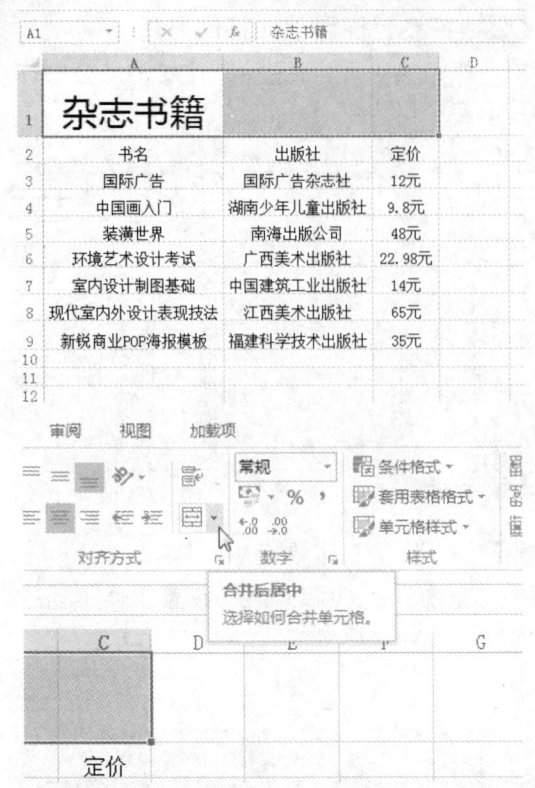

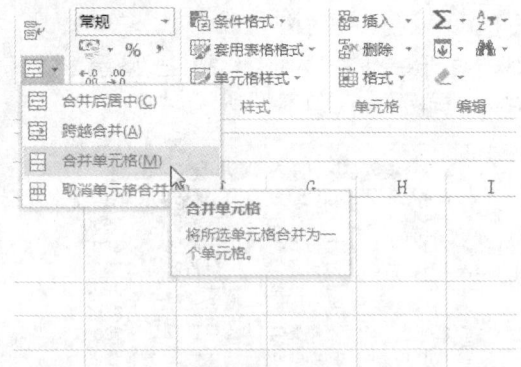

STEP 04 合并单元格

执行上述操作后，即可合并所选单元格，如下图所示。

STEP 03 选择"合并单元格"选项

在弹出的列表框中，选择"合并单元格"选项，如下图所示。

> **专家指点**
> 用户如果要取消合并的单元格，只需在弹出的列表框中选择"取消单元格合并"选项即可。

7.3.9 轻松拆分单元格

拆分单元格就是将已合并的单元格重新进行拆分。

STEP 01 选择相应的单元格区域

打开一个Excel工作表，选择A9至D9单元格区域，如下图所示。

在"开始"面板的"对齐方式"选项板中，单击"合并后居中"右侧的下拉按钮，在弹出的列表框中选择"取消单元格合并"选项，如下图所示。

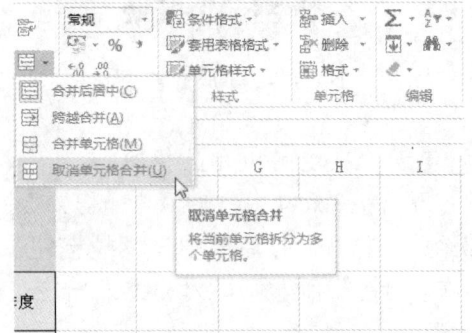

STEP 02 选择"取消单元格合并"选项

第 7 章 制表入行：Excel 数据基本操作

STEP 03 选择"所有框线"选项

执行操作后，即可拆分单元格，在"开始"面板的"字体"选项板中，单击"无框线"右侧的下拉按钮，在弹出的列表框中选择"所有框线"选项，如下图所示。

STEP 04 查看工作表

执行操作后，查看拆分的工作表，如下图所示。

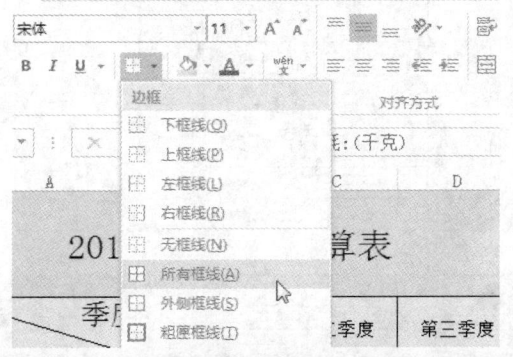

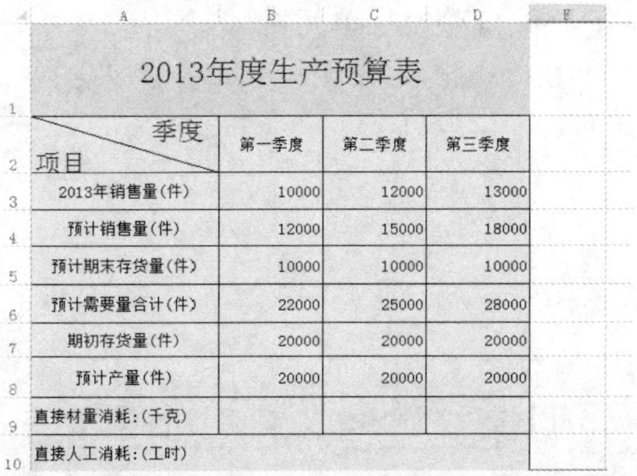

专家指点

在拆分单元格后，在有底纹的单元格中，并不能明显地看出单元格已被拆分，所以在拆分单元格后，要为单元格添加边框线。

7.3.10 设置单元格自动换行

在 Excel 2013 中，当单元格中的内容太多而超出单元格的宽度时，用户可以设置单元格内容的自动换行。

STEP 01 打开一个 Excel 工作表

打开一个 Excel 工作表，如下图所示。

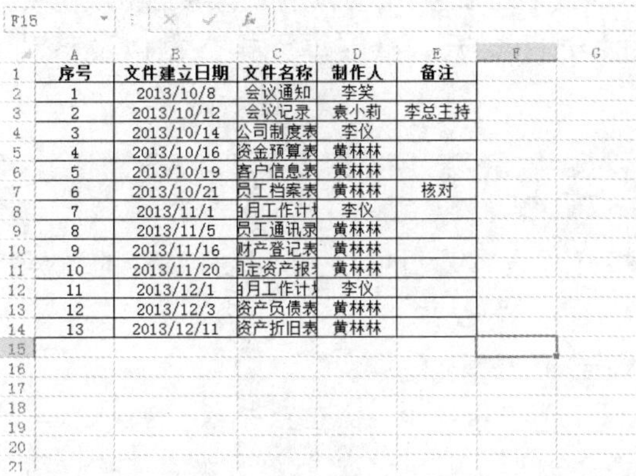

STEP 02 选择单元格区域

选择需要设置换行的单元格区域，如下图所示。

STEP 03 单击"自动换行"按钮

在"开始"面板的"对齐方式"选项板中，单击"自动换行"按钮，如下图所示。

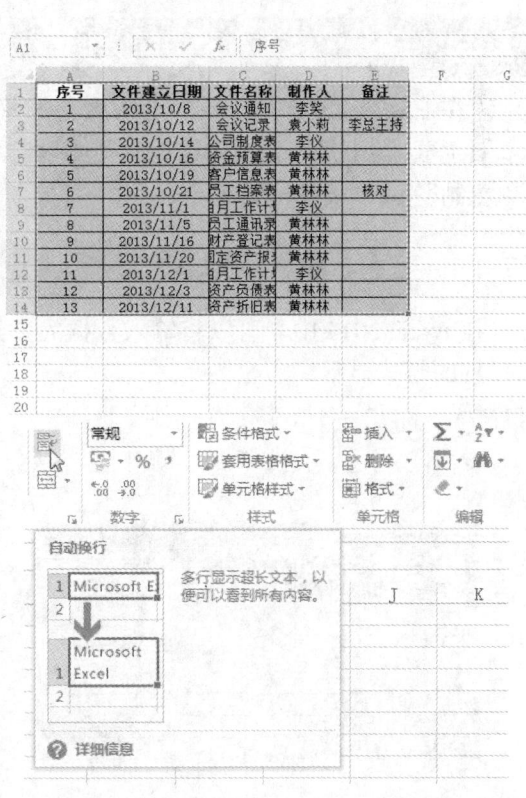

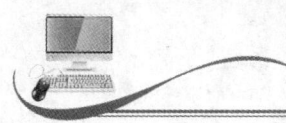

STEP 04 自动换行单元格

执行操作后，单元格中的内容即会自动换行，如下图所示。

序号	文件建立日期	文件名称	制作人	备注
1	2013/10/8	会议通知	李笑	
2	2013/10/12	会议记录	袁小莉	李总主持
3	2013/10/14	公司制度表	李仪	
4	2013/10/16	资金预算表	黄林林	
5	2013/10/19	客户信息表	黄林林	
6	2013/10/21	员工档案表	黄林林	核对
7	2013/11/1	当月工作计划	李仪	
8	2013/11/5	员工通讯录	黄林林	
9	2013/11/16	财产登记表	黄林林	
10	2013/11/20	固定资产报表	黄林林	
11	2013/12/1	当月工作计划	李仪	
12	2013/12/3	资产负债表	黄林林	
13	2013/12/11	资产折旧表	黄林林	

7.3.11 轻松更改单元格数据

在实际工作中，用户可能需要替换以前在单元格中输入的数据，要做到这一点非常容易，当单击单元格使其处于活动状态时，单元格中的数据会自动选取，一旦开始输入，单元格中原来的内容就会被新输入的内容代替。

在 Excel 2013 中，如果单元格中包含大量字符或复杂的公式，而用户只想修改其中的一小部分，那么可以按以下两种方法进行编辑。

- 双击单元格，或者单击单元格再按【F2】键，然后在单元格中进行编辑。
- 单击激活单元格，然后单击编辑栏，在编辑栏中进行编辑。

7.4 轻松输入和编辑数据

在 Excel 2013 中，不仅要掌握它的基本操作，还要掌握输入和编辑数据的方法。本节主要介绍快速输入和编辑日期数据、输入时间数据、修改单元格数据以及移动和复制数据等操作方法。

7.4.1 快速输入和编辑日期数据

在 Excel 2013 中，可以将输入数据的单元格格式设置为日期格式，这样选择的数据将以日期的格式显示。

STEP 01 打开一个 Excel 工作表

打开一个 Excel 工作表，如下图所示。

新生资料库			
编号	姓名	性别	出生日期
20131001	李一	男	
20131002	张明	女	
20131003	安远	男	
20131004	聂冰	女	
20131005	高洁	男	
20131006	李双	男	
20131007	张依	女	

STEP 02 输入日期

在工作表中，选择单元格，输入第一位新生的出生日期，如下图所示。

STEP 03 输入其他日期

用与上述相同的方法，在其他单元格中，输入出生日期，如下图所示。

STEP 04 选择输入的日期区域

选择输入的日期区域，如下图所示。

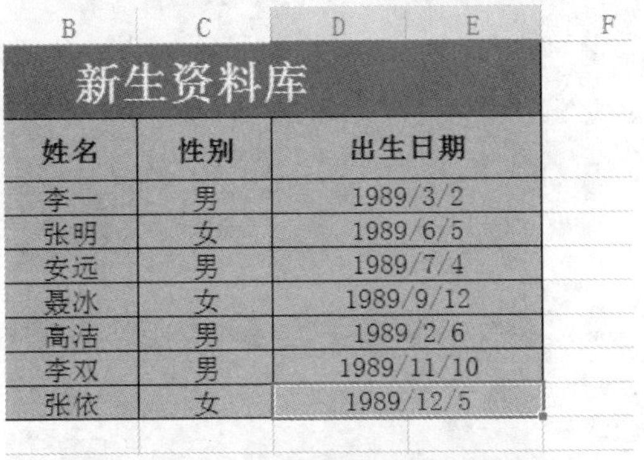

第 7 章 制表入行:Excel 数据基本操作

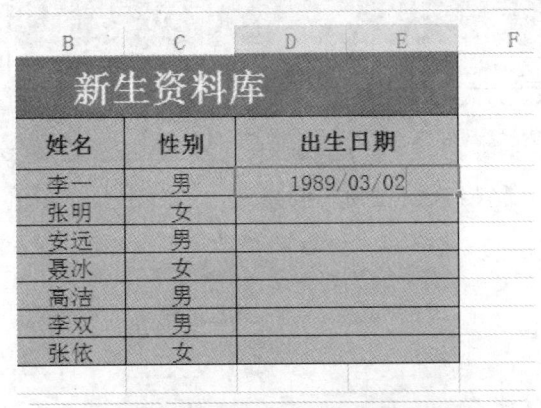

STEP 05 选择"设置单元格格式"选项

单击鼠标右键,在弹出的快捷菜单中选择"设置单元格格式"选项,如下图所示。

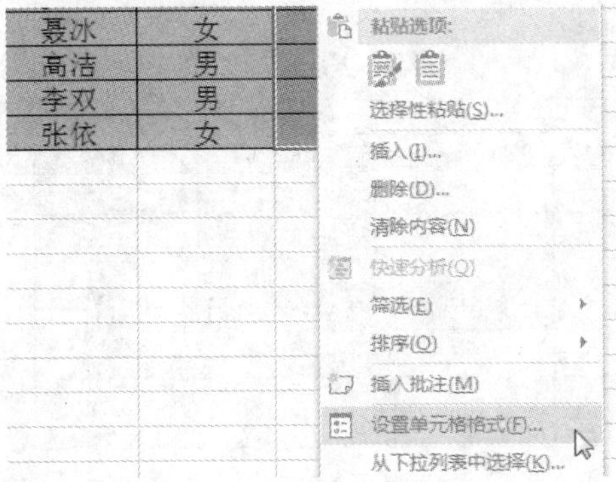

STEP 06 弹出"设置单元格格式"对话框

弹出"设置单元格格式"对话框,如下图所示。

STEP 07 选择相应的选项

切换至"日期"选项卡,在"类型"列表框中选择所需的选项,如下图所示。

STEP 08 查看日期数据

单击"确定"按钮,选择的单元格区域将以日期格式显示,调整表格大小,效果如下图所示。

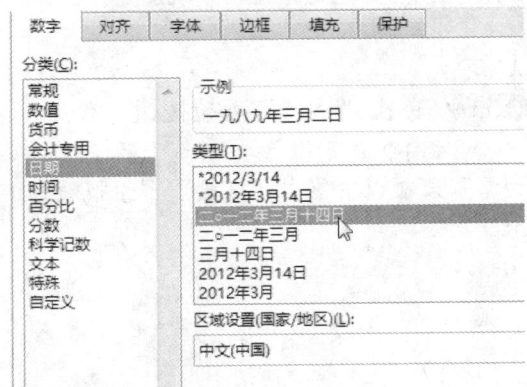

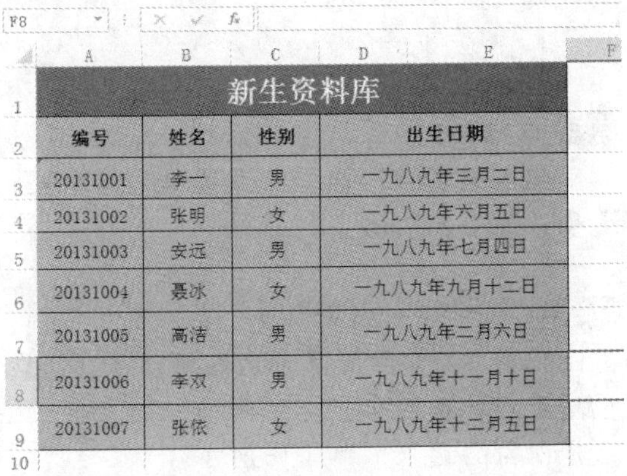

> **专家指点**
>
> 在"日期"选项卡中,系统提供了多种格式的日期类型,用户可以自行选择。

7.4.2 快速输入时间数据

在 Excel 2013 中,用户可以根据需要将单元格格式设置为时间格式,本节主要介绍输入时间数据的方法。

STEP 01 打开一个 Excel 工作表

打开一个 Excel 工作表,如下图所示。

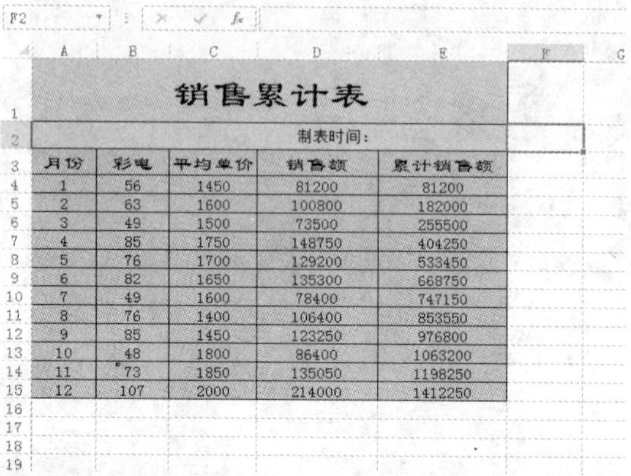

STEP 02 单击"格式"下拉按钮

选择 E2 单元格,在"开始"面板的"单元格"选项板中单击"格式"下拉按钮,如下图所示。

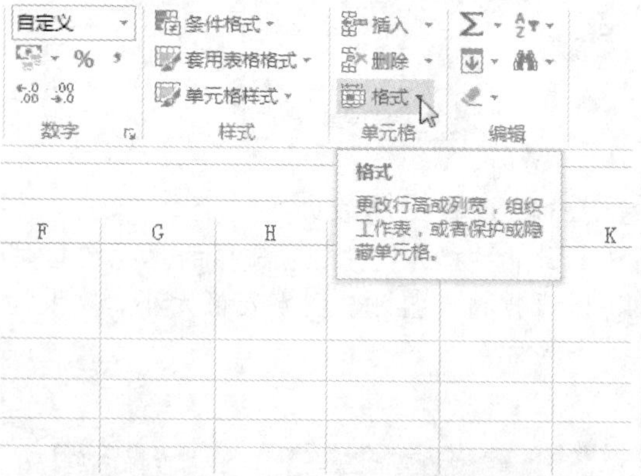

STEP 03 选择"设置单元格格式"选项

弹出列表框,选择"设置单元格格式"选项,如下图所示。

STEP 04 选择相应的选项

弹出"设置单元格格式"对话框,切换至"时间"选项卡,在"类型"列表框中,选择所需的选项,如下图所示。

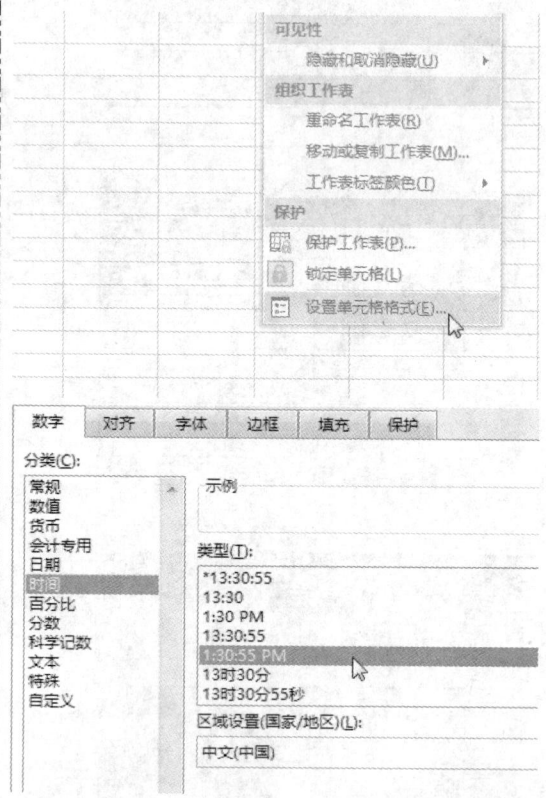

STEP 05 输入时间

单击"确定"按钮,在 E2 单元格中输入 16:20,按【Enter】键确认,效果如下图所示。

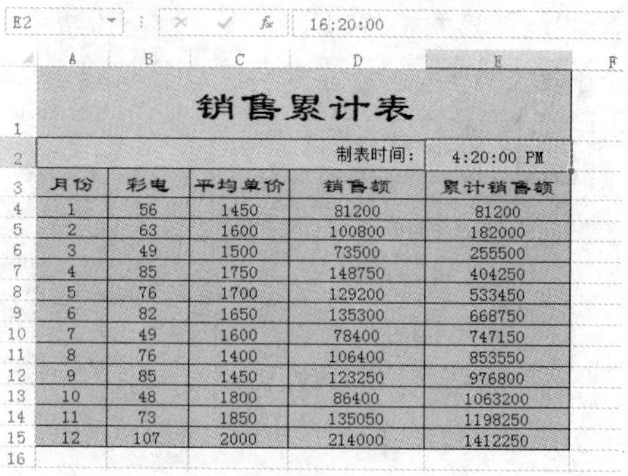

7.4.3　快速修改单元格数据

在 Excel 2013 中，常常需要修改单元格中的数据，修改单元格数据有两种常见的情况，下面对这两种情况进行介绍。

1. 修改全部内容

在打开的 Excel 工作表中，选择 A5 单元格，在其中输入修改内容，然后按【Enter】键确认即可。

产品销售表				
月份	冰箱	平均单价	销售额	总
1	56	1450	81200	
2	63	1600	100800	
3	49	1500	73500	
4	85	1750	148750	
5	76	1700	129200	
6	82	1650	135300	
7	49	1600	78400	
8	76	1400	106400	
9	85	1450	123250	

产品销售表				
月份	冰箱	平均单价	销售额	总
1	56	1450	81200	
2	63	1600	100800	
13	49	1500	73500	
4	85	1750	148750	
5	76	1700	129200	
6	82	1650	135300	
7	49	1600	78400	
8	76	1400	106400	
9	85	1450	123250	
10	48	1800	86400	

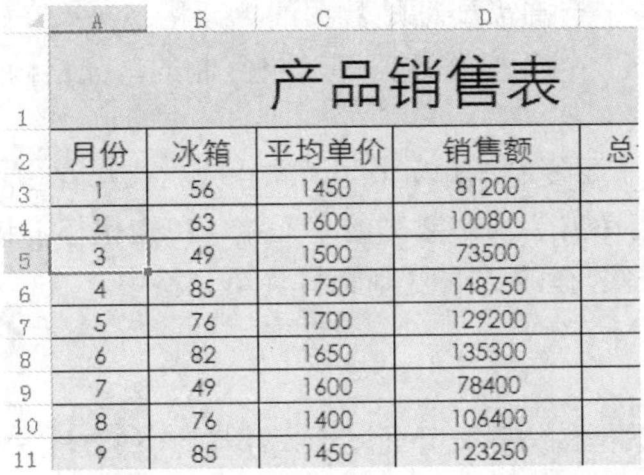

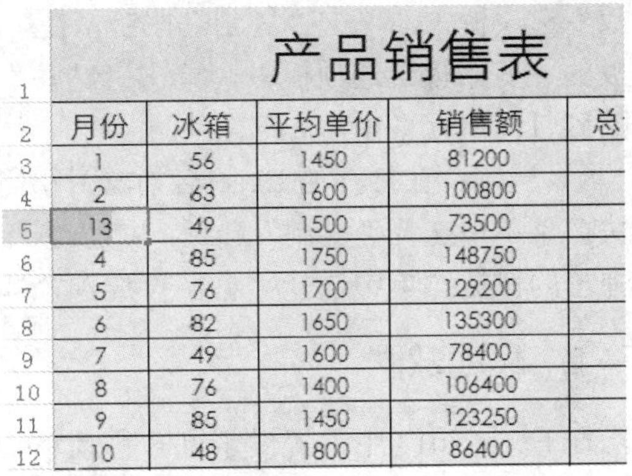

修改单元格全部内容

2. 修改部分内容

在打开的 Excel 工作表中，选择相应单元格区域，然后双击鼠标左键，使其处于编辑状态，这里选中 A1 单元格。在单元格中输入相应内容，并按【Enter】键确认，即可修改部分内容。

产品销售表			
冰箱	平均单价	销售额	总计销售额
56	1450	81200	81200
63	1600	100800	182000
49	1500	73500	255500
85	1750	148750	404250
76	1700	129200	533450
82	1650	135300	668750
49	1600	78400	747150
76	1400	106400	853550
85	1450	123250	976800

产品销售表总计表				
月份	冰箱	平均单价	销售额	总计销售额
1	56	1450	81200	81200
2	63	1600	100800	182000
13	49	1500	73500	255500
4	85	1750	148750	404250
5	76	1700	129200	533450
6	82	1650	135300	668750
7	49	1600	78400	747150
8	76	1400	106400	853550
9	85	1450	123250	976800
10	48	1800	86400	1063200
11	73	1850	135050	1198250
12	107	2000	214000	1412250

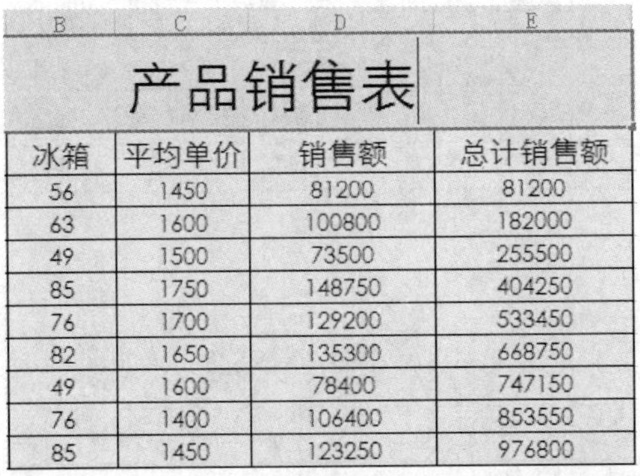

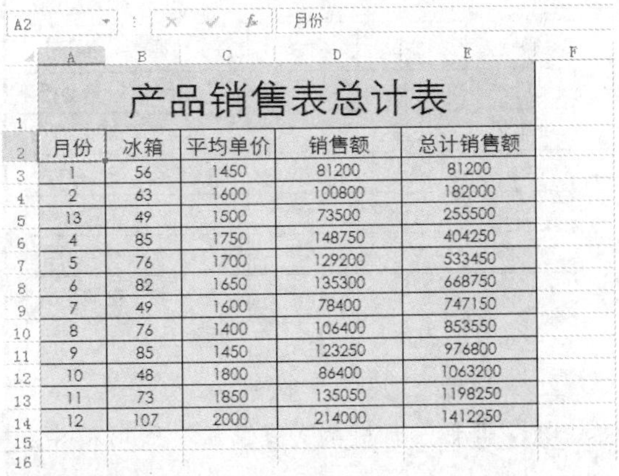

修改单元格部分内容

专家指点

在 Excel 2013 中，选择需要修改的单元格，按【F2】键，也可以使其呈编辑状态。

7.4.4　快速复制和移动数据

在 Excel 2013 中，用户可以根据需要对工作表数据进行复制和移动操作。

1. 复制数据

在 Excel 2013 中，不仅可以复制整个单元格，还可以复制单元格中指定的内容，且复制内容的方法有多种，下面介绍常用的 3 种方法。

✿ 拖曳鼠标：在打开的 Excel 工作表中，选择需要复制的单元格，将鼠标指针移至单元格右下角，当鼠标指针呈✣形状时，按住【Ctrl】键，按住鼠标左键并向下拖曳至目标单元格后，释放鼠标左键，再释放【Ctrl】键，即可复制单元格中的数据。

✿ 按钮：在打开的 Excel 工作表中，选择需要复制的单元格，在“开始”面板的“剪贴板”选项板中，单击“复制”按钮，在工作表中选择需要粘贴数据的单元格，在“开始”面板的“剪贴板”选项板中，单击“粘贴”按钮，执行操作后，即可将复制的单元格内容粘贴到目标单元格中。

✿ 选项：在打开的 Excel 工作表中，选择需要复制的单元格，单击鼠标右键，在弹出的快捷菜单中选择“复制”选项，在工作表中选择需要粘贴数据的单元格，单击鼠标右键，在弹出的快捷菜单中选择“粘贴”选项，即可将选择的数据复制到目标单元格中。

2. 移动数据

在 Excel 2013 中，提供了许多移动单元格数据的方法，下面介绍常用的 3 种方法。

方法一：运用按钮移动数据

STEP 01 打开工作簿

打开一个 Excel 工作簿，选择需要移动的数据，如下图所示。

会员资料				
编号	姓名	年龄	持卡时间	等级
0018	方林	30	三个月	普通会员
0019	吕毅	24	1年	黄钻VIP
0020	许飞	25	3年	绿钻VIP
0021	赵铁	27		普通会员
0022	罗力	21	1年	黄钻VIP
0023	余山	32	两个月	普通会员
0024	林清	34	两个月	

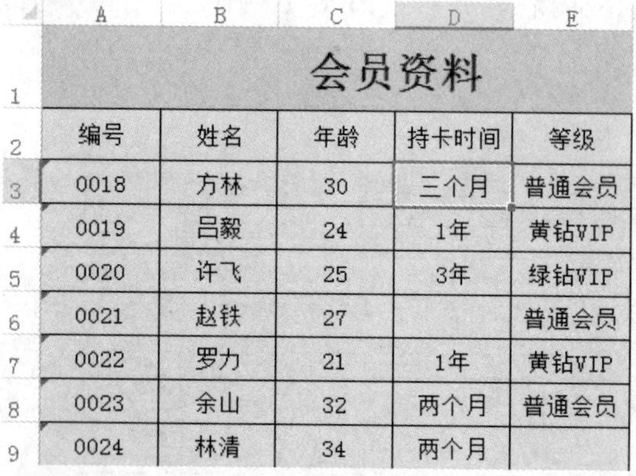

STEP 02 单击“剪切”按钮

在“开始”面板的“剪贴板”选项板中，单击“剪切”按钮，如下图所示。

STEP 03 移动数据

在工作表中选择 D6 单元格，在“开始”面板的“剪贴板”选项板中，单击“粘贴”按钮，即可将选择的数据移动到目标单元格中，如下图所示。

会员资料					
编号	姓名	年龄	持卡时间	等级	消
0018	方林	30		普通会员	
0019	吕毅	24	1年	黄钻VIP	
0020	许飞	25	3年	绿钻VIP	
0021	赵铁	27	三个月	普通会员	
0022	罗力	21	1年	黄钻VIP	
0023	余山	32	两个月	普通会员	
0024	林清	34	两个月		

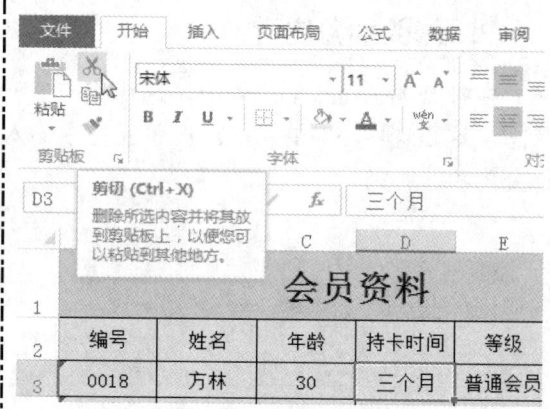

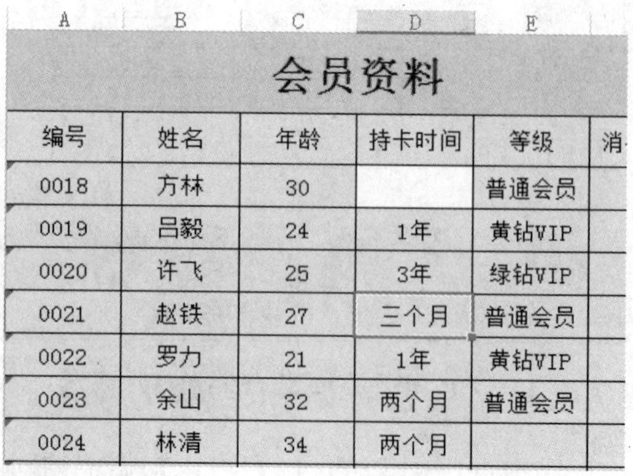

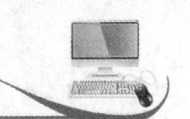

专家指点

在 Excel 2013 中移动数据时，移动的不只是数据，数据所在的单元格的属性如格式、批注等也会跟随数据一起移动。

方法二：运用选项移动数据

在打开的 Excel 工作表中，选择需要移动数据的单元格，单击鼠标右键，在弹出的快捷菜单中选择“剪切”选项，然后在工作表中选择一个单元格作为移动数据所至的目标单元格，单击鼠标右键，在弹出的快捷菜单中选择“粘贴”选项。执行上述操作后，即可移动单元格内容。

方法三：运用拖曳鼠标方式移动数据

选择需要移动的单元格，将鼠标指针移至边框位置，当鼠标指针呈✥形状时，按住鼠标左键并拖曳至目标位置，释放鼠标左键后，即可完成单元格数据的移动。

7.5 轻松设置工作表格式

为了使表格的标题和重要的数据等更加醒目、直观，需要对工作表中的单元格进行设置。本节主要介绍设置字体、字号、字体颜色以及字形等操作方法。

7.5.1 轻松设置字体

为了突出工作表中的某些数据，使整个版面更为丰富，用户可以根据需要对不同的单元格字符设置不同的字体。

STEP 01 打开一个 Excel 工作簿

打开一个 Excel 工作簿，如下图所示。

员工编号	姓名	性别	部门	职位	基本工资
0001	张小华	女	销售部	主管	1000
0002	李东车	男	销售部	经理	1200
0003	田莉莉	女	销售部	助理	800
0004	李智超	男	销售部	经理	1050
0005	孙 钱	男	人事部	主管	1300
0006	胡小兰	女	人事部	经理	1550
0007	秦冬梅	女	人事部	主管	1800
0008	徐晓东	男	财务部	经理	2050
0009	王 华	男	财务部	助理	1950
0010	赵 亮	女	财务部	主管	1850
0011	章 文	女	财务部	经理	1750

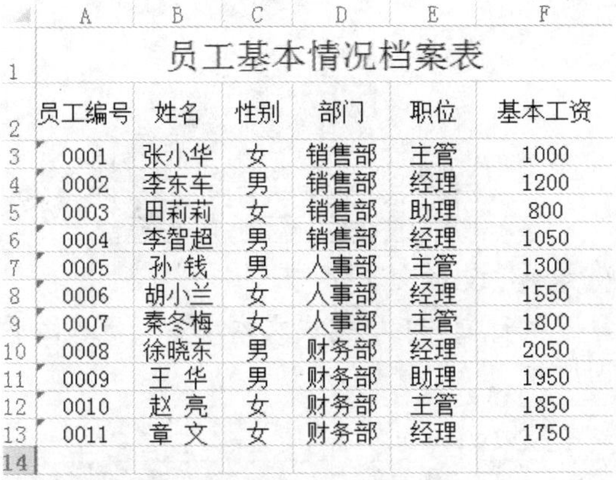

STEP 02 选择文本内容

在表格中选择需要设置字体的文本内容，如下图所示。

员工基本情况档案表

员工编号	姓名	性别	部门	职位	基本工资
0001	张小华	女	销售部	主管	1000
0002	李东车	男	销售部	经理	1200
0003	田莉莉	女	销售部	助理	800
0004	李智超	男	销售部	经理	1050
0005	孙 钱	男	人事部	主管	1300
0006	胡小兰	女	人事部	经理	1550
0007	秦冬梅	女	人事部	主管	1800
0008	徐晓东	男	财务部	经理	2050
0009	王 华	男	财务部	助理	1950
0010	赵 亮	女	财务部	主管	1850
0011	章 文	女	财务部	经理	1750

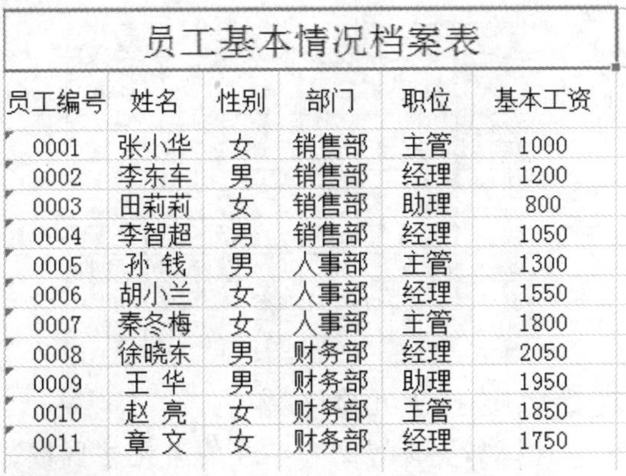

STEP 03 单击“字体”右侧的下拉按钮

在“开始”面板的“字体”选项板中，单击“字体”右侧的下拉按钮，如下图所示。

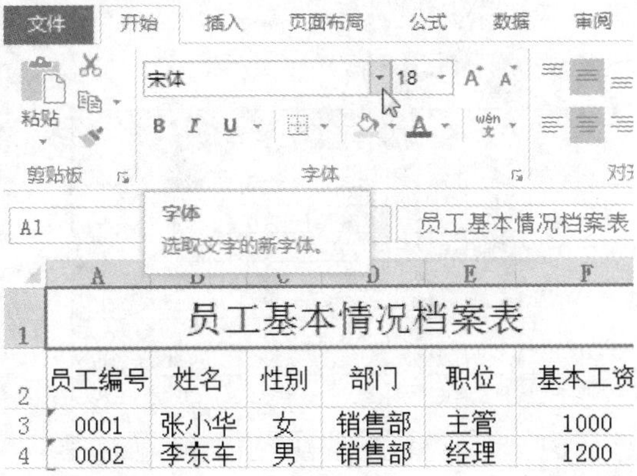

STEP 04 选择"黑体"选项

在弹出的列表框中选择"黑体"选项，如下图所示。

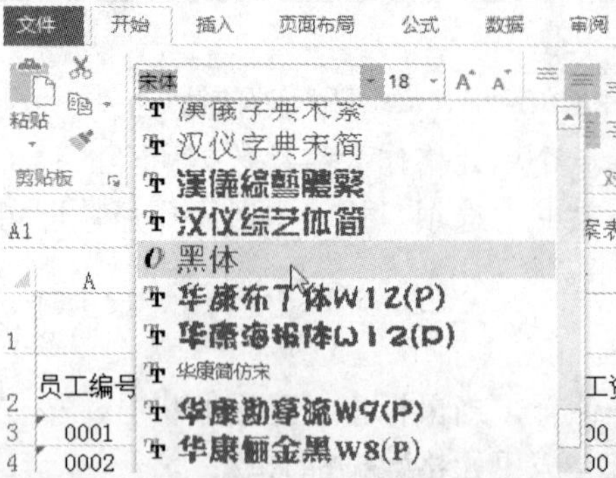

STEP 05 设置文本字体

执行操作后，完成文本字体设置，如下图所示。

> **专家指点**
>
> 在"字体"选项板中，也可以对空白的单元格或单元格区域设置字体格式，一旦输入数据，就可以直接应用其格式。

7.5.2 轻松设置字号

在 Excel 2013 中，用户可以根据需要为单元格中的文本设置不同的字号。

STEP 01 打开一个 Excel 工作簿

打开一个 Excel 工作簿，如下图所示。

STEP 02 选择单元格区域

选择需要设置文本字号的单元格区域，如下图所示。

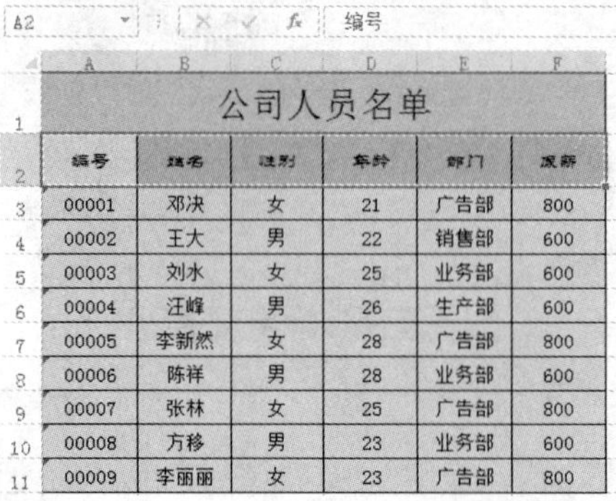

STEP 03 选择相应选项

在"开始"面板的"字体"选项板中，单击"字号"右侧的下拉按钮，在弹出的列表框中选择所需的选项，如下图所示。

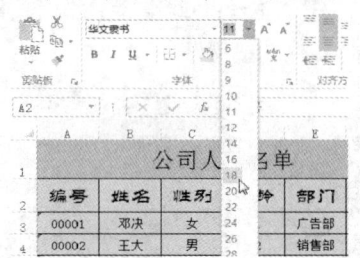

STEP 04 设置文本字号

执行操作后，完成文本字号设置，如下图所示。

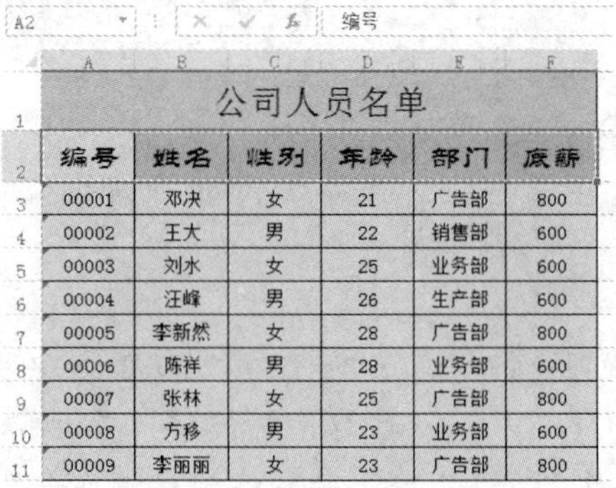

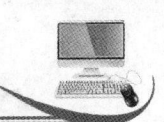

专家指点

在 Excel 2013 中，除了运用上述方法设置文本字号外，只需在“字体”选项板中单击“字体设置”按钮，弹出“设置单元格格式”对话框，在“字体”选项卡的“字号”列表框中选择相应的选项即可。

7.5.3 轻松设置文本颜色

在 Excel 2013 中，用户可以根据需要设置文本的颜色，使文本的显示更加突出。

STEP 01 打开一个 Excel 工作簿

打开一个 Excel 工作簿，如下图所示。

员工学历表				
姓名	性别	民族	年龄	最高学历
李双	男	汉	21	专科
王宁	男	汉	22	专科
刘丽	女	汉	25	高中
汪洋	男	汉	26	研究生
朱珍	女	汉	28	硕士
陈玲	女	汉	28	初中
张依	女	汉	25	本科
方林	男	汉	23	本科
吕毅	女	汉	23	高中

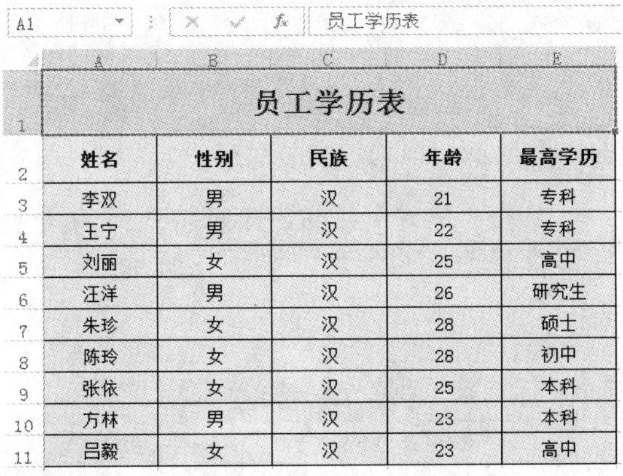

STEP 02 选择单元格

选择需要设置文本颜色的单元格，如下图所示。

员工学历表				
姓名	性别	民族	年龄	最高学历
李双	男	汉	21	专科
王宁	男	汉	22	专科
刘丽	女	汉	25	高中
汪洋	男	汉	26	研究生
朱珍	女	汉	28	硕士
陈玲	女	汉	28	初中
张依	女	汉	25	本科
方林	男	汉	23	本科
吕毅	女	汉	23	高中

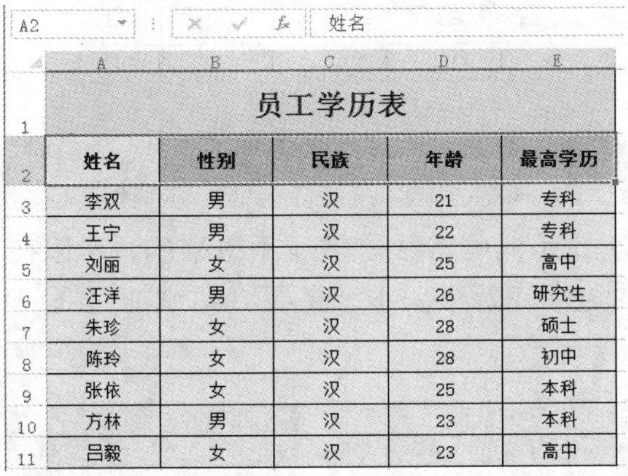

STEP 03 选择“深红”选项

在“开始”面板的“字体”选项板中，单击“字体颜色”右侧的下拉按钮，弹出列表框，在“标准色”选项区中，选择“深红”选项，如下图所示。

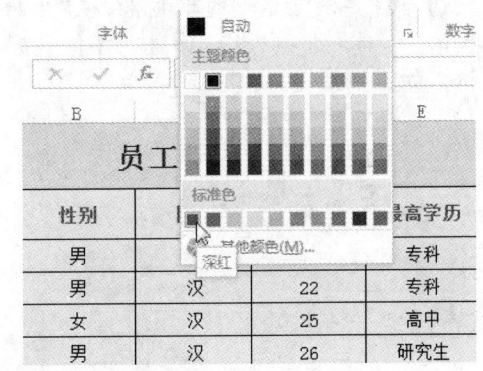

STEP 04 设置文本颜色

执行操作后，即可将选择的单元格中的文本颜色设置为深红，如下图所示。

员工学历表				
姓名	性别	民族	年龄	最高学历
李双	男	汉	21	专科
王宁	男	汉	22	专科
刘丽	女	汉	25	高中
汪洋	男	汉	26	研究生
朱珍	女	汉	28	硕士
陈玲	女	汉	28	初中
张依	女	汉	25	本科
方林	男	汉	23	本科
吕毅	女	汉	23	高中

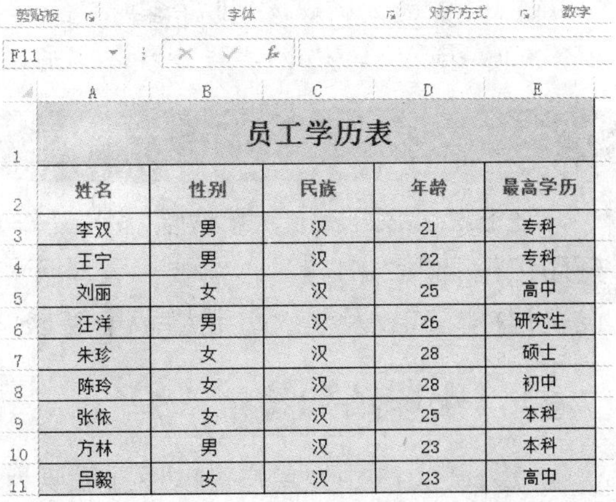

7.5.4 轻松设置文本字形

在 Excel 2013 中，字形主要分为常规、倾斜、加粗以及加粗倾斜 4 种，用户可以根据需要选择合适的字形。

STEP 01 打开一个 Excel 工作簿

打开一个 Excel 工作簿，如下图所示。

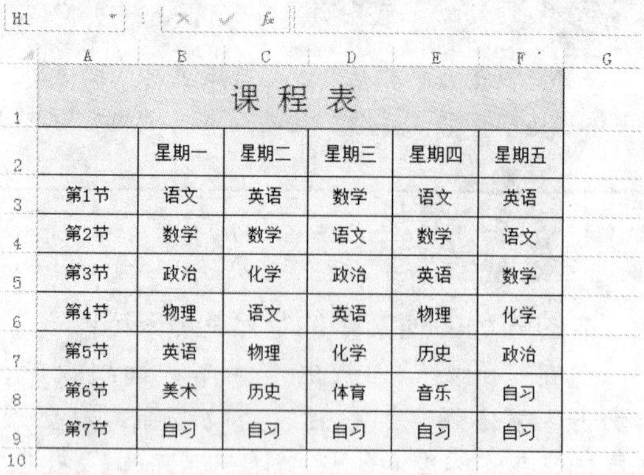

新手学 Office 高效办公从入门到精通

倾斜"选项,如下图所示。

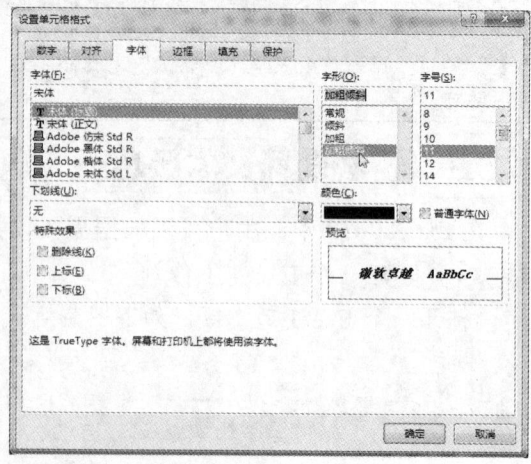

STEP 02 单击"字体设置"按钮

选择需要设置字形的单元格,在"开始"面板的"字体"选项板中,单击"字体设置"按钮,如下图所示。

STEP 04 设置文本字形

单击"确定"按钮,即可将选择的文本字形设置为加粗倾斜,如下图所示。

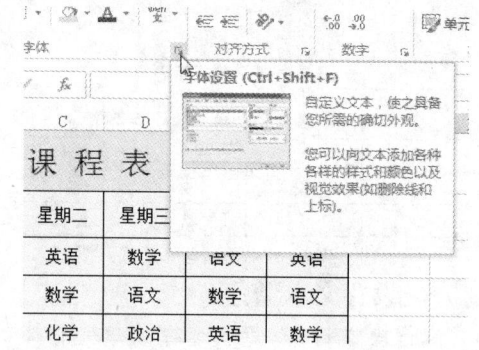

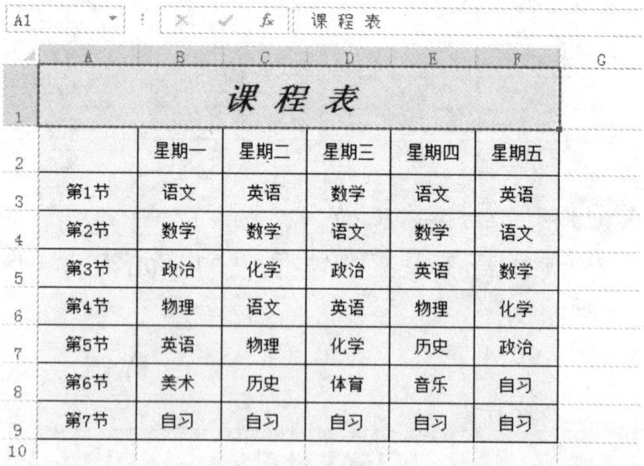

STEP 03 选择"加粗倾斜"选项

弹出"设置单元格格式"对话框,在"字体"选项卡的"字形"列表框中选择"加粗

7.6 轻松设置边框与背景

在 Excel 2013 中,默认情况下工作区所显示的网格线是打印不出来的,所以在打印工作表中的内容时,需要设置单元格的边框和背景。本节主要介绍添加边框、设置边框样式以及设置单元格背景等操作方法。

7.6.1 快速添加边框

在 Excel 2013 中,用户可以根据需要为数据区域添加边框。

STEP 01 打开一个 Excel 工作簿

打开一个 Excel 工作簿,如下图所示。

STEP 02 选择需要添加边框的单元格

在工作表中选择需要添加边框的单元格,如下图所示。

STEP 03 单击"无框线"右侧的下拉按钮

在"开始"面板的"字体"选项板中,单击"无框线"右侧的下拉按钮,如下图所示。

第 7 章　制表入行：Excel 数据基本操作

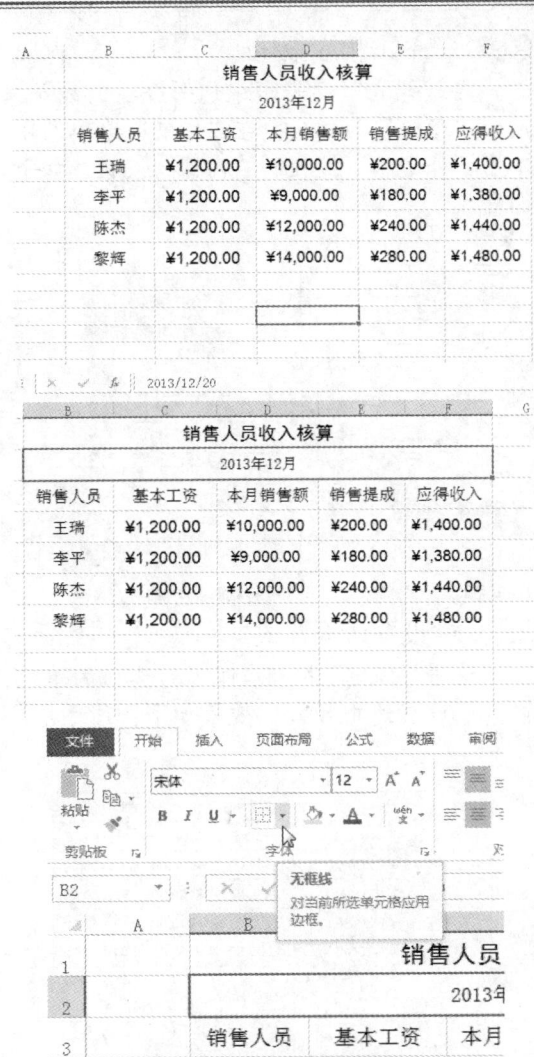

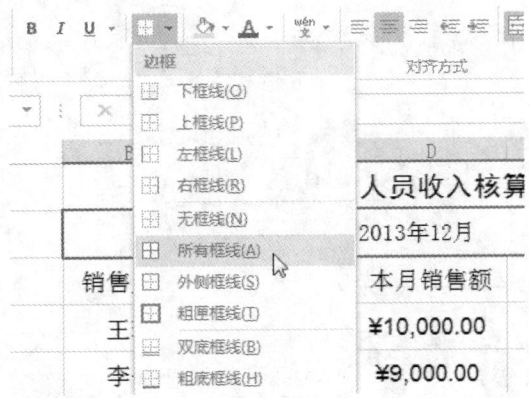

STEP 04 选择"所有框线"选项

在弹出的列表框中，选择"所有框线"选项，如下图所示。

STEP 05 添加边框

执行操作后，即可为单元格添加边框，如下图所示。

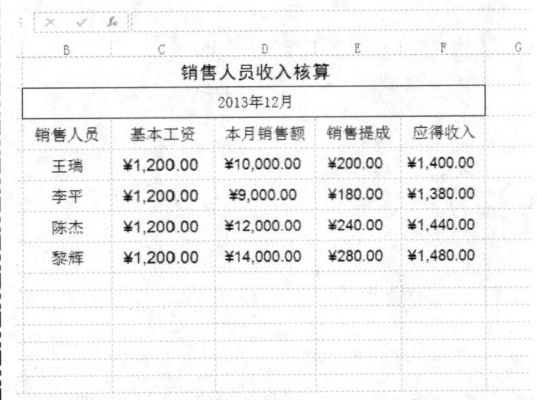

7.6.2 轻松设置边框样式

在 Excel 2013 中，不仅可以为工作表中的数据添加边框，还可以设置各种线型、不同颜色以及粗细程度不同的边框。

STEP 01 打开一个 Excel 工作簿

打开一个 Excel 工作簿，如下图所示。

STEP 02 选择单元格区域

选择需要设置边框样式的单元格区域，如下图所示。

STEP 03 单击"字体设置"按钮

单击"开始"面板中"字体"选项板右下角的"字体设置"按钮，如下图所示。

STEP 04 切换至"边框"选项卡

弹出"设置单元格格式"对话框，切换至"边框"选项卡，如下图所示。

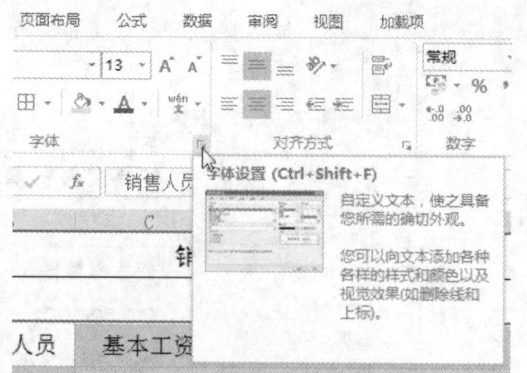

STEP 05 单击相应按钮

在"样式"列表框中选择合适的线条，设置"颜色"为红色，在"预置"选项区中单击"外边框"按钮和"内部"按钮，如下图所示。

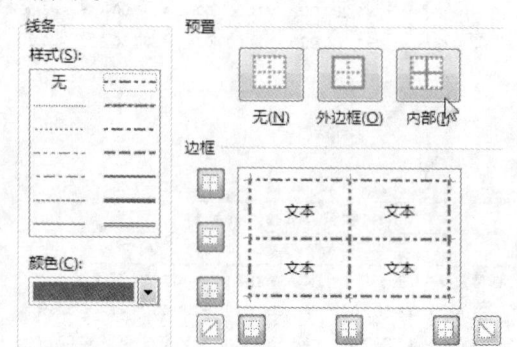

STEP 06 设置边框样式

单击"确定"按钮，即可为选择的单元格区域设置边框样式，效果如下图所示。

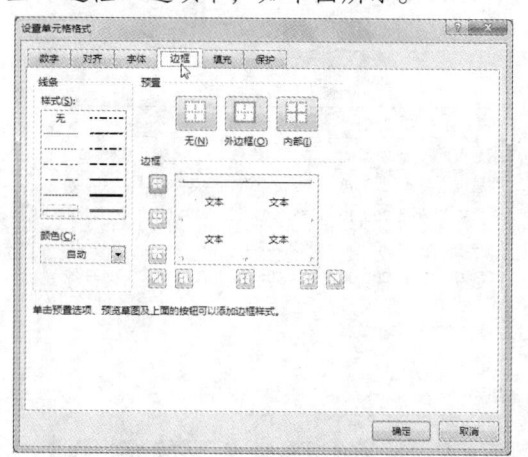

7.6.3 轻松设置单元格背景

在 Excel 2013 中，用户不仅可以改变表格中文字的颜色，还可以改变单元格的填充效果。设置单元格的填充效果，不仅可以突出重点内容，还可达到美化工作表的效果。

STEP 01 打开一个 Excel 工作簿

打开一个 Excel 工作簿，如下图所示。

STEP 02 选择需要的单元格

在工作表中，选择需要设置背景的单元格，如下图所示。

STEP 03 单击"填充颜色"下拉按钮

在"开始"面板的"字体"选项板中，单击"填充颜色"右侧的下拉按钮，如下图所示。

第 7 章　制表入行：Excel 数据基本操作

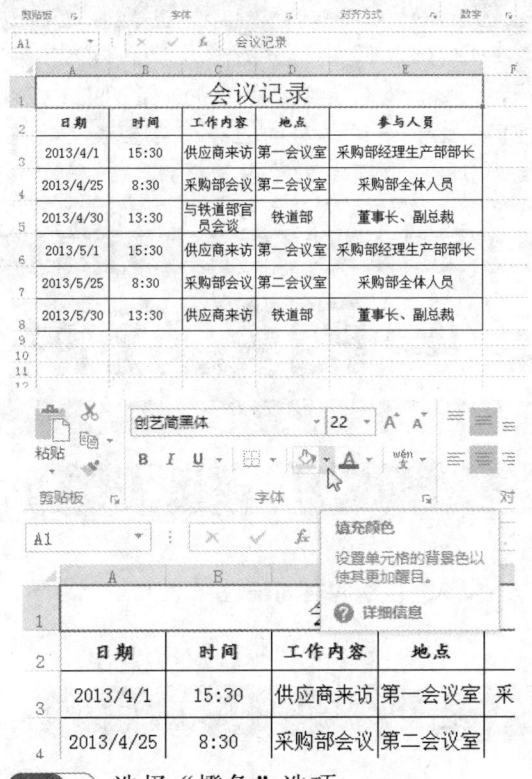

STEP 04 选择"橙色"选项

弹出列表框，在"标准色"选项区中选择"橙色"选项，如下图所示。

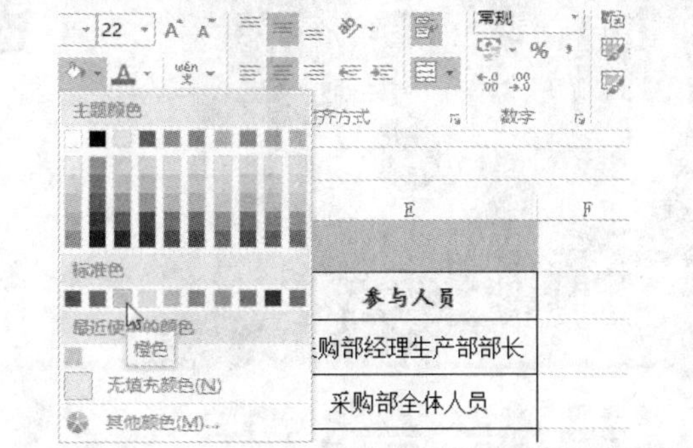

STEP 05 填充单元格

执行操作后，即可将选择的单元格的颜色填充为橙色，如下图所示。

STEP 06 填充其他单元格

用与上述相同的方法，填充其他的单元格，效果如下图所示。

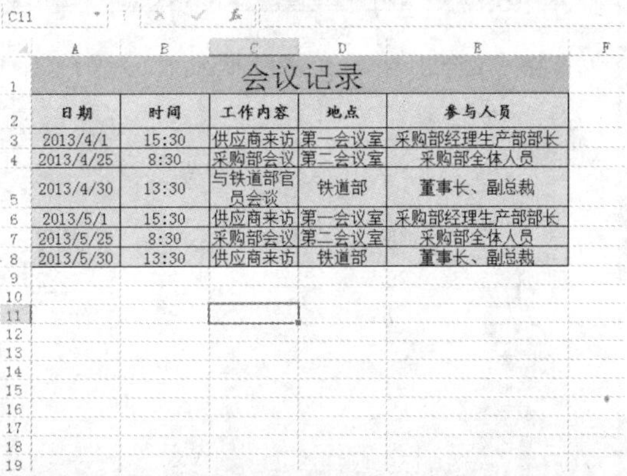

❓ 专家指点

除了运用以上方法设置单元格的背景外，用户还可以在"设置单元格格式"对话框的"填充"选项卡中，设置相应的填充选项。

Chapter

08

章前知识导读

在 Excel 2013 中，分析和处理数据离不开公式和函数。公式是单元格中的一系列值、单元格引用、名称或运算符的组合，可生成新的值；函数是 Excel 中预定义的内置公式，可以进行数学、文本及逻辑运算或查找工作表中的信息。

运算能手：公式与函数应用

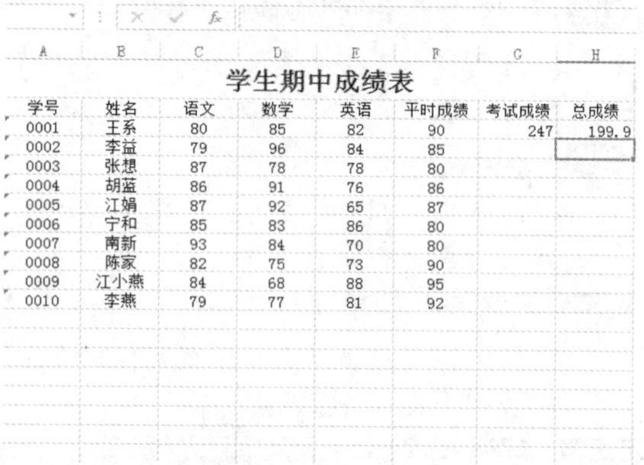

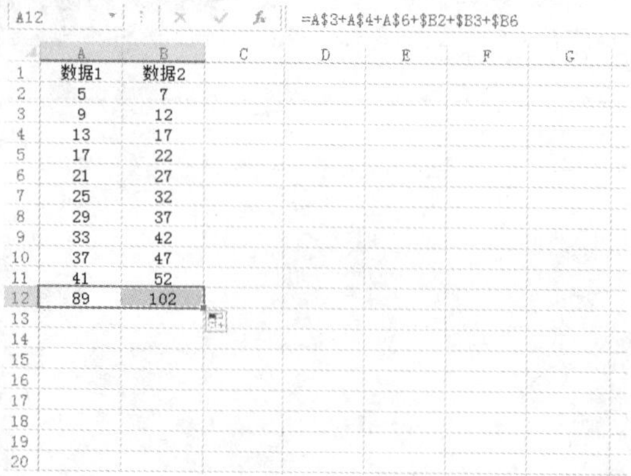

重点知识索引

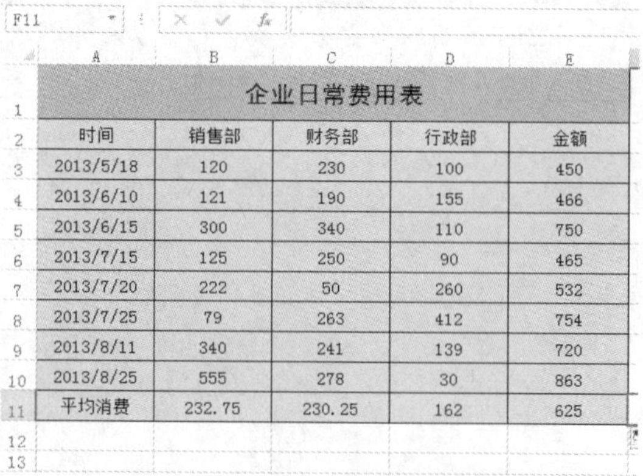

- 快速输入公式
- 相对引用计算数据
- 混合引用计算数据
- 了解 MAX 函数
- 日期和时间函数

效果图片赏析

E4 =B4+C4+D4

一班学生成绩表

	数学	英语	地理	总分
赵元	79	81	99	259
方芳	87	73	85	
谢丽	65	94	76	
成大为	87	85	58	
刘烨	97	83	38	
薛家佳	58	79	52	
陈思华	92	88	80	
东小巧	82	74	85	

学生期中成绩表

学号	姓名	语文	数学	英语	平时成绩	考试成绩	总成绩
0001	王系	80	85	82	90	247	199.9
0002	李益	79	96	84	85		
0003	张想	87	78	78	80		
0004	胡蓝	86	91	76	86		
0005	江娟	87	92	65	87		
0006	宁和	85	83	86	80		
0007	南新	93	84	70	80		
0008	陈家	82	75	73	90		
0009	江小燕	84	68	88	95		
0010	李燕	79	77	81	92		

A12 =A$3+A$4+A$6+$B2+$B3+$B6

数据1	数据2
5	7
9	12
13	17
17	22
21	27
25	32
29	37
33	42
37	47
41	52
89	102

F11

企业日常费用表

时间	销售部	财务部	行政部	金额
2013/5/18	120	230	100	450
2013/6/10	121	190	155	466
2013/6/15	300	340	110	750
2013/7/15	125	250	90	465
2013/7/20	222	50	260	532
2013/7/25	79	263	412	754
2013/8/11	340	241	139	720
2013/8/25	555	278	30	863
平均消费	232.75	230.25	162	625

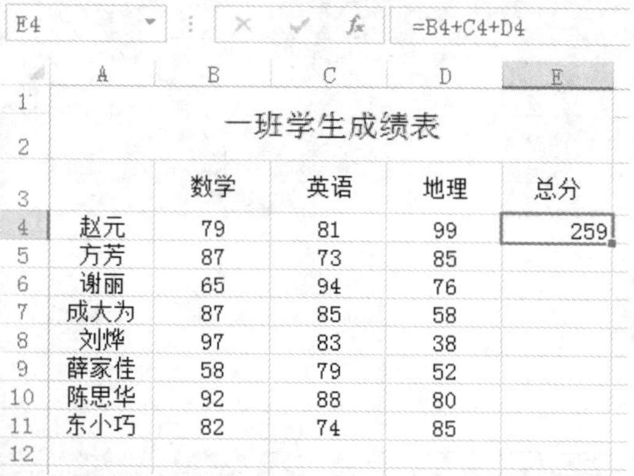

第8章 运算能手：公式与函数应用

8.1 了解公式的基本操作

在工作表中输入数据后，可以通过 Excel 2013 中的公式对这些数据进行自动、精确且高效的运算处理。学习运用公式时，首先要了解公式的运算符及其基本操作。

8.1.1 认识运算符

在 Excel 2013 中，运算符用来连接要运算的数据对象，并说明进行了哪种公式运算，如 "+" 是对前后两个操作对象进行加法运算。

1. 运算符的类型

运算符用于对公式中的元素进行特定类型的运算，在 Excel 2013 中包含 4 种类型的运算符，分别是算术运算符、比较运算符、文本运算符和引用运算符。

● 算术运算符。算术运算符主要用于基本的数学运算，如加法、减法、乘法和除法，用来连接数据或产生数字结果等，其含义及示例如下表所示。

算术运算符	含义	示例
+（加号）	加	1+4=5
-（减号）	减	4-2=2
*（星号）	乘	2*3=6
/（斜杠）	除	6/3=2
%（百分号）	百分比	60%
^（脱字号）	乘方	4^3=4^3

● 文本运算符。使用和号（&）加入或连接一个或更多文本字符串以产生一串新的文本，其含义及示例如下表所示。

文本运算符	含义	示例
&	将两个文本值连接起来	="本月"&"销售"产生"本月销售"
&	将单元格内容与文本内容连接起来	=A5&"销售"产生"第一季度销售"

● 比较运算符。比较运算符可以对两个数值进行比较，并产生逻辑值 TRUE 或 FALSE，即若条件相符，则产生逻辑真值 TRUE（1）；若条件不相符，则产生逻辑假值 FALSE（0），其含义及示例如下表所示。

比较运算符	含义	示例
=（等号）	相等	A1=6
<（小于号）	小于	A1<8
>（大于号）	大于	A1>6
>=（大于等于号）	大于等于	A1>=4
<>（不等号）	不相等	A1<>5
<=（小于等于号）	小于等于	A1<=7

● 引用运算符。利用引用运算符可以对单元格区域进行合并计算，其含义及示例如下表所示。

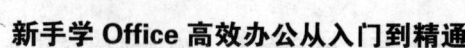

引用运算符	含义	示例
:（冒号）	区域运算符，对两个引用之间，包括两个引用在内的所有单元格进行引用	SUM(B1:C5)
,（逗号）	联合运算符，将多个引用合并为一个引用	SUM(C2:A5,C2:C6)
（空格）	交叉运算符，表示几个单元格区域所重叠的那些单元格	SUM(B2:D3 C1:C4)

> **专家指点**
> 单元格引用用于表示单元格在工作表上所处位置的坐标集。

2. 运算符优先级

每个运算符都有自己的优先级。在一个混合运算的公式中，对于不同优先级的运算，按照从高到低的顺序进行计算；对于相同优先级的运算，按照从左到右的顺序进行计算。各运算符的优先级如下表所示。

运算符	说明
:（冒号）、（单个空格）、,（逗号）	引用运算符
–	负号
%	百分比
^	乘幂
*和/	乘和除
+和–	加和减
&	连接两个文本字符串（连接）
= < > <= >= <>	比较运算符

3. 括号在运算中的应用

在 Excel 2013 中，如果要求更改求值的顺序，可以将公式中需要计算的部分用括号括起来，例如，=2*3+6 公式的结果为 12，因为 Excel 2013 先进行了乘法运算后再进行加法运算。与此相反，如果使用括号改变语法，让原公式变为=2*(3+6)，此时就会先计算 3+6 的结果，再乘以 2，即为 18。

8.1.2 快速输入公式

在 Excel 2013 中，输入公式的方法与输入文本的方法类似，选择需要输入公式的单元格，在编辑栏中输入"="号，然后输入公式内容即可。

STEP 01 打开一个 Excel 工作簿

打开一个 Excel 工作簿，如下图所示。

STEP 02 选择单元格

在工作表中选择需要输入公式的单元格，如下图所示。

STEP 03 输入公式

在编辑栏中输入公式"=B4+C4+D4"，如下图所示。

	A	B	C	D	E
1	一班学生成绩表				
3		数学	英语	地理	总分
4	赵元	79	81	99	
5	方芳	87	73	85	
6	谢丽	65	94	76	
7	成大为	87	85	58	
8	刘烨	97	83	38	
9	薛家佳	58	79	52	
10	陈思华	92	88	80	
11	东小巧	82	74	85	

SUM =B4+C4+D4

	A	B	C	D	E
1	一班学生成绩表				
3		数学	英语	地理	总分
4	赵元	79	81	99	+C4+D4
5	方芳	87	73	85	
6	谢丽	65	94	76	
7	成大为	87	85	58	
8	刘烨	97	83	38	
9	薛家佳	58	79	52	
10	陈思华	92	88	80	
11	东小巧	82	74	85	

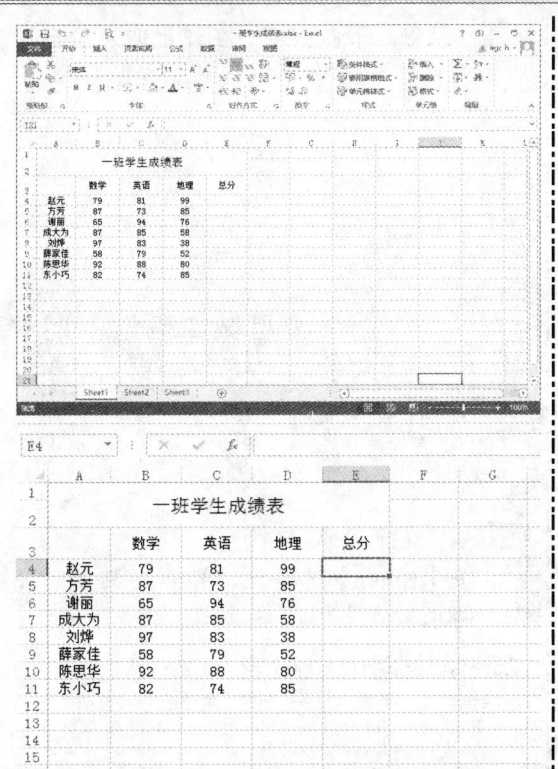

STEP 04 显示计算结果

按【Enter】键确认，即可在 E4 单元格中显示公式的计算结果，如下图所示。

E4 =B4+C4+D4

	A	B	C	D	E
1	一班学生成绩表				
3		数学	英语	地理	总分
4	赵元	79	81	99	259
5	方芳	87	73	85	
6	谢丽	65	94	76	
7	成大为	87	85	58	
8	刘烨	97	83	38	
9	薛家佳	58	79	52	
10	陈思华	92	88	80	
11	东小巧	82	74	85	

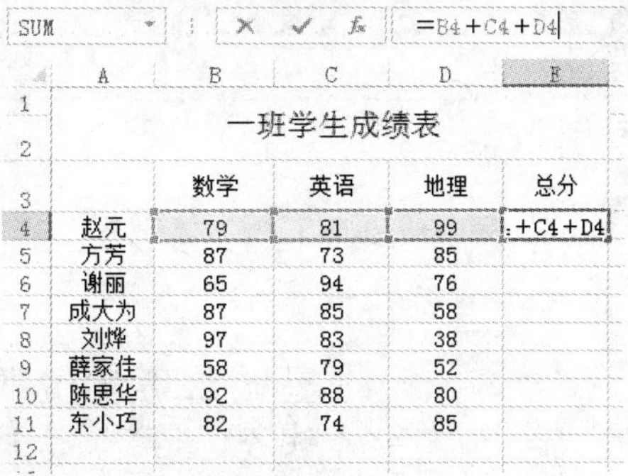

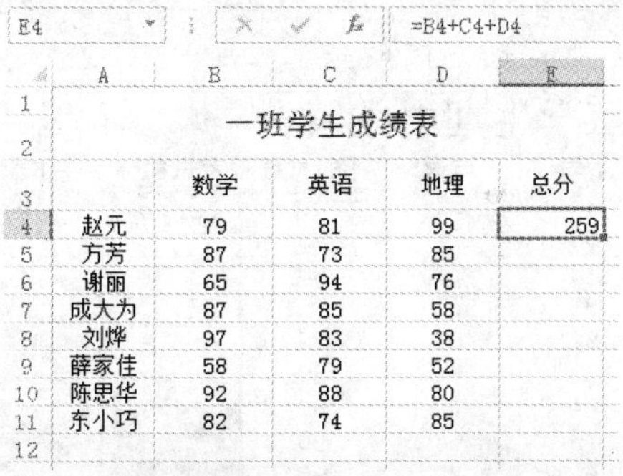

专家指点

在输入公式的过程中，直接用鼠标单击参数所在的单元格，编辑栏中即可直接显示相应的参数。

8.1.3 快速复制公式

通过复制公式操作，可以快速地在其他单元格中输入公式。在 Excel 2013 中复制公式往往与公式的相对引用结合使用，以提高输入公式的效率。

STEP 01 打开一个 Excel 工作簿

打开一个 Excel 工作簿，如下图所示。

星城二班学生期中成绩表

学号	姓名	语文	数学	英语	平时成绩	考试成绩	总成绩
0001	王系	80	85	82	90	247	199.9
0002	李益	79	96	84	85		
0003	张想	87	78	78	80		
0004	胡蓝	86	91	76	86		
0005	江娟	87	92	65	87		
0006	宁和	85	83	86	80		
0007	南新	93	84	70	80		
0008	陈家	82	75	73	90		
0009	江小燕	84	68	88	95		
0010	李燕	79	77	81	92		

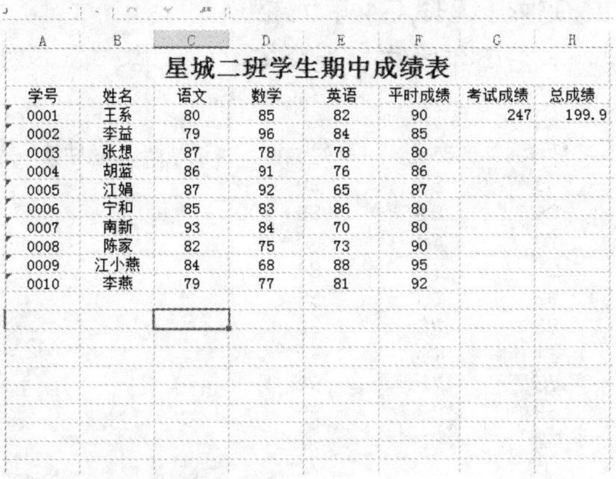

STEP 02 选择 G4 单元格

在工作表中，选择 G4 单元格，如下图所示。

班学生期中成绩表

数学	英语	平时成绩	考试成绩	总成绩
85	82	90	247	199.9
96	84	85		
78	78	80		
91	76	86		
92	65	87		
83	86	80		
84	70	80		
75	73	90		
68	88	95		
77	81	92		

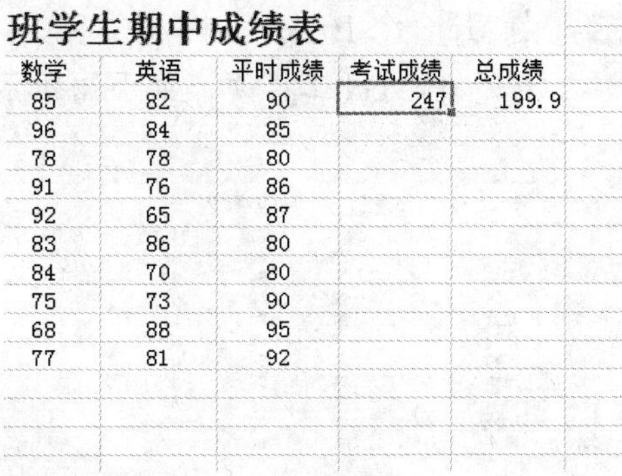

STEP 03 单击“复制”按钮

在“开始”面板的“剪贴板”选项板中，单击“复制”按钮，如下图所示。

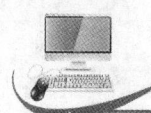

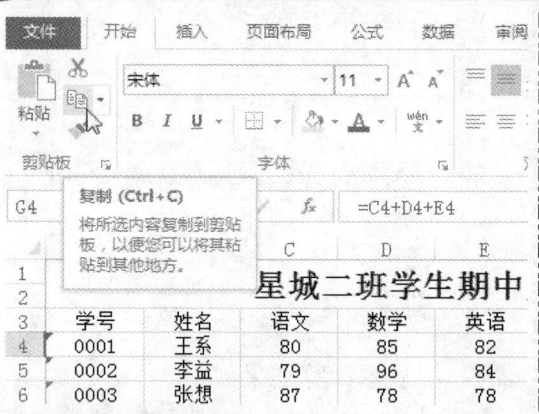

STEP 04 选择其他单元格

在工作表中选择需要复制公式的其他单元格，如下图所示。

二班学生期中成绩表

数学	英语	平时成绩	考试成绩	总成绩
85	82	90	247	199.9
96	84	85		
78	78	80		
91	76	86		
92	65	87		
83	86	80		
84	70	80		
75	73	90		
68	88	95		
77	81	92		

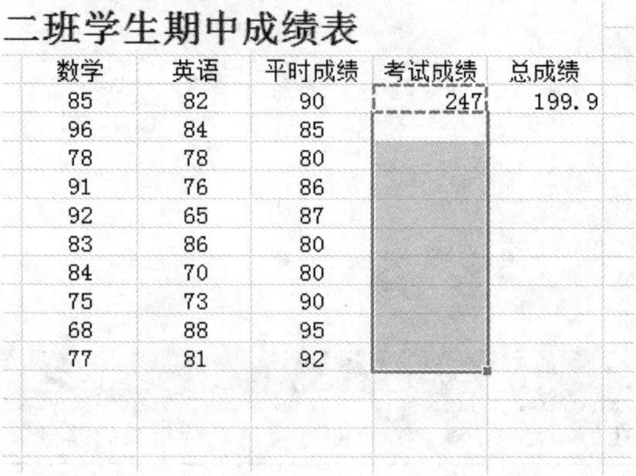

STEP 05 选择“粘贴”选项

在“开始”面板的“剪贴板”选项板中，单击“粘贴”下拉按钮，在弹出的列表框中选择“粘贴”选项，如下图所示。

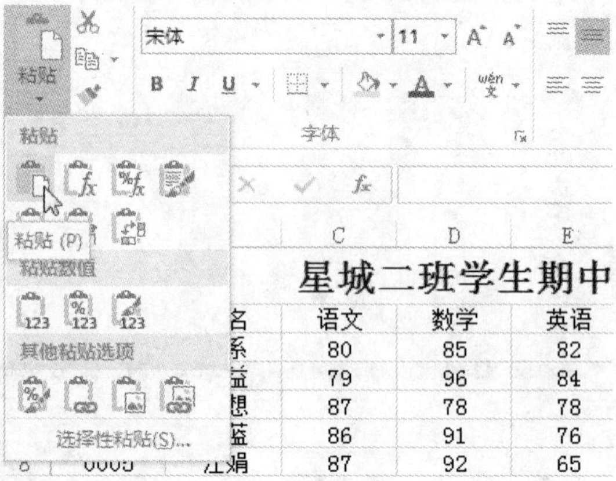

STEP 06 复制公式

按【Enter】键确认，即可得到复制公式的结果，如下图所示。

二班学生期中成绩表

数学	英语	平时成绩	考试成绩	总成绩
85	82	90	247	199.9
96	84	85	259	
78	78	80	243	
91	76	86	253	
92	65	87	244	
83	86	80	254	
84	70	80	247	
75	73	90	230	
68	88	95	240	
77	81	92	237	

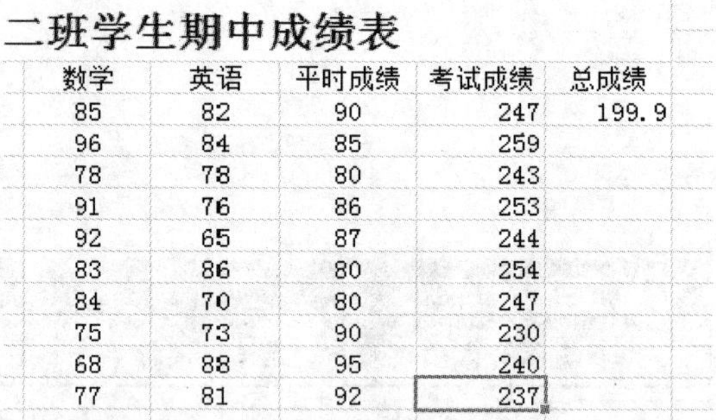

8.1.4 自定义公式计算

在 Excel 2013 中，创建公式可以在“编辑栏”中输入，也可以直接在单元格中输入。

STEP 01 打开一个 Excel 工作簿

打开一个 Excel 工作簿，如下图所示。

学生期中成绩表

学号	姓名	语文	数学	英语	平时成绩	考试成绩	总成绩
0001	王系	80	85	82	90		
0002	李益	79	96	84	85		
0003	张想	87	78	78	80		
0004	胡蓝	86	91	76	86		
0005	江娟	87	92	65	87		
0006	宁和	85	83	86	80		
0007	南新	93	84	70	80		
0008	陈家	82	75	73	90		
0009	江小燕	84	68	88	95		
0010	李燕	79	77	81	92		

STEP 02 选择 G4 单元格

在工作表中，选择 G4 单元格，如下图所示。

数学	英语	平时成绩	考试成绩	总成绩
85	82	90		
96	84	85		
78	78	80		
91	76	86		
92	65	87		
83	86	80		
84	70	80		
75	73	90		
68	88	95		
77	81	92		

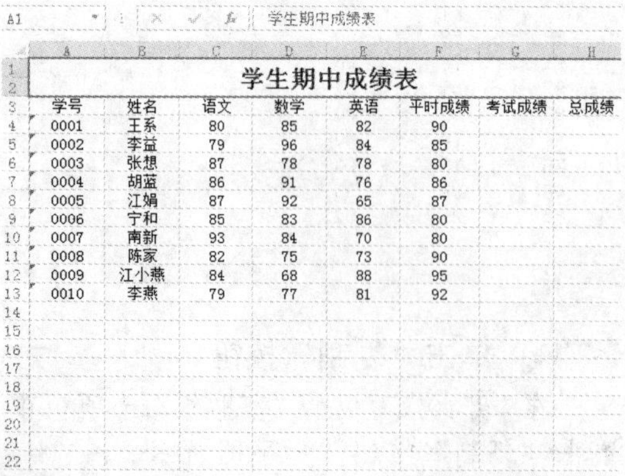

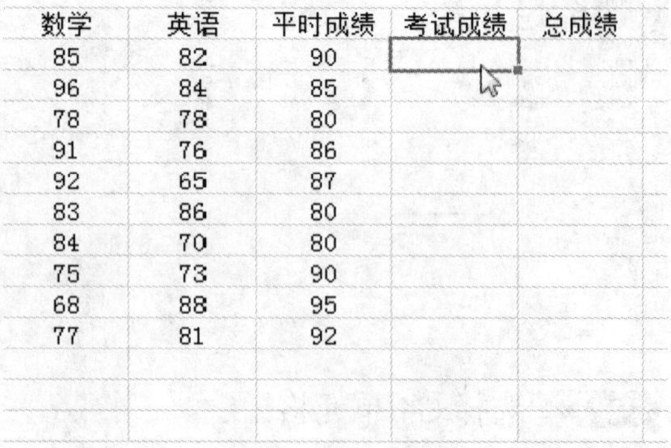

第8章 运算能手：公式与函数应用

STEP 03 输入自定义公式

在选择的单元格中输入自定义公式"=C4+D4+E4"，如下图所示。

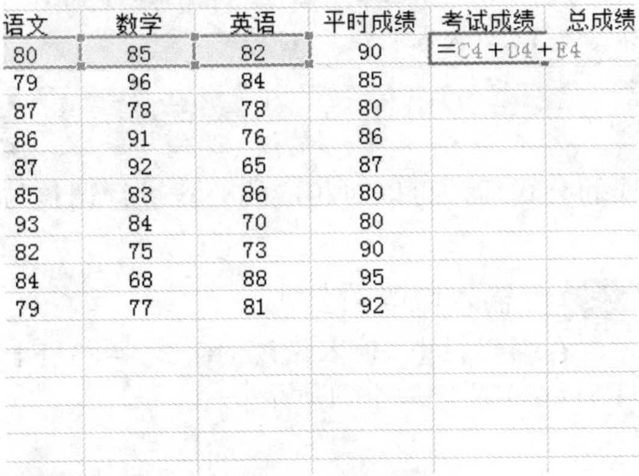

STEP 04 得到结果

按【Enter】键进行确认，即可得到计算结果，如下图所示。

STEP 05 选择H4单元格

在工作表中，选择H4单元格，如下图所示。

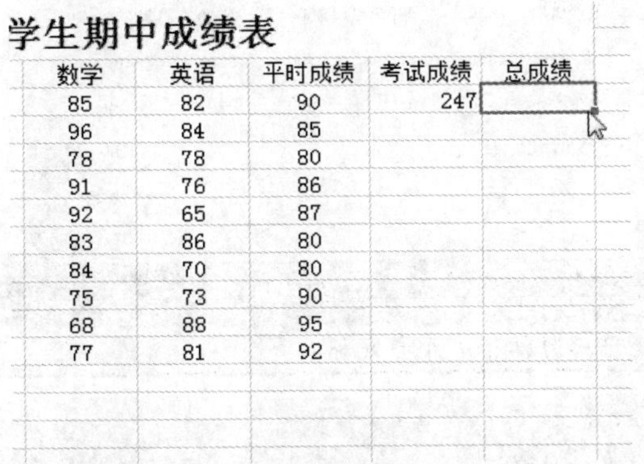

STEP 06 激活"编辑栏"

单击"编辑栏"，使其成为激活状态，如下图所示。

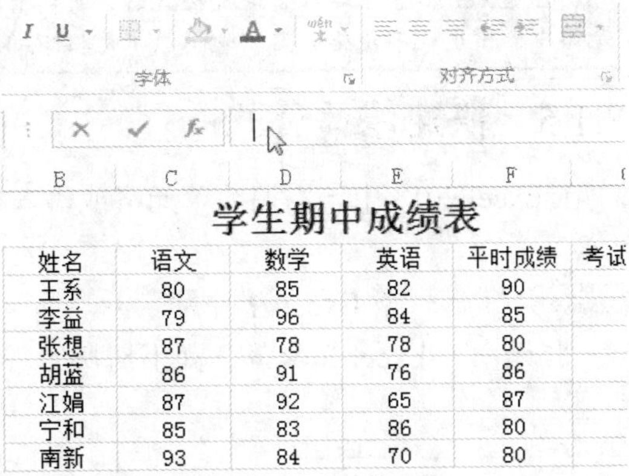

STEP 07 输入公式

在"编辑栏"中，输公式"=F4*0.3+G4*0.7"，如下图所示。

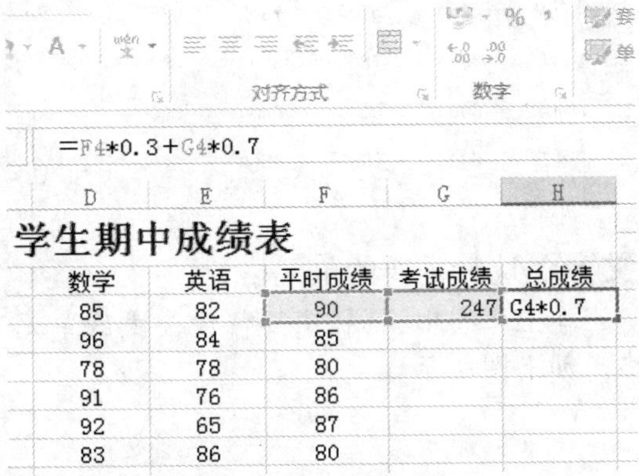

STEP 08 完成自定义公式计算

按【Enter】键进行确认，即可完成自定义公式的计算，如下图所示。

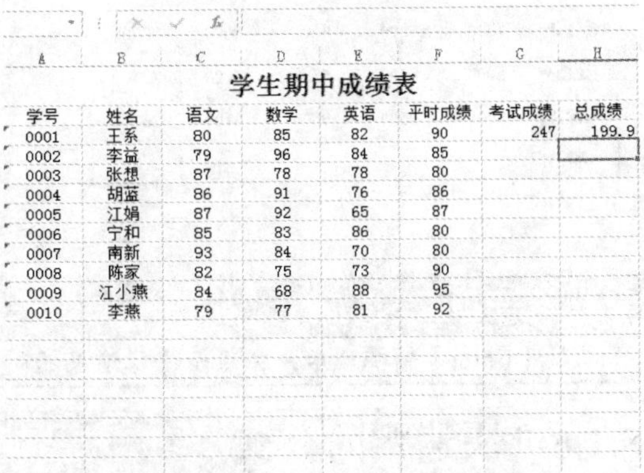

在计算表格数据时，用户可以在多个单元格中同时输入相同的计算公式，具体操作方法是：按住【Ctrl】键不放，单击需要输入相同公式的单元格或单元格区域，然后按【F2】

键，在“编辑栏”中输入相应的自定义公式，最后按【Ctrl＋Enter】键计算结果。

> **专家指点**
>
> 在 Excel 2013 中输入自定义公式时，可以直接用鼠标单击所引用的单元格，此时编辑公式的单元格中会出现此单元格引用，表明该单元格中的数据已被引用到公式中。

8.1.5 快速修改公式

在 Excel 2013 中，当调整单元格或输入错误的公式后，可以对相应的公式进行调整与修改。

STEP 01 打开一个 Excel 工作簿

打开一个 Excel 工作簿，如下图所示。

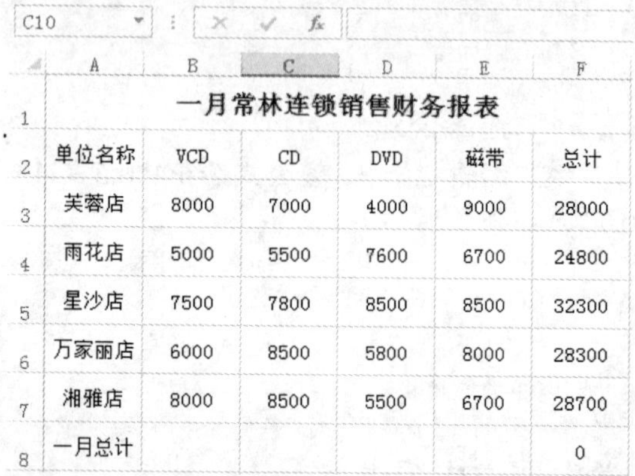

一月常林连锁销售财务报表					
单位名称	VCD	CD	DVD	磁带	总计
芙蓉店	8000	7000	4000	9000	28000
雨花店	5000	5500	7600	6700	24800
星沙店	7500	7800	8500	8500	32300
万家丽店	6000	8500	5800	8000	28300
湘雅店	8000	8500	5500	6700	28700
一月总计					0

STEP 02 选择需要的单元格

在工作表中，选择需要修改公式的单元格，如下图所示。

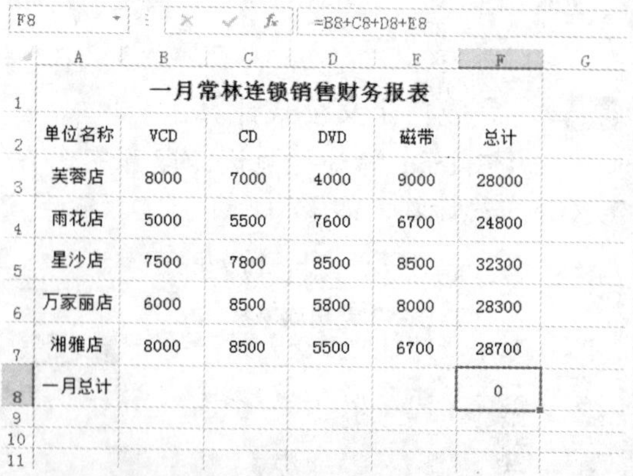

一月常林连锁销售财务报表					
单位名称	VCD	CD	DVD	磁带	总计
芙蓉店	8000	7000	4000	9000	28000
雨花店	5000	5500	7600	6700	24800
星沙店	7500	7800	8500	8500	32300
万家丽店	6000	8500	5800	8000	28300
湘雅店	8000	8500	5500	6700	28700
一月总计					0

STEP 03 输入修改的公式

在编辑栏中，输入修改的公式“=F3+F4+F5+F6+F7”，如下图所示。

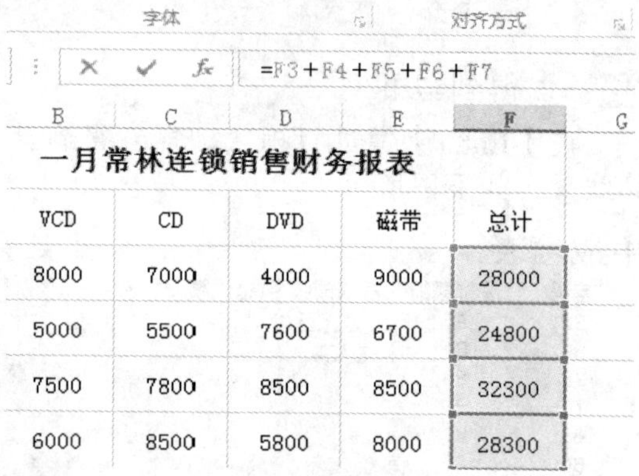

一月常林连锁销售财务报表				
VCD	CD	DVD	磁带	总计
8000	7000	4000	9000	28000
5000	5500	7600	6700	24800
7500	7800	8500	8500	32300
6000	8500	5800	8000	28300

STEP 04 重新计算数据结果

按【Enter】键确认，即可重新计算数据结果，如下图所示。

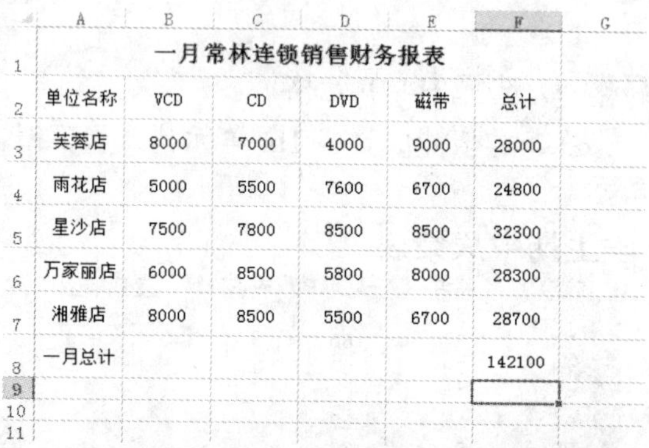

一月常林连锁销售财务报表					
单位名称	VCD	CD	DVD	磁带	总计
芙蓉店	8000	7000	4000	9000	28000
雨花店	5000	5500	7600	6700	24800
星沙店	7500	7800	8500	8500	32300
万家丽店	6000	8500	5800	8000	28300
湘雅店	8000	8500	5500	6700	28700
一月总计					142100

> **专家指点**
>
> 按【Enter】键确认后，在显示计算结果的同时还可以激活下一个单元格。

8.1.6 快速删除公式

在 Excel 2013 中，使用公式计算出结果后，可删除该单元格中的公式，并保留其计算结果。

第8章 运算能手：公式与函数应用

STEP 01 打开一个 Excel 工作簿

打开一个 Excel 工作簿，如下图所示。

STEP 02 选择单元格

在工作表中，选择需要删除公式的单元格，如下图所示。

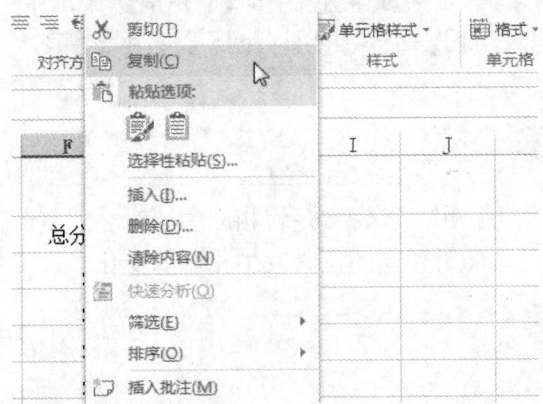

STEP 03 选择"复制"选项

单击鼠标右键，在弹出的快捷菜单中，选择"复制"选项，如下图所示。

STEP 04 选择"选择性粘贴"选项

在"开始"面板的"剪贴板"选项板中，

单击"粘贴"下拉按钮，在弹出的列表框中，选择"选择性粘贴"选项，如下图所示。

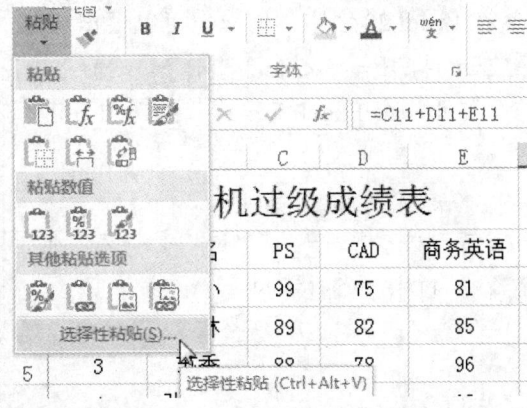

STEP 05 选中"数值"单选按钮

弹出"选择性粘贴"对话框，然后在"粘贴"选项区中选中"数值"单选按钮，如下图所示。

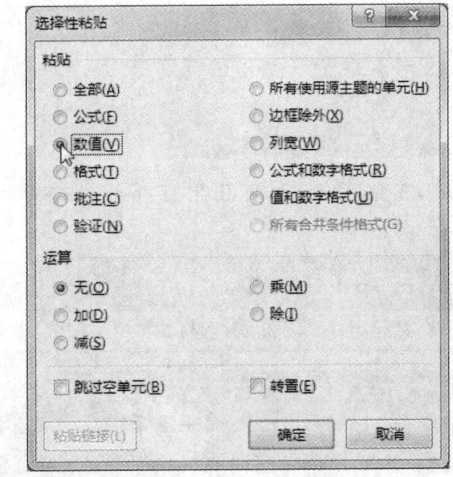

STEP 06 删除公式

单击"确定"按钮，即可删除公式并保留数值，如下图所示。

8.1.7 快速显示公式

在 Excel 2013 中，用户也可以根据需要，在单元格中显示数据的计算公式。

STEP 01 打开一个 Excel 工作簿

打开一个 Excel 工作簿，如下图所示。

	A	B	C	D	E	F
1	计算机过级成绩表					
2	学号	姓名	PS	CAD	商务英语	总分
3	1	王小	99	75	81	255
4	2	刘林	89	82	85	256
5	3	苏香	88	78	96	262
6	4	张小明	75	93	92	260
7	5	王刚	82	95	80	257
8	6	杨梅	70	60	78	208
9	7	黄鹂	85	93	92	270
10	8	周敏	88	78	99	265
11	9	刘丽丽	0	0	0	0

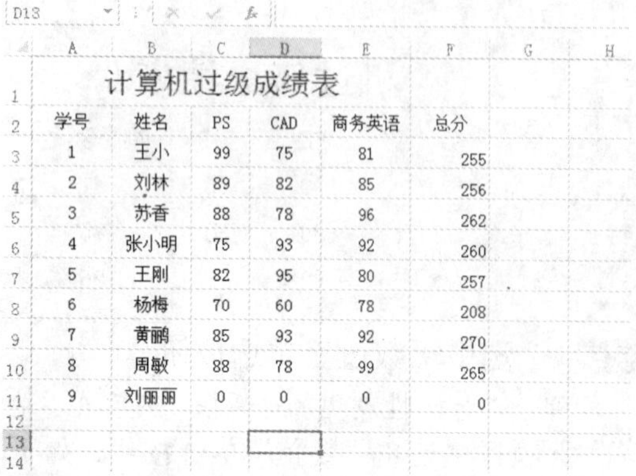

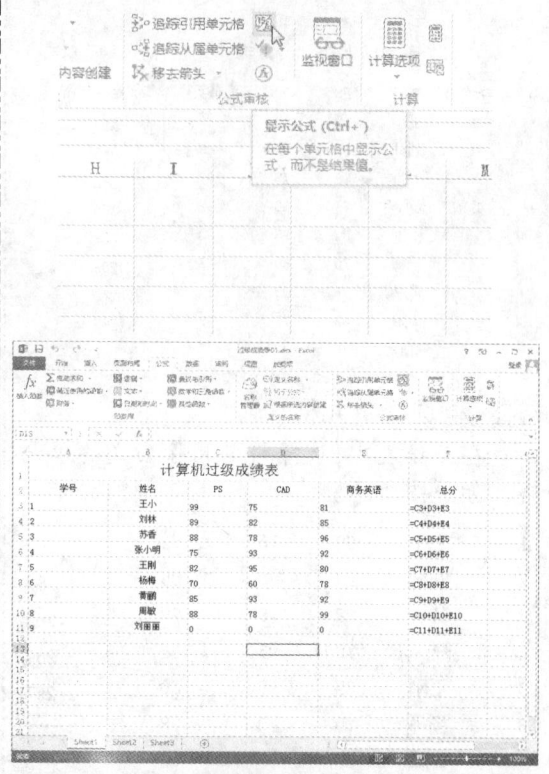

STEP 02 单击"显示公式"按钮

切换至"公式"面板，在"公式审核"选项板中，单击"显示公式"按钮，如下图所示。

STEP 03 显示数据计算公式

执行操作后，即可在单元格中显示数据计算公式，如下图所示。

专家指点

在显示计算结果的单元格中按【Ctrl+`】组合键，也可显示计算公式及相关单元格内容。

8.2 灵活使用公式计算

每个单元格都有行、列坐标位置，在 Excel 2013 中将单元格行、列坐标位置称为单元格引用,引用的作用在于标识工作表上的单元格或单元格区域，并指明公式中所使用的数据的位置。本节主要介绍通过相对引用、绝对引用以及混合引用计算数据的方法。

8.2.1 相对引用计算数据

相对引用是指用单元格所在的行号和列标作为引用，其特点是将相应的计算公式复制或填充到其他单元格时，其中的单元格引用会自动随着移动的位置发生相应的变化。

STEP 01 打开一个 Excel 工作簿

打开一个 Excel 工作簿，如下图所示。

STEP 02 向下拖曳鼠标

选择 H3 单元格，将鼠标指针移至其右下角，当鼠标指针呈✚形状时，按住鼠标左键并向下拖曳，如下图所示。

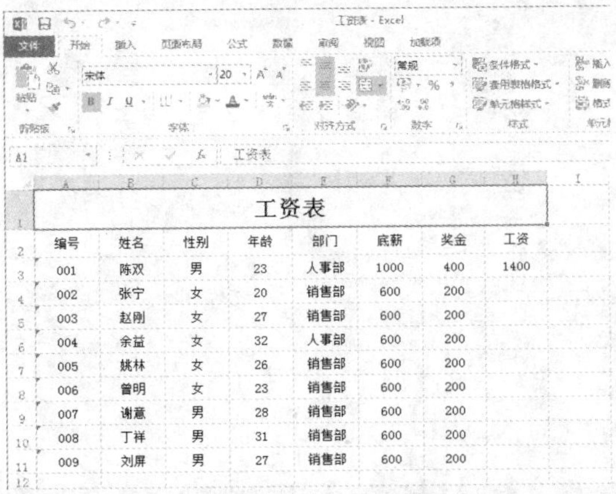

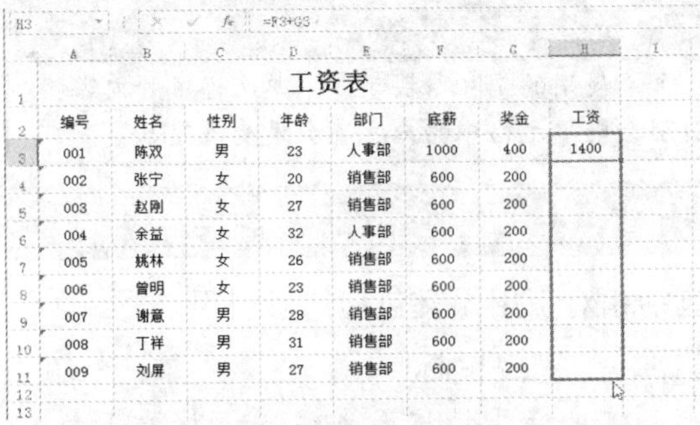

第 8 章　运算能手：公式与函数应用

STEP 03 相对引用数据

至目标位置后释放鼠标左键，完成相对引用公式的复制操作，效果如下图所示。

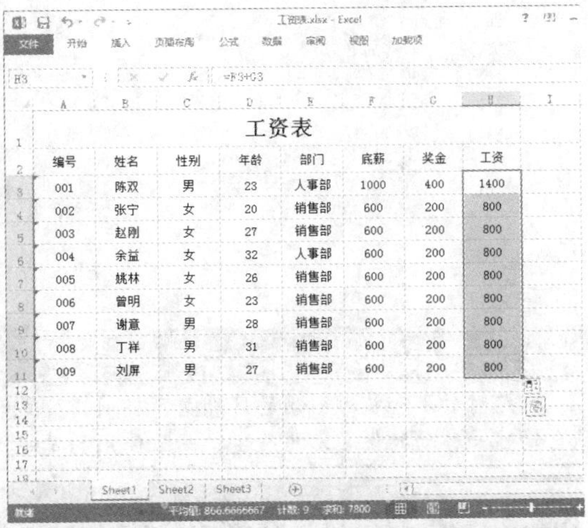

专家指点

在 Excel 2013 中，使用相对引用处理大量类似的公式，可以节省很多时间。

8.2.2 绝对引用计算数据

与相对引用相对的是绝对引用，绝对引用就是公式中引用的是单元格的绝对地址，与包含公式的单元格位置无关，特点是需要在列标和行号前分别加上美元符号$。

STEP 01 打开一个 Excel 工作簿

打开一个 Excel 工作簿，如下图所示。

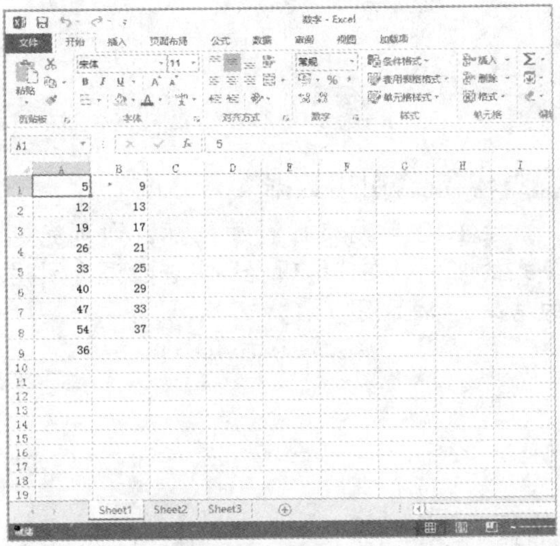

STEP 02 鼠标指针呈+形状

选择 A9 单元格，将鼠标指针移至其右下角，此时鼠标指针呈+形状，如下图所示。

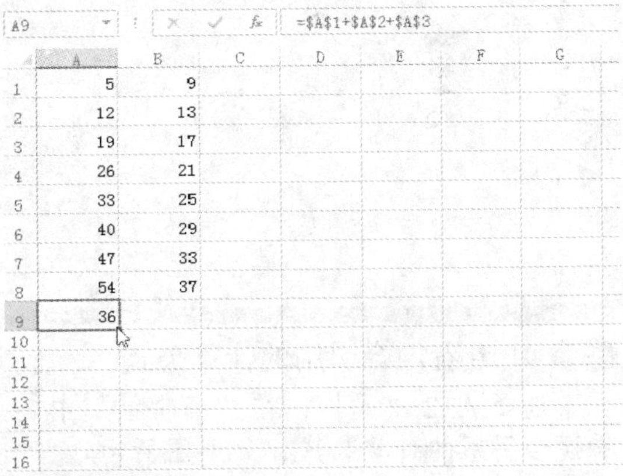

STEP 03 拖曳鼠标

按住鼠标左键不放，并向右拖曳，如下图所示。

STEP 04 绝对引用数据

至 B9 单元格后释放鼠标左键，然后选择 B9 单元格，查看绝对引用数据的效果，如下图所示。

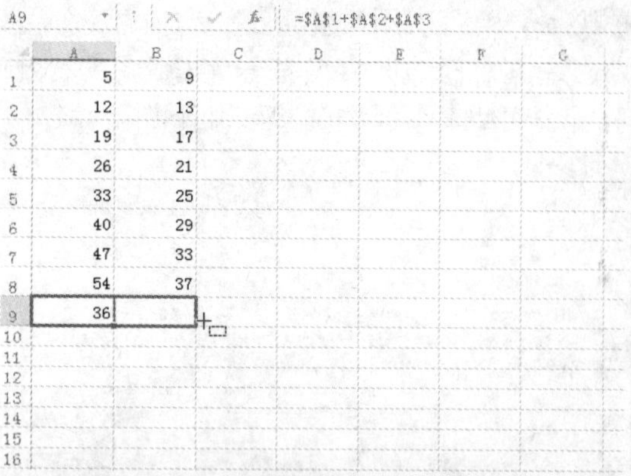

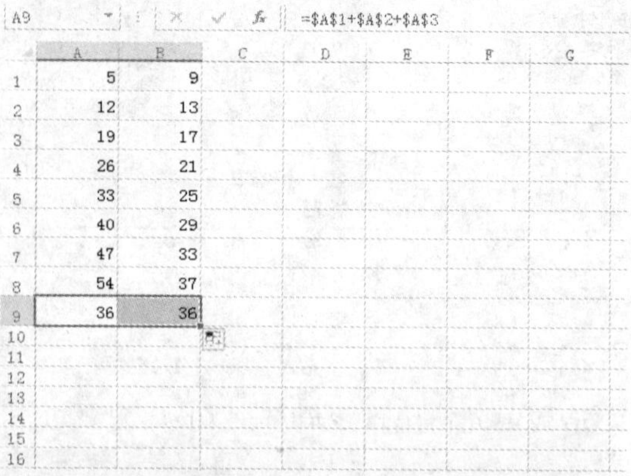

新手学 Office 高效办公从入门到精通

> **专家指点**
>
> 绝对引用和相对引用的区别是：在引用公式时，如果使用的是相对引用，则单元格中的内容将自动随着移动的位置发生改变；如果使用的是绝对引用，则单元格中的内容不会发生改变。

8.2.3 混合引用计算数据

混合引用指的是在一个单元格引用中，既包括相对引用，又包括绝对引用。

STEP 01 打开一个 Excel 工作簿

打开一个 Excel 工作簿，如下图所示。

STEP 02 查看混合引用的计算公式

选择 A12 单元格，在"编辑栏"中查看混合引用的计算公式，如下图所示。

STEP 03 拖曳鼠标

将鼠标指针移至 A12 单元格右下角，当鼠标指针呈 ✚ 形状时，按住鼠标左键并拖曳，如下图所示。

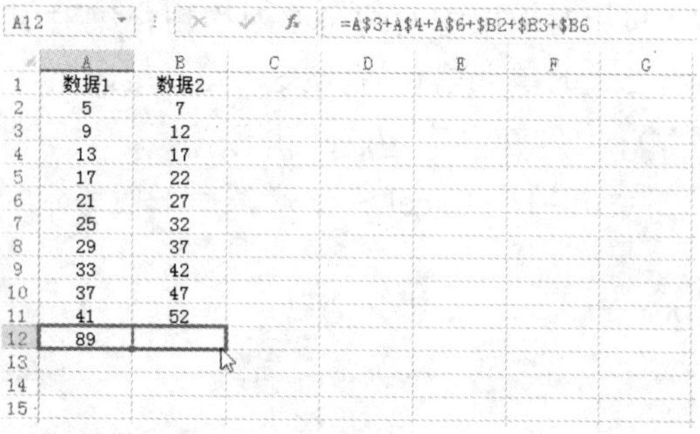

STEP 04 混合引用数据

至 B12 单元格后释放鼠标，即可完成公式的复制，在"编辑栏"中查看混合引用的结果，如下图所示。

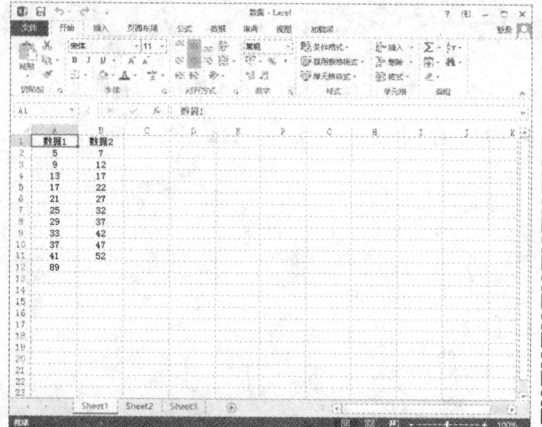

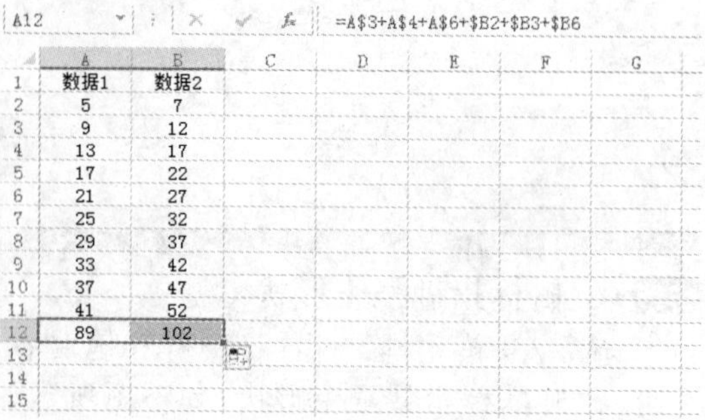

8.3 修改公式错误的方法

在使用 Excel 运算的过程中，由于操作失误或输入错误等，都有可能产生各种错误的计算结果，为了让用户能够更好地解决运算过程中存在的错误，Excel 提供了出错提示功能。本节将以一些常见的出错提示为例，介绍具体的解决方法，以避免类似的错误产生。

8.3.1 "#####" 的处理方法

造成单元格出现 "#####" 的情况有以下两种。
- 单元格中的数字、日期或时间所占用的空间比单元格宽。
- 单元格的日期或时间公式运算的结果产生负值。

解决的方法如下。
- 如果单元格的宽度不够，只需通过拖曳单元格的界限来满足数据对单元格大小的需求或缩小字体即可。
- 单元格的日期或时间公式运算产生负值的一个重要原因是时间公式的错误。因此，必须检查并确定公式的应用是否正确。

8.3.2 "#DIV/0!" 的处理方法

造成单元格出现 "#DIV/0!" 的情况有以下两种。
- 公式中除数为 0。
- 除数的单元格为空白。

解决的方法如下。
- 将单元格引用更改到另一个单元格。
- 在单元格中输入一个非零的数值作为除数。
- 可以在作为除数引用的单元格中输入 "#N/A"，这样就会将公式的结果从 "#DIV/0!" 更改为 "#N/A"，表示除数不可用。
- 使用 IF 工作表函数，以防止显示错误值。

8.3.3 "#NAME" 的处理方法

当 Excel 未识别公式中的文本时，会造成单元格出现 "#NAME" 错误，解决方法如下：
- 更正不存在的名称，确保使用的名称存在。
- 函数名称拼写错误，更正拼写。
- 若在公式中使用了禁止使用的标志，则将其更正为正确的标志。
- 在公式中输入文本时没有使用双引号（Excel 将其解释为名称，而不会将其作为文本），将公式中的文本用双引号括起来。
- 确保公式中的所有区域引用都使用了冒号（：）。

8.3.4 "#NUM" 的处理方法

造成单元格出现 "#NUM" 的情况是，公式或者函数中使用无效数值时，会出现这种错误。因此，在引入每个函数之前，都应该了解其参数的含义和使用的范围，发现参数引用错误时应及时修正。

8.3.5 "#VALUE"的处理方法

造成单元格出现"#VALUE"的情况是，当使用参数或操作数（即公式中运算符任意一侧的项，在 Excel 中，操作数可以是值、单元格的引用、名称、标签和函数）类型错误时，出现这种错误，解决方法如下：

❀ 当公式需要输入数字或逻辑值时，却输入了文本。Excel 无法将文本转换为正确的数据类型，确认公式或函数所需的运算符或参数正确，并且公式引用的单元格中包含有效的数值。

❀ 输入或编辑数组公式后，按了【Enter】键。选定包含数组公式的单元格或单元格区域，按【F2】键编辑公式，再按【Ctrl+Shift+Enter】组合键，即可计算出正确的结果。

8.3.6 "#NULL"的处理方法

造成单元格出现"#NULL"的情况是，在公式中使用了错误运算符或忘记输入区域运算符，解决方法如下：

❀ 查找公式之间的区域引用是否使用了正确的区域运算符号。

❀ 检查是否使用了错误的区域运算符。

8.4 学会使用常用函数

在 Excel 2013 中可以使用日期与时间函数、数学函数与三角函数、统计函数、查找与引用函数、数据库函数、文本函数、逻辑函数和信息函数等多种类型。本节主要介绍常用的和函数 SUM、平均值函数 AVERAGE、最大值函数 MAX 以及最小值函数 MIN 的使用方法。

8.4.1 使用 SUM 函数

在日常生活中，函数的应用非常广泛，涉及许多领域，使用这些函数可以比较轻松地完成相关的数据运算。SUM 函数是一个求和汇总函数，可以计算在任何一个单元格区域中的所有数字之和。

STEP 01 打开一个 Excel 工作表

打开一个 Excel 工作表，如下图所示。

STEP 02 单击"插入函数"按钮

选择 D3 单元格，单击"编辑栏"右侧的"插入函数"按钮，如下图所示。

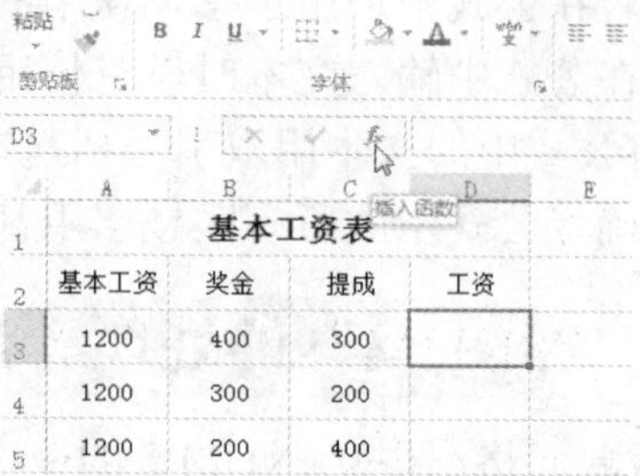

第 8 章 运算能手：公式与函数应用

STEP 03 弹出"插入函数"对话框

弹出"插入函数"对话框，如下图所示。

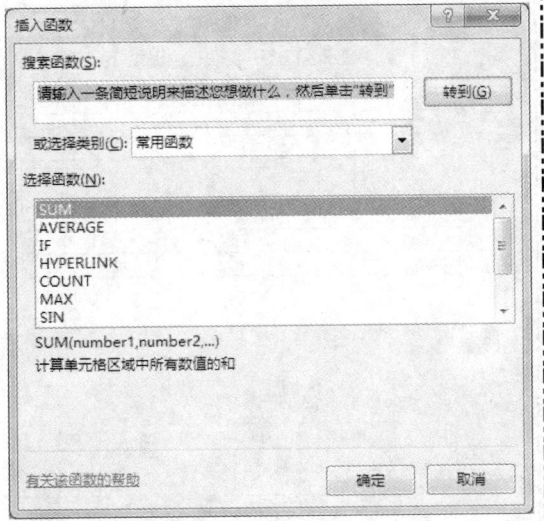

STEP 04 单击引用按钮

保持各选项为默认设置，单击"确定"按钮，在弹出的"函数参数"对话框中单击 Number1 右侧的引用按钮，如下图所示。

STEP 05 选择引用位置

弹出"函数参数"对话框，在工作表中选择需要引用的位置，如下图所示。

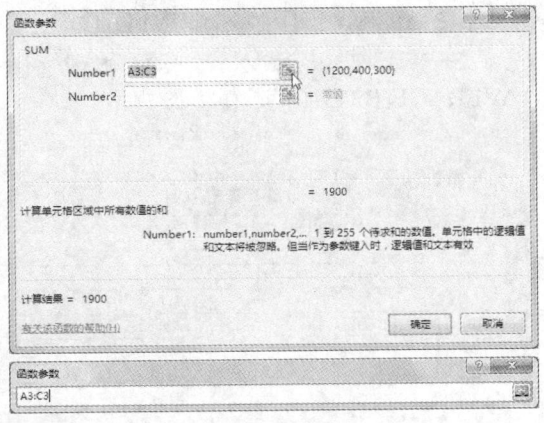

STEP 06 使用 SUM 函数求和

按【Enter】键进行确认，返回"函数参数"对话框中，单击"确定"按钮，即可使用 SUM 函数求和，如下图所示。

	A	B	C	D	E
1	基本工资表				
2	基本工资	奖金	提成	工资	
3	1200	400	300	1900	
4	1200	300	200		
5	1200	200	400		
6	1200	400	300		
7	1200	300	200		
8	1200	200	300		

> **专家指点**
> 如果选择的单元格区域为数组或引用，则只有其中的数字将被计算，数组或引用中的空白单元格、逻辑值或文本都将被忽略。

8.4.2 使用 AVERAGE 函数

在 Excel 2013 中，使用平均值函数可以求出数值的平均值。

STEP 01 打开一个 Excel 工作簿

打开一个 Excel 工作簿，如下图所示。

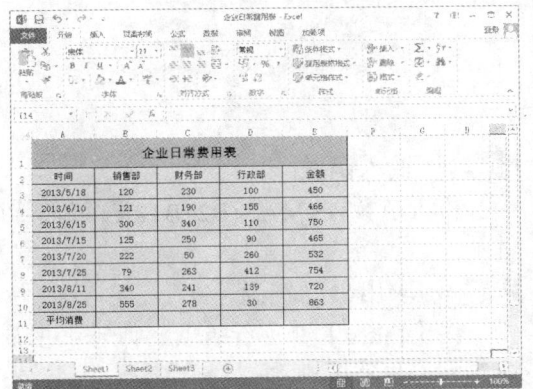

STEP 02 输入等号"="

在工作表中选择需要使用平均值函数的单元格，在其中输入等号"="，如下图所示。

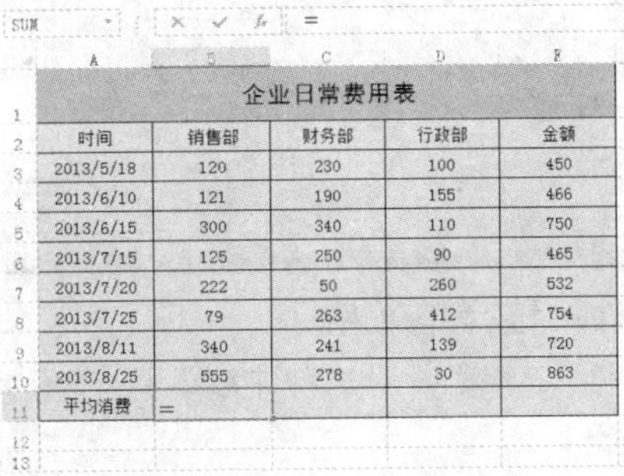

145

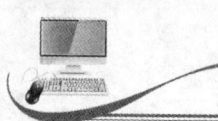

STEP 03 在编辑栏中输入平均值函数

在编辑栏中输入平均值函数“=AVERAGE(B3:B10)”，如下图所示。

企业日常费用表				
时间	销售部	财务部	行政部	金额
2013/5/18	120	230	100	450
2013/6/10	121	190	155	466
2013/6/15	300	340	110	750
2013/7/15	125	250	90	465
2013/7/20	222	50	260	532
2013/7/25	79	263	412	754
2013/8/11	340	241	139	720
2013/8/25	555	278	30	863
=AVERAGE(B3:B10)				

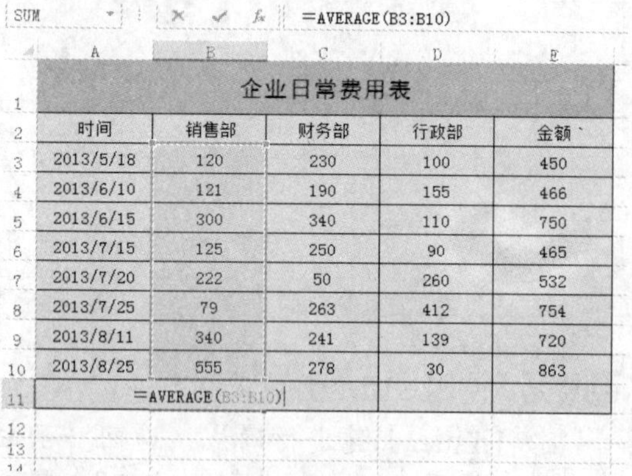

STEP 04 显示销售部平均消费值

按【Enter】键确认，即可显示销售部平均费用值，如下图所示。

STEP 05 得出其他单元格中的平均值

将鼠标指针移动至 B11 单元格的右下角，按住鼠标左键并向右拖动，至合适位置后释放鼠标左键，即可得出其他部门的平均费用值，如下图所示。

企业日常费用表				
时间	销售部	财务部	行政部	金额
2013/5/18	120	230	100	450
2013/6/10	121	190	155	466
2013/6/15	300	340	110	750
2013/7/15	125	250	90	465
2013/7/20	222	50	260	532
2013/7/25	79	263	412	754
2013/8/11	340	241	139	720
2013/8/25	555	278	30	863
平均消费	232.75			

企业日常费用表				
时间	销售部	财务部	行政部	金额
2013/5/18	120	230	100	450
2013/6/10	121	190	155	466
2013/6/15	300	340	110	750
2013/7/15	125	250	90	465
2013/7/20	222	50	260	532
2013/7/25	79	263	412	754
2013/8/11	340	241	139	720
2013/8/25	555	278	30	863
平均消费	232.75	230.25	162	625

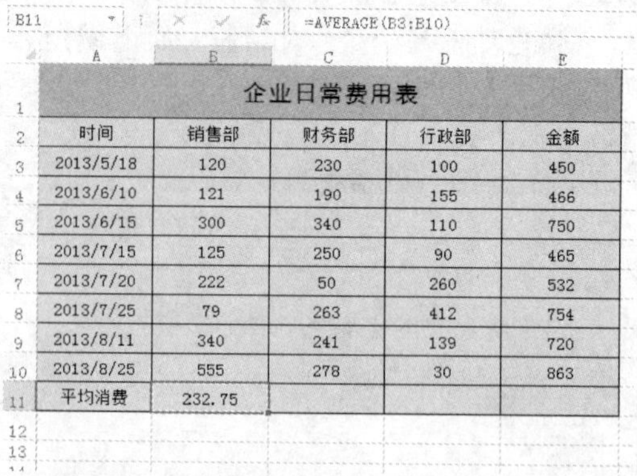

8.4.3 使用 MAX 函数

在 Excel 2013 中，MAX 函数用来计算一串数值中的最大值，其语法为：MAX（数值 1，数值 2，…），其中“数值 1，数值 2”是指计算最大值的单元格或单元格区域参数，下面主要介绍 MAX 函数的使用方法。

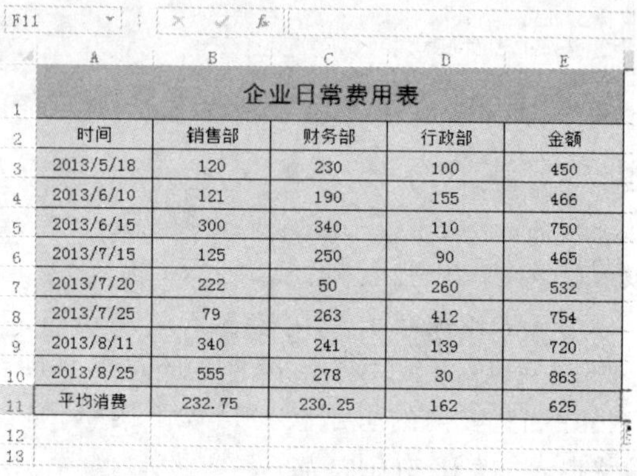

STEP 01 打开一个 Excel 工作簿

打开一个 Excel 工作簿，如下图所示。

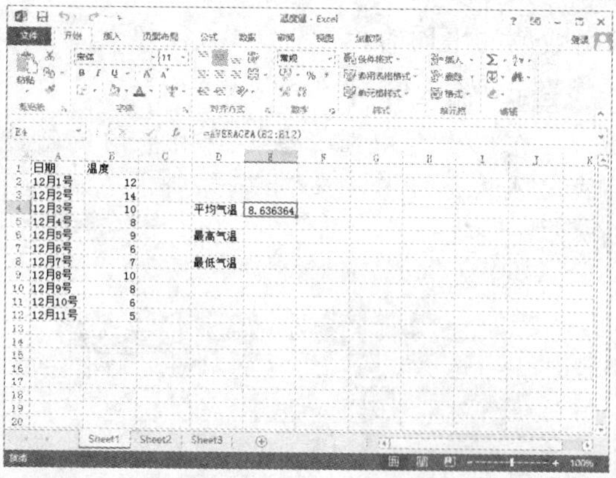

STEP 02 选择单元格

在工作簿中，选择 E6 单元格，如下图所示。

温度			
12			
14			
10		平均气温	8.636364
8			
9		最高气温	
6			
7		最低气温	
10			
8			
6			
5			

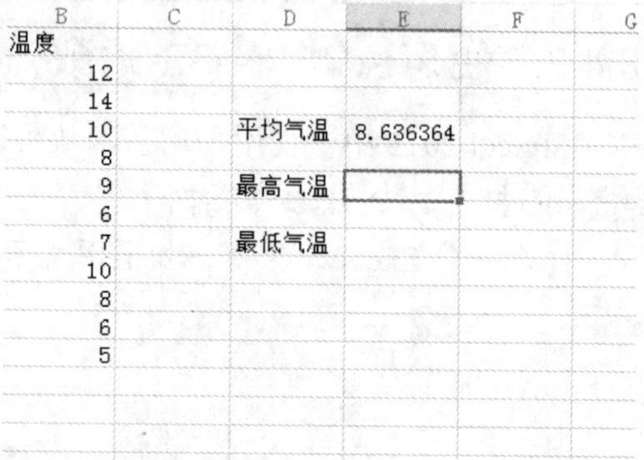

STEP 03 输入函数

输入函数“=MAX(B2: B12)”，如下图所示。

STEP 04 求出最高气温

按【Enter】键进行确认，即可求出最高气温，如下图所示。

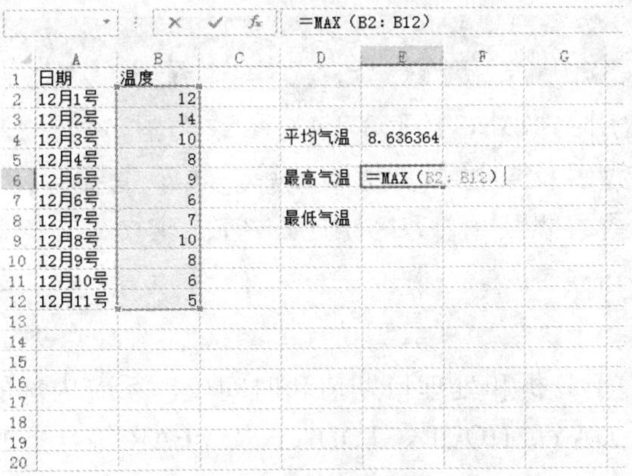

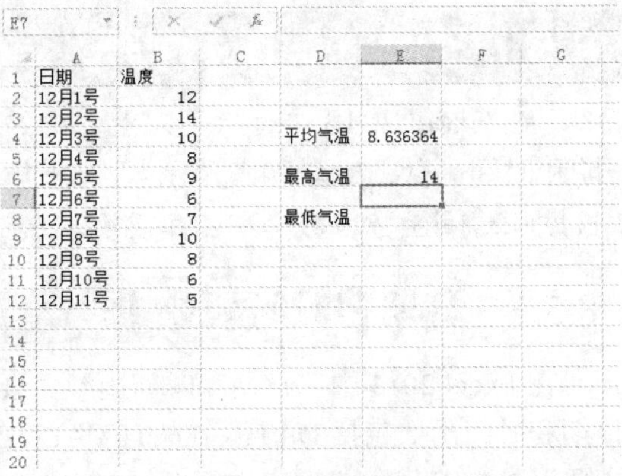

第 8 章　运算能手：公式与函数应用

8.4.4　使用 MIN 函数

在 Excel 2013 中，MIN 函数用来计算一串数值中的最小值，其语法为：MIN（数值1，数值2，…），其中"数值1，数值2"是指计算最小值的单元格或单元格区域。

STEP 01 打开一个 Excel 工作簿

打开一个 Excel 工作簿，如下图所示。

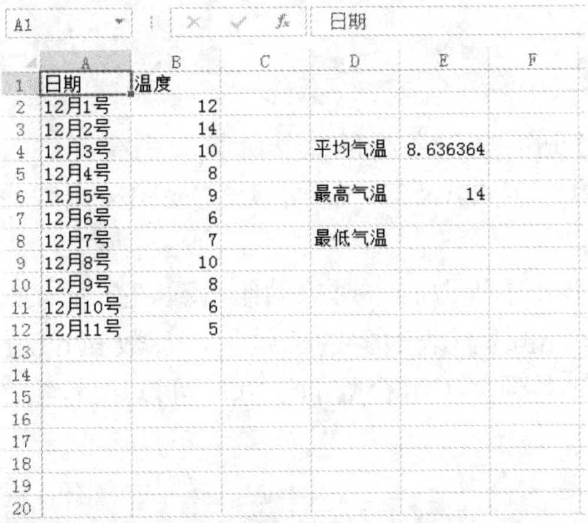

STEP 02 选择单元格

在工作簿中，选择 E8 单元格，如下图所示。

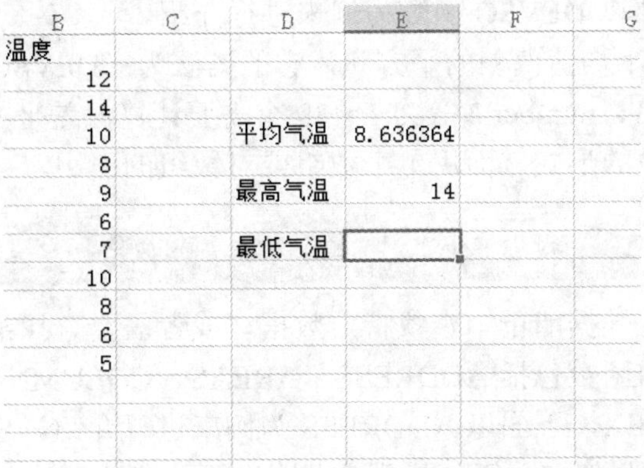

STEP 03 输入函数

输入函数"=MIN(B2:B12)"，如下图所示。

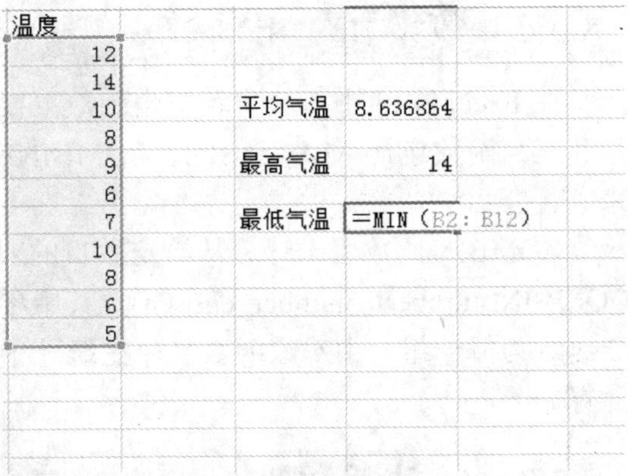

STEP 04 求出最低气温

按【Enter】键进行确认，即可求出最低气温，如下图所示。

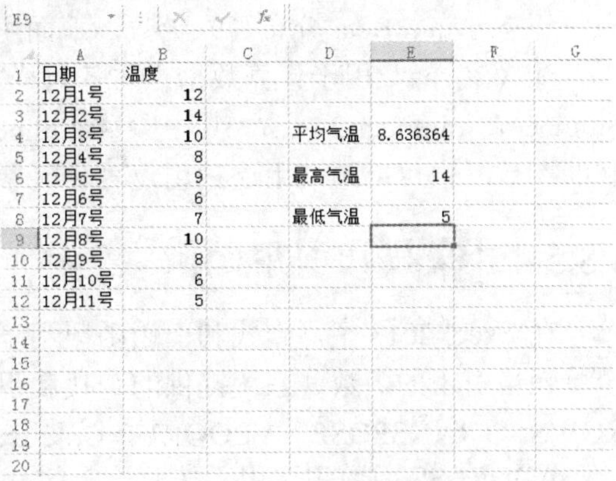

8.5 了解其他函数类型

在 Excel 2013 中，除了以上介绍的常用函数外，还有其他的函数类型，包括日期和时间函数、数学和三角函数、统计函数以及查找和引用函数等。本节主要介绍日期和时间函数、数学和三角函数、统计函数以及查找和引用函数等内容。

8.5.1 日期和时间函数

在 Excel 2013 中，日期和时间函数主要用于分析和处理日期值和时间值，系统内部的日期和时间函数包括 DATE、DATEVALUE、DAY、HOUR、TODAY 及 YEAR 等，下面主要以 DATE 函数为例来进行介绍。

DATE 函数返回代表特定日期的序列号，如果在输入函数前，单元格的格式设置为"常规"，那么结果将设置为日期格式。它的语法是：DATE(year,month,day)，其中 year 参数可以是 1~4 位数字，Excel 会根据计算机所使用的日期系统来解释 year 参数；month 代表的是每年中月份的数字，如果输入的月份值大于 12，那么系统将会自动从指定月份的一月份开始往上计算；day 代表的是在该月份中第几天的数字，如果 day 大于该月份的最大天数，则系统将从指定月份的第一天开始往上累加。

8.5.2 数学和三角函数

在 Excel 2013 中，数学和三角函数主要用于进行各种各样的数学计算，系统提供的数学和三角函数包括 ABS、ASIN、COMBINE、PI 以及 TAN 等，下面以 COMBIN 函数为例来进行介绍。

COMBIN 函数用于计算从给定数目的对象集合中提取若干对象的组合数，它的语法是：COMBIN(number，number_chosen)，其中参数 number 代表对象的总数量，参数 number_chosen 为每一组合中对象的数量，在统计中经常遇到关于组合数的计算，可以用此函数来计算。

8.5.3 统计函数

在 Excel 2013 中，统计函数的功能是对数据进行统计分析，统计函数可以分为基本统计量（数据的平均值、方差等）计算函数、检验函数（t 检验、区间估计等）和各种概率分布（正态分布、Beta 分布等）函数，下面主要以 DEVSQ 函数为例来进行介绍。

DEVSQ 函数用于计算数据点与各自样本平均值偏差的平方和，它的语法为：DEVSQ(number 1，number 2，...)，其中参数 number 1、number 2 等为 1~30 个需要计算偏差平方和的参数，也可以不使用这种用逗号分隔参数的形式，而用单个数组或对数组的引用。

8.5.4 查找和引用函数

在 Excel 2013 中，查找和引用函数用于在数据清单中查找特定数据，或者需要查找某个单元格引用的函数，系统提供的查找和引用函数包括 ADDRESS、AREAS、COLUMN、ROWS、TRANSPOSE、VLOOKUP 以及 INDEX，下面以 ADDRESS 为例来进行介绍。

ADDRESS 函数主要用于按照给定的行号和列标，建立文本类型的单元格地址，其语法为：ADDRESS(row_num, column_num, abs_num, a1, sheet_text)，其中参数 row_num 为在单元格引用中使用的行号；参数 column_num 为在单元格引用中使用的列标；参数 abs_num 为指定返回的引用类型；参数 a1 为用以指定 A1 或 R1C1 引用样式的逻辑值；参数 sheet_text 为文本，指定作为外部引用的工作表的名称，如果省略参数 sheet_text，则不使用任何工作表名。

● 读书笔记

Chapter 09

章前知识导读

Excel 2013 为用户提供了强大的数据排序、筛选和汇总功能，利用这些功能可以方便地从数据清单中获取有用的数据，并重新整理数据，让用户按自己的意愿从不同的角度去观察和分析数据，管理好自己的工作簿。

条理清晰：排序与筛选数据

重点知识索引

- 高级排序
- 自定义筛选
- 嵌套分类汇总
- 轻松删除分类汇总
- 轻松创建数据清单

效果图片赏析

星城电器上半年电器销售单

月份	电视（台）	电冰箱	空调	洗衣机	热水器
4月	79	130	149	190	158
3月	103	163	162	167	168
2月	112	142	180	148	194
5月	90	160	187	156	165
1月	98	150	192	156	220
6月	125	167	197	160	124

员工工资表

编号	员工	交通补贴	提成	基本工资	员工工资
1	张角	200	600	1000	1800
2	方文	200	800	1000	2000
3	李杰	180	700	900	1780
4	童良	150	500	1200	1850
5	邓可	200	700	1000	1900
6	彭文	120	750	900	1770
7	周蓝	150	800	1000	1950

部门	姓名	年龄	性别	第一季度销售业绩	第二季度销售业绩
财务部	刘鹏	21	男	¥124,528.00	¥24,536,507.00
财务部	阮信	20	女	¥124,529.00	¥24,536,508.00
财务部	任沁	21	男	¥124,530.00	¥24,536,509.00
财务部	邱时	25	女	¥124,531.00	¥24,536,510.00
财务部	张自行	26	男	¥124,532.00	¥24,536,511.00
财务部	李超平	24	女	¥124,533.00	¥24,536,512.00
生产部	李慧	23	男	¥124,534.00	¥24,536,513.00
生产部	孙西	25	女	¥124,535.00	¥24,536,514.00
生产部	丽影	24	男	¥124,536.00	¥24,536,515.00
生产部	张纯	23	女	¥124,537.00	¥24,536,516.00
生产部	张之	25	男	¥124,538.00	¥24,536,517.00
生产部	陈祥	23	女	¥124,539.00	¥24,536,518.00
生产部	张慧	24	女	¥124,540.00	¥24,536,519.00

第9章 条理清晰：排序与筛选数据

9.1 对数据进行排序

数据的排序是依据表格中的相关字段名，将表格中的记录按升序或降序的方式进行排列。在 Excel 2013 中，排序主要分为升序和降序两大类型，对于数字，升序就是按数值从小到大排列，反之则是降序；对于字母，升序是从 A 到 Z 排列，反之则是降序。

9.1.1 了解排序规则

Excel 升序排序规则如下表所示。

符号	排序规则（升序）
数字	数字从小的负数到大的正数进行排序
字母	按字母先后顺序排序，在按字母先后顺序对文本项进行排序时，Excel 从左到右一个字符接一个字符地进行排序。
文本及包含数字的文本	0 1 2 3 4 5 ……（空格）! # $ % & ( ) * ……A B C D ……
逻辑值	在逻辑值中，FALSE 排在 TRUE 前
错误值	所有错误值的优先级相同
空格	空格始终排在最后

> **专家指点**
> 在按降序排序时，除了空格总是在最后外，其他的排序次序与上表排序次序相反。

9.1.2 简单排序

在 Excel 2013 中，数据排序是指按一定规则对数据进行整理与排序，这样可以为数据的进一步处理做好准备。

STEP 01 打开一个 Excel 工作簿

打开一个 Excel 工作簿，如下图所示。

STEP 02 选择单元格区域

在工作表中，选择需要进行简单排序的单元格区域，如下图所示。

STEP 03 单击"升序"按钮

切换至"数据"面板，在"排序和筛选"选项板中单击"升序"按钮，如下图所示。

STEP 04 单击“排序”按钮

弹出“排序提醒”对话框，在其中选中“扩展选定区域”单选按钮，单击“排序”按钮，如下图所示。

STEP 05 升序排序效果

执行操作后，即可对数据进行升序排序，效果如下图所示。

星城电器上半年电器销售单

月份	电视（台）	电冰箱	空调	洗衣机	热水器
4月	79	130	149	190	158
3月	103	163	162	167	168
2月	112	142	180	148	194
5月	90	160	187	156	165
1月	98	150	192	156	220
6月	125	167	197	160	124

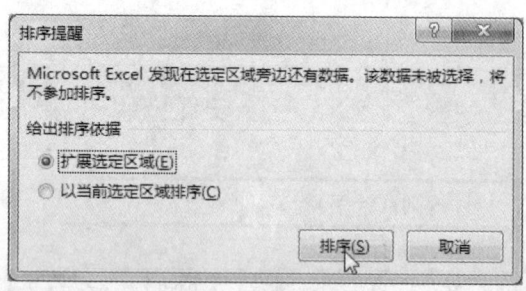

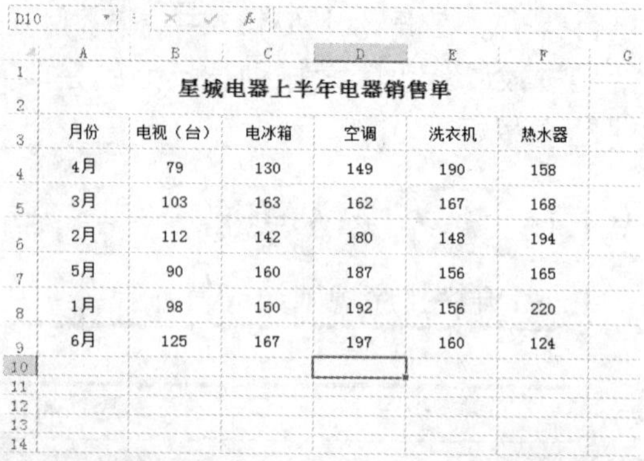

专家指点

若在“排序提醒”对话框中选中“以当前选定区域排序”单选按钮，则单击“排序”按钮后，Excel 2013 只会对选定区域排序而其他数据保持不变。

9.1.3 高级排序

高级排序是指对数据表格中的多列数据，按多个关键字段进行多重排序，先按某一个关键字进行排序，然后将此关键字相同的记录，再按第 2 个关键字进行排序，依此类推。

STEP 01 打开一个 Excel 文件

打开一个 Excel 文件，如下图所示。

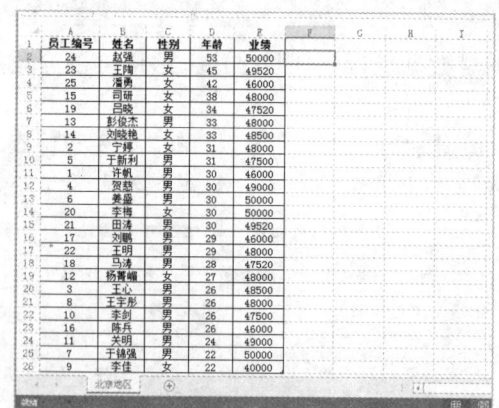

STEP 02 进入“数据”面板

单击“数据”标签，进入“数据”面板，如下图所示。

STEP 03 单击“排序”按钮

选择单元格，在“排序和筛选”选项板中，单击“排序”按钮，如下图所示。

STEP 04 弹出“排序”对话框

执行操作后，弹出“排序”对话框，如下图所示。

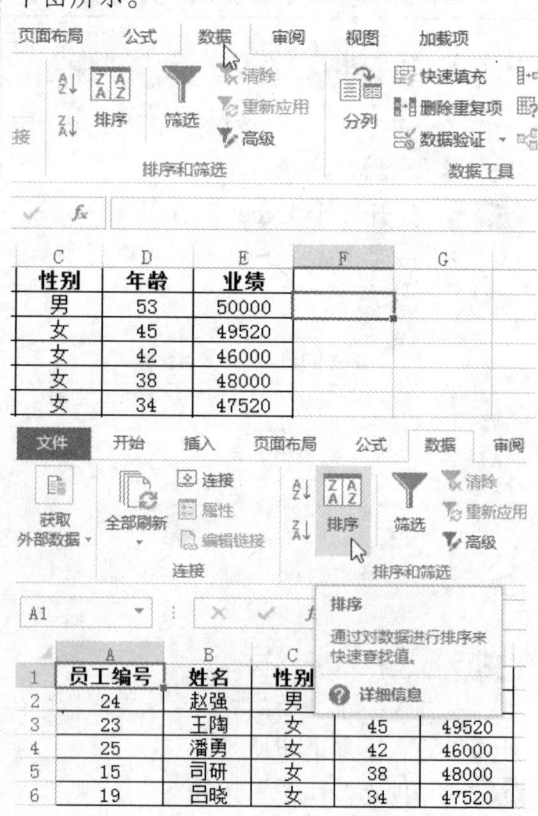

第 9 章　条理清晰：排序与筛选数据

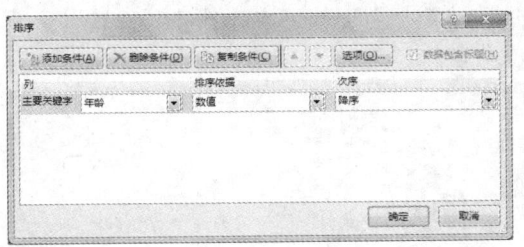

STEP 05 选择"业绩"选项

单击"主要关键字"右侧的下拉按钮，在弹出的列表框中选择"业绩"选项，如下图所示。

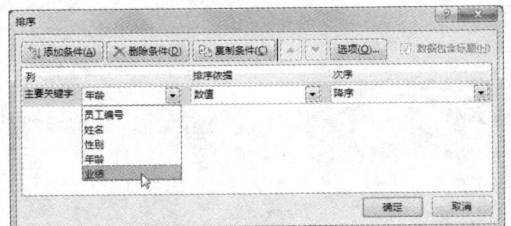

STEP 06 设置排序依据

设置"排序依据"为"数值"，如下图所示。

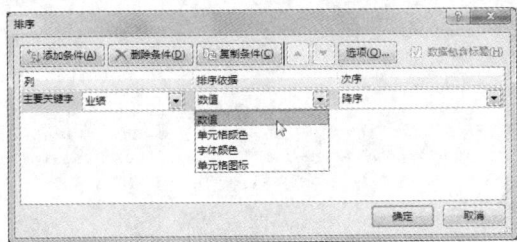

STEP 07 设置次序

设置"次序"为"降序"，如下图所示。

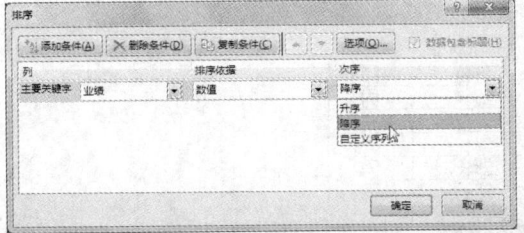

STEP 08 单击"添加条件"按钮

单击"添加条件"按钮，如下图所示。

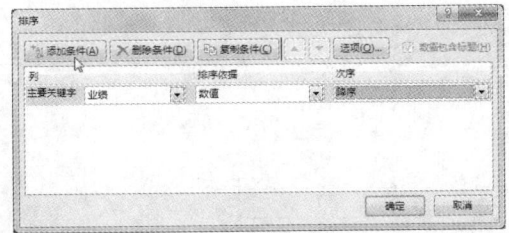

STEP 09 设置次要关键字

增加"次要关键字"选项，设置"次要关键字"为"年龄"，如下图所示。

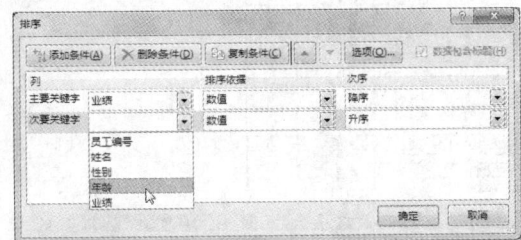

STEP 10 高级排序

单击"确定"按钮，即可完成高级排序，此时表格中的数据以"业绩"从高到低排列，若业绩相同，则按"年龄"从低到高排列，如下图所示。

员工编号	姓名	性别	年龄	业绩
7	于锦强	男	22	50000
6	姜盛	男	30	50000
20	李梅	女	30	50000
24	赵强	男	53	50000
21	田涛	男	30	49520
23	王陶	女	45	49520
11	关明	女	24	49000
4	贺恭	男	30	49000
3	王心	男	26	48500
14	刘晓艳	女	33	48500
8	王宇彤	男	26	48000
12	杨菁媚	女	27	48000
22	王明	男	29	48000
2	宁婷	女	31	48000
13	彭俊杰	男	33	48000
15	司研	女	33	48000
18	马涛	男	28	47520
19	吕晓	女	34	47520
10	李剑	男	26	47500
5	于新利	男	31	47500
16	陈兵	男	26	46000
17	刘鹏	男	29	46000
1	许帆	男	30	46000
25	潘勇	女	42	46000
9	李佳	女	22	40000

> **专家指点**
>
> 选择数据区域中的任意单元格，单击鼠标右键，在弹出的快捷菜单中选择"排序"|"自定义排序"选项，即会快速弹出"排序"对话框。

9.1.4 自定义排序

在 Excel 2013 中管理和分析数据时，若需要将表格中的数据按指定字段序列进行排序，此时可以使用自定义序列进行排序。

STEP 01 打开一个 Excel 文件

打开一个 Excel 文件，如下图所示。

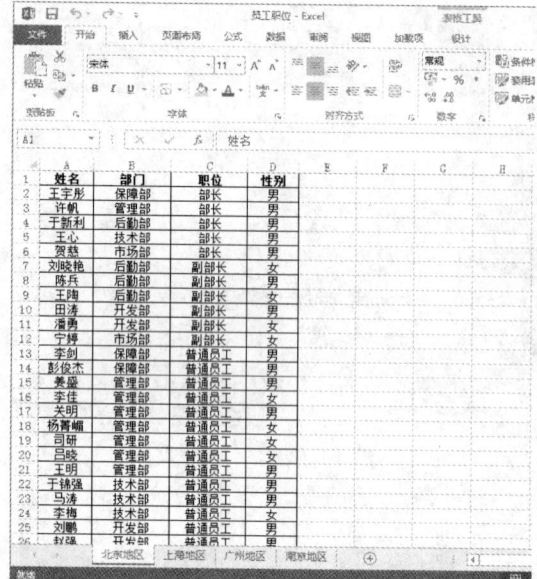

STEP 02 单击"选项"按钮

单击"文件"菜单，进入相应界面，单击"选项"按钮，如下图所示。

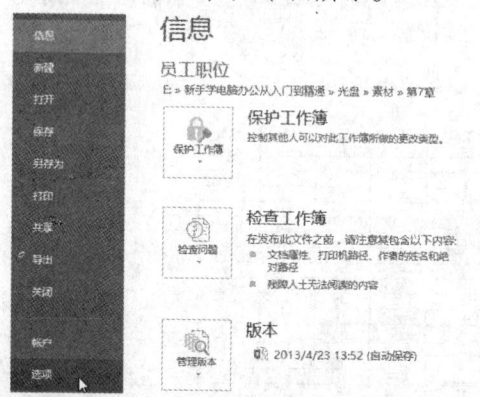

STEP 03 单击"编辑自定义列表"按钮

弹出"Excel 选项"对话框，切换至"高级"选项卡，单击"编辑自定义列表"按钮，如下图所示。

STEP 04 输入序列

弹出"自定义序列"对话框，在"输入序列"列表框中输入序列，如下图所示。

STEP 05 单击"排序"按钮

依次单击"添加"和"确定"按钮，返回"Excel 选项"对话框，单击"确定"按钮，返回 Excel 文档，单击"数据"标签，

进入"数据"面板，在"排序和筛选"选项板中单击"排序"按钮，如下图所示。

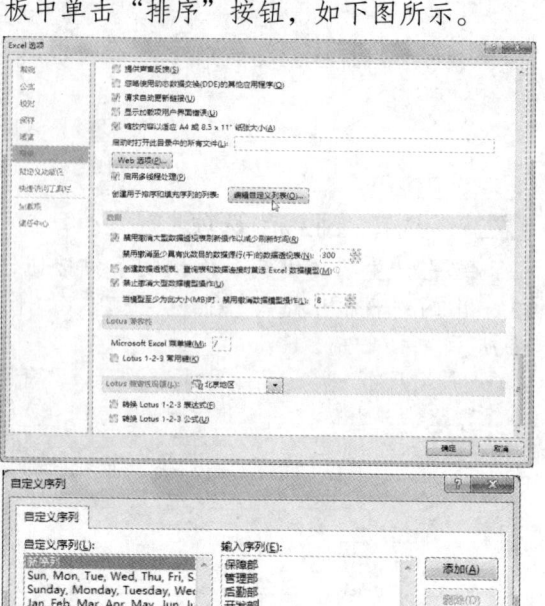

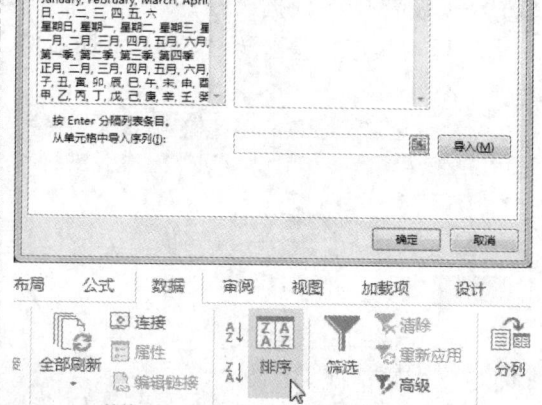

STEP 06 弹出"排序"对话框

弹出"排序"对话框，如下图所示。

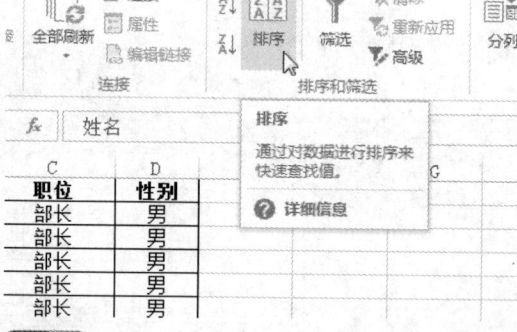

STEP 07 选择“自定义序列”选项

单击“次序”下方文本框右侧的下拉按钮，在弹出的列表框中选择“自定义序列”选项，如下图所示。

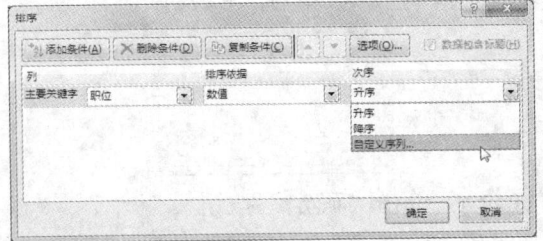

STEP 08 选择自定义序列选项

弹出“自定义序列”对话框，在“自定义序列”列表框中，选择需要的自定义序列选项，如下图所示。

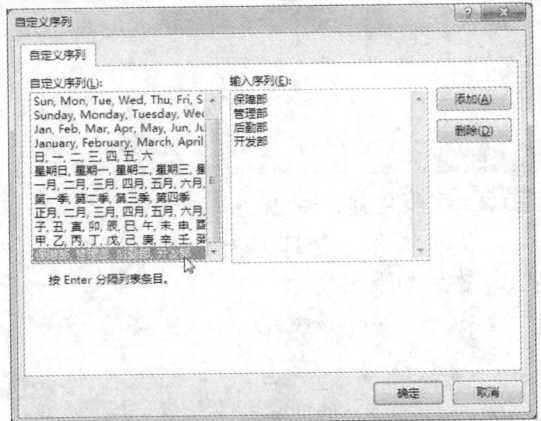

STEP 09 返回“排序”对话框

单击“确定”按钮，返回“排序”对话框，如下图所示。

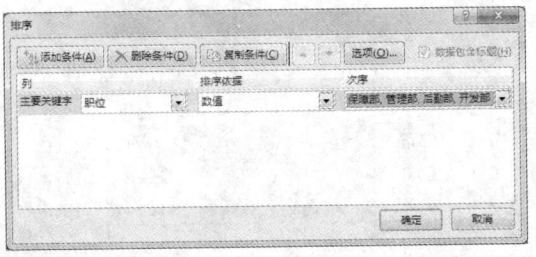

STEP 10 完成自定义排序

单击“确定”按钮，即可完成自定义排序，如下图所示。

	姓名	部门	职位	性别
2	王宇彤	保障部	部长	男
3	许帆	管理部	部长	男
4	于新利	后勤部	部长	男
5	王心	技术部	部长	男
6	贺慈	市场部	部长	男
7	刘晓艳	后勤部	副部长	女
8	陈兵	后勤部	副部长	男
9	王陶	后勤部	副部长	女
10	田涛	开发部	副部长	男
11	潘勇	开发部	副部长	女
12	宁婷	市场部	副部长	女
13	李剑	保障部	普通员工	男
14	彭俊杰	保障部	普通员工	男
15	姜盛	管理部	普通员工	男
16	李佳	管理部	普通员工	女
17	关明	管理部	普通员工	男
18	杨菁嵋	管理部	普通员工	女
19	司研	管理部	普通员工	女
20	吕晓	管理部	普通员工	女
21	王明	管理部	普通员工	男
22	于锦强	技术部	普通员工	男
23	马涛	技术部	普通员工	男
24	李梅	技术部	普通员工	女
25	刘鹏	开发部	普通员工	男
26	赵强	开发部	普通员工	男

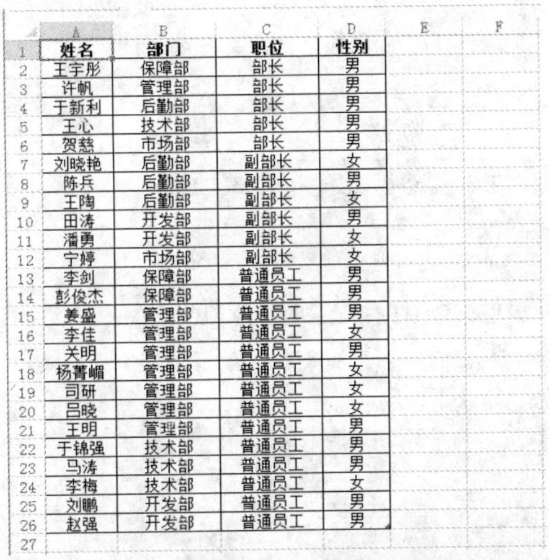

专家指点

在 Excel 2013 中，在对表格进行自定义序列排序时，必须先建立需要排序的自定义序列项目，然后才能根据设置的自定义序列对表格进行排序。

9.1.5 按行排序

在 Excel 中，都是默认以列标题进行排序，这也是用户在实际应用中常用到的一种排序形式，但有时由于特殊需要而设置表格按行排序。

STEP 01 打开一个 Excel 工作簿

打开一个 Excel 工作簿，如下图所示。

STEP 02 选择要排序的单元格区域

在工作表中，选择需要按行排序的单元格区域，如下图所示。

STEP 03 单击“排序”按钮

切换至“数据”面板，在“排序和筛选”选项板中，单击“排序”按钮，如下图所示。

员工工资表

编号	员工	基本工资	提成	交通补贴	员工工资
1	张角	1000	600	200	1800
2	方文	1000	800	200	2000
3	李杰	900	700	180	1780
4	章良	1200	500	150	1850
5	邓可	1000	700	200	1900
6	彭文	900	750	120	1770
7	周蓝	1000	800	150	1950

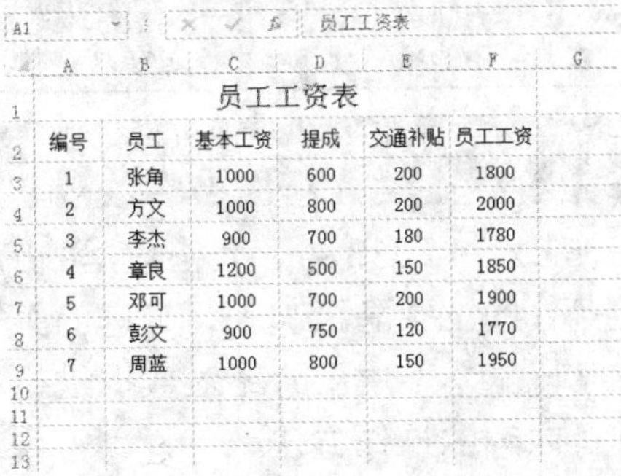

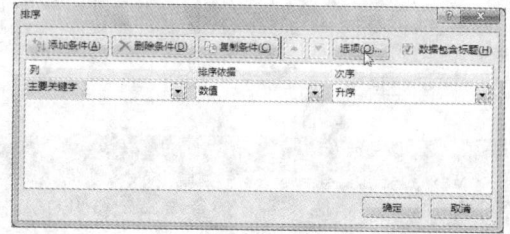

STEP 04 单击"选项"按钮

弹出"排序"对话框,单击"选项"按钮,如下图所示。

STEP 05 选中"按行排序"单选按钮

弹出"排序选项"对话框,在"方向"选项区中,选中"按行排序"单选按钮,如下图所示。

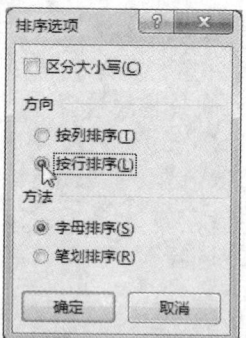

STEP 06 单击"确定"按钮

单击"确定"按钮,返回"排序"对话框,在其中设置"主要关键字"为"行3",单击"确定"按钮,如下图所示。

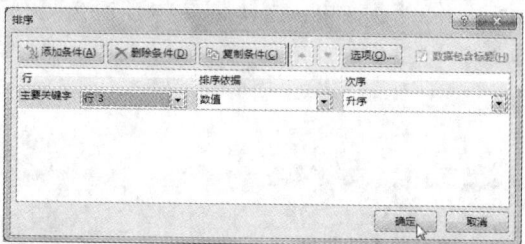

STEP 07 按行排序数据

执行操作后,即可对数据进行按行排序,效果如下图所示。

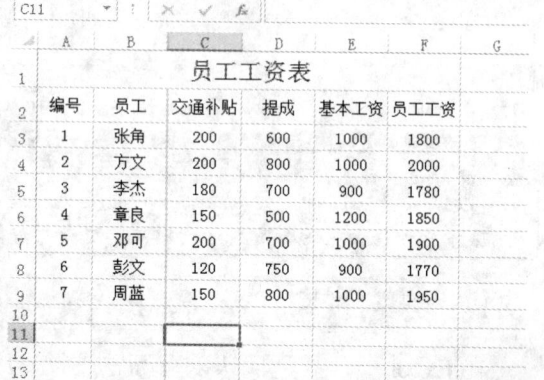

> **专家指点**
> 在"排序选项"对话框中,还可以对数据按笔画进行排序,系统默认的排序方法是按字母排序。

9.2 对数据进行筛选

在 Excel 2013 中,表格数据的筛选就是将满足条件的记录显示在页面中,将不满足条件的记录隐藏起来,筛选的关键字可以是文本类型的字段,也可以是数值类型的字段。本节主要介绍对数据进行单条件筛选、多条件筛选、自定义筛选及高级筛选等内容的操作方法。

第 9 章 条理清晰：排序与筛选数据

9.2.1 对数据进行单条件筛选

在 Excel 2013 中，自动筛选根据筛选条件的多少，可以分为单条件自动筛选和多条件自动筛选。下面介绍单条件自动筛选的操作方法。

STEP 01 打开一个 Excel 工作簿

打开一个 Excel 工作簿，如下图所示。

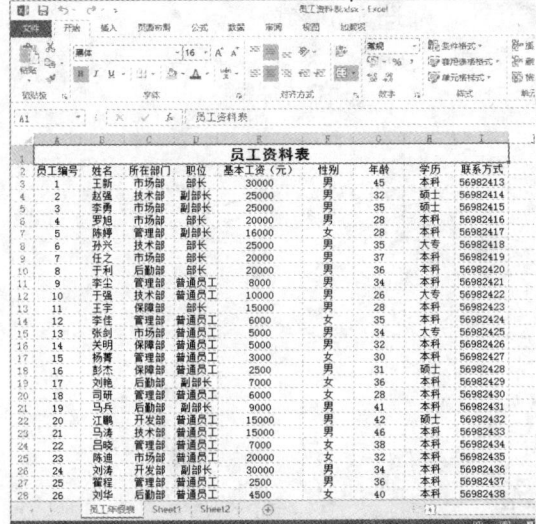

STEP 02 单击"筛选"按钮

单击"数据"标签，进入"数据"面板，在"排序和筛选"选项板中，单击"筛选"按钮，如下图所示。

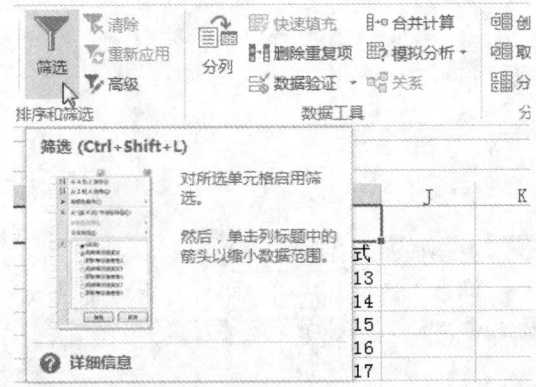

STEP 03 表格呈筛选状态

执行操作后，即可使表格呈筛选状态，如下图所示。

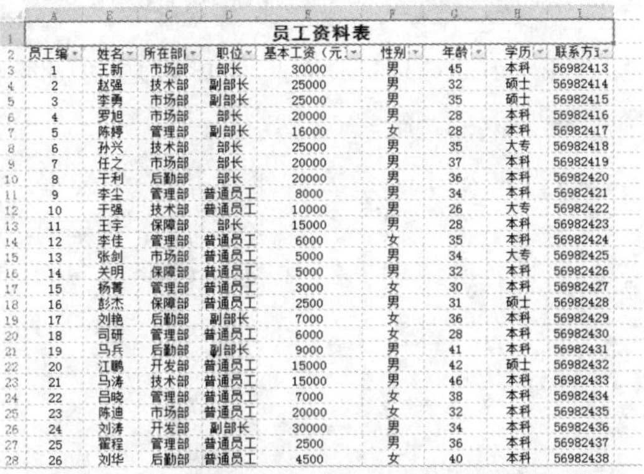

STEP 04 选中"男"复选框

单击"性别"右侧的"筛选控制"按钮，在弹出的列表框中取消选中"全选"复选框，选中"男"复选框，如下图所示。

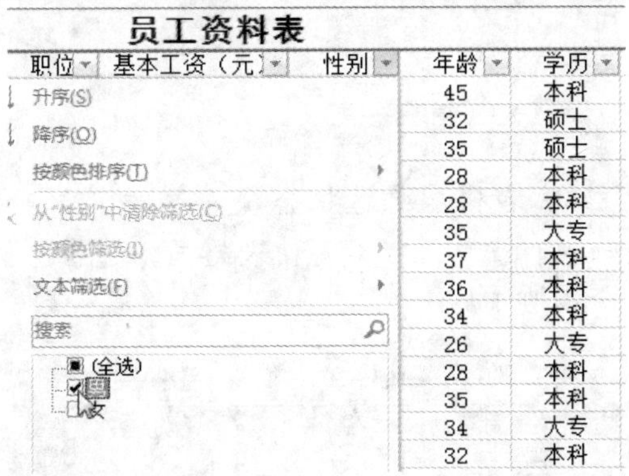

STEP 05 显示员工资料

单击"确定"按钮，工作表中即可将所有"性别"为"男"的员工资料显示出来，如下图所示。

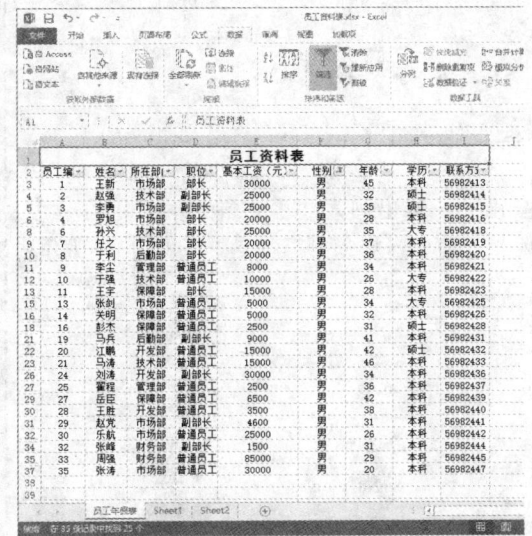

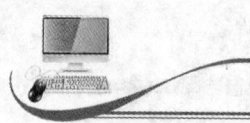

专家指点

在 Excel 2013 中，当单击“排序和筛选”选项板中的“筛选”按钮后，在工作表的每个字段右侧将会自动出现“筛选控制”按钮。

9.2.2 对数据进行多条件筛选

在 Excel 2013 中，用户还可以运用多条件筛选数据内容。

STEP 01 单击“筛选”按钮

打开一个 Excel 工作簿，单击“数据”标签，进入“数据”面板，在“排序和筛选”选项板中单击“筛选”按钮，如下图所示。

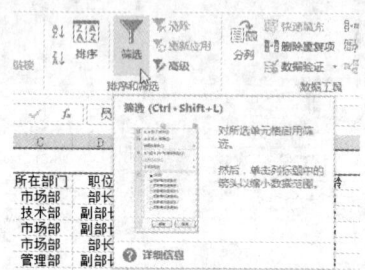

STEP 02 表格呈筛选状态

执行操作后，即可使表格呈筛选状态，如下图所示。

员工编号	姓名	所在部门	职位	基本工资（元）	性别	年龄	学历	联系方式
1	王新	市场部	部长	30000	男	45	本科	56982413
2	赵强	技术部	副部长	25000	男	32	硕士	56982414
3	李勇	市场部	副部长	25000	男	35	硕士	56982415
4	罗旭	市场部	部长	20000	男	28	本科	56982416
5	陈婷	管理部	副部长	16000	女	28	本科	56982417
6	孙兴	技术部	部长	25000	男	35	大专	56982418
7	任之	市场部	部长	20000	男	37	本科	56982419
8	于利	后勤部	部长	20000	男	36	本科	56982420
9	李尘	管理部	普通员工	8000	男	34	本科	56982421
10	于强	技术部	普通员工	10000	男	26	大专	56982422
11	王宇	保障部	部长	15000	男	28	本科	56982423
12	李佳	管理部	普通员工	6000	女	35	本科	56982424
13	张剑	市场部	普通员工	5000	男	34	大专	56982425
14	关明	保障部	普通员工	5000	男	32	本科	56982426
15	杨菁	管理部	普通员工	3000	女	30	本科	56982427
16	彭杰	保障部	普通员工	2500	男	31	硕士	56982428
17	刘艳	后勤部	副部长	7000	女	36	本科	56982429
18	司研	管理部	普通员工	6000	女	28	本科	56982430
19	马兵	后勤部	副部长	9000	男	41	本科	56982431
20	江鹏	开发部	普通员工	15000	男	42	硕士	56982432
21	马涛	技术部	普通员工	15000	男	46	本科	56982433
22	吕晓	管理部	普通员工	7000	女	38	本科	56982434
23	陈迪	市场部	普通员工	20000	女	32	本科	56982435

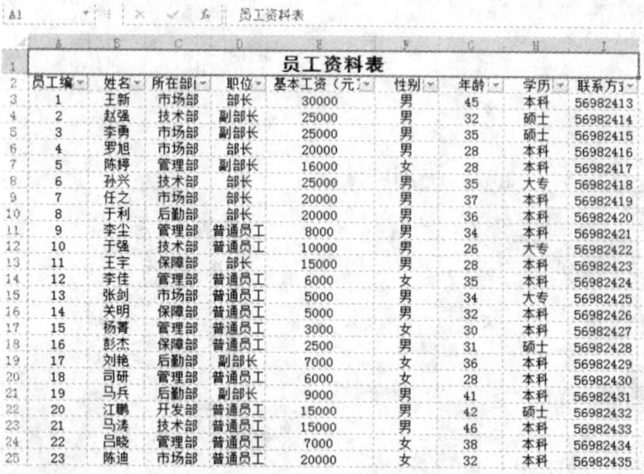

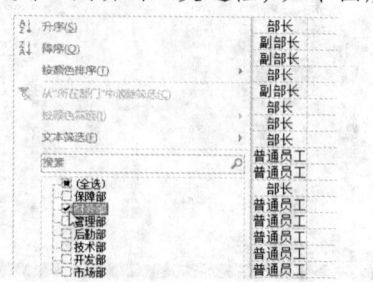

STEP 03 选中“财务部”复选框

单击“所在部门”右侧的“筛选控制”按钮，弹出列表框，取消选中“全选”复选框，选中“财务部”复选框，如下图所示。

STEP 04 筛选人员名单

单击“确定”按钮，即可筛选出财务部的人员名单，如下图所示。

员工编号	姓名	所在部门	职位	基本工资（元）	性别	年龄	学历	联系方式
31	王洁	财务部	部长	35000	女	34	本科	56982443
32	张峰	财务部	副部长	1500	男	31	本科	56982444
33	周强	财务部	普通员工	85000	男	29	本科	56982445

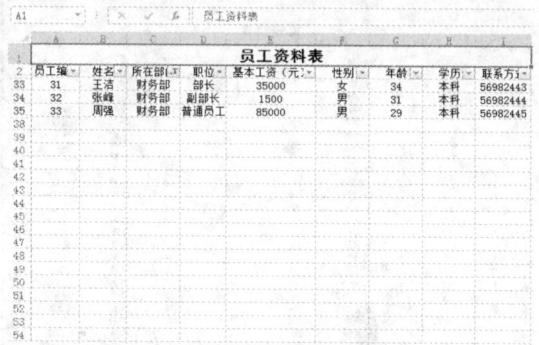

STEP 05 选中“女”复选框

单击“性别”右侧的“筛选控制”按钮，在弹出的列表框中取消选中“全选”复选框，选中“女”复选框，如下图所示。

STEP 06 筛选数据

单击“确定”按钮，即可将财务部的女员工名单筛选出来，如下图所示。

员工编号	姓名	所在部门	职位	基本工资（元）	性别	年龄	学历	联系方式
31	王洁	财务部	部长	35000	女	34	本科	56982443

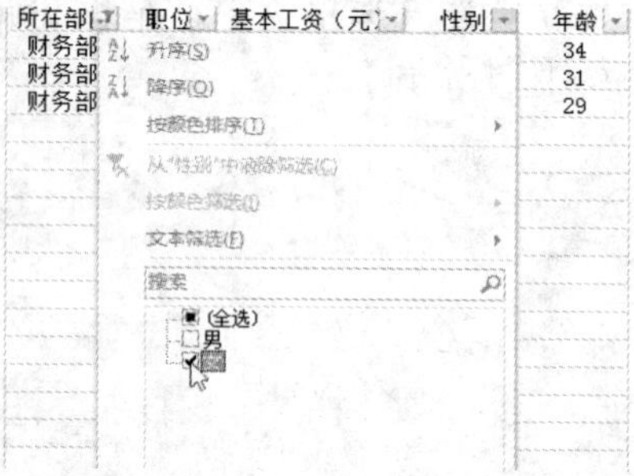

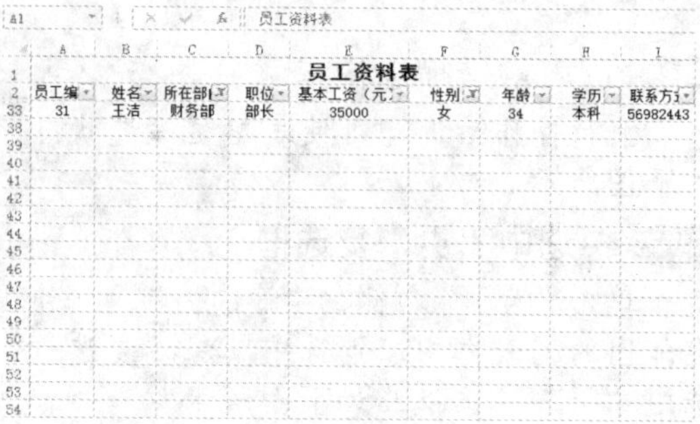

第9章 条理清晰：排序与筛选数据

9.2.3 自定义筛选

自定义筛选是指自定义要筛选的条件，此条件一般不是单一的文本条件。自定义筛选在筛选数据时具有很高的灵活性，可以进行比较复杂的筛选。

STEP 01 打开一个 Excel 工作簿

打开一个 Excel 工作簿，如下图所示。

STEP 02 单击"筛选"按钮

单击"数据"标签，进入"数据"面板，在"排序和筛选"选项板中，单击"筛选"按钮，如下图所示。

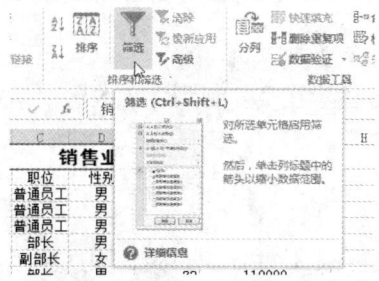

STEP 03 选择"自定义筛选"选项

单击"第一季度业绩"右侧的"筛选控制"按钮，在弹出的列表框中选择"数字筛选"|"自定义筛选"选项，如下图所示。

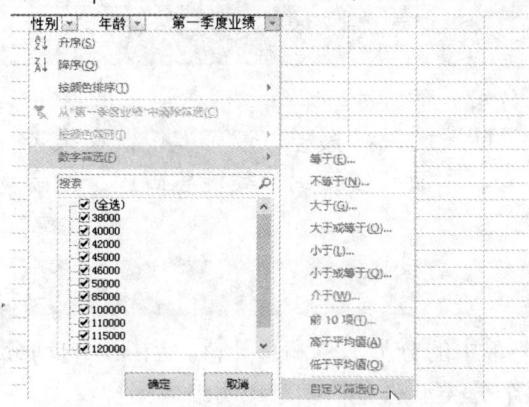

STEP 04 弹出相应对话框

弹出"自定义自动筛选方式"对话框，如下图所示。

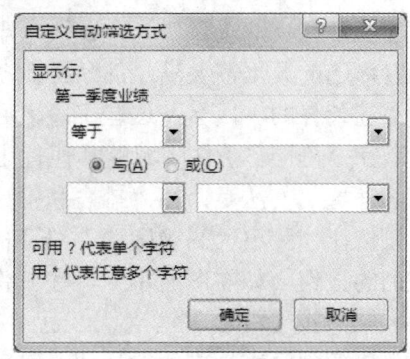

STEP 05 输入自定义条件

在其中输入自定义条件，如下图所示。

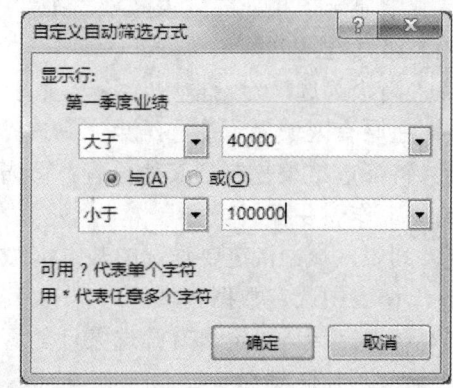

STEP 06 筛选数据结果

单击"确定"按钮，得到筛选结果，如下图所示。

> **专家指点**
>
> 表格筛选后，单击"排序和筛选"选项板中的"清除"按钮，表示显示当前表格中的所有记录，但表格记录并没有退出筛选状态；如果再次单击"筛选"按钮，则表示取消当前数据的筛选操作。

9.2.4 高级筛选

如果数据清单中的字段比较多，筛选条件也比较多，则可以使用"高级筛选"功能来筛选数据。

要使用"高级筛选"功能，必须先建立一个条件区域，用来指定筛选的数据需要满足的条件。条件区域的第一行是作为筛选条件的字段名，这些字段名必须与数据清单中的字段名完全相同，条件区域的其他行用来输入筛选条件。

高级筛选的方法是：在"排序和筛选"选项板中单击"高级"按钮，弹出"高级筛选"对话框。单击"列表区域"右侧的按钮（如右图所示），在工作表中选择相应的单元格区域，按【Enter】键确认，返回"高级筛选"对话框；单击"条件区域"右侧的按钮，在工作表中选择相应的单元格区域，按【Enter】键确认，返回"高级筛选"对话框，其中显示了相应的列表区域与条件区域。完成上述设置后，单击"确定"按钮，即可使用高级筛选功能筛选数据。

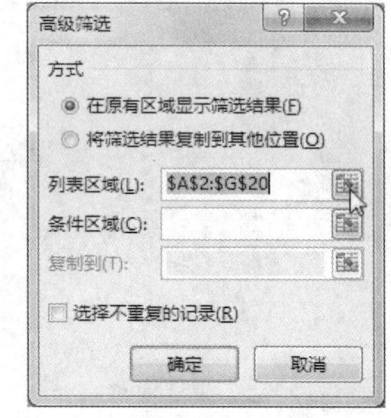

"高级筛选"对话框

在"高级筛选"对话框中，各选项的含义如下。

● 在原有区域显示筛选结果：筛选结果显示在原有数据清单位置。

● 将筛选结果复制到其他位置：筛选后的结果将显示在"复制到"文本框中指定的区域，与原工作表并存。

● 列表区域：指定要筛选的数据区域，可以直接在该文本框中输入区域引用，也可用鼠标在工作表中选定数据区域。

● 条件区域：指定含有筛选条件的区域，如果要筛选不重复的记录，则选中"选择不重复的记录"复选框。

> **专家指点**
>
> 条件区域和数据清单不能直接连接，必须用一个空行将其隔开。

9.3 分类汇总表格数据

分类汇总用于对表格数据或原数据进行分析处理，并可以自动插入汇总信息行。应用分类汇总功能，用户不仅可以建立清晰、明了的总结报告，还可以设置在报告中只显示第一层的信息而隐藏其他层次的信息。本节主要介绍分类汇总概述、创建分类汇总以及嵌套分类汇总等内容。

9.3.1 分类汇总概述

在 Excel 2013 中，用户可以自动计算数据清单中的分类汇总和总计值。当插入自动分类汇总时，Excel 将分级显示数据清单，以便每个分类汇总显示或隐藏明细数据行。

1. 分类汇总的计算方法

分类汇总的计算方法有分类汇总、总计和自动重新计算。

❀ 分类汇总：Excel 使用 SUM 或 MAX 等汇总函数进行分类汇总计算。在一个数据清单中，可以一次使用多种计算来显示分类汇总。

❀ 总计：总计值来自于明细数据，而不是分类汇总行中的数据。

❀ 自动重新计算：编辑单元格中的明细数据时，Excel 将自动重新计算相应分类汇总和总计值。

2. 汇总报表和图表

当用户将汇总添加到清单中时，清单就会分级显示，这样可以查看其结构，通过单击分级显示符号可以隐藏明细数据而只显示汇总的数据，这样就形成了汇总报表。

用户可以创建一个图表，该图表仅使用包含分类汇总的清单中的可见数据。如果显示或隐藏分级显示清单中的明细数据，该图表也会随之更新，以显示或隐藏这些数据。

9.3.2 分类汇总要素

使用分类汇总操作时，并不是所有数据表格都可以进行分类汇总，表格分类汇总的一般要素如下。

❀ 分类汇总的关键字段一般是文本字段，并且该字段中具有多个相同字段名的记录，如"部门"字段中就有多个部门为生产、销售、设计的记录。

❀ 对表格进行分类汇总操作之前，必须先将表格按分类汇总的字段进行排序，排序的目的就是将相同的字段类型的记录排列在一起。

❀ 对表格进行分类汇总时，汇总的关键字段要与排序的关键字段一致。

❀ 在"选定汇总项"时，一般选择数值字段，如"基本工资"、"实发工资"等。

9.3.3 创建分类汇总

在 Excel 2013 中，要使用自动分类汇总功能，必须将数据组织成具有列标题的数据清单。在创建分类汇总之前，用户必须先根据需要进行分类汇总的数据列，对数据清单进行排序。

STEP 01 打开一个 Excel 工作簿

打开一个 Excel 工作簿，如下图所示。

STEP 02 单击"升序"按钮

选择"部门"单元格，单击"数据"标签，进入"数据"面板，在"排序和筛选"选项板中，单击"升序"按钮，如下图所示。

STEP 03 升序排列数据

执行操作后，即可升序排列数据，如下图所示。

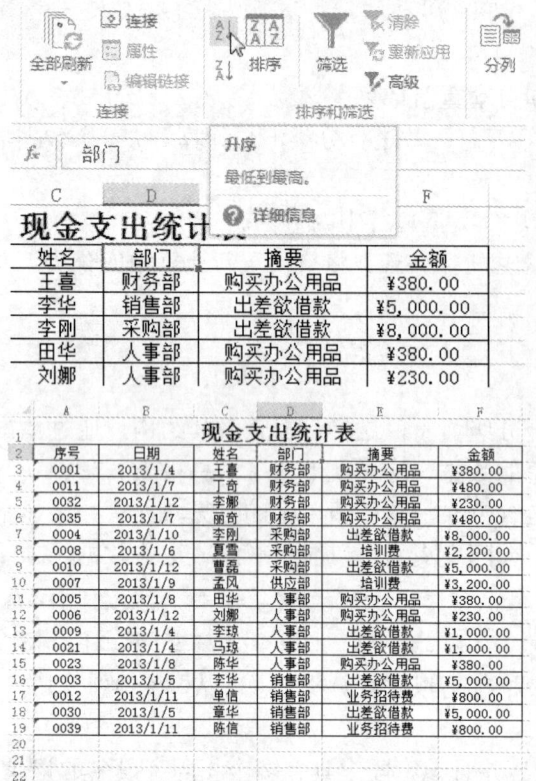

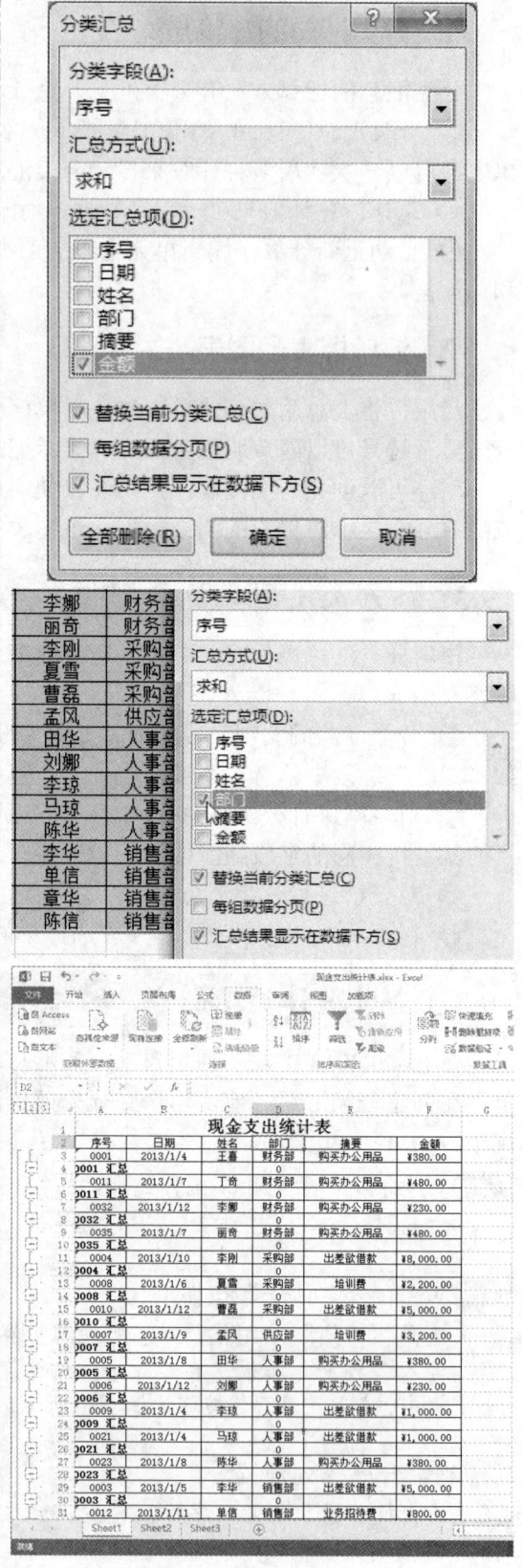

STEP 04 单击"分类汇总"按钮

在"分级显示"选项板中，单击"分类汇总"按钮，如下图所示。

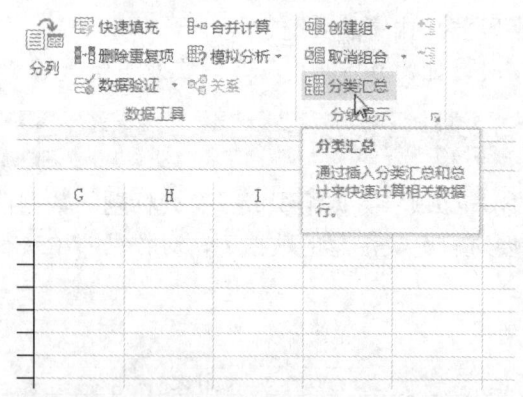

STEP 05 弹出"分类汇总"对话框

弹出"分类汇总"对话框，如下图所示。

STEP 06 设置相应选项

在该对话框中设置相应的条件选项，如下图所示。

STEP 07 分类汇总数据

单击"确定"按钮，即可完成分类汇总，如下图所示。

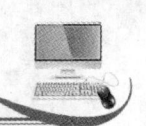

专家指点

在“分类汇总”对话框中，如果用户选中“汇总结果显示在数据下方”复选框，汇总的结果将会显示在数据的下方。

9.3.4 嵌套分类汇总

在 Excel 2013 中，嵌套汇总可对表格中的某一关键字段进行不同汇总方式的汇总。

STEP 01 打开一个 Excel 工作簿

打开一个 Excel 工作簿，如下图所示。

现金支出统计表

序号	日期	姓名	部门	摘要	金额
0001	2013/1/4	王喜	财务部	购买办公用品	¥380.00
0011	2013/1/7	丁奇	财务部	购买办公用品	¥480.00
0032	2013/1/12	李娜	财务部	购买办公用品	¥230.00
0035	2013/1/7	丽奇	财务部	购买办公用品	¥480.00
		财务部 汇总	0		
0004	2013/1/10	李刚	采购部	出差欲借款	¥8,000.00
0008	2013/1/6	夏雪	采购部	培训费	¥2,200.00
0010	2013/1/12	曹磊	采购部	出差欲借款	¥5,000.00
		采购部 汇总	0		
0007	2013/1/9	孟风	供应部	培训费	¥3,200.00
		供应部 汇总	0		
0005	2013/1/8	田华	人事部	购买办公用品	¥380.00
0006	2013/1/12	刘娜	人事部	购买办公用品	¥230.00
0009	2013/1/4	李琼	人事部	出差欲借款	¥1,000.00
0021	2013/1/4	马琼	人事部	出差欲借款	¥1,000.00
0023	2013/1/8	陈华	人事部	购买办公用品	¥380.00
		人事部 汇总	0		
0003	2013/1/5	李华	销售部	出差欲借款	¥5,000.00
0012	2013/1/11	单信	销售部	业务招待费	¥800.00
0030	2013/1/5	章华	销售部	出差欲借款	¥5,000.00
0039	2013/1/11	陈信	销售部	业务招待费	¥800.00
		销售部 汇总	0		
		总计	0		

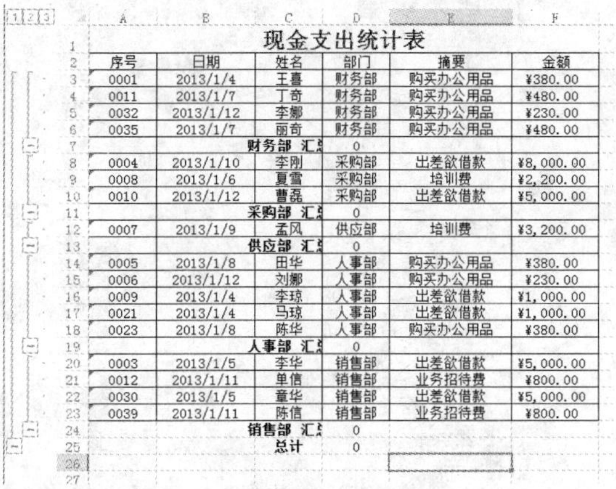

STEP 02 选择任意一个单元格

在工作表中，选择任意一个单元格，如下图所示。

现金支出统计表

序号	日期	姓名	部门	摘要	金额
0001	2013/1/4	王喜	财务部	购买办公用品	¥380.00
0011	2013/1/7	丁奇	财务部	购买办公用品	¥480.00
0032	2013/1/12	李娜	财务部	购买办公用品	¥230.00
0035	2013/1/7	丽奇	财务部	购买办公用品	¥480.00
		财务部 汇总	0		
0004	2013/1/10	李刚	采购部	出差欲借款	¥8,000.00
0008	2013/1/6	夏雪	采购部	培训费	¥2,200.00
0010	2013/1/12	曹磊	采购部	出差欲借款	¥5,000.00
		采购部 汇总	0		
0007	2013/1/9	孟风	供应部	培训费	¥3,200.00
		供应部 汇总	0		
0005	2013/1/8	田华	人事部	购买办公用品	¥380.00
0006	2013/1/12	刘娜	人事部	购买办公用品	¥230.00
0009	2013/1/4	李琼	人事部	出差欲借款	¥1,000.00
0021	2013/1/4	马琼	人事部	出差欲借款	¥1,000.00
0023	2013/1/8	陈华	人事部	购买办公用品	¥380.00
		人事部 汇总	0		
0003	2013/1/5	李华	销售部	出差欲借款	¥5,000.00
0012	2013/1/11	单信	销售部	业务招待费	¥800.00
0030	2013/1/5	章华	销售部	出差欲借款	¥5,000.00
0039	2013/1/11	陈信	销售部	业务招待费	¥800.00
		销售部 汇总	0		

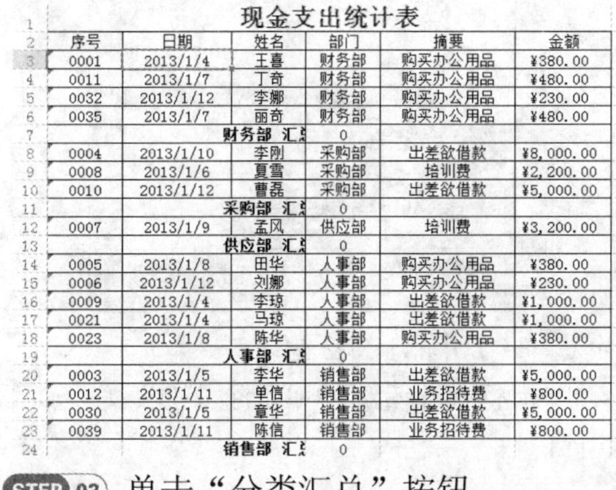

STEP 03 单击“分类汇总”按钮

切换至“数据”面板，在“分级显示”选项板中，单击“分类汇总”按钮，如下图所示。

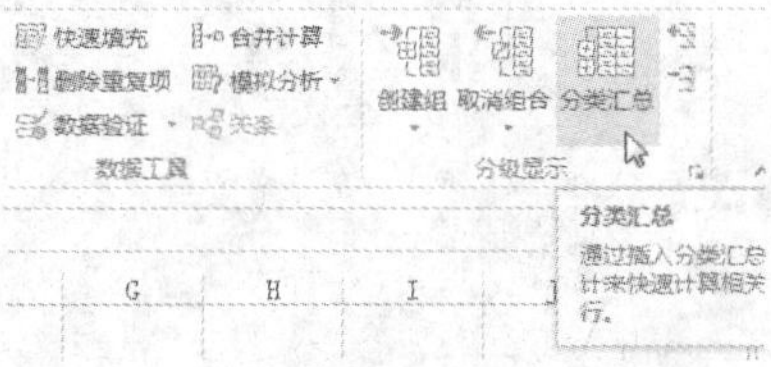

STEP 04 选中“日期”复选框

弹出“分类汇总”对话框，在“选定汇总项”列表框中，选中“日期”复选框，如下图所示。

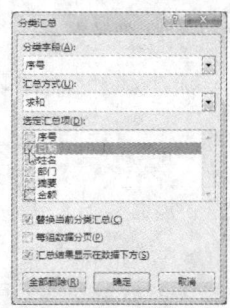

STEP 05 取消选中相应复选框

取消选中“替换当前分类汇总”复选框，如下图所示。

STEP 06 嵌套汇总数据

单击“确定”按钮，即可得到嵌套汇总的结果，如下图所示。

现金支出统计表

序号	日期	姓名	部门	摘要	金额
0001	2013/1/4	王喜	财务部	购买办公用品	¥380.00
0001 汇总	2013/1/4				
0011	2013/1/7	丁奇	财务部	购买办公用品	¥480.00
0011 汇总	2013/1/7				
0032	2013/1/12	李娜	财务部	购买办公用品	¥230.00
0032 汇总	2013/1/12				
0035	2013/1/7	丽奇	财务部	购买办公用品	¥480.00
0035 汇总	2013/1/7				
		财务部 汇总	0		
0004	2013/1/10	李刚	采购部	出差欲借款	¥8,000.00
0004 汇总	2013/1/10				
0008	2013/1/6	夏雪	采购部	培训费	¥2,200.00
0008 汇总	2013/1/6				
0010	2013/1/12	曹磊	采购部	出差欲借款	¥5,000.00
0010 汇总	2013/1/12				
		采购部 汇总	0		
0007	2013/1/9	孟风	供应部	培训费	¥3,200.00
0007 汇总	2013/1/9				
		供应部 汇总	0		
0005	2013/1/8	田华	人事部	购买办公用品	¥380.00
0005 汇总	2013/1/8				
0006	2013/1/12	刘娜	人事部	购买办公用品	¥230.00
0006 汇总	2013/1/12				
0009	2013/1/4	李琼	人事部	出差欲借款	¥1,000.00
0009 汇总	2013/1/4				
0021	2013/1/4	马琼	人事部	出差欲借款	¥1,000.00
0021 汇总	2013/1/4				
0023	2013/1/8	陈华	人事部	购买办公用品	¥380.00

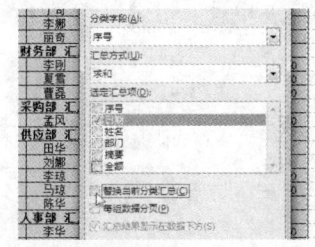

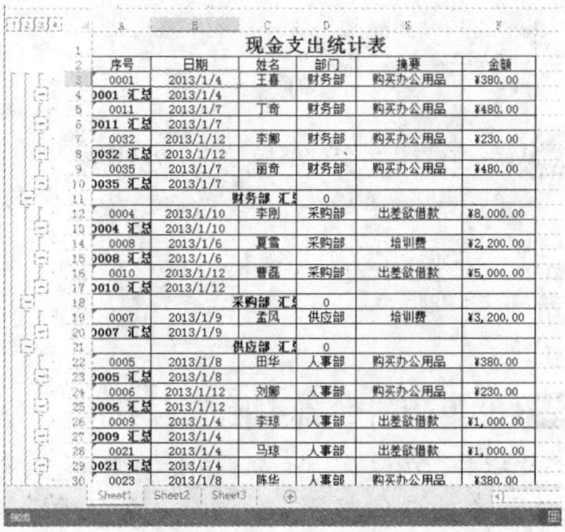

新手学 Office 高效办公从入门到精通

> **专家指点**
>
> 在 Excel 2013 中，用户还可以多次对工作表进行不同汇总方式的嵌套分类汇总，但必须是在"分类汇总"对话框中，取消选中"替换当前分类汇总"复选框的情况下，如果不取消选中该复选框，则每次分类汇总只能在表格中显示一种汇总方式。

9.3.5 轻松删除分类汇总

如果用户不再需要对数据表中的数据进行分类汇总，可以将分类汇总删除。

STEP 01 打开一个 Excel 工作簿

打开一个 Excel 工作簿，如下图所示。

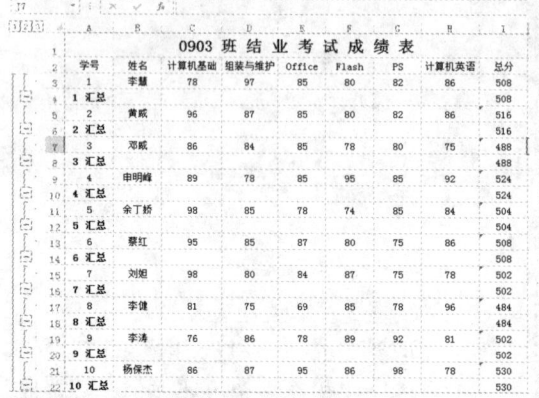

STEP 02 选择单元格

在工作表中选择任意一个单元格，如下图所示。

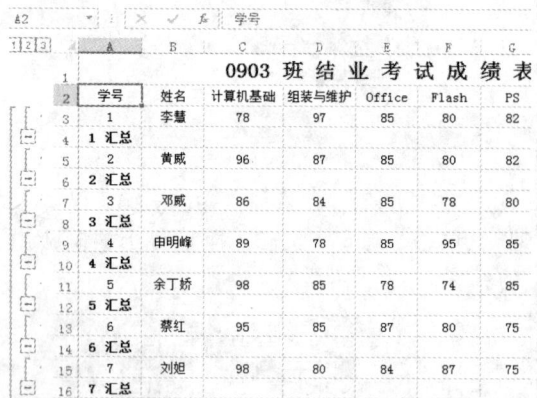

STEP 03 单击"分类汇总"按钮

切换至"数据"面板，然后单击"分级显示"选项板中的"分类汇总"按钮，如下图所示。

STEP 04 单击"全部删除"按钮

弹出"分类汇总"对话框，单击该对话框左下角的"全部删除"按钮，如下图所示。

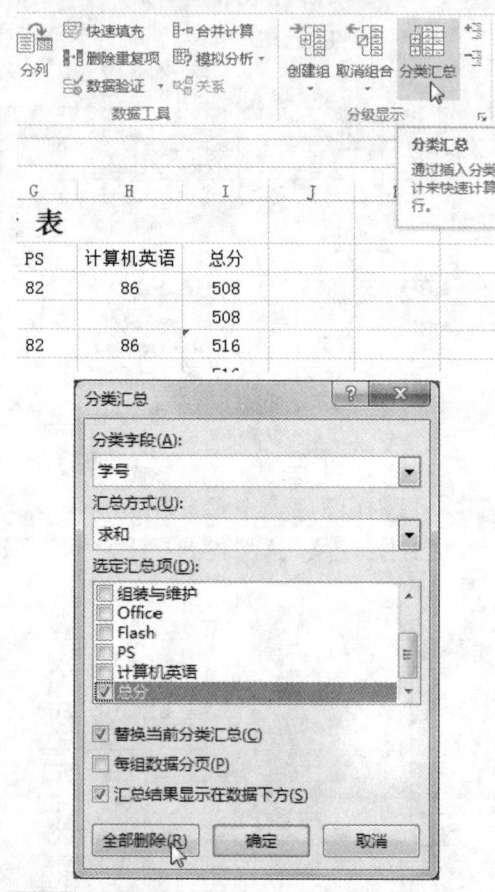

STEP 05 删除分类汇总

执行操作后，即可删除分类汇总，如下图所示。

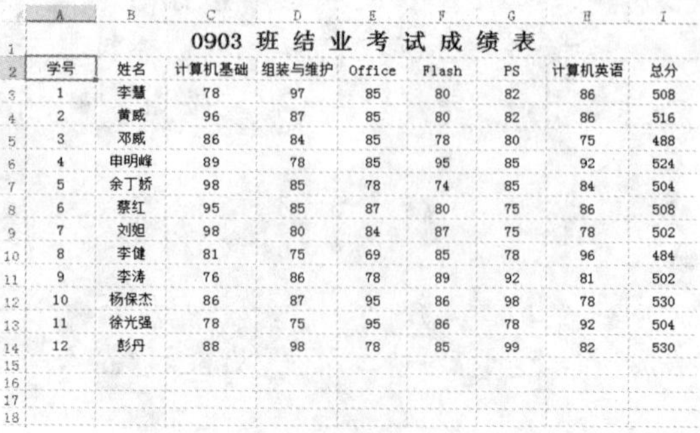

9.4 数据的应用

Excel 在对数据清单进行管理时，一般把数据清单看作是一个数据库文件，数据清单中的行相当于数据库文件中的记录，行标题相当于记录名。另外，在 Excel 2013 中提供了丰富的数据假设分析与预算功能，如单变量求解、双变量求解等。

9.4.1 创建清单的准则

Excel 2013 提供了一系列功能，可以很方便地管理和分析数据清单中的数据，在运用这些功能时，根据下述准则在数据清单中输入数据。

1. 数据清单的大小和位置

在规定数据清单大小及定义数据清单位置时，应遵循以下规则。

- 应避免在一张工作表上建立多个数据清单。因为数据清单的某些处理功能（如筛选等）一次只能在同一张工作表的一个数据清单中使用。
- 在工作表的数据清单与其他数据间至少留出一个空白列和空白行。在执行排序、筛选或插入自动汇总等操作时，有利于 Excel 2013 检测和选定数据清单。
- 避免在数据清单中放置空白行和空白列。
- 避免将关键字数据放到数据清单的左右两侧，因为这些数据在筛选数据清单时可能被隐藏。

2. 列标志

在工作表上创建数据清单，使用列标志应注意以下事项。

- 在数据清单的第一行里创建列标志，Excel 2013 将使用这些列标志创建报告，并查找和组织数据。
- 列标志使用的字体、对齐方式、格式、图案、边框和大小样式，应当与数据清单中的其他数据的格式相区别。
- 如果将列标志和其他数据分开，应使用单元格边框（而不是空格和短划线）在标志行下插入一行直线。

3. 行和列内容

在工作表上创建数据清单，输入行和列的内容时应该注意以下事项。

- 在设计数据清单时，应使同一列中的各行有近似的数据项。
- 在单元格的开始处不要插入多余的空格，因为多余的空格影响排序和查找。
- 不要使用空白行将列标志和第一行数据分开。

9.4.2 轻松创建数据清单

在对数据清单进行管理时，一般把数据清单看成是一个数据库。在 Excel 2013 中，数据清单的行相当于数据库中的记录，行标题相当于记录名，也可以从不同的角度去观察和分析数据。

在打开的一个 Excel 工作簿中选择需要设置的单元格，然后在"字体"选项板中设置"字体"为"黑体"、"字号"为 20、"字形"为"加粗"。选择 A1 单元格，在行号上单击鼠标右键，在弹出的快捷菜单中选择"行高"选项，弹出"行高"对话框，在"行高"文本框中输入 30，单击"确定"按钮，即可查看创建数据清单的效果，如下图所示。

公司人员档案			
工号	姓名	性别	联系电话
0001	章文	男	15932568241
0002	赵艳	女	13241486592
0003	邓琰	男	13025486254
0004	张艳	女	13958476258
0005	范军	男	13654892547
0006	彭峰	女	15845792584
0007	左键豪	男	13125698732
0008	吴航	男	15958476325
0009	谢亮	男	13456825478
0010	刘方	女	13456298756

公司人员档案			
工号	姓名	性别	联系电话
0001	章文	男	15932568241
0002	赵艳	女	13241486592
0003	邓琰	男	13025486254
0004	张艳	女	13958476258
0005	范军	男	13654892547
0006	彭峰	女	15845792584
0007	左键豪	男	13125698732
0008	吴航	男	15958476325
0009	谢亮	男	13456825478
0010	刘方	女	13456298756

创建数据清单

> **专家指点**
>
> 选择相应单元格，单击鼠标右键，在弹出的快捷菜单中选择"设置单元格格式"选项，弹出"设置单元格格式"对话框，也可设置字体、字号和字形。

9.4.3　单变量求解

在 Excel 数据的管理与分析中，往往会有这种情况，即需要达到某一个预期结果，而不知得到这个结果所需要的其他变量值是多少。这时可通过"单变量求解"功能来计算出所需要的变量值。

在进行单变量求解时，Excel 不断改变某个特定单元格中的数值，直到从属于这个单元格的公式到达预期的结果为止。

9.4.4　双变量求解

用数据表格作计算处理时，若需要通过计算公式中引用单元格的不同值而计算出结果，可应用"数据表"功能来实现数据的分析。

数据表运算分为单变量数据表运算和双变量数据表运算两种，单变量数据表运算为用户提供查看一个变量因素改变为不同值时，对一个或多个公式结果的影响。

在生成单变量运算表时可以使用行变量运算表和列变量运算表两种计算方式。

> **专家指点**
>
> 在"数据表"对话框中，"输入引用行的单元格"就是选择行变量的单元格，"输入引用列的单元格"就是选择列变量的单元格。

Chapter 10

章前知识导读

在 Excel 2013 中，系统提供了一种极为简单且实用的数据分析工具，即数据透视图表，通过该图表能够方便地查看工作表中的数据信息，更好地对表格数据进行分析和管理。本章主要介绍创建与编辑图表对象、创建数据透视表、轻松编辑数据透视表、创建数据透视图以及轻松编辑数据透视图等内容。

形象展示：让数据也会说话

重点知识索引

- 快速创建数据图表
- 创建分类筛选透视表
- 更改数据透视表布局
- 创建数据透视图
- 添加数据透视图标题

效果图片赏析

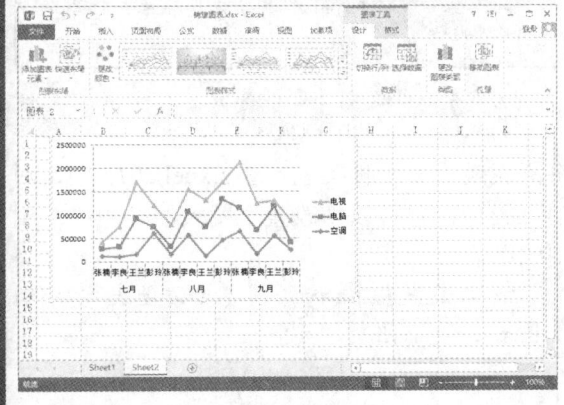

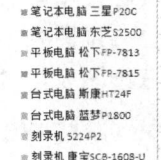

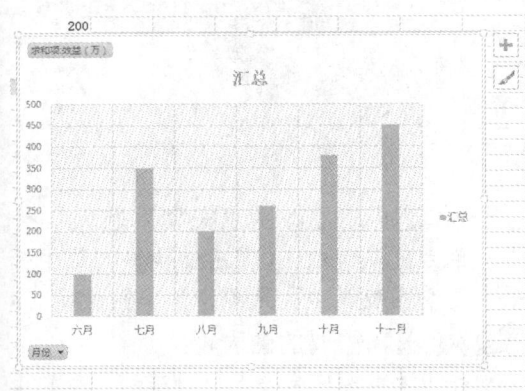

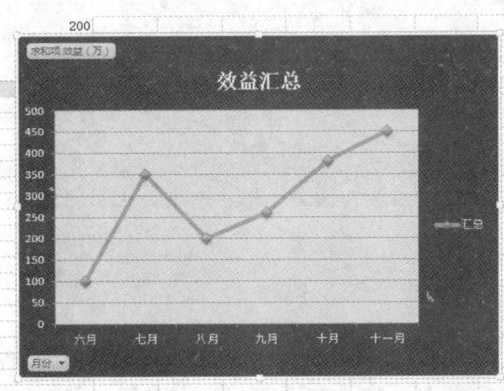

10.1 创建与编辑图表对象

使用 Excel 提供的图表向导,可以方便、快速地建立图表。创建图表之后,如果对图表不满意,还可以对其进行修改,使图表更加符合实际情况。本节主要介绍创建图表与修改图表等内容。

10.1.1 快速创建数据图表

在 Excel 2013 中,可以创建两种形式的图表,一种是嵌入式图表,另一种是图表工作表。创建嵌入式图表,图表将被插入到现有的工作表中,即在一张工作表中同时显示图表及相关的数据;图表工作表是工作簿中具有特定名称的独立工作表。

下面介绍快速创建图表的方法。

- 依次按【Alt】、【N】和【C】键可创建柱形图。
- 依次按【Alt】、【N】和【N】键可创建折线图。
- 依次按【Alt】、【N】和【Q】键可创建饼图。
- 依次按【Alt】、【N】和【B】键可创建条形图。
- 依次按【Alt】、【N】和【A】键可创建面积图。
- 依次按【Alt】、【N】和【D】键可创建散点图。

> **专家指点**
>
> 在 Excel 2013 中创建图表时,如果用户只选择了一个单元格,Excel 会自动将相邻单元格中包含的所有数据绘制在图表中。

10.1.2 轻松更改图表类型

在实际使用图表的过程中,有时候需要将图表换成另一种类型。在 Excel 2013 中,对于大部分二维图表,既可以修改数据系列的图表类型,也可以修改整个图表的类型;对于大部分三维图表,可以改为圆锥、圆柱等类型的图表。

STEP 01 打开一个 Excel 工作簿

打开一个 Excel 工作簿,如下图所示。

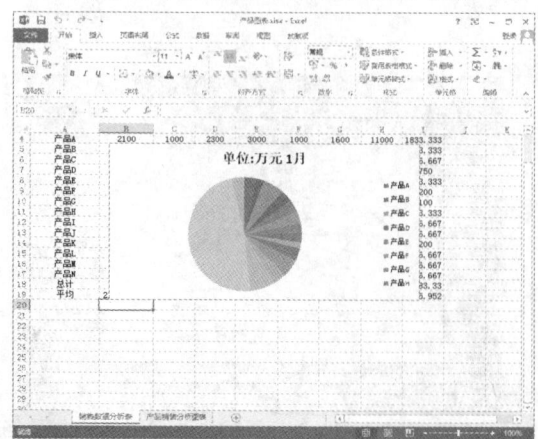

STEP 02 选择图表

在工作表中,选择需要更改图表类型的图表,如下图所示。

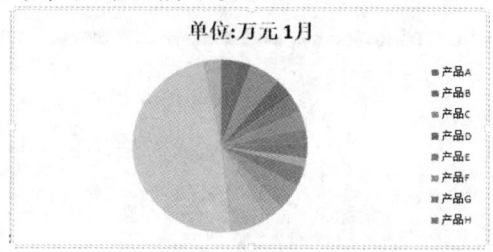

STEP 03 选择"更改图表类型"选项

单击鼠标右键,在弹出的快捷菜单中选择"更改图表类型"选项,如下图所示。

STEP 04 选择需要的图表样式

弹出"更改图表类型"对话框,在其中选择需要的图表样式,如下图所示。

第 10 章　形象展示：让数据也会说话

STEP 05 更改图表样式

单击"确定"按钮，即可更改图表样式，如下图所示。

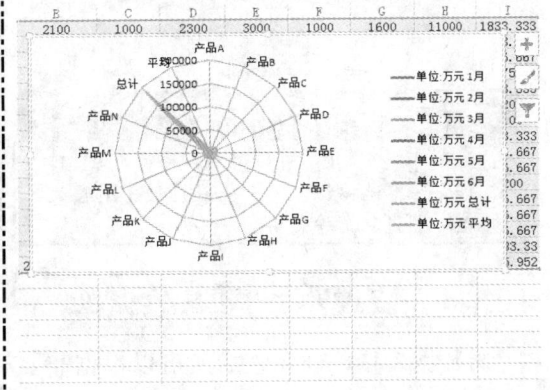

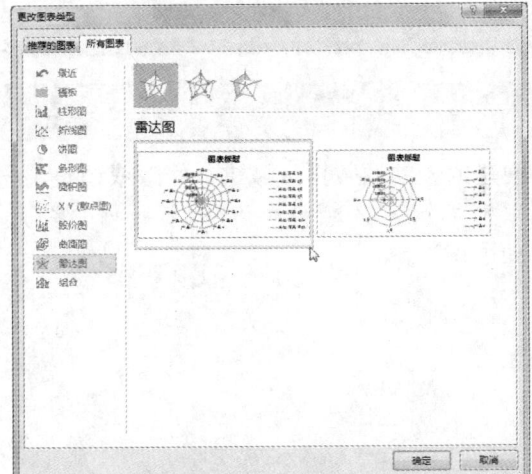

> **专家指点**
>
> 在 Excel 2013 中修改图表类型时，用户也可以在"插入"面板的"图表"选项板中单击相应的图表类型，在弹出的列表框中选择需要的图表样式。

10.1.3　快速移动图表位置

在 Excel 2013 工作表的图表中，图表区以及图例等组成部分的位置都不是固定不变的，通过鼠标拖曳可以调整它们的位置。

STEP 01 选择图表

打开一个 Excel 工作簿，选择需要移动的图表，如下图所示。

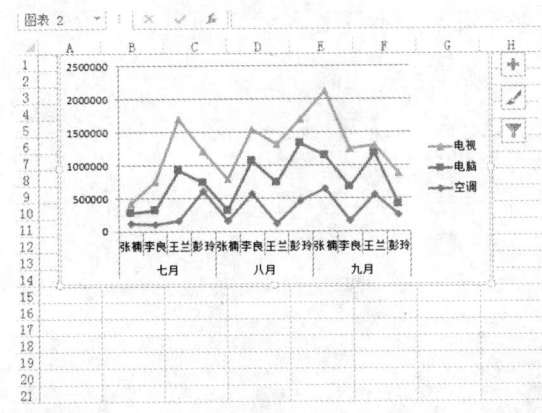

STEP 02 单击"移动图表"按钮

切换至"图表工具"中的"设计"面板，在"位置"选项板中单击"移动图表"按钮，

如下图所示。

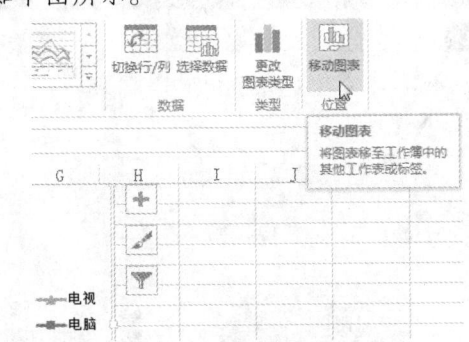

STEP 03 选择 Sheet2 选项

弹出"移动图表"对话框，选中"对象位于"单选按钮，在其右侧的下拉列表框中选择 Sheet2 选项，如下图所示。

STEP 04 移动图表

单击"确定"按钮，即可将图表移至 Sheet2，如下图所示。

新手学 Office 高效办公从入门到精通

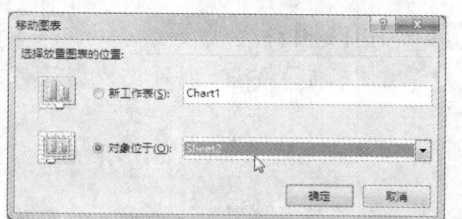
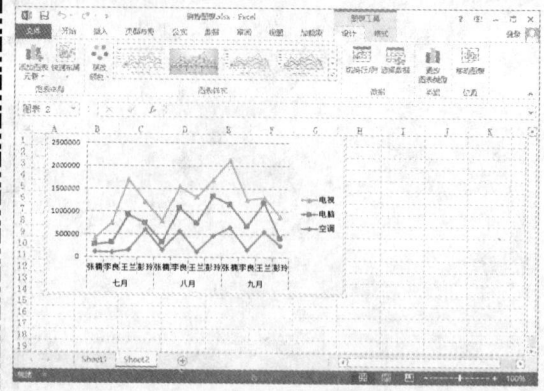

专家指点

在"移动图表"对话框中，如果选中"新工作表"单选按钮，则系统会自动将图表放置在一张新的工作表中。

10.1.4 快速重设图表数据源

为数据表格创建图表后，可以根据需要对创建图表的源数据区域进行修改或调整。

STEP 01 打开一个 Excel 工作簿

打开一个 Excel 工作簿，如下图所示。

单击"数据"选项板中的"选择数据"按钮，如下图所示。

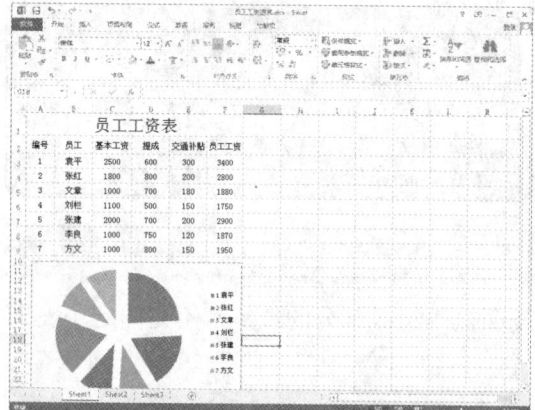
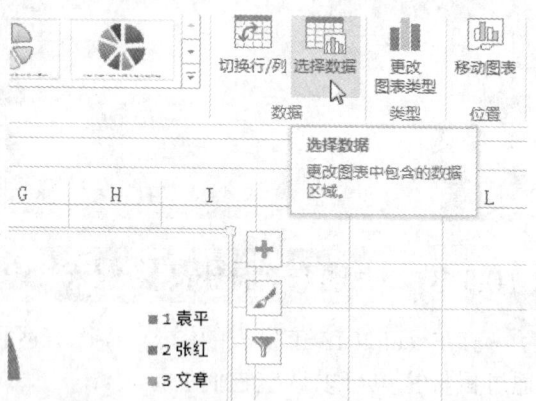

STEP 02 选择图表对象

在工作表中，选择相应图表对象，如下图所示。

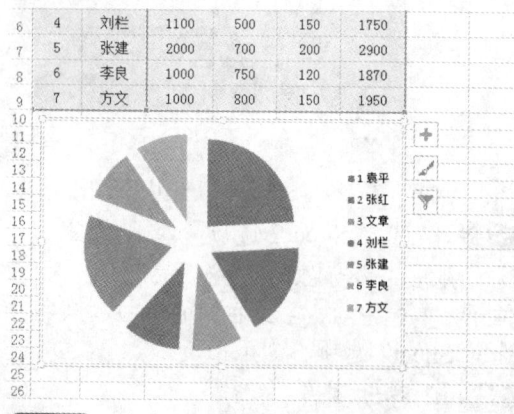

STEP 03 单击"选择数据"按钮

切换至"图表工具"中的"设计"面板，

STEP 04 选择创建图表的新数据区域

弹出"选择数据源"对话框，在"图表数据区域"文本框中，重新选择创建图表的数据区域，如下图所示。

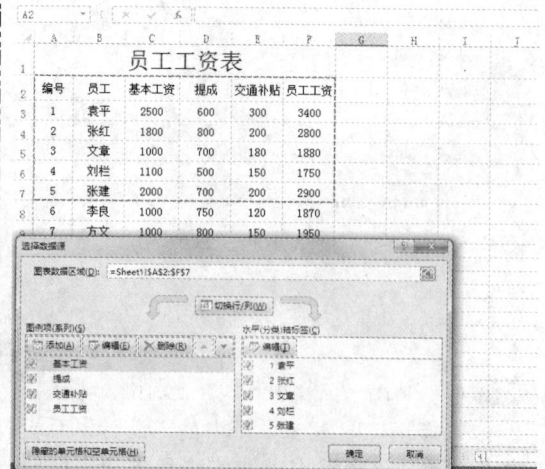

第 10 章 形象展示：让数据也会说话

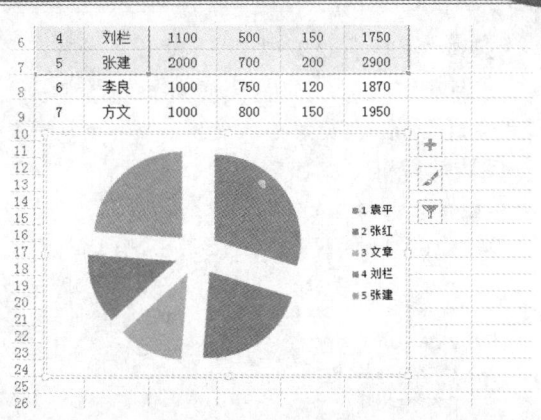

STEP 05 生成新的图表系列

单击"确定"按钮，即可生成新的图表系列，如下图所示。

10.1.5 快速添加数据标签

在 Excel 2013 中，可在数据图表中添加数据标签，数据标签不仅可以增强图表的可读性，还可以增强图表的数据化形式。

STEP 01 打开一个 Excel 工作簿

打开一个 Excel 工作簿，如下图所示。

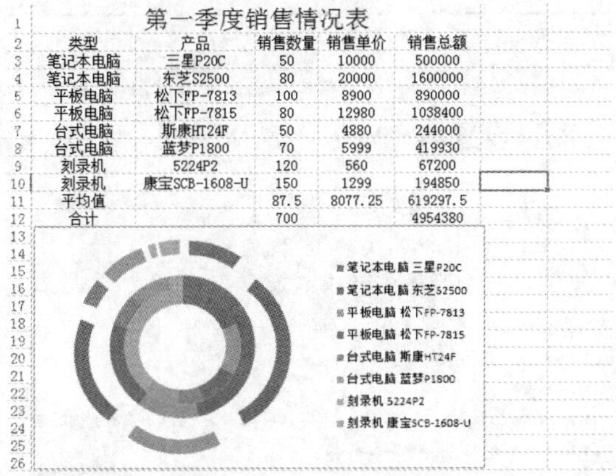

切换至"图表工具"中的"设计"面板，在"图表布局"选项板中，单击"添加图表元素"下拉按钮，如下图所示。

STEP 02 选择图表

在工作表中，选择需要添加数据标签的图表，如下图所示。

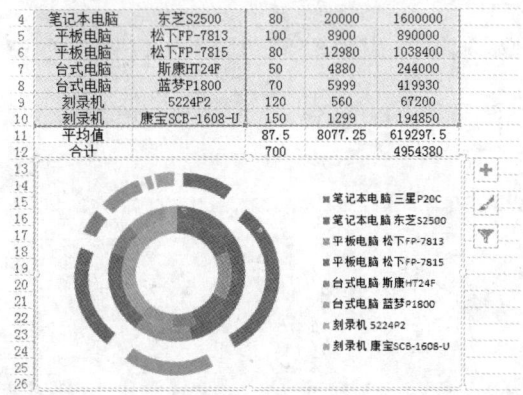

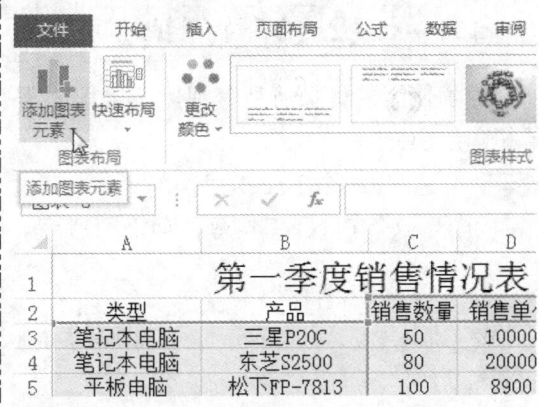

STEP 04 选择"其他数据标签选项"选项

在弹出的列表框中，选择"数据标签"｜"其他数据标签选项"选项，如下图所示。

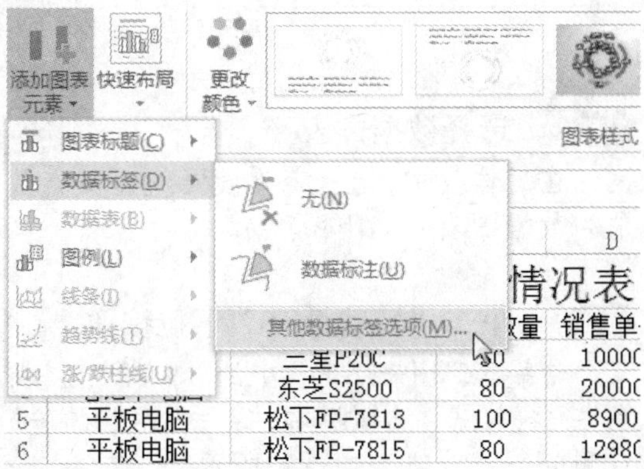

STEP 03 单击"添加图表元素"下拉按钮

STEP 05 保持各选项为默认设置

执行操作后,弹出"设置数据标签格式"窗格,保持各选项为默认设置,如下图所示。

STEP 06 添加数据标签

关闭"设置数据标签格式"窗格,完成在图表中添加数据标签,如下图所示。

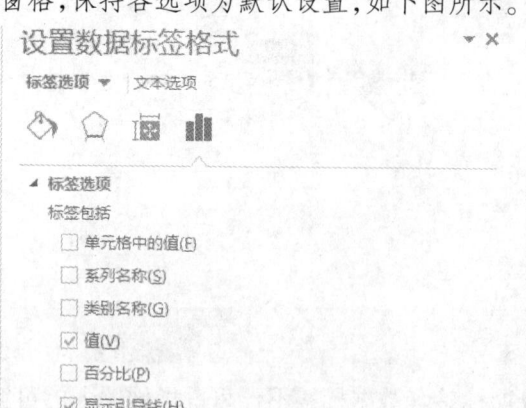

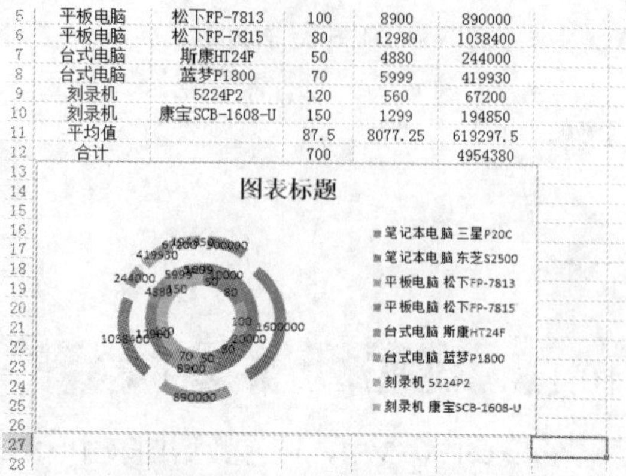

专家指点

在"数据标签"列表框中选择"其他数据标签选项"选项,在弹出的"设置数据标签格式"窗格中可设置数据标签的显示方式为百分比显示。

10.1.6 快速设置纹理填充效果

为了使图表更加清晰美观,可以根据需要为图表设置填充效果,包括渐变、纹理、图案和图片填充等。

STEP 01 打开一个 Excel 工作簿

打开一个 Excel 工作簿,如下图所示。

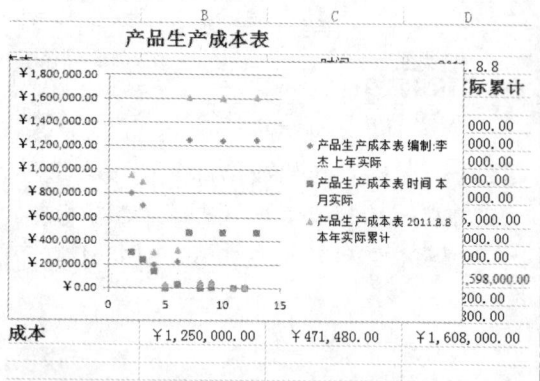

STEP 02 选择数据图表

在工作表中,选择需要设置纹理填充效果的数据图表,如下图所示。

STEP 03 单击"形状填充"下拉按钮

切换至"图表工具"中的"格式"面板,在"形状样式"选项板中,单击"形状填充"右侧的下拉按钮,如下图所示。

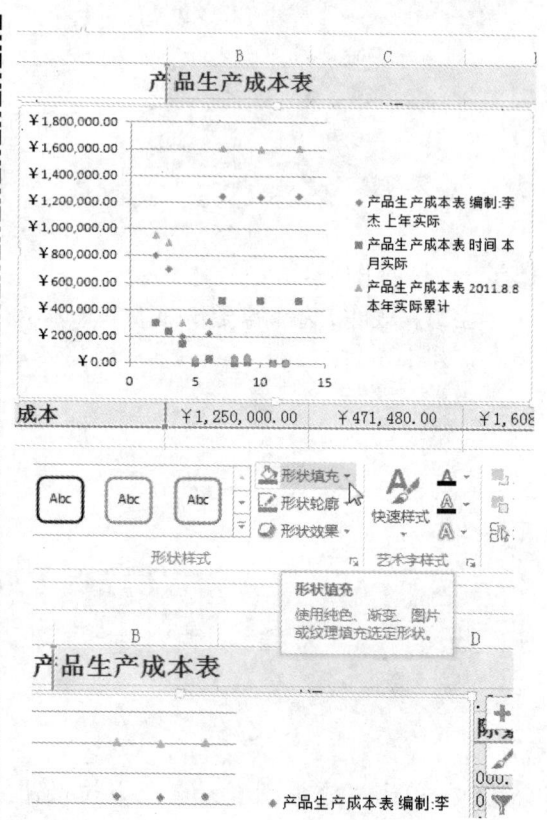

第 10 章 形象展示：让数据也会说话

STEP 04 选择"水滴"选项

弹出列表框，选择"纹理"|"水滴"选项，如下图所示。

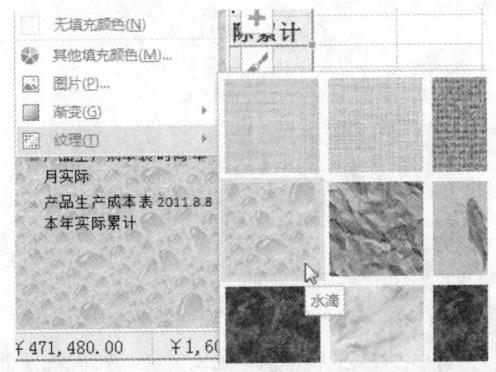

STEP 05 设置纹理填充效果

执行操作后，即可设置纹理填充效果，如下图所示。

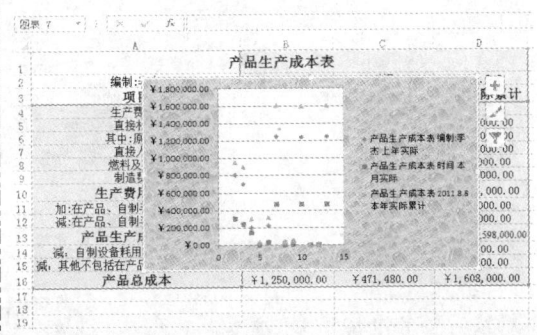

10.2 创建数据透视表

数据透视表是一种交互式的数据报表，可以快速汇总、比较大量的数据，同时可以通过筛选其中页、行与列中的不同数据源，以快速查看数据的不同统计结果，并能随时显示和打印相关区域的明细数据。本节主要介绍利用向导创建数据透视表、创建分类筛选数据透视表的操作方法。

10.2.1 使用向导创建

在 Excel 2013 中，利用数据透视表向导功能，可以快速、方便地创建数据透视表。

STEP 01 打开一个 Excel 工作簿

打开一个 Excel 工作簿，如下图所示。

STEP 02 单击"数据透视表"按钮

切换至"插入"面板，在"表格"选项板中单击"数据透视表"按钮，如下图所示。

STEP 03 单击相应按钮

弹出"创建数据透视表"对话框，在"表/区域"文本框的右侧，单击相应按钮，如下图所示。

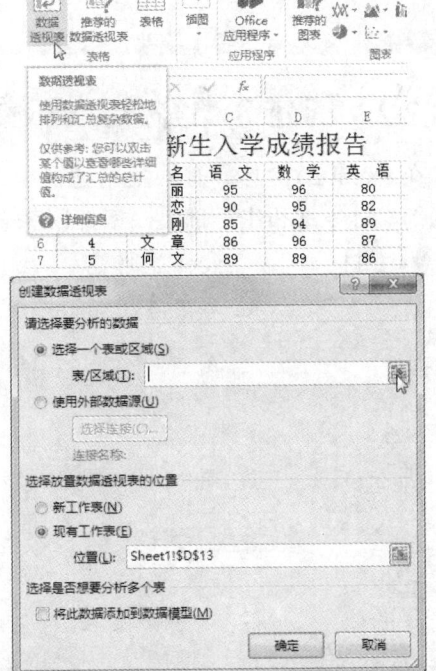

STEP 04 选择需要创建数据透视表的区域

执行操作后,在工作表中选择需要创建数据透视表的区域,如下图所示。

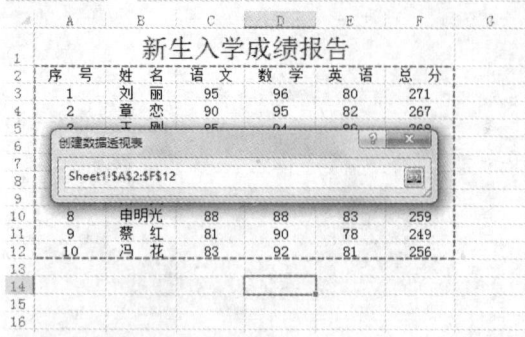

STEP 05 创建数据透视表

按【Enter】键确认,然后单击"确定"按钮,即可创建数据透视表,如下图所示。

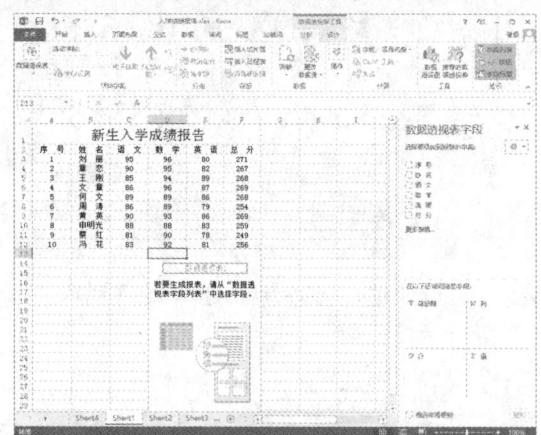

STEP 06 选中相应复选框

在"数据透视表字段"窗格中,选中相应复选框,如下图所示。

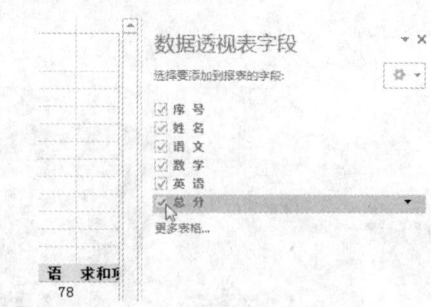

STEP 07 创建相关数据的透视表

执行操作后,即可创建相关数据的透视表,关闭"数据透视表字段"窗格,将创建的数据透视表移动至合适的位置,效果如下图所示。

10.2.2 创建分类筛选数据透视表

在 Excel 2013 中,有的数据透视表中的数据不属于同一类别,例如,部门可分销售部、企划部、财务部和生产部,根据部门类型的不同,用户可以创建分类数据透视表进行操作。

STEP 01 打开一个 Excel 工作簿

打开一个 Excel 工作簿,如下图所示。

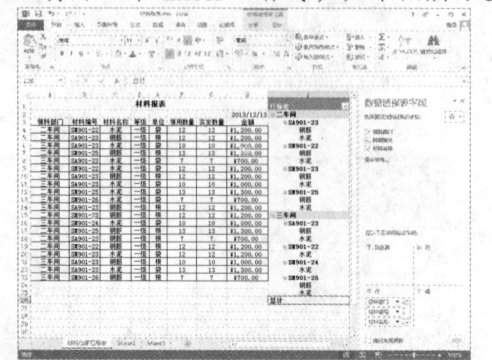

STEP 02 单击"行标签"下拉按钮

单击数据透视表中"行标签"右侧的下拉按钮,如下图所示。

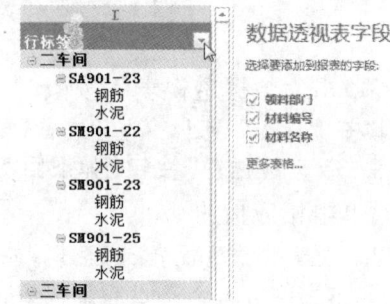

第 10 章 形象展示：让数据也会说话

STEP 03 选中"三车间"复选框

在弹出的列表框中取消选中"全选"复选框，选中"三车间"复选框，如下图所示。

STEP 04 创建分类筛选数据透视表

单击"确定"按钮，即可创建分类筛选数据透视表，如下图所示。

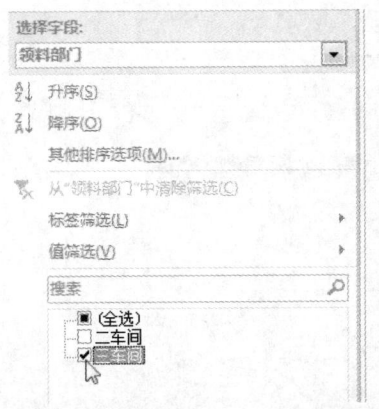
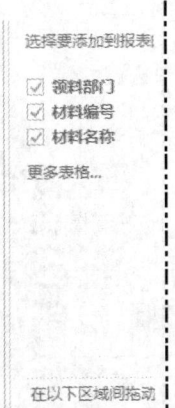
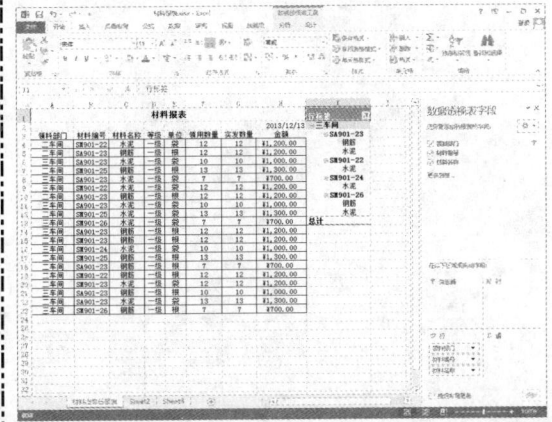

10.3 轻松编辑数据透视表

在 Excel 2013 中，建立数据透视表后，数据透视表有可能不符合实际需求，这时就需要对它进行版式的更改、数据字段的添加和删除、数字格式的更改等，还得随着数据的更新及时更新数据透视表中的数据。本节主要介绍调整透视表排序、更改数据透视表布局以及更改数据透视表样式等内容。

10.3.1 调整透视表排序

在 Excel 2013 中，数据透视表自动创建的顺序有时并不能满足实际需求，此时可以调整透视表的排序。

STEP 01 打开一个 Excel 工作簿

打开一个 Excel 工作簿，如下图所示。

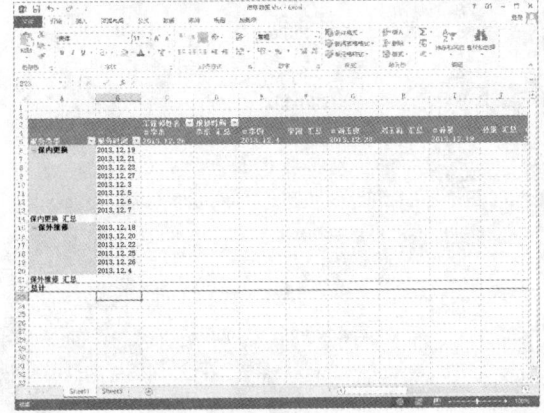

STEP 02 选择数据透视表

在工作表中，选择数据透视表，如下图所示。

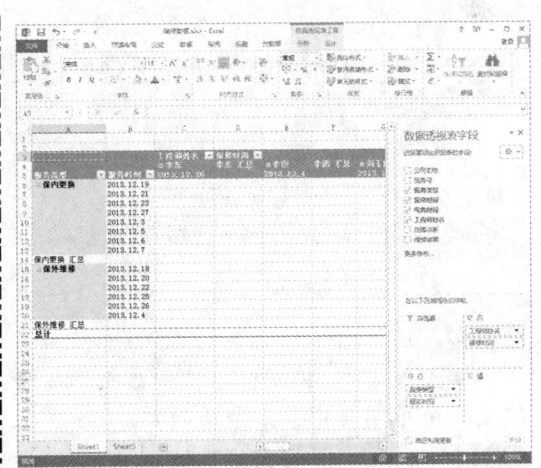

STEP 03 单击"服务类型"按钮

在"数据透视表字段"的"行"列表框中单击"服务类型"按钮，如下图所示。

STEP 04 选择"下移"选项

在弹出的列表框中选择"下移"选项，如下图所示。

STEP 05 调整透视表的排序

执行操作后，即可调整透视表的排序，如下图所示。

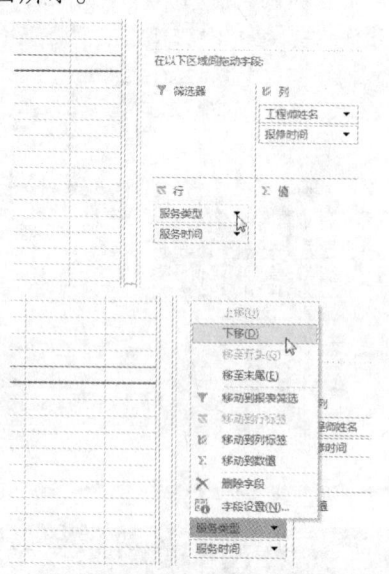

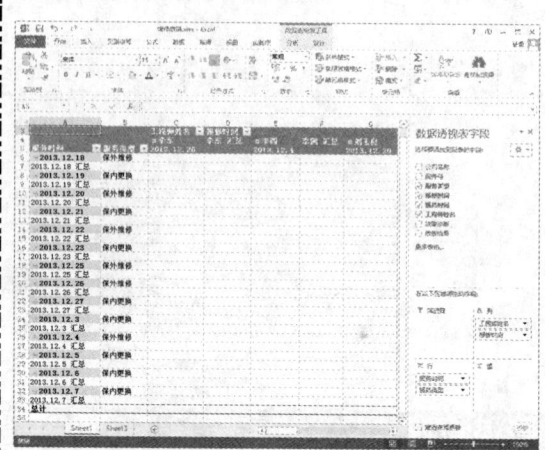

10.3.2 更改数据透视表布局

在 Excel 2013 中，更改数据透视表时，用户可以通过拖动字段按钮或字段标题，直接更改数据透视表的布局，也可以使用数据透视表向导来更改。

STEP 01 打开一个 Excel 工作簿

打开一个 Excel 工作簿，如下图所示。

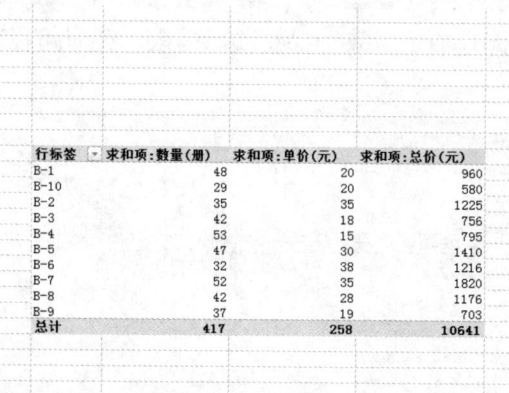

STEP 02 定位光标

在工作表中，将光标定位到数据透视表的某一个单元格中，如下图所示。

STEP 03 单击"报表布局"下拉按钮

切换至"数据透视表工具"中的"设计"面板，在"布局"选项板中单击"报表布局"下拉按钮，如下图所示。

STEP 04 选择"以表格形式显示"选项

在弹出的列表框中，选择"以表格形式显示"选项，如下图所示。

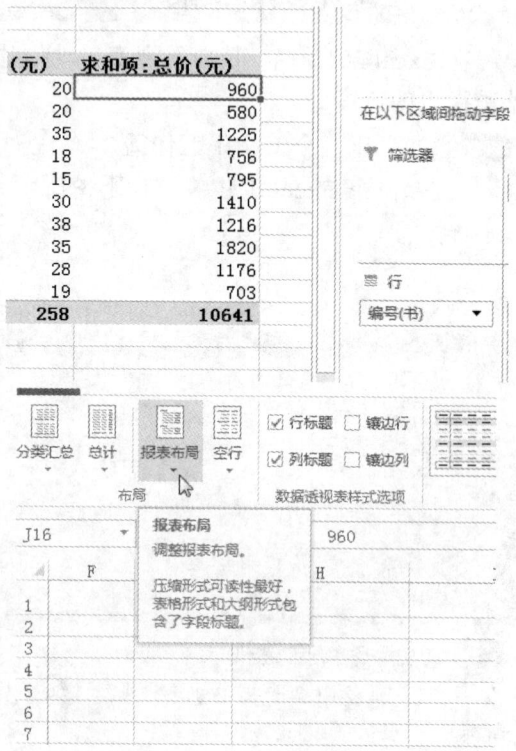

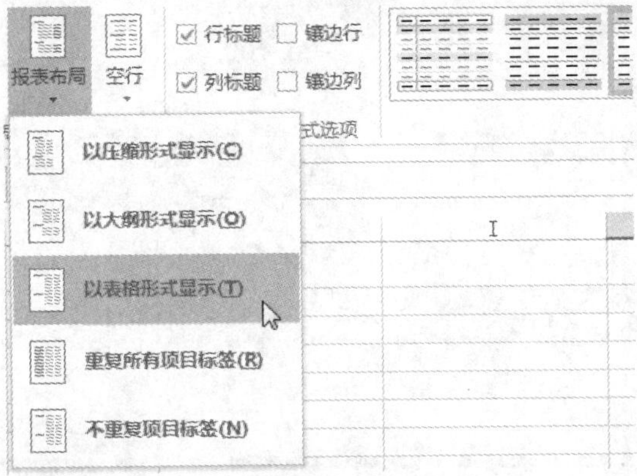

第 10 章　形象展示：让数据也会说话

执行操作后，即可更改数据透视表布局，如下图所示。

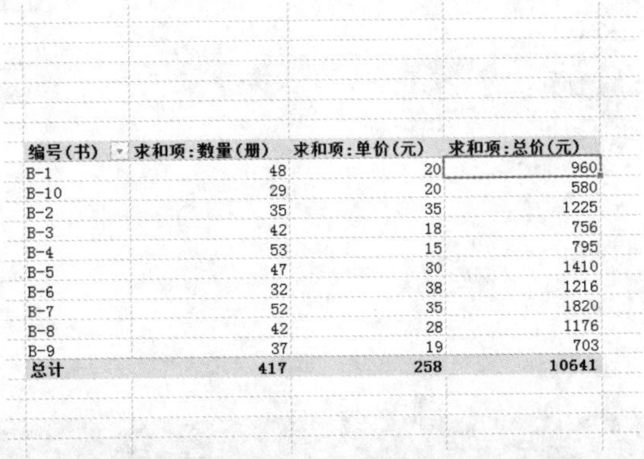

编号(书)	求和项:数量(册)	求和项:单价(元)	求和项:总价(元)
B-1	48	20	960
B-10	29	20	580
B-2	35	35	1225
B-3	42	18	756
B-4	53	15	795
B-5	47	30	1410
B-6	32	38	1216
B-7	52	35	1820
B-8	42	28	1176
B-9	37	19	703
总计	417	258	10641

STEP 05 更改数据透视表布局

> **专家指点**
> 在 Excel 2013 中，更改数据透视表的布局，可以让数据透视表以不同的方式显示。当数据透视表中分类内容较多时，可以使用压缩形式显示数据透视表。

10.3.3　轻松复制数据透视表

在 Excel 2013 中，用户可以通过快捷菜单快速复制数据透视表。

STEP 01 打开一个 Excel 工作簿

打开一个 Excel 工作簿，如下图所示。

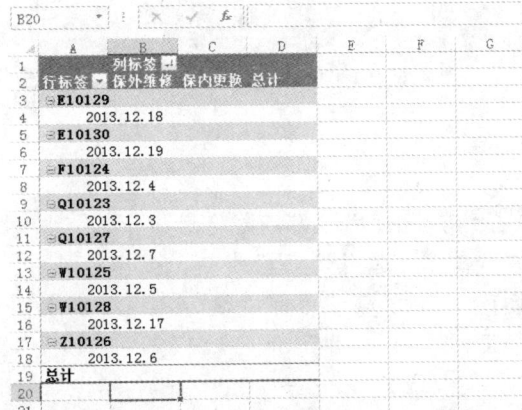

STEP 02 选择数据透视表

在工作表中，选择整个数据透视表，如下图所示。

STEP 03 选择"复制"选项

单击鼠标右键，在弹出的快捷菜单中，选择"复制"选项，如下图所示。

STEP 04 选择"粘贴"选项

选择需要粘贴的单元格，单击鼠标右键，在弹出的快捷菜单中选择"粘贴选项"|"粘贴"选项，如下图所示。

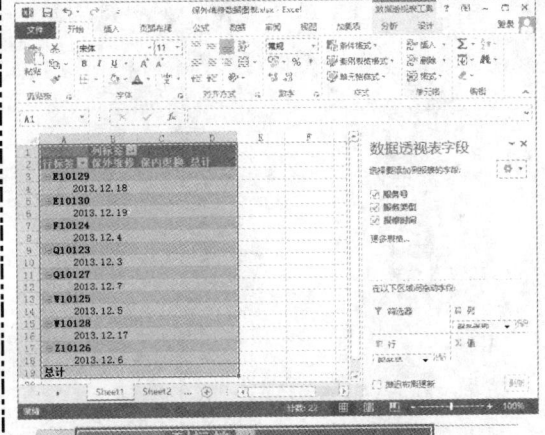

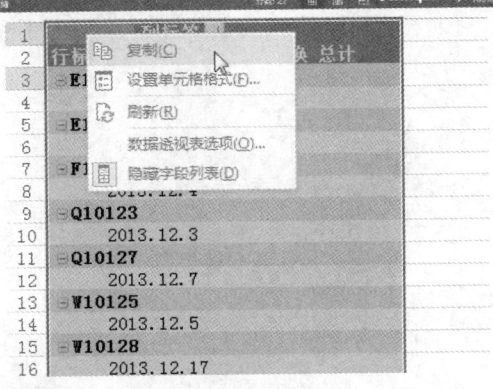

STEP 05 复制数据透视表

按【Enter】键确认，即可完成对数据透视表的复制，如下图所示。

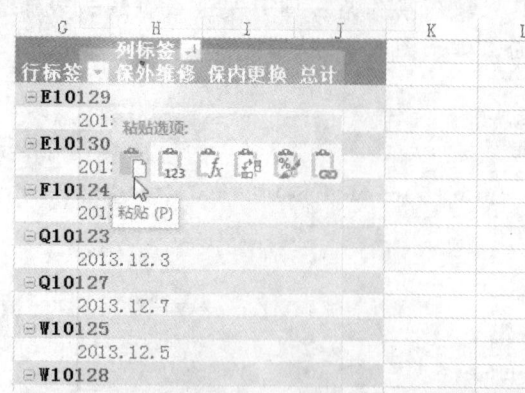
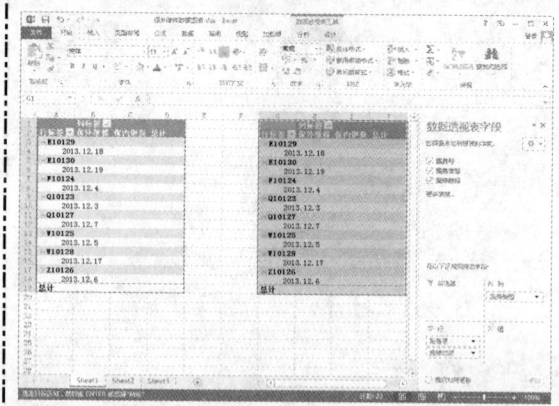

> **专家指点**
>
> 在 Excel 2013 中，除了使用上述方法复制数据透视表外，还可以选择需要复制的数据透视表，按【Ctrl + C】组合键复制，然后选择目标单元格，按【Ctrl + V】组合键粘贴。

10.3.4 轻松删除数据透视表

在 Excel 2013 中，当用户不再需要数据透视表时，可以将数据透视表删除。

STEP 01 打开一个 Excel 工作簿

打开一个 Excel 工作簿，如下图所示。

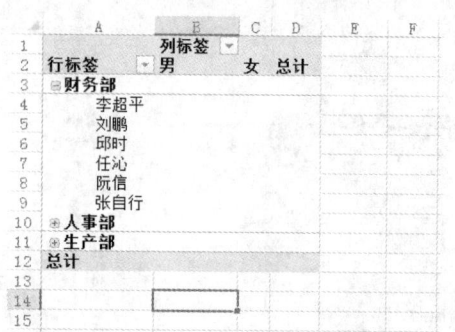

STEP 02 选择数据透视表

在工作表中，选择数据透视表，如下图所示。

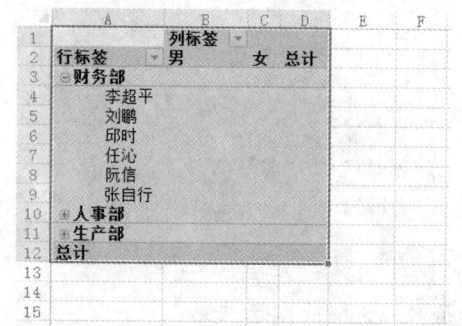

STEP 03 切换至"分析"面板

切换至"数据透视表工具"中的"分析"面板，如下图所示。

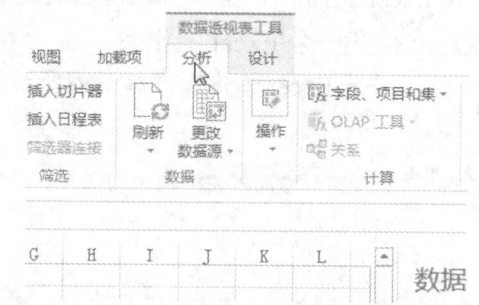

STEP 04 选择"全部清除"选项

单击"操作"下拉按钮，弹出列表框，选择"清除"|"全部清除"选项，如下图所示。

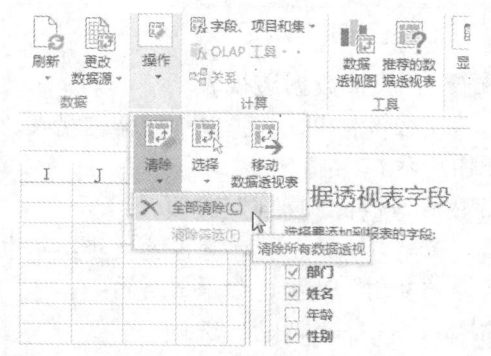

STEP 05 删除数据透视表

执行操作后，即可删除数据透视表，如下图所示。

第 10 章　形象展示：让数据也会说话

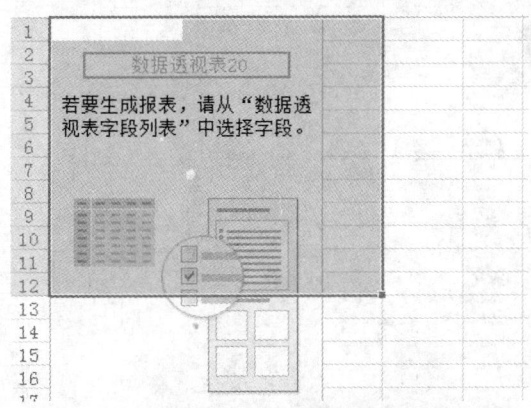

> **专家指点**
>
> 在 Excel 2013 中，若选择需要删除的数据透视表，按【Delete】键，即可将数据透视表全部删除，结果与选择"全部清除"选项不同。选择"全部清除"选项后，数据透视表保留初始状态，但按【Delete】键后，会将数据透视表彻底删除。

10.3.5　更改数据透视表样式

对于创建的数据透视表，用户可以使用自动套用格式功能，将 Excel 中内置的数据透视表样式应用于选中的数据透视表。

STEP 01 打开一个 Excel 工作簿

打开一个 Excel 工作簿，如下图所示。

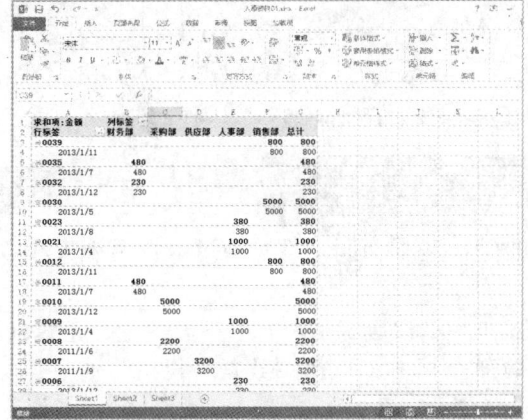

STEP 02 选择数据透视表

在工作表中，选择数据透视表，如下图所示。

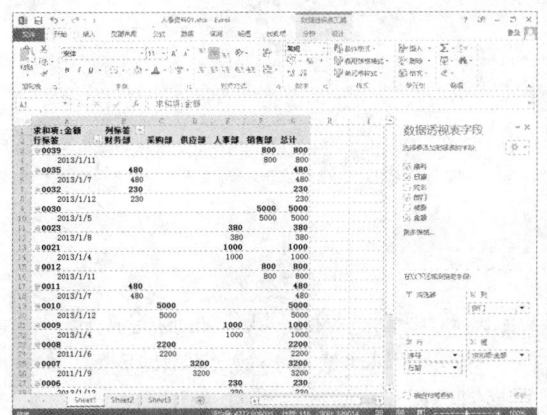

STEP 03 切换至"设计"面板

切换至"数据透视表工具"中的"设计"面板，如下图所示。

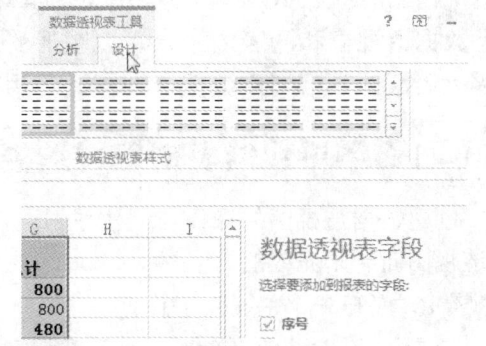

STEP 04 单击"其他"按钮

在"数据透视表样式"选项板中，单击"其他"按钮，如下图所示。

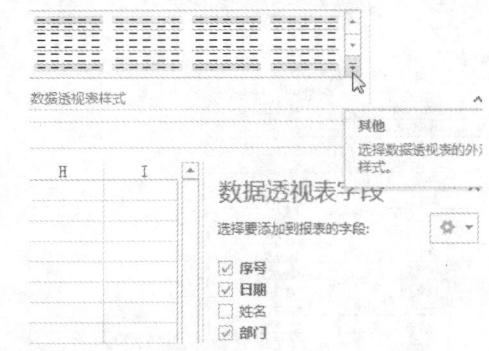

STEP 05 选择相应选项

弹出列表框，在"浅色"选项区中，选择相应选项，如下图所示。

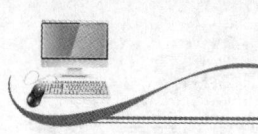

新手学 Office 高效办公从入门到精通

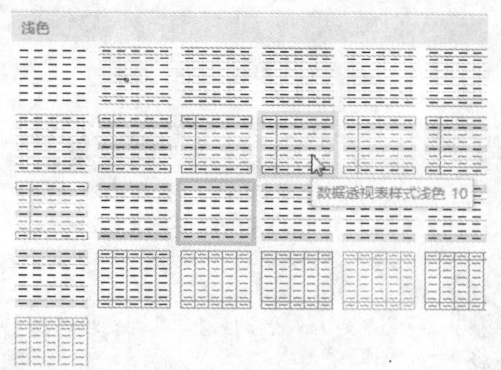

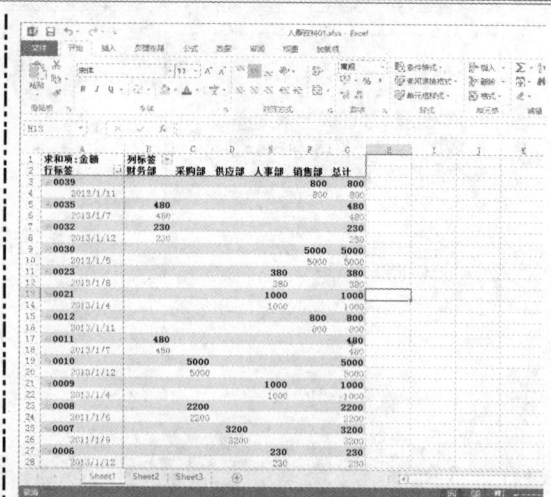

STEP 06 更改数据透视表样式

执行操作后，即可更改数据透视表样式，如下图所示。

> **专家指点**
>
> 在 Excel 2013 中，系统为用户提供了多种数据透视表样式，用户可以根据需要自行选择。

10.4 创建数据透视图

在 Excel 2013 中，数据透视图是数据表格的另外一种统计汇总的表现形式，它是数据透视表和图表的结合，以图形的形式表示数据透视表中的数据。本节主要介绍运用数据表格创建数据透视图、运用数据透视表创建数据透视图等内容。

10.4.1 运用数据表格创建透视图

创建数据透视图的操作与创建数据透视表的操作基本相同，都是通过数据透视表和数据透视图向导来完成的。

STEP 01 打开一个 Excel 工作簿

打开一个 Excel 工作簿，如下图所示。

STEP 02 选择"数据透视图"选项

切换至"插入"面板，单击"图表"选

项板中的"数据透视图"下拉按钮，在弹出的列表框中，选择"数据透视图"选项，如下图所示。

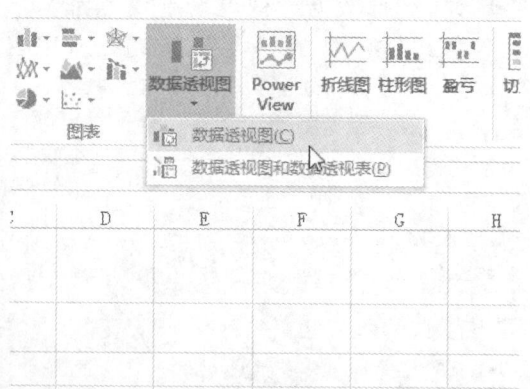

STEP 03 单击"表/区域"右侧的按钮

弹出"创建数据透视图"对话框，单击"表/区域"右侧的按钮，如下图所示。

第 10 章　形象展示：让数据也会说话

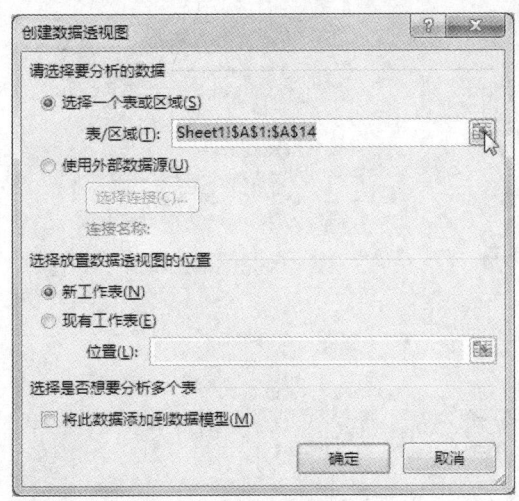

STEP 04 选择相应单元格区域

在工作表中选择需要创建数据透视图的单元格区域，如下图所示。

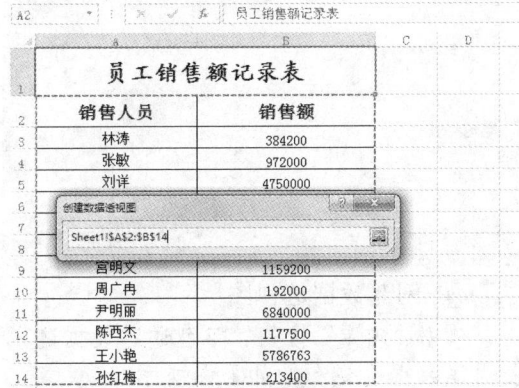

STEP 05 创建数据透视图

按【Enter】键确认，返回"创建数据透视图"对话框，选中"新工作表"单选按钮，单击"确定"按钮，即可在一个新的工作表中创建数据透视图，如下图所示。

STEP 06 选中相应的复选框

在"数据透视图字段"窗格中选中相应的复选框，如下图所示。

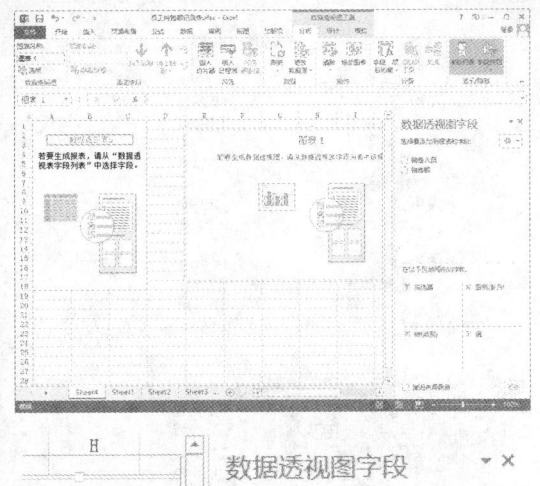

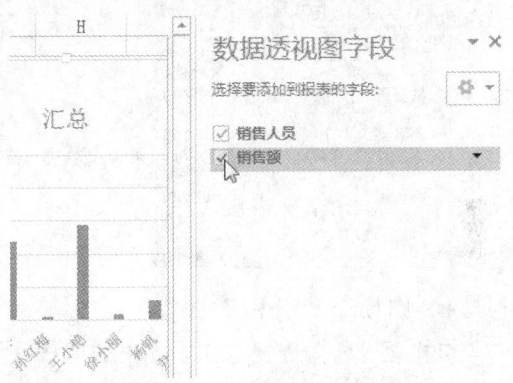

STEP 07 显示相应的数据及图表

执行操作后，即可显示相应的数据及图表，如下图所示。

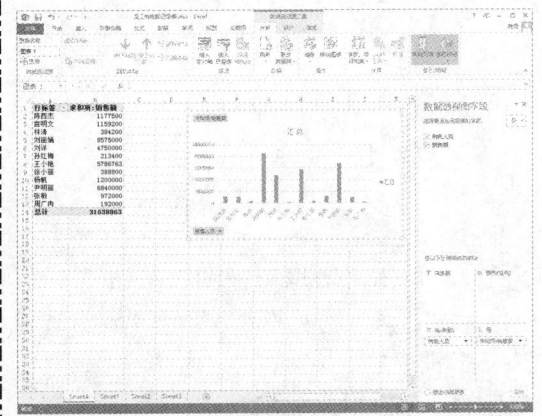

10.4.2　运用数据透视表创建透视图

在 Excel 2013 中，用户可以直接通过数据透视表创建数据透视图。

STEP 01 打开一个 Excel 工作簿

打开一个 Excel 工作簿，如下图所示。

STEP 02 选择数据透视表

在工作表中，选择数据透视表，如下图所示。

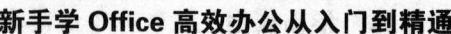

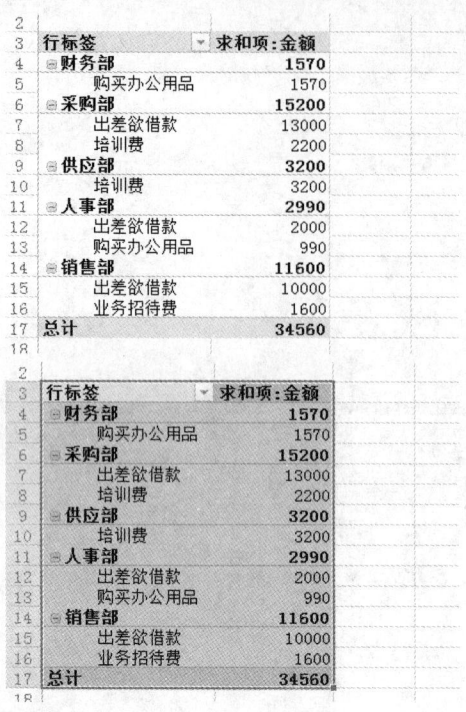

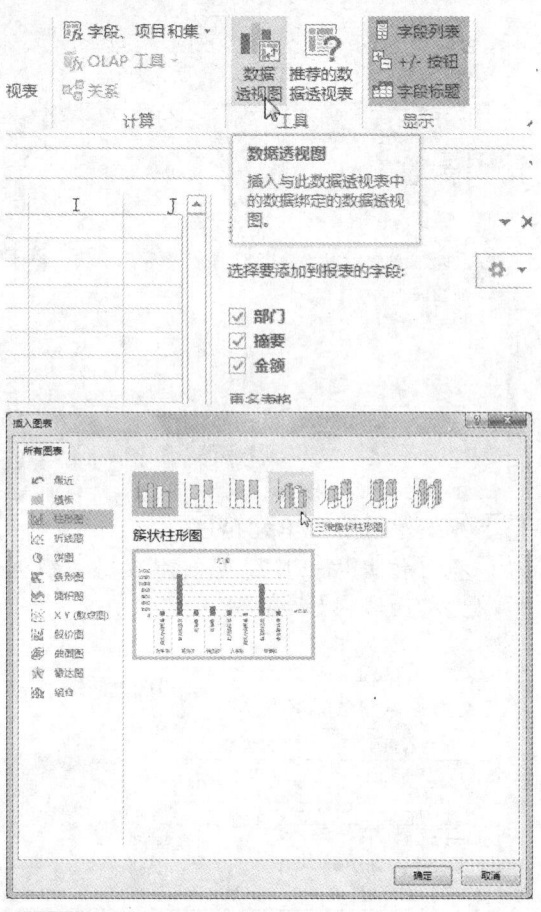

STEP 03 切换至"分析"面板

切换至"数据透视表工具"中的"分析"面板，如下图所示。

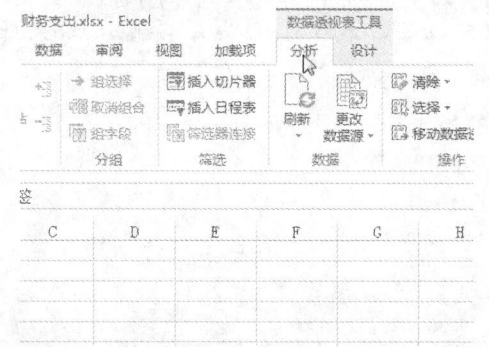

STEP 04 单击"数据透视图"按钮

在"工具"选项板中，单击"数据透视图"按钮，如下图所示。

STEP 05 选择相应选项

弹出"插入图表"对话框，在左侧列表中选择"柱形图"选项，在右侧选择"三维簇状柱形图"选项，如下图所示。

STEP 06 创建数据透视图

单击"确定"按钮，即可通过数据透视表创建数据透视图，如下图所示。

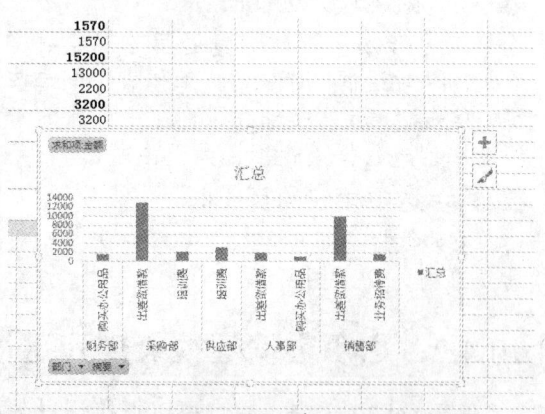

10.5 轻松编辑数据透视图

在 Excel 2013 中，数据透视图的编辑与图表的编辑类似。本节主要介绍设置数据透视图样式、添加数据透视图标题以及更改数据透视图类型等内容。

第 10 章 形象展示：让数据也会说话

10.5.1 设置数据透视图样式

在 Excel 2013 中，系统提供了大量的图表样式，用户可以根据需要设置合适的数据透视图样式。

STEP 01 打开一个 Excel 工作簿

打开一个 Excel 工作簿，如下图所示。

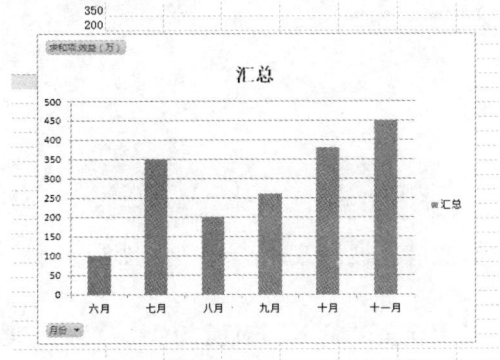

STEP 02 选择数据透视图

在工作表中，选择数据透视图，如下图所示。

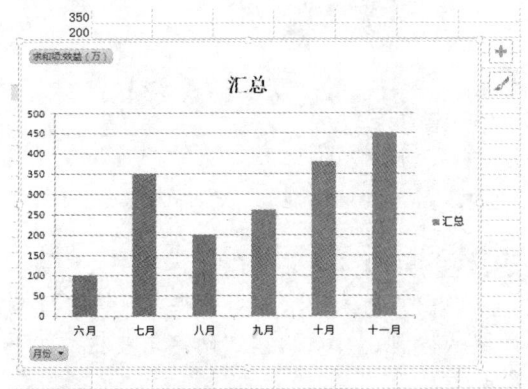

STEP 03 单击"其他"按钮

切换至"数据透视图工具"中的"设计"面板，在"图表样式"选项板中单击"其他"按钮，如下图所示。

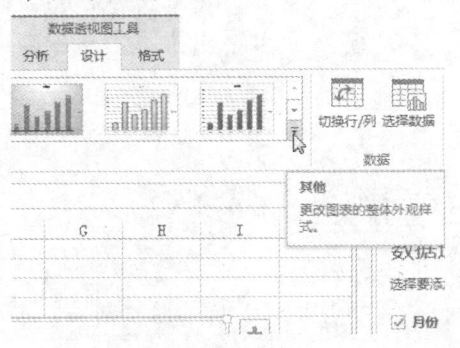

STEP 04 选择"样式 8"选项

弹出列表框，选择"样式 8"选项，如下图所示。

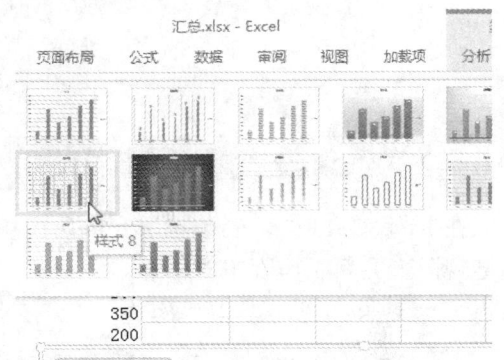

STEP 05 单击"更改颜色"下拉按钮

单击"图表样式"选项板中的"更改颜色"下拉按钮，如下图所示。

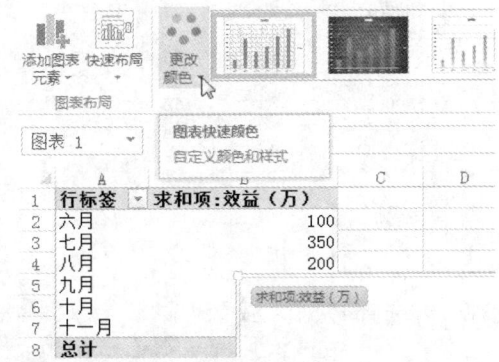

STEP 06 选择"颜色 4"选项

在弹出的列表框的"彩色"选项区中，选择"颜色 4"选项，如下图所示。

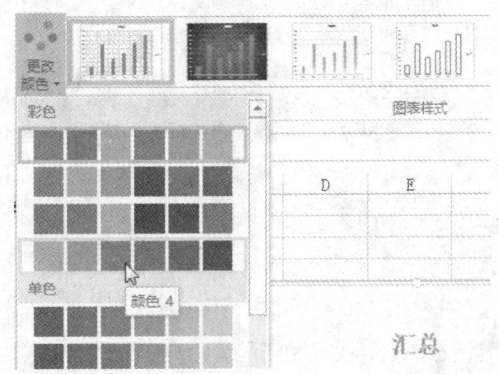

STEP 07 设置数据透视图样式

执行操作后,即可显示设置的数据透视图样式,效果如下图所示。

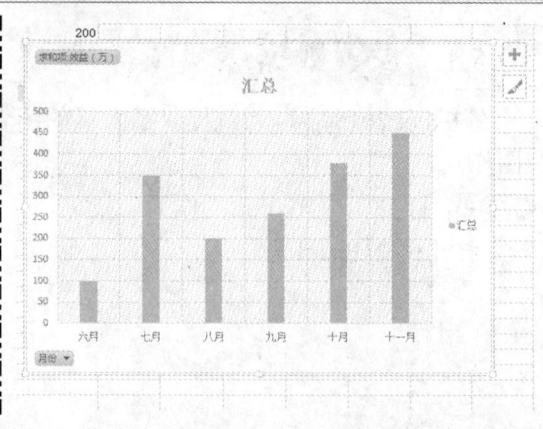

10.5.2 重新设置数据透视图

在 Excel 2013 中,当数据透视图所引用的数据源信息被修改时,用户可以通过刷新数据透视图来更新工作表中的信息。

STEP 01 打开一个 Excel 工作簿

打开一个 Excel 工作簿,如下图所示。

	A	B	C	D
1	学号	语文	数学	英语
2	2013000104	60	60	86
3	2013000105	82	82	75
4	2013000106	72	72	73
5	2013000107	65	65	76
6	2013000108	70	70	78
7	2013000109	72	72	83
8	2013000110	62	62	82
9	2013000111	70	70	78
10	2013000112	65	65	85

STEP 02 选择数据区域

在工作表中选择相应的数据区域,如下图所示。

	A	B	C	D
1	学号	语文	数学	英语
2	2013000104	60	60	86
3	2013000105	82	82	75
4	2013000106	72	72	73
5	2013000107	65	65	76
6	2013000108	70	70	78
7	2013000109	72	72	83
8	2013000110	62	62	82
9	2013000111	70	70	78
10	2013000112	65	65	85

STEP 03 单击"推荐的图表"按钮

切换至"插入"面板,单击"图表"选项板中的"推荐的图表"按钮,如下图所示。

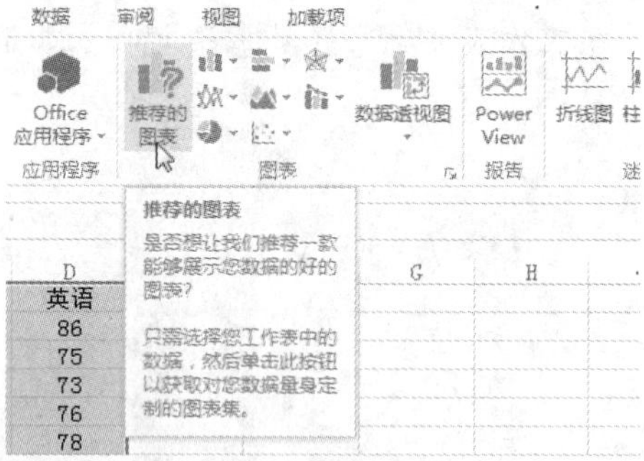

STEP 04 单击"确定"按钮

弹出"插入图表"对话框,保持各选项为默认设置,直接单击"确定"按钮,如下图所示。

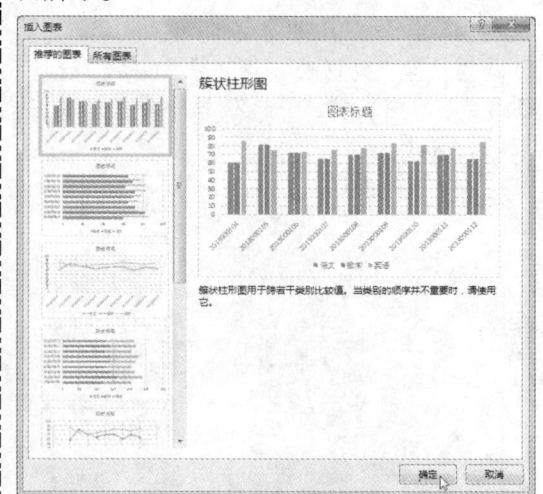

第 10 章　形象展示：让数据也会说话

STEP 05 创建透视图

执行操作后，为数据区域创建透视图，如下图所示。

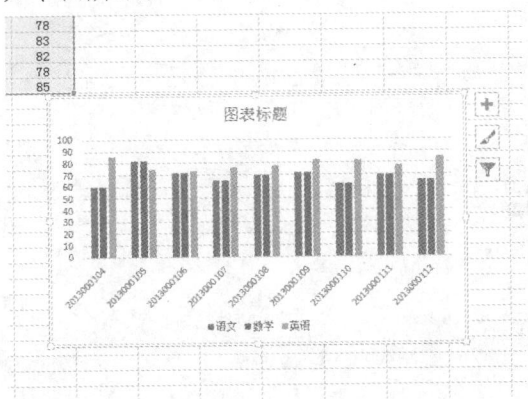

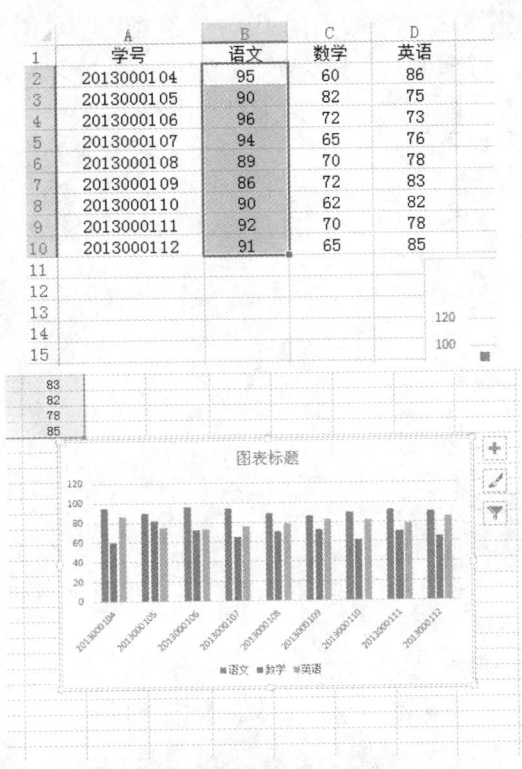

STEP 06 更改"语文"列中的数据

在工作表中的数据区域，更改"语文"列中的数据，如下图所示。

STEP 07 重新设置数据透视图

执行操作后，即可重新设置数据透视图，如下图所示。

10.5.3　添加数据透视图标题

在 Excel 2013 中，系统会自动为数据透视图添加标题。另外，用户也可以根据需要自行为数据透视图添加标题。

STEP 01 打开一个 Excel 工作簿

打开一个 Excel 工作簿，如下图所示。

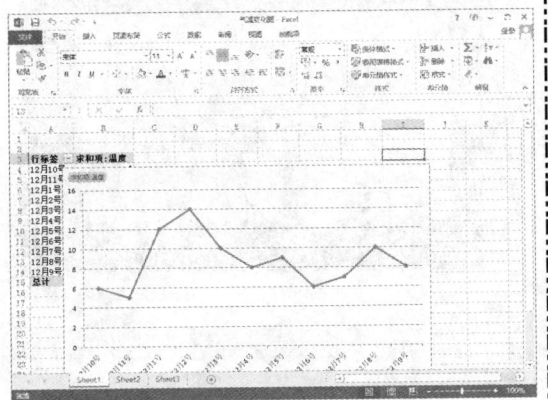

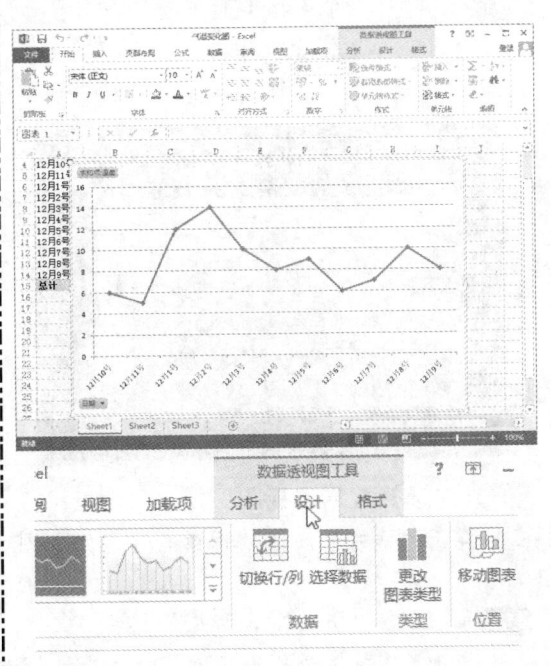

STEP 02 选择数据透视图

选择数据透视图，如下图所示。

STEP 03 进入"设计"面板

在"数据透视图工具"中单击"设计"标签，显示"设计"面板，如下图所示。

STEP 04 选择"图表上方"选项

单击"图表布局"选项板中的"添加图表元素"下拉按钮，弹出列表框，选择"图表标题"|"图表上方"选项，如下图所示。

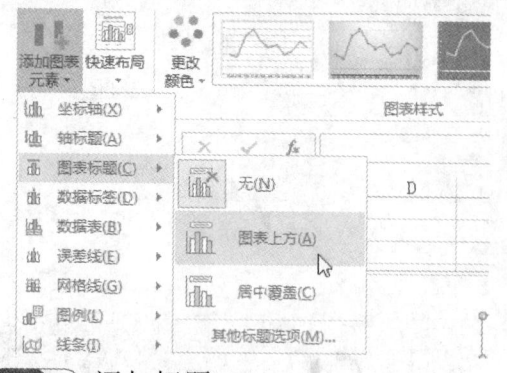

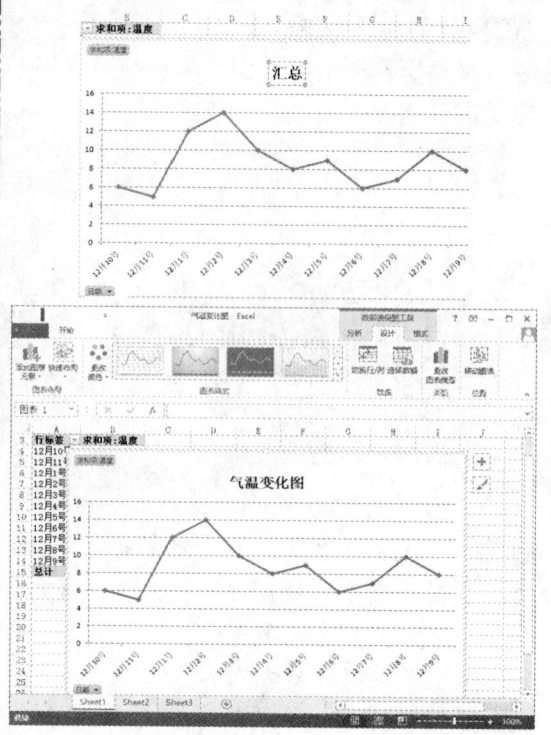

STEP 05 添加标题

执行操作后，即可在数据透视图中添加标题，如下图所示。

STEP 06 输入文本

在标题中输入文本，如下图所示。

10.5.4 更改数据透视图类型

在 Excel 2013 中，系统提供了多种不同类型的图表，用户可以根据需要将数据透视图更改为合适类型的图表。

STEP 01 打开一个 Excel 工作簿

打开一个 Excel 工作簿，如下图所示。

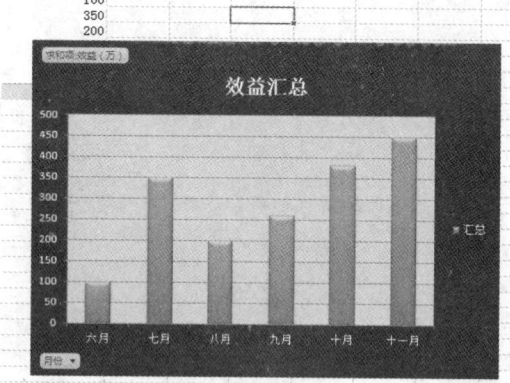

STEP 02 选择数据透视图

在工作表中，选择数据透视图，如下图所示。

STEP 03 单击"更改图表类型"按钮

切换至"数据透视图工具"中的"设计"面板，在"类型"选项板中，单击"更改图表类型"按钮，如下图所示。

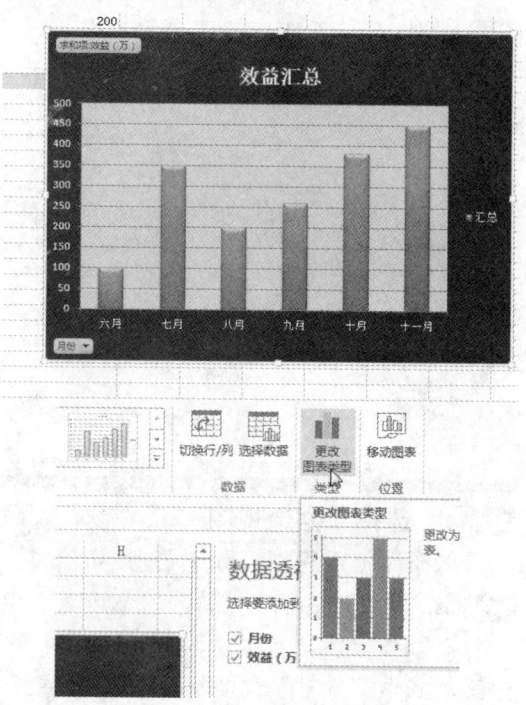

第 10 章 形象展示：让数据也会说话

STEP 04 弹出"更改图表类型"对话框

弹出"更改图表类型"对话框，如下图所示。

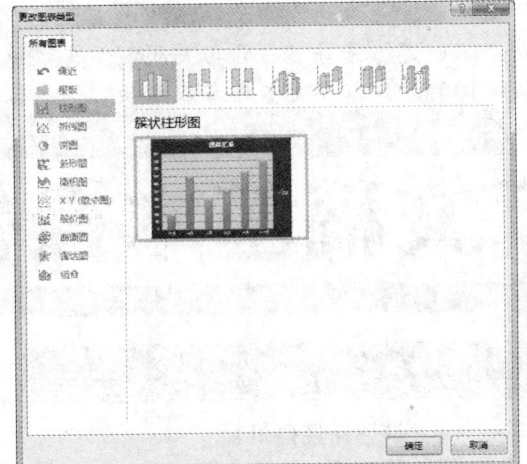

STEP 05 选择相应选项

在左侧列表中选择"折线图"选项，在右侧选择"带数据标记的折线图"选项，如下图所示。

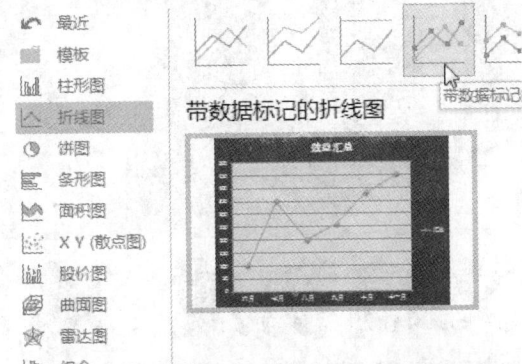

STEP 06 更改图表类型

单击"确定"按钮，即可更改图表类型，如下图所示。

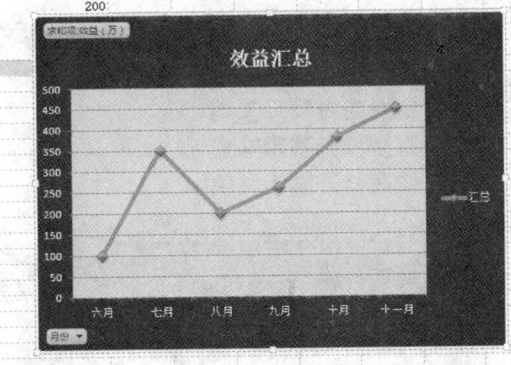

● 读书笔记

Chapter 11

章前知识导读

PowerPoint 2013 是 Office 2013 的重要组成部分之一，使用它可以制作出集文字、图形、图像、声音以及视频等为一体的多媒体演示文稿。本章主要介绍创建、保存、打开与关闭演示文稿、创建与编辑幻灯片以及文本内容基本操作等内容。

文稿初成：演示文稿基本操作

重点知识索引

- 创建空白演示文稿
- 直接保存演示文稿
- 快速打开演示文稿
- 快速新建幻灯片
- 快速输入文本内容

效果图片赏析

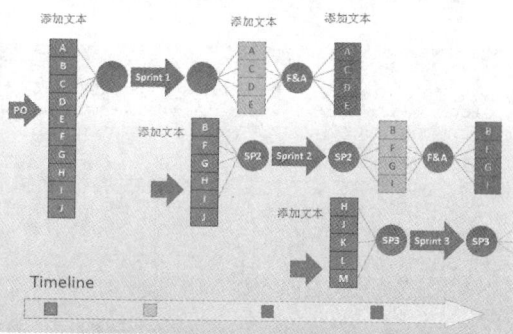

第 11 章 文稿初成：演示文稿基本操作

11.1 轻松创建演示文稿

新建演示文稿的方法包括新建空白演示文稿、根据已有演示文稿新建和通过模板新建演示文稿等，用户可以在空白的幻灯片上设计出具有鲜明个性的背景色彩、配色方案、文本格式和图片等内容。本节主要介绍创建演示文稿的操作方法。

11.1.1 创建空白演示文稿

在 PowerPoint 2013 中，创建空白演示文稿主要有以下两种方法。

❖ 启动 PowerPoint 2013 程序后，系统将进入一个新的界面，在右侧区域中，选择"空白演示文稿"选项，如右图所示，即可创建空白演示文稿。

❖ 打开演示文稿，单击"文件"命令，进入相应界面，在左侧的橘红色区域，选择"新建"选项，如下图所示，切换至"新建"选项卡，在右侧的"新建"选项区中，选择"空白演示文稿"选项，如下图所示，即可创建一个空白演示文稿。

选择"空白演示文稿"选项

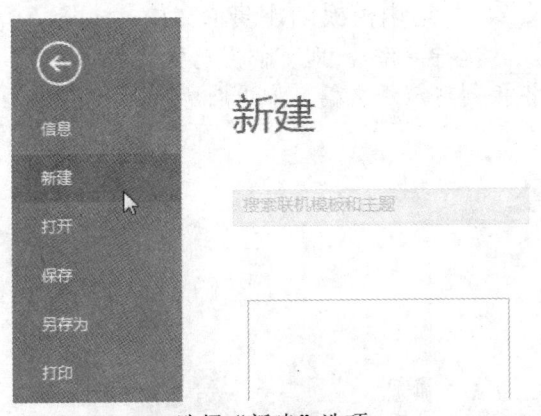
选择"新建"选项

选择"空白演示文稿"选项

11.1.2 运用已安装的模板创建

在 PowerPoint 2013 中，当遇到一些内容相似的演示文稿时，用户可以根据已安装的模板创建演示文稿。

STEP 01 单击"文件"命令

在打开的 PowerPoint 2013 编辑窗口中，单击"文件"命令，如下图所示。

STEP 02 选择"丝状"模板

进入相应界面，在左侧区域，选择"新建"选项，切换至"新建"选项卡，在"新建"选项区中，选择"丝状"模板，如下图所示。

新手学 Office 高效办公从入门到精通

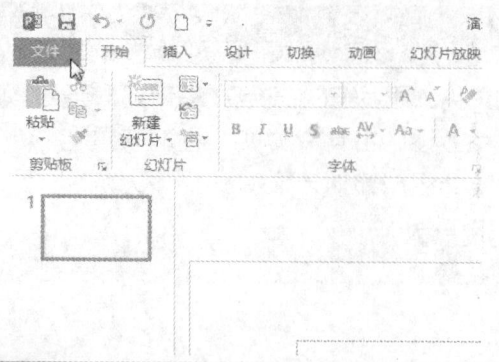

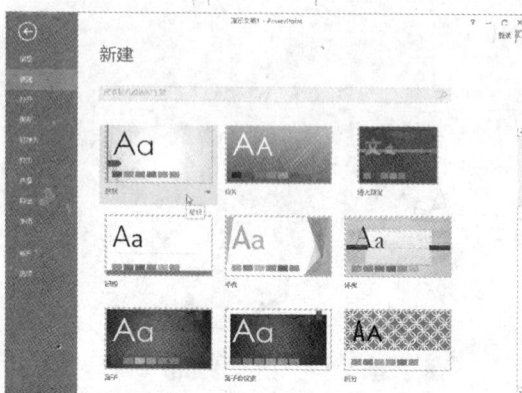

STEP 03 弹出滑动窗口

执行操作后，弹出一个滑动窗口，如下图所示。

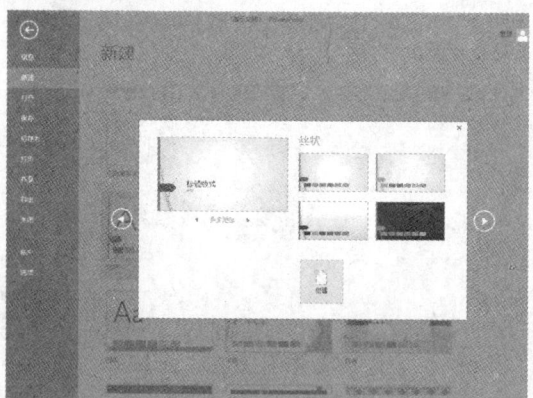

STEP 04 选择相应选项

在"丝状"选项区中，选择相应选项，如下图所示。

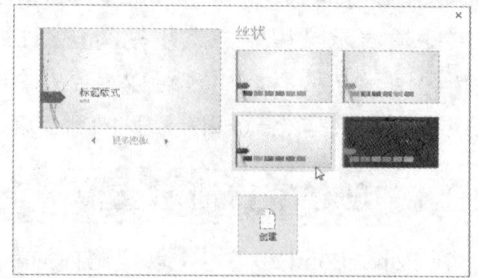

STEP 05 单击"创建"按钮

在左侧幻灯片缩略图的下方，单击向右按钮，选择合适的幻灯片样式，单击"创建"按钮，如下图所示。

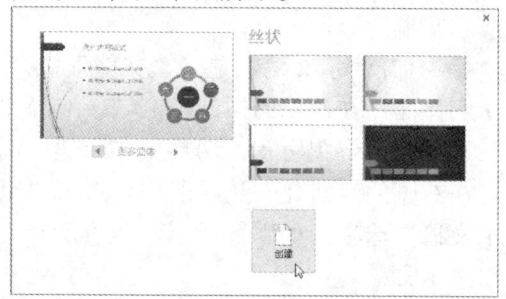

STEP 06 运用模板创建演示文稿

执行操作后，即可使用已安装的"丝状"模板创建演示文稿，如下图所示。

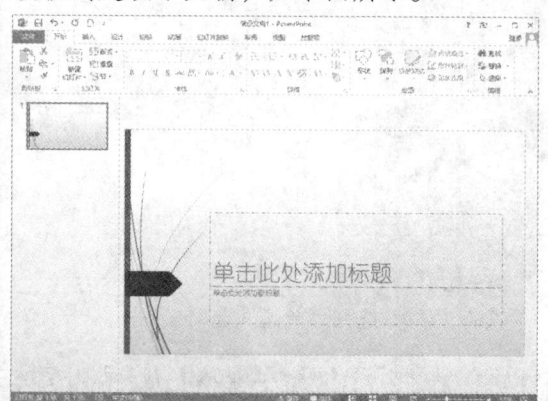

专家指点

在"新建"选项区中，还有包括"平面"、"Office 主题"、"切片"、"博大精深"以及"环保"等多种模板供用户选择。

专家指点

在 PowerPoint 2013 中，演示文稿和幻灯片是两个不同的概念，利用 PowerPoint 2013 制作的最终整体作品叫做演示文稿，演示文稿是一个文件，而演示文稿中的每一张页面是幻灯片，每张幻灯片都是演示文稿中既相互独立又相互联系的内容。

第 11 章 文稿初成：演示文稿基本操作

11.1.3 运用现有演示文稿创建

PowerPoint 除了创建最简单的演示文稿外，还可以运用现有演示文稿创建。

STEP 01 选择"打开"选项

在打开的 PowerPoint 2013 编辑窗口中，单击"文件"命令，进入相应界面，在左侧区域，选择"打开"选项，如下图所示。

STEP 02 单击"浏览"按钮

在"打开"选项区中，选择"计算机"选项，在"计算机"选项区中，单击"浏览"按钮，如下图所示。

STEP 03 选择相应的演示文稿

弹出"打开"对话框，在计算机中的合适位置，选择相应的演示文稿，如下图所示。

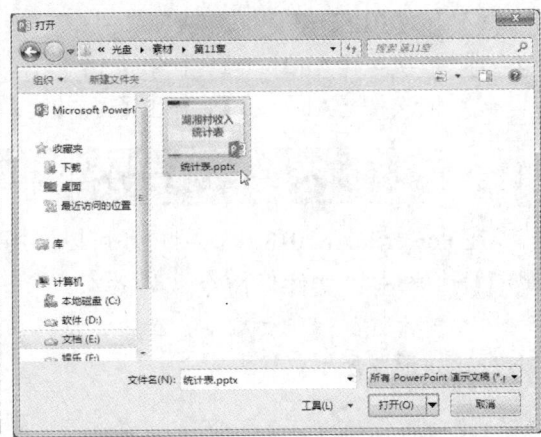

STEP 04 运用现有演示文稿创建

单击"打开"按钮，即可运用现有演示文稿创建新演示文稿，如下图所示。

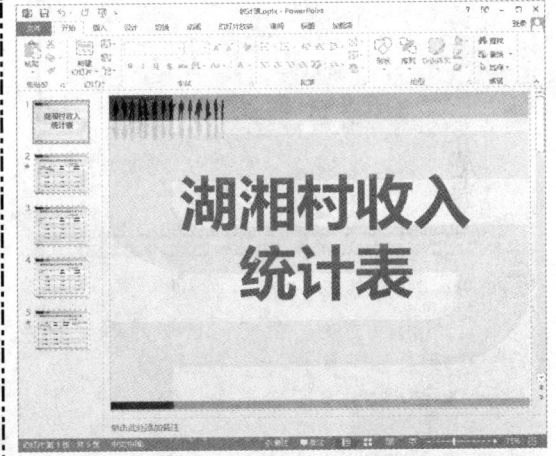

11.2 快速保存演示文稿

PowerPoint 2013 提供了多种保存演示文稿的方法和格式，用户可以根据演示文稿的用途来进行选择。本节主要介绍直接保存演示文稿、为演示文稿加密保存等保存演示文稿的方法。

11.2.1 直接保存演示文稿

在实际工作中，一定要养成经常保存文件的良好习惯。在制作演示文稿的过程中，保存的次数越多，因意外情况造成的损失就越小。

在 PowerPoint 2013 中，保存文稿的方法主要有以下 7 种。

- 单击快速访问工具栏中的"保存"按钮。
- 单击"文件"命令，然后在左侧区域选择"保存"选项。
- 按【Ctrl+S】组合键。
- 按【Shift+F12】组合键。
- 按【F12】组合键。
- 依次按【Alt】、【F】和【S】键。
- 依次按【Alt】、【F】和【A】键。

11.2.2 将演示文稿进行另存为

在 PowerPoint 2013 中，用户还可以运用"另存为"命令，将演示文稿进行另存。

STEP 01 单击"文件"命令

在制作好的演示文稿中，单击"文件"命令，如下图所示。

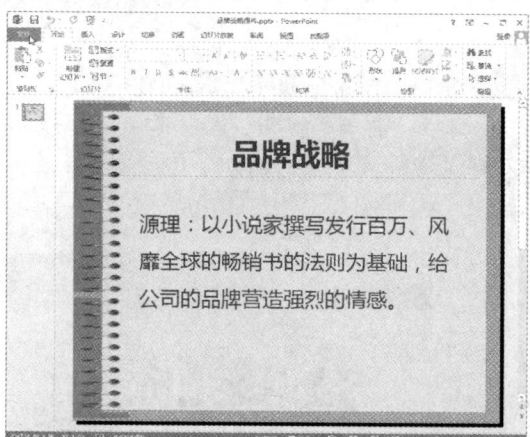

STEP 02 选择"另存为"选项

进入相应界面，在左侧区域选择"另存为"选项，如下图所示。

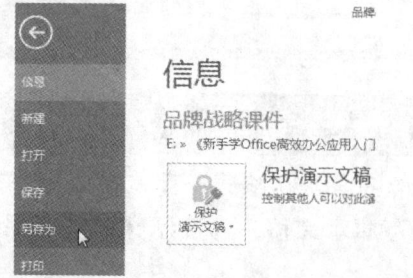

STEP 03 单击"浏览"按钮

执行操作后，切换至"另存为"选项卡，在"另存为"选项区中，选择"计算机"选项，在右侧的"计算机"选项区中，单击"浏览"按钮，如下图所示。

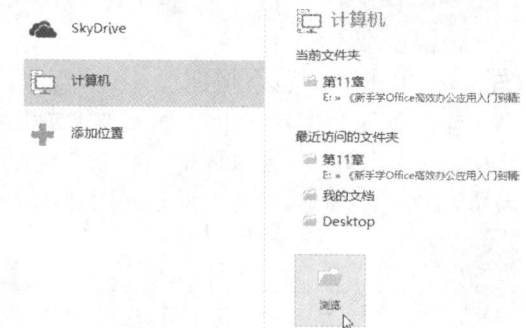

STEP 04 单击"保存"按钮

弹出"另存为"对话框，选择该文件的保存位置，在"文件名"文本框中输入标题内容，单击"保存"按钮，如下图所示。

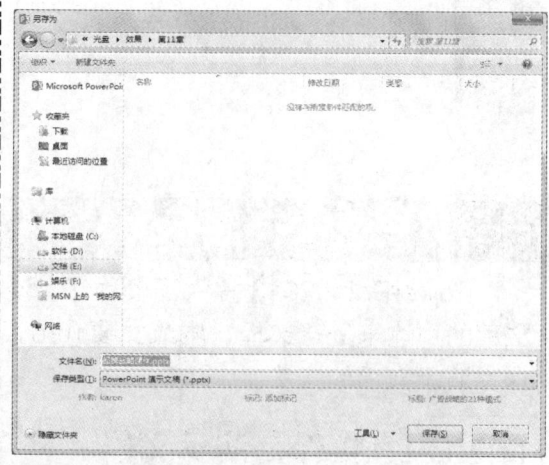

STEP 05 另存为演示文稿

执行操作后，即可完成另存为操作。

第 11 章 文稿初成：演示文稿基本操作

> **专家指点**
> 如果需要再次保存这个文件，只需要单击快速访问工具栏上的"保存"按钮或按【Ctrl+S】组合键即可，不会再弹出"另存为"对话框。

11.2.3 保存演示文稿为旧版本

要用 PowerPoint 的早期版本打开使用 PowerPoint 2013 制作的文件时，需要安装适合 PowerPoint 2013 的 Office 兼容包才能完全打开，此时用户可以将演示文稿保存为兼容格式，从而能直接使用早期版本的 PowerPoint 来打开文档。

STEP 01 打开演示文稿

打开制作好的演示文稿，如下图所示。

STEP 02 单击"浏览"命令

单击"文件"|"另存为"|"计算机"|"浏览"命令，如下图所示。

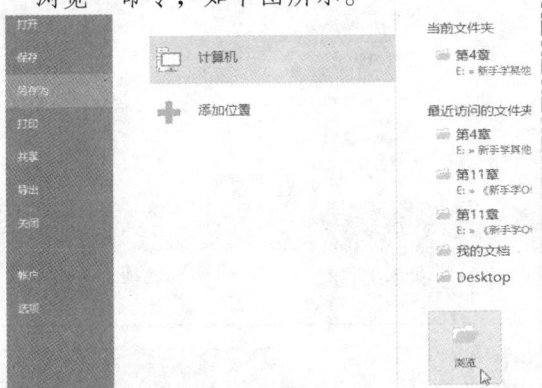

STEP 03 选择该文件的保存位置

弹出"另存为"对话框，选择该文件的保存位置，如下图所示。

STEP 04 选择相应选项

单击"保存类型"右侧的下拉按钮，在弹出的列表框中选择"PowerPoint 97-2003 演示文稿"选项，如下图所示。

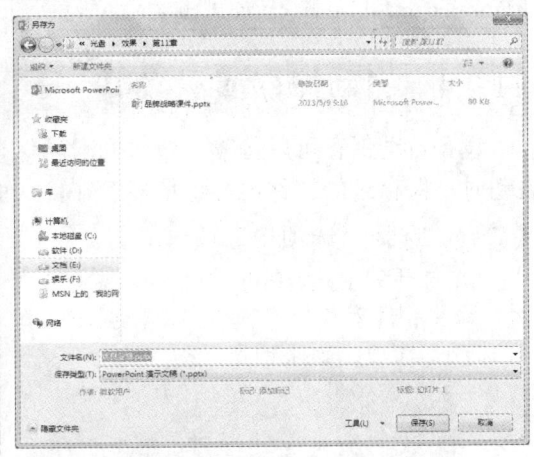

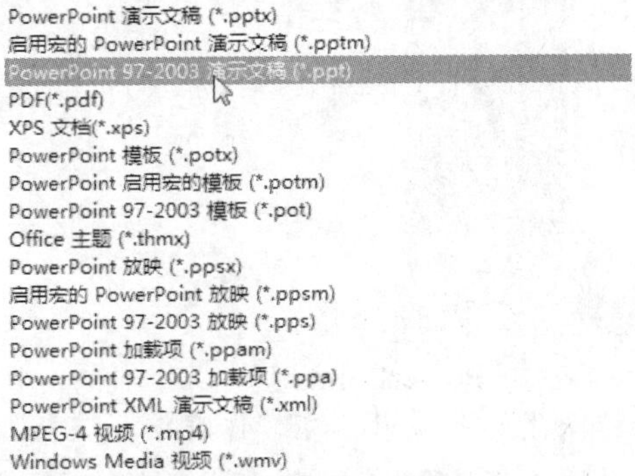

STEP 05 单击"保存"按钮

执行操作后，单击"保存"按钮，如下图所示。

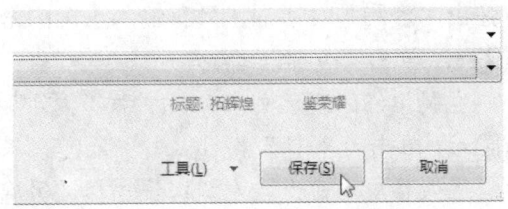

STEP 06 显示兼容模式

返回到演示文稿工作界面，在标题栏中将显示兼容模式，如下图所示。

> **专家指点**
>
> PowerPoint 2013 制作的演示文稿不向下兼容，如果需要在以前版本中打开 PowerPoint 2013 制作的演示文稿，就要将该文件的"保存类型"设置为"PowerPoint 97-2003 演示文稿"。PowerPoint 2013 演示文稿的扩展名是 pptx。

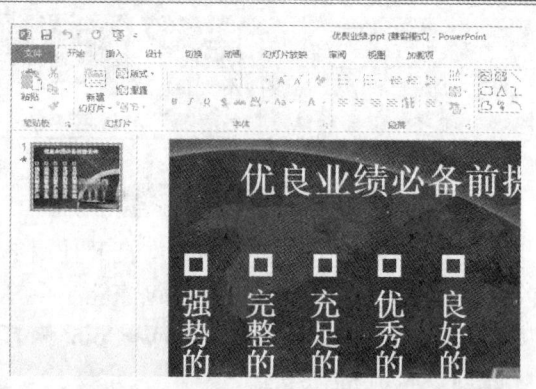

11.2.4 自动保存演示文稿

设置自动保存可以每隔一段时间自动保存一次，即使出现断电或死机的情况，当再次启动时，保存过的文件内容也依然存在，从而避免了手动保存的麻烦。

STEP 01 选择"选项"选项

在打开的 PowerPoint 2013 中，单击"文件"命令，进入相应界面，在左侧区域选择"选项"选项，如下图所示。

STEP 02 设置时间间隔

弹出"PowerPoint 选项"对话框，切换至"保存"选项卡，在"保存演示文稿"选项区中，选中"保存自动恢复信息时间间隔"复选框，并在其右侧的数值框中设置时间间隔为 5 分钟，如下图所示，单击"确定"按钮，即可设置自动保存演示文稿。

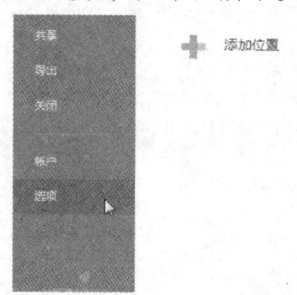

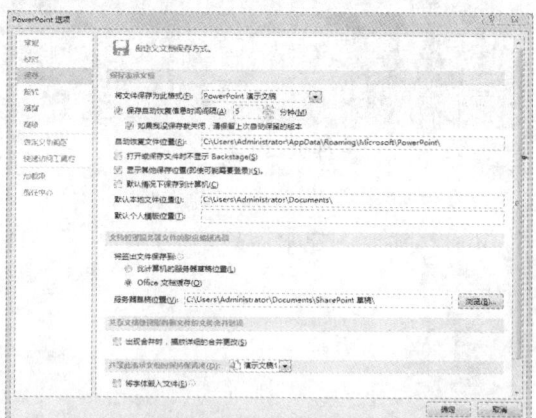

> **专家指点**
>
> 在"另存为"对话框中单击"工具"按钮，在弹出的列表框中选择"保存选项"选项，也会弹出"PowerPoint 选项"对话框。

11.2.5 为演示文稿加密保存

加密保存演示文稿，可以防止其他用户随意打开或修改演示文稿，一般的方法就是在保存演示文稿的时候设置权限密码。当用户要打开加密保存过的演示文稿时，PowerPoint 将弹出"密码"对话框，只有输入正确的密码才能打开该演示文稿。

STEP 01 单击"文件"命令

在制作好的演示文稿中，单击"文件"命令，如下图所示。

STEP 02 单击"工具"按钮

进入相应界面，在左侧区域选择"另存为"选项，在"另存为"选项区中，选择"计

第 11 章 文稿初成：演示文稿基本操作

算机"选项，在右侧的"计算机"选项区中，单击"浏览"按钮，弹出"另存为"对话框，单击左下方的"工具"下拉按钮，如下图所示。

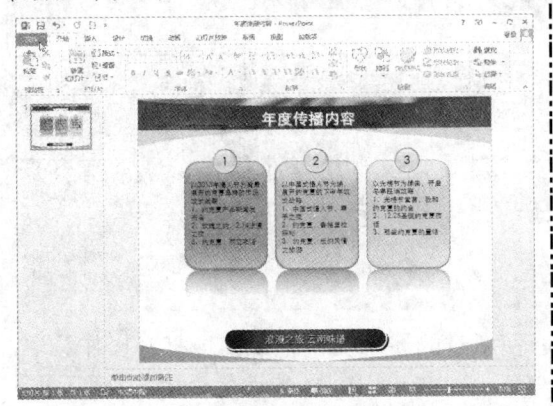

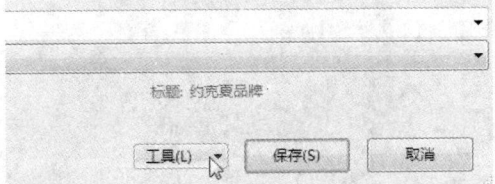

STEP 03 选择"常规选项"选项

弹出列表框，选择"常规选项"选项，如下图所示。

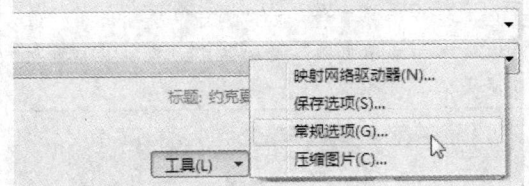

STEP 04 输入密码

弹出"常规选项"对话框，在"打开权限密码"文本框和"修改权限密码"文本框中输入密码（如 123456789），如下图所示。

STEP 05 弹出"确认密码"对话框

单击"确定"按钮，弹出"确认密码"对话框，如下图所示。

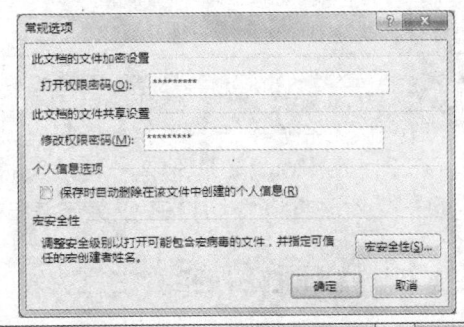

STEP 06 再次输入密码

重新输入打开权限密码，单击"确定"按钮，再次弹出"确认密码"对话框，再次输入修改权限密码，如下图所示。

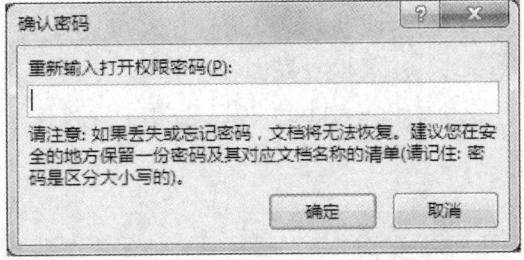

STEP 07 单击"保存"按钮

单击"确定"按钮，返回到"另存为"对话框，单击"保存"按钮，如下图所示，即可加密保存文件。

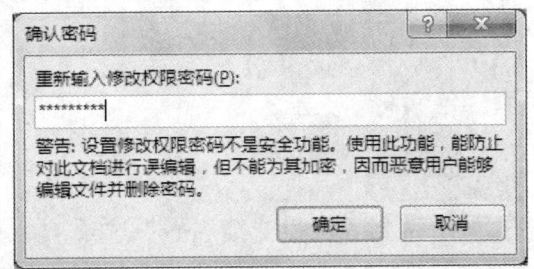

> **专家指点**
>
> "打开权限密码"和"修改权限密码"可以设置为相同的密码,也可以设置为不同的密码,它们将分别作用于打开权限和修改权限。

11.3 轻松打开与关闭演示文稿

在 PowerPoint 2013 中,演示文稿的操作就是对文件的基本操作,通常有打开和关闭等。本节将介绍打开或关闭演示文稿的相关操作方法。

11.3.1 快速打开演示文稿

在 PowerPoint 2013 中,用户可以通过最近使用过的演示文稿记录实现打开操作。

STEP 01 进入相应界面

启动 PowerPoint 2013,稍等片刻后,进入相应界面,如下图所示。

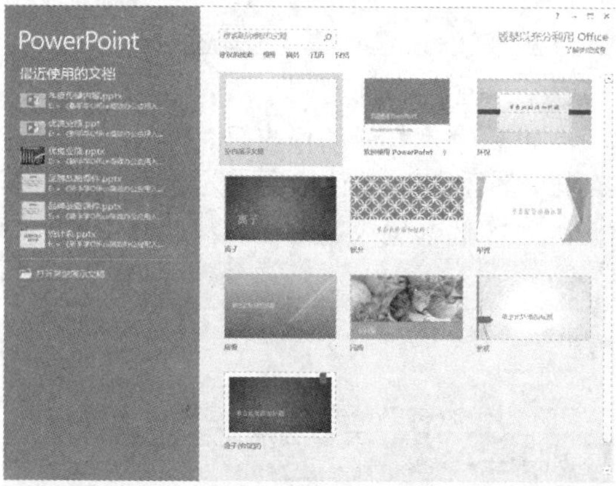

STEP 02 选择"优良业绩.pptx"选项

在"PowerPoint 最近使用的文档"下方,选择"优良业绩.pptx"选项,如下图所示。

STEP 03 打开最近使用过的演示文稿

执行操作后,即可打开所选的最近使用过的演示文稿。

> **专家指点**
>
> 除了运用上述方法可以打开最近使用的演示文稿以外,还可以在打开的演示文稿中,单击"文件"命令,进入相应界面,选择"打开"选项,切换至"打开"选项卡,在"打开"选项区中,选择"最近使用的演示文稿"选项,然后在右侧的"最近使用的演示文稿"选项区中,显示了最近打开或编辑过的演示文稿,用户可以在其中选择任意演示文稿,将其打开。

11.3.2 快速关闭演示文稿

在编辑完演示文稿并保存后,关闭文档可以减小系统内存的占用空间。关闭演示文稿的方法有以下几种。

❀ 单击"文件"命令,进入相应界面,然后在左侧区域选择"关闭"选项,即可关闭演示文稿。

❀ 按【Ctrl+W】组合键,可快速关闭演示文稿。

❀ 按【Alt+F4】组合键,可直接退出 PowerPoint 应用程序。

❀ 单击标题栏右侧的"关闭"按钮,也可关闭演示文稿。

第 11 章 文稿初成：演示文稿基本操作

> **专家指点**
>
> 如果在关闭演示文稿前未对编辑的文稿进行保存，系统将弹出信息提示框询问用户是否保存文稿，单击"保存"按钮将保存文稿，单击"不保存"按钮将不保存文稿，单击"取消"按钮将不关闭文稿。

11.4 轻松创建与编辑幻灯片

在 PowerPoint 2013 中，幻灯片的基本操作主要包括插入幻灯片和编辑幻灯片，在对幻灯片的操作过程中，用户还可以修改幻灯片。本节主要介绍快速新建幻灯片、快速移动幻灯片以及快速删除幻灯片等内容。

11.4.1 快速新建幻灯片

演示文稿是由一张张幻灯片组成的，它的数量是不固定的，用户可以根据需要增加或减少幻灯片数量，如果创建的是空白演示文稿，则只能看到一张幻灯片，其他幻灯片需自行添加。在 PowerPoint 2013 中，可以运用快捷键、按钮和选项等方法插入幻灯片。

1. 运用按钮新建幻灯片

在幻灯片浏览视图中，用户可以方便地运用按钮新建幻灯片。

STEP 01 打开一个素材文件

在 PowerPoint 2013 中，打开一个素材文件，如下图所示。

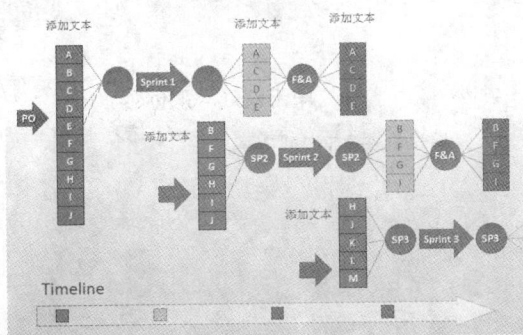

STEP 02 单击"幻灯片浏览"按钮

切换至"视图"面板，在"演示文稿视图"选项板中，单击"幻灯片浏览"按钮，如下图所示。

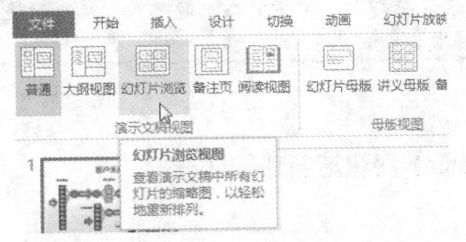

STEP 03 选择"新建幻灯片"选项

执行操作后，即可切换到幻灯片浏览视图，在第 1 张幻灯片上单击鼠标右键，弹出快捷菜单，选择"新建幻灯片"选项，如下图所示。

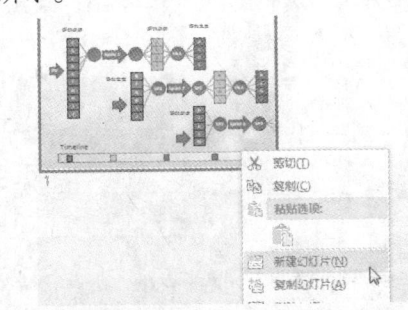

STEP 04 新建幻灯片

执行操作后，即可通过按钮新建幻灯片，如下图所示。

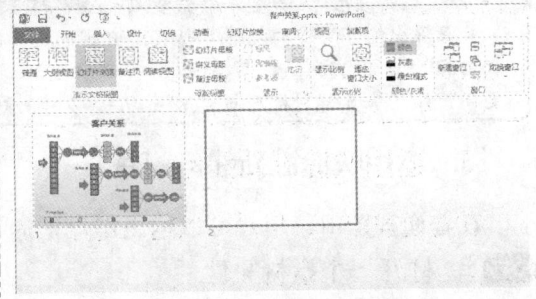

> **专家指点**
>
> 新建幻灯片后，有的幻灯片只包含标题，有的包含标题和内容，也有的是图形、表格、剪贴画，或是文件的排列，如果不满意提供的版式，用户还可以选择一个相近的版式，然后进行修改。

2. 运用选项新建幻灯片

在 PowerPoint 2013 的"新建幻灯片"列表框中，用户可以新建多种幻灯片。

STEP 01 打开一个素材文件

在 PowerPoint 2013 中，打开一个素材文件，如下图所示。

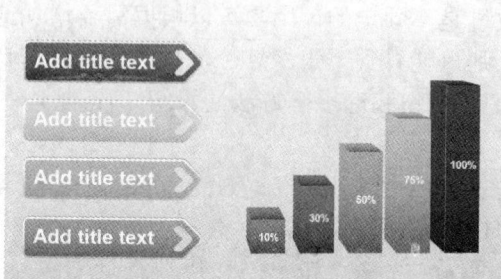

STEP 02 单击"新建幻灯片"下拉按钮

在"开始"面板的"幻灯片"选项板中，单击"新建幻灯片"下拉按钮，如下图所示。

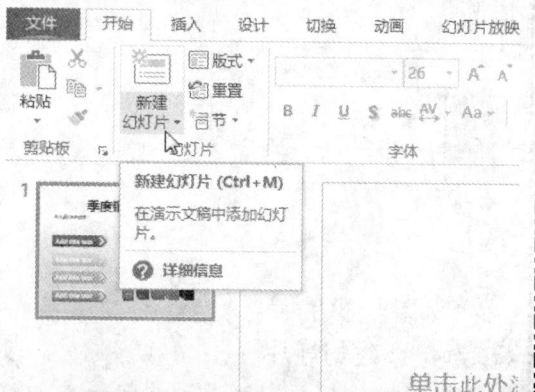

STEP 03 选择相应选项

在弹出的列表框中，选择相应选项，如下图所示。

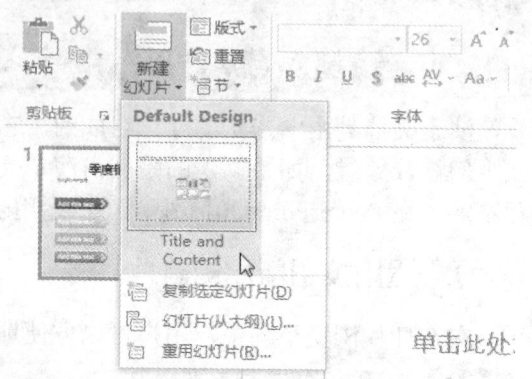

STEP 04 新建幻灯片

执行操作后，即可完成通过选项新建幻灯片，如下图所示。

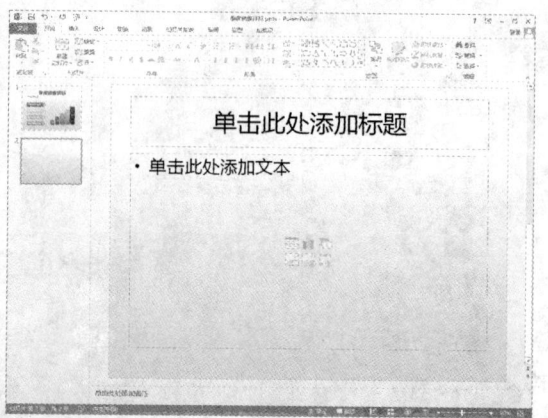

> **专家指点**
>
> 在弹出的"新建幻灯片"列表框中还包括"标题幻灯片"、"标题和内容"、"节标题"、"两栏内容"、"比较"、"仅标题"、"空白"、"内容与标题"、"图片与标题"、"标题和竖排文字"和"垂直排列标题与文本"等10多种幻灯片样式。

3. 运用快捷键新建幻灯片

在普通视图中，用户可以运用键盘上的【Enter】键快速新建幻灯片。

STEP 01 打开一个素材文件

第 11 章 文稿初成：演示文稿基本操作

在 PowerPoint 2013 中，打开一个素材文件，如下图所示。

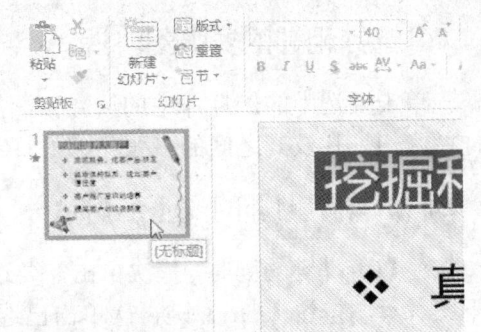

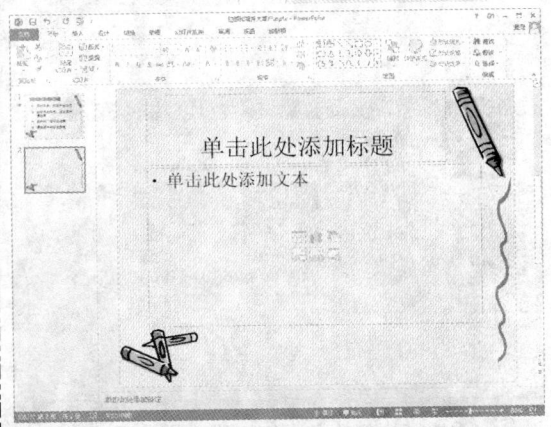

 选择幻灯片缩略图

在幻灯片窗口左侧，选择第 1 张幻灯片的缩略图，如下图所示。

STEP 03 新建幻灯片

按键盘上的【Enter】键，即可新建幻灯片，如下图所示。

> **专家指点**
>
> 用户还可以在普通视图的"幻灯片"窗格中，任意选择一张幻灯片，然后按【Ctrl+M】组合键，也可新建幻灯片。

11.4.2 快速选择幻灯片

在 PowerPoint 2013 中，用户可以自行选择一张或多张幻灯片，然后对选中的幻灯片进行编辑。选择幻灯片一般是在普通视图和幻灯片浏览视图下进行操作的，以下是在普通视图中选择幻灯片的方法。

1. 选择一张幻灯片

单击需要的幻灯片，即可选中该张幻灯片，如下图所示。

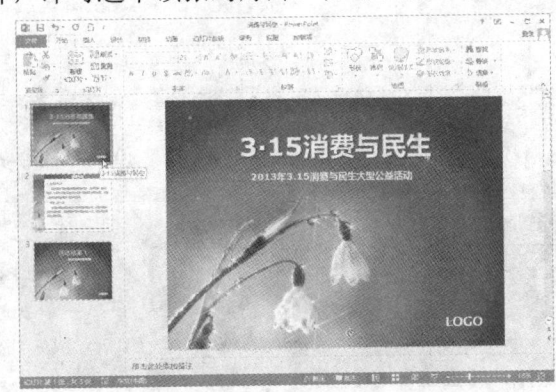

选择一张幻灯片

2. 选择相邻的多张幻灯片

先单击要选中的幻灯片中的第一张，然后按住【Shift】键，再单击最后一张幻灯片，这样两张幻灯片及其之间的多张相邻幻灯片都被选中，如下图所示。

3. 选择不相邻的多张幻灯片

按住【Ctrl】键的同时，依次单击需要选择的幻灯片，就可以选中单击过的多张幻灯片，如下图所示，按住【Ctrl】键再次单击已选中的幻灯片，则可以取消选中该张幻灯片。

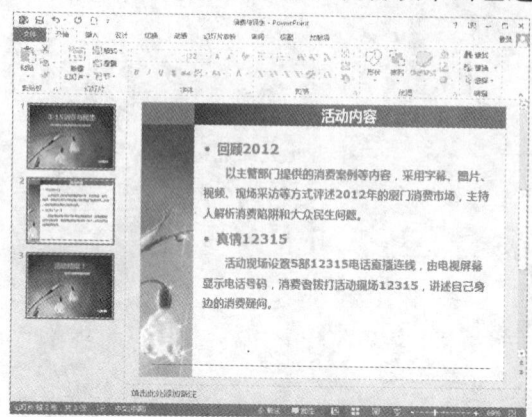
选择相邻的多张幻灯片

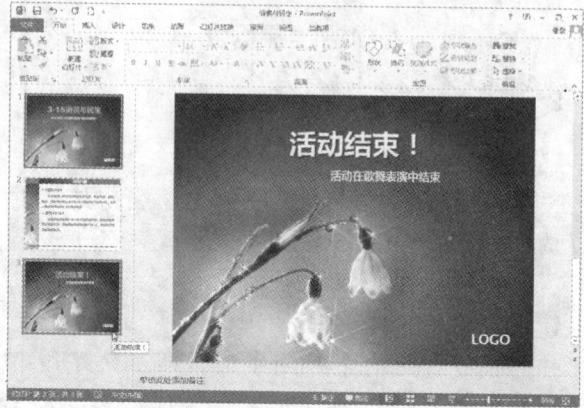
选择不相邻的多张幻灯片

11.4.3 快速移动幻灯片

创建一个包含多张幻灯片的演示文稿后，用户可以根据需要移动幻灯片在演示文稿中的位置。在 PowerPoint 2013 中，移动幻灯片的方法主要有以下 3 种。

1. 运用快捷键移动幻灯片

在 PowerPoint 2013 中，用户可以将演示文稿中的幻灯片通过快捷键进行移动。

在 PowerPoint 2013 中，打开一个素材文件，如下图所示。按【Ctrl+X】组合键剪切需要的幻灯片，按【Ctrl+V】组合键将剪切的幻灯片粘贴至合适的位置，如下图所示。执行操作后，即可移动幻灯片。

打开素材文件

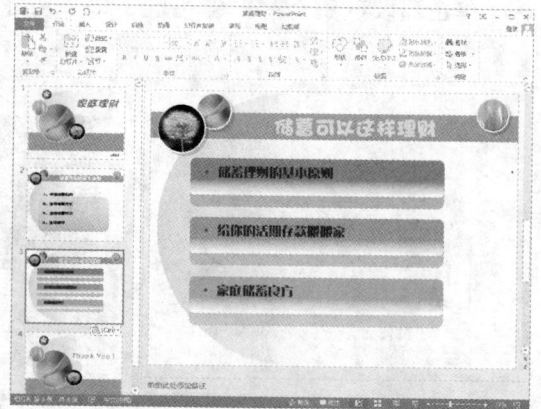
移动幻灯片

第 11 章 文稿初成：演示文稿基本操作

2. 运用按钮移动幻灯片

运用选项板中的"剪切"和"粘贴"按钮，可以快速移动幻灯片。

STEP 01 选择需要移动的幻灯片

在 PowerPoint 2013 中，打开一个素材文件，选择需要移动的幻灯片，如下图所示。

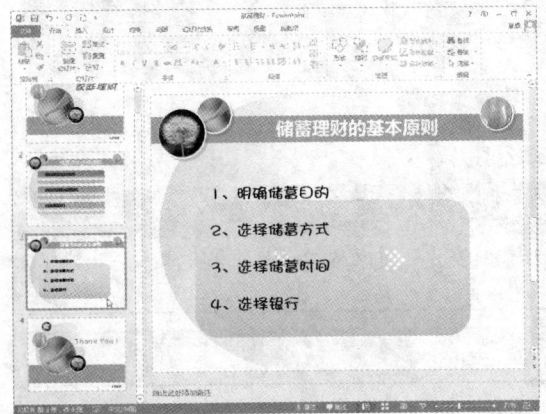

STEP 02 单击"剪切"按钮

在"开始"面板的"剪贴板"选项板中，单击"剪切"按钮，如下图所示。

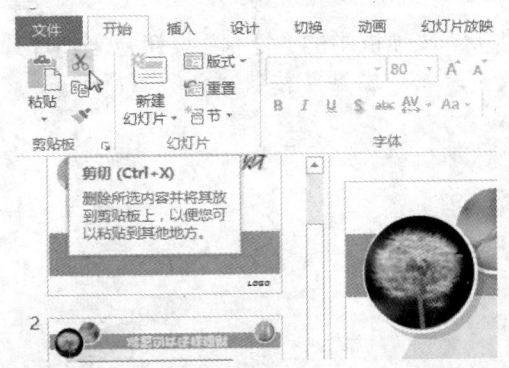

STEP 03 显示红色线段

执行操作后，将鼠标指针定位在将要进行移动操作的幻灯片的目标位置，在相应位置将会显示一根红色的线段，如下图所示。

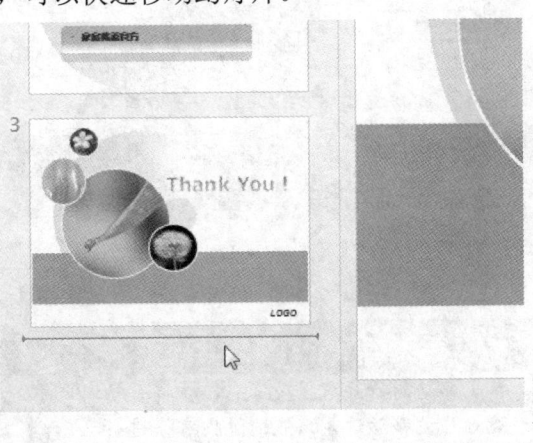

STEP 04 单击"粘贴"按钮

在"剪贴板"选项板中，单击"粘贴"按钮，如下图所示。

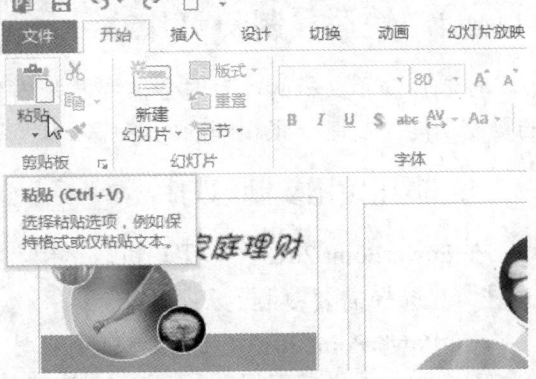

STEP 05 移动幻灯片

执行操作后，即可移动幻灯片，如下图所示。

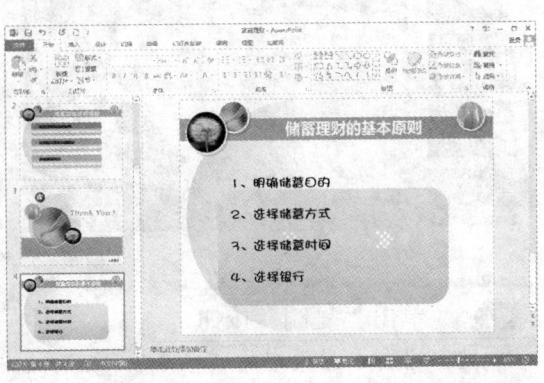

3. 运用鼠标移动幻灯片

选择需要移动的幻灯片，按住鼠标左键的同时拖曳鼠标，至合适位置后释放鼠标左键，即可移动幻灯片，如下图所示。

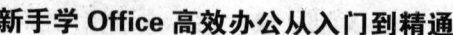

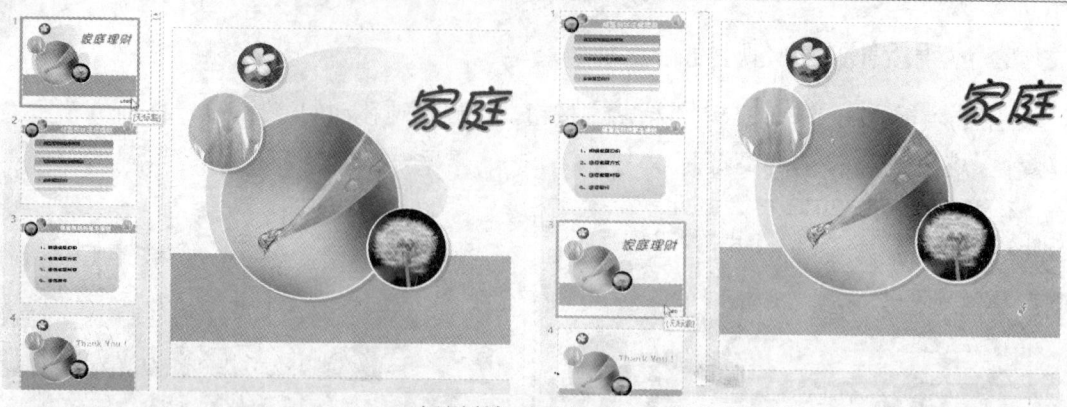

运用鼠标移动幻灯片

❓ 专家指点

移动幻灯片后，PowerPoint 将自动对所有幻灯片重新编号，所以从幻灯片的编号上看不出哪张幻灯片被移动过，只能通过内容来进行区别。

11.4.4 快速复制幻灯片

在制作演示文稿时，有时会需要两张内容相同或相近的幻灯片，此时可以利用幻灯片的复制功能，复制一张相同的幻灯片，以节省工作时间。

1. 运用按钮复制幻灯片

在 PowerPoint 2013 中，用户可以运用"剪贴板"选项板中的"复制"按钮复制幻灯片。

STEP 01 选择需要复制的幻灯片

在 PowerPoint 2013 中，打开一个素材文件，选择需要复制的幻灯片，如下图所示。

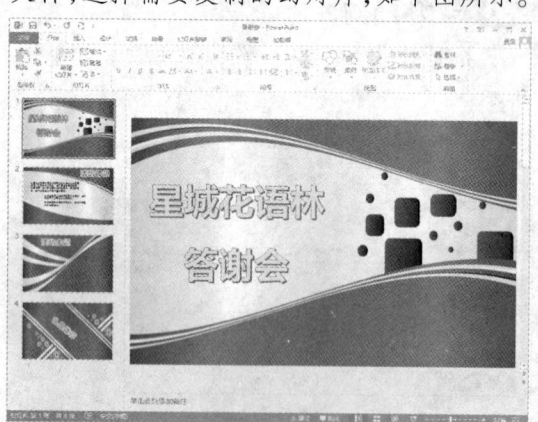

STEP 02 单击"复制"按钮

在"开始"面板中的"剪贴板"选项板中，单击"复制"按钮，如下图所示。

STEP 03 单击"粘贴"按钮

在需要复制幻灯片的位置单击鼠标左键，显示一条红色线段，在"剪贴板"选项板中单击"粘贴"按钮，如下图所示。

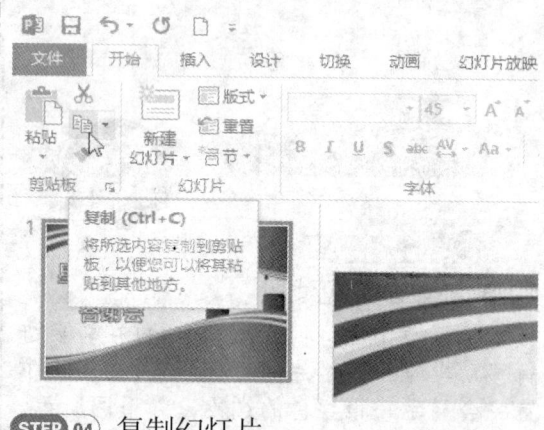

STEP 04 复制幻灯片

执行操作后，即可复制幻灯片，如下图所示。

❓ 专家指点

用户也可以选择多张幻灯片进行复制，方法同复制一张幻灯片一样。

第 11 章 文稿初成：演示文稿基本操作

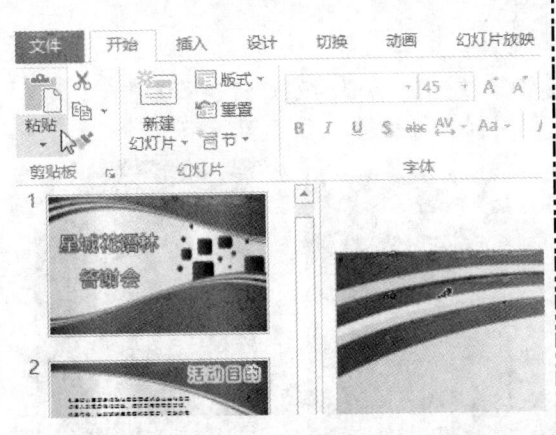
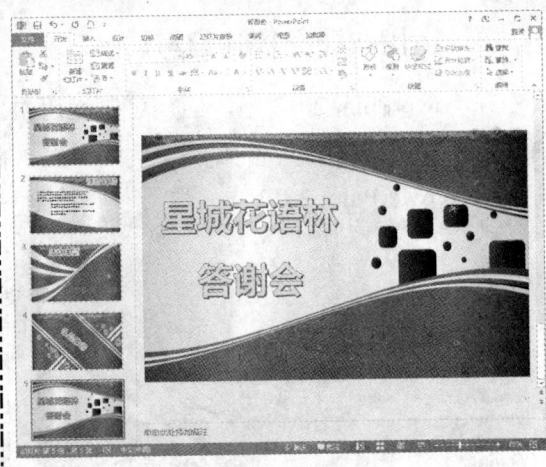

2. 运用选项复制幻灯片

在 PowerPoint 2013 中，用户可以运用相关选项复制幻灯片。

STEP 01 选择需要复制的幻灯片

在 PowerPoint 2013 中，打开一个素材文件，选择需要复制的幻灯片，如下图所示。

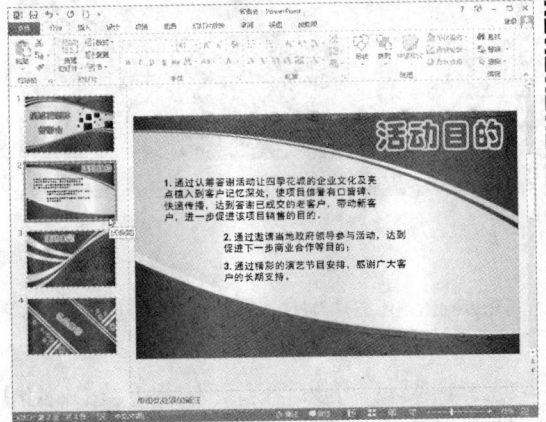

STEP 02 单击"新建幻灯片"下拉按钮

在"开始"面板的"幻灯片"选项板中，单击"新建幻灯片"下拉按钮，如下图所示。

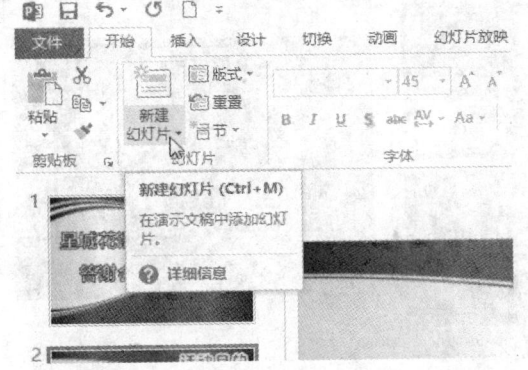

STEP 03 选择"复制选定幻灯片"选项

弹出列表框，选择"复制选定幻灯片"选项，如下图所示。

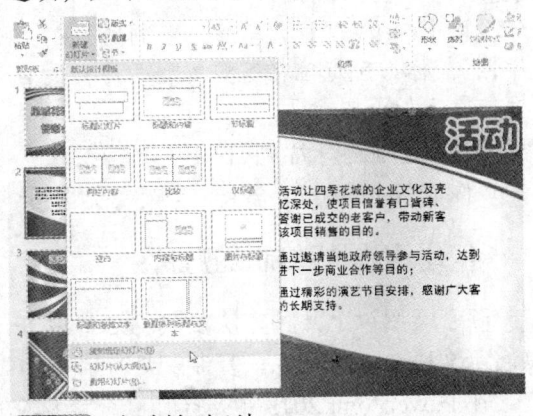

STEP 04 复制幻灯片

执行操作后，即可复制幻灯片，如下图所示。

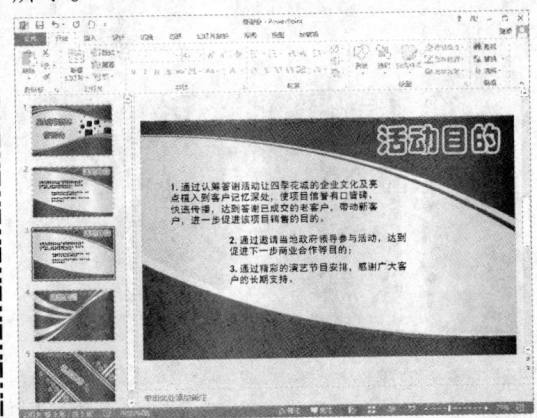

3. 运用快捷键复制幻灯片

在 PowerPoint 2013 中，用户可以运用快捷键，快速将需要的幻灯片进行复制。

STEP 01 选择需要复制的幻灯片

在 PowerPoint 2013 中，打开一个素材文件，选择需要复制的幻灯片，如下图所示。复制到目标位置，如下图所示。

STEP 02 定位鼠标指针

按【Ctrl+C】组合键，复制所选幻灯片，将鼠标指针定位在需要复制幻灯片的目标位置，如下图所示。

STEP 03 复制幻灯片到目标位置

按【Ctrl+V】组合键，即可将幻灯片

4. 运用鼠标复制幻灯片

除了运用以上几种方法复制幻灯片以外，在 PowerPoint 2013 中，用户还可通过鼠标拖曳演示文稿中的幻灯片，复制幻灯片。

在 PowerPoint 2013 中，打开一个素材文件，选择需要复制的幻灯片，按住【Ctrl+Alt】组合键的同时，按住鼠标左键并拖曳，至合适位置后释放鼠标左键，即可复制幻灯片，如下图所示。

 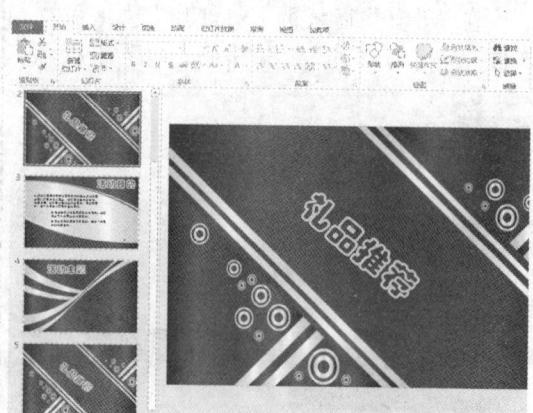

运用鼠标复制幻灯片

第 11 章　文稿初成：演示文稿基本操作

11.4.5　快速删除幻灯片

在编辑完幻灯片后，如果发现幻灯片数量太多，用户可以根据需要删除一些不必要的幻灯片。在 PowerPoint 2013 中，删除幻灯片的方法主要有以下 3 种。

❶ 打开演示文稿，在需要删除的幻灯片上单击鼠标右键，在弹出的快捷菜单中选择"删除幻灯片"选项（如右图所示），即可删除幻灯片。

❷ 打开演示文稿，切换至

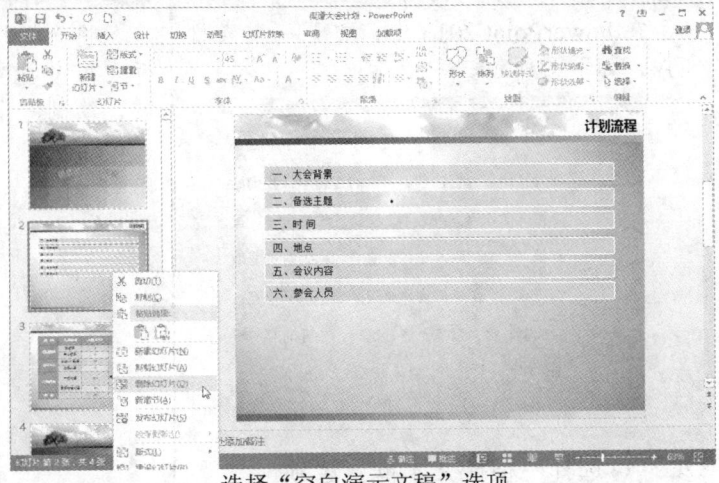

选择"空白演示文稿"选项

"视图"面板，在"演示文稿视图"选项板中单击"幻灯片浏览"按钮，如下图所示，执行操作后，幻灯片以浏览视图方式显示。选择第 3 张幻灯片，然后在幻灯片上单击鼠标右键，在弹出的快捷菜单中选择"删除幻灯片"选项，如下图所示，即可删除幻灯片。

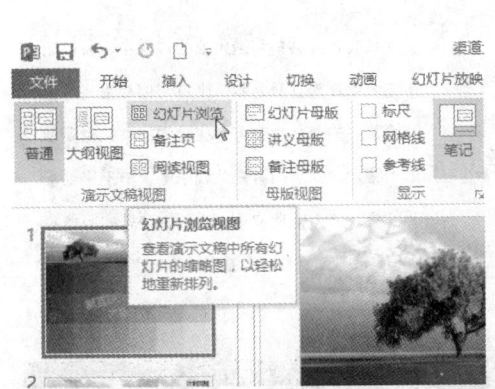

单击"幻灯片浏览"按钮

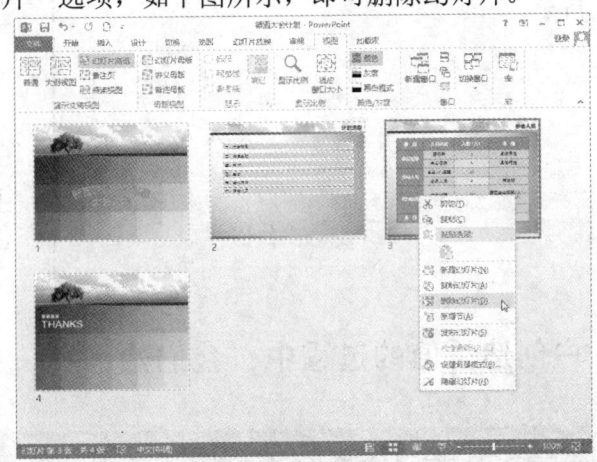

选择"删除幻灯片"选项

❸ 选中需要删除的幻灯片，按【Delete】键即可。

> **专家指点**
> 在 PowerPoint 2013 中，用户也可以选中多张幻灯片同时进行删除，方法同删除一张幻灯片一样。

11.5　文本内容基本操作

为了使演示文稿更加美观、实用，用户可以在演示文稿中输入文本并对其进行编辑。本节主要介绍快速输入文本内容、设置文本颜色等操作方法。

11.5.1　快速输入文本内容

在 PowerPoint 2013 中使用文本框，可以使文字按不同的方向进行排列，从而灵活地将文字放置到幻灯片的任何位置。

STEP 01 打开一个素材文件

在 PowerPoint 2013 中，打开一个素材文件，如下图所示。

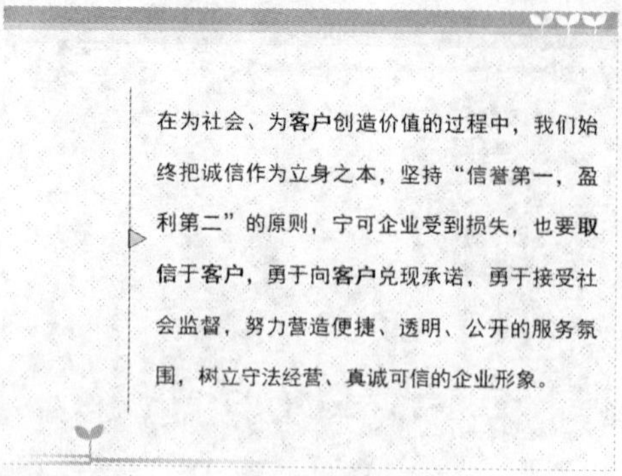

STEP 02 选择"横排文本框"选项

切换至"插入"面板，在"文本"选项板中单击"文本框"下拉按钮，在弹出的列表框中，选择"横排文本框"选项，如下图所示。

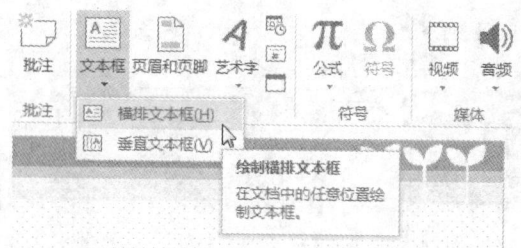

STEP 03 绘制一个横排文本框

将光标移至编辑区内，在空白处按住鼠标左键并拖曳，至合适位置后释放鼠标左键，绘制一个横排文本框，如下图所示。

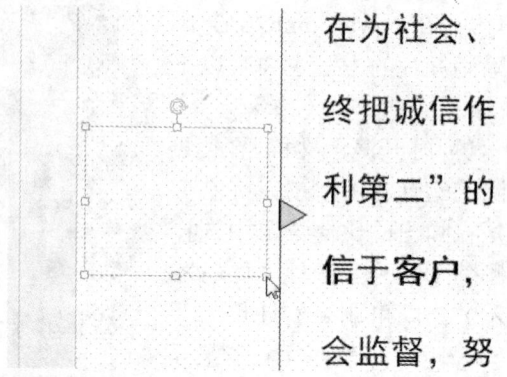

STEP 04 输入文本

在文本框中输入相应的文本，并对文本进行适当的调整，如下图所示。

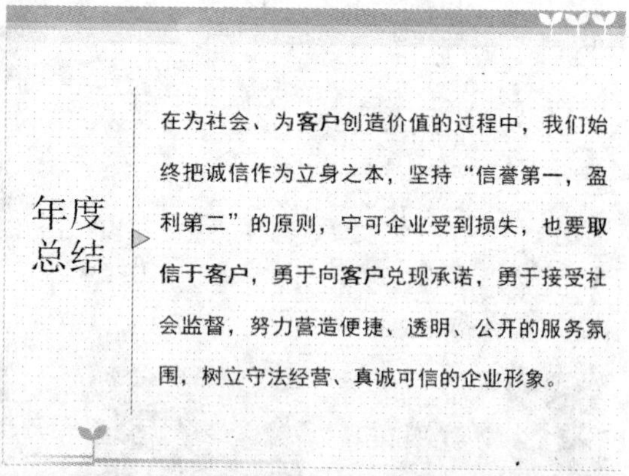

> ❓ **专家指点**
>
> 在"文本框"列表框中，如果选择"垂直文本框"选项，则输入的文本内容按竖排排列。

11.5.2 快速添加批注文本

在 PowerPoint 2013 中，用户可以为制作的幻灯片添加批注文本，其他被允许编辑该幻灯片的人员也可对其进行添加批注或回复批注内容。

STEP 01 打开一个素材文件

在 PowerPoint 2013 中，打开一个素材文件，如下图所示。

STEP 02 单击"显示批注"下拉按钮

切换至"审阅"视图，在"批注"选项板中单击"显示批注"下拉按钮，如下图所示。

STEP 03 选择"批注窗格"选项

弹出列表框，选择"批注窗格"选项，如下图所示。

第 11 章 文稿初成：演示文稿基本操作

执行操作后，即可新建一个批注文本框，输入相应文本，如下图所示。

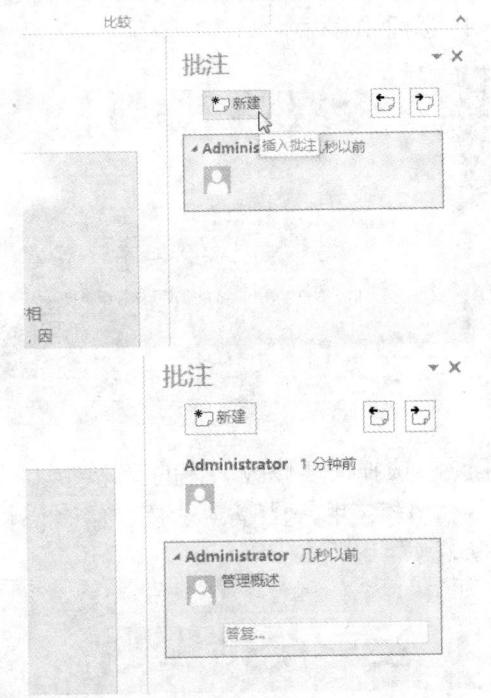

STEP 06 显示批注标记

单击"关闭"按钮，关闭"批注"窗格，在幻灯片的左上角将显示批注标记，如下图所示。

STEP 04 单击"新建"按钮

执行操作后，在编辑区的右侧，将弹出"批注"窗格，单击"新建"按钮，如下图所示。

STEP 05 输入相应文本

> **专家指点**
>
> 在批注文本框中输入相应批注以后，在下方将会出现"答复"文本框，其他编辑该幻灯片的用户可以在"答复"文本框中，进行相应回复。

11.5.3 快速设置文本字体

设置演示文稿文本的字体是最基本的操作，将幻灯片中重要的文字信息设置为不同的字体，可以展现出不同的文本效果。

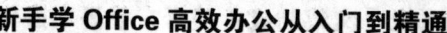

STEP 01 打开一个素材文件

在 PowerPoint 2013 中，打开一个素材文件，如下图所示。

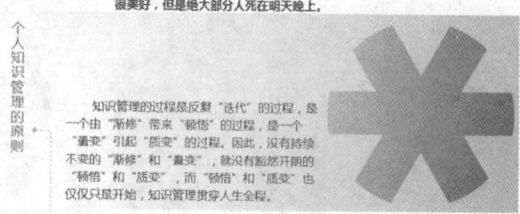

STEP 02 选择需要修改字体的文本对象

在编辑区中，选择需要修改字体的文本对象，如下图所示。

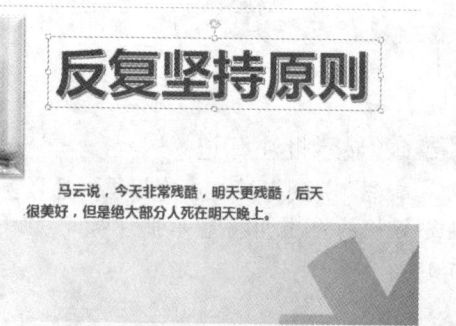

STEP 03 选择"创艺简隶书"选项

在"开始"面板中，单击"字体"右侧的下拉按钮，在弹出的列表框中选择"创艺简隶书"选项，如下图所示。

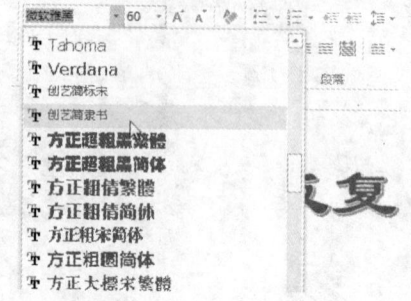

STEP 04 设置文本的字体

执行操作后，即可设置文本的字体，如下图所示。

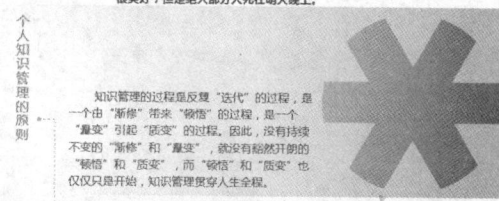

 **专家指点**

除了运用上述方法设置文本字体外，还可以选择需要更改字体的文本对象，在弹出的浮动工具栏中，单击"字体"下拉按钮，在弹出的列表框中设置文本的字体。

11.5.4 快速设置文本颜色

在 PowerPoint 2013 中，用户也可以根据需要设置字体的颜色，以得到更好的文本效果。

STEP 01 打开一个素材文件

在 PowerPoint 2013 中，打开一个素材文件，如下图所示。

STEP 02 选择需要设置颜色的文本

在编辑区中，选择需要设置颜色的文本，如下图所示。

STEP 03 选择"深红"选项

在"开始"面板的"字体"选项板中，单击"字体颜色"右侧的下拉按钮，在弹出的列表框的"标准色"选项区中，选择"深红"选项，如下图所示。

STEP 04 设置文本的颜色

执行操作后，即可设置文本的颜色，如下图所示。

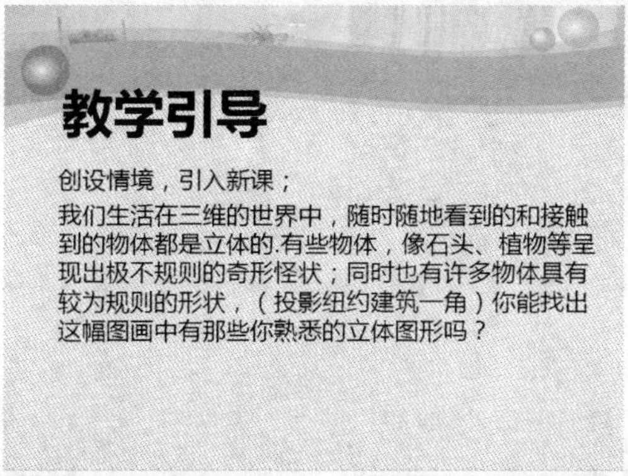

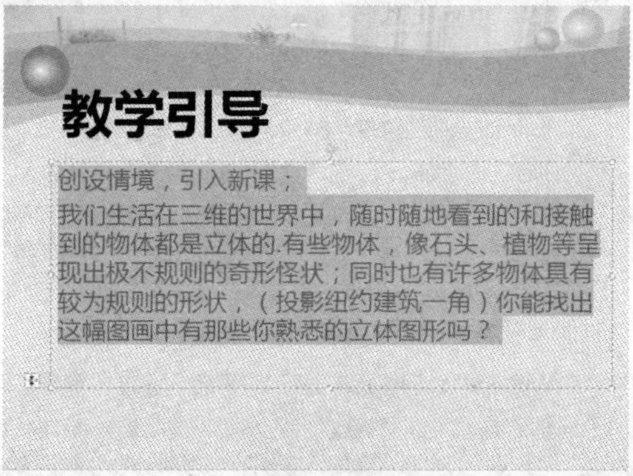

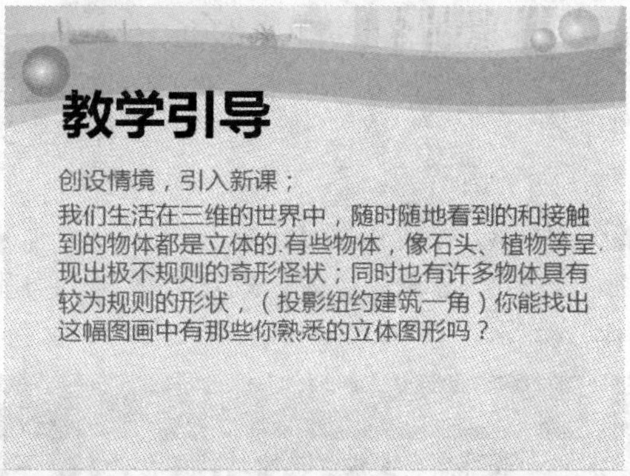

第 11 章　文稿初成：演示文稿基本操作

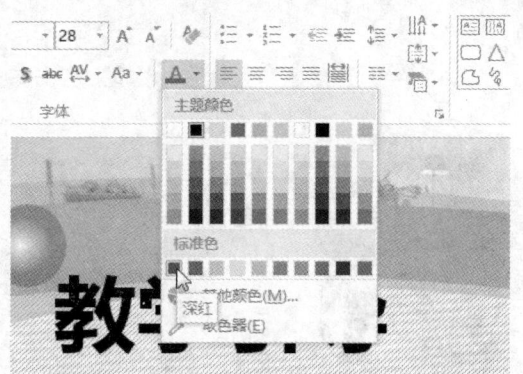

专家指点

除了运用上述方法设置文本颜色外，用户还可以选择需要更改颜色的文本对象，在弹出的浮动工具栏中单击"字体颜色"下拉按钮，在弹出的列表框中设置文本的颜色。

11.5.5　快速设置文本上标

在 PowerPoint 2013 中，用户可以为文本设置上标和下标效果，使制作出来的演示文稿更加具体、形象。

STEP 01　打开一个素材文件

在 PowerPoint 2013 中，打开一个素材文件，如下图所示。

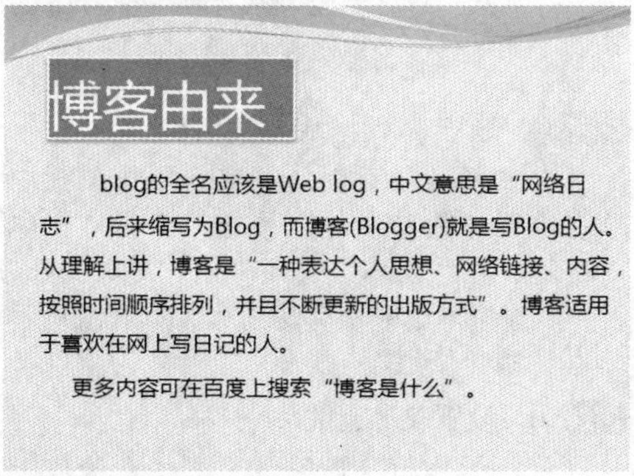

在编辑区中选择需要设置为上标的文本，如下图所示。

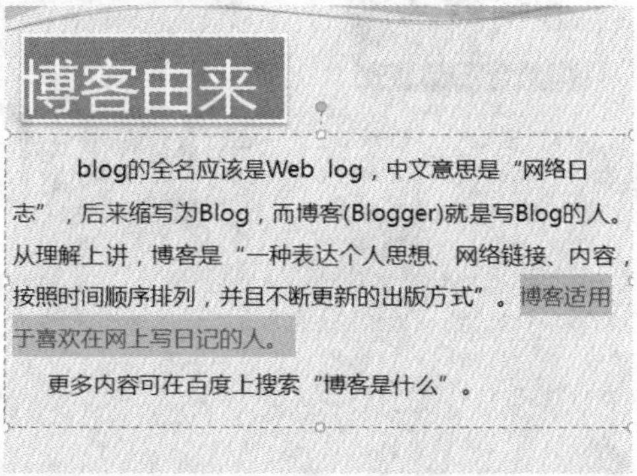

STEP 02　选择文本

STEP 03　单击"字体"按钮

在"字体"选项板的右下角单击"字体"按钮，如下图所示。

209

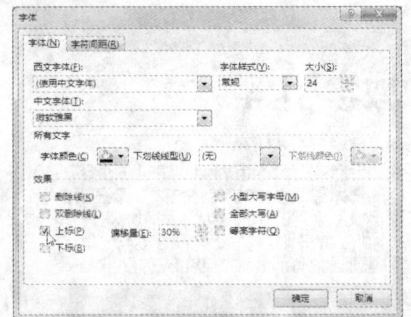

STEP 04 选中"上标"复选框

弹出"字体"对话框，在"字体"选项卡的"效果"选项区中，选中"上标"复选框，如下图所示。

STEP 05 设置文本为上标

单击"确定"按钮，即可设置文本为上标，如下图所示。

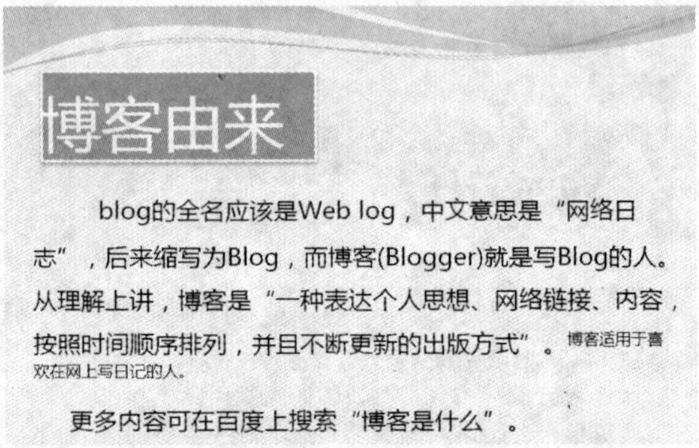

> **专家指点**
> 如果用户需要设置选中的文本为下标，只需切换到"字体"对话框的"字体"选项卡，在"效果"选项区中选中"下标"复选框即可。

11.5.6 快速设置文本删除线

在 PowerPoint 2013 中，对插入到文稿中的重复内容或者对主体内容没有较多辅助作用的文本，用户可以采取添加删除线的方式进行编辑。

STEP 01 打开一个素材文件

在 PowerPoint 2013 中，打开一个素材文件，如下图所示。

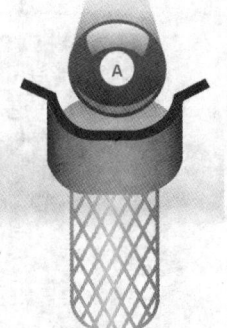

STEP 02 选择需要设置删除线的文本

在编辑区中，选择需要设置删除线的文本，如下图所示。

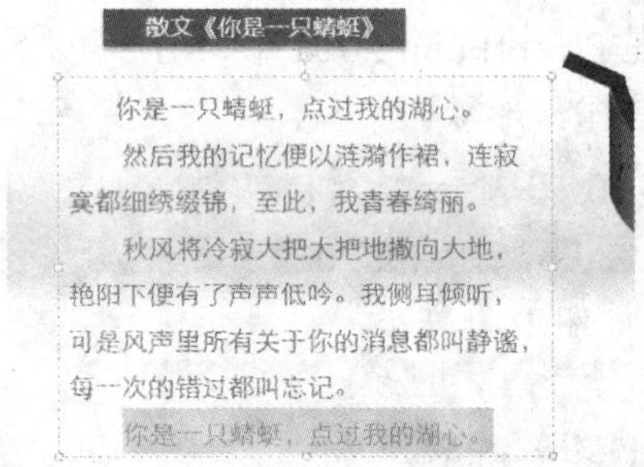

STEP 03 选中"删除线"复选框

在"开始"面板的"字体"选项板中，单击右下角的"字体"按钮，弹出"字体"对话框，在"字体"选项卡的"效果"选项区中，选中"删除线"复选框，如下图所示，单击"确定"按钮。

STEP 04 设置文本删除线

执行操作后，即可设置文本删除线，如下图所示。

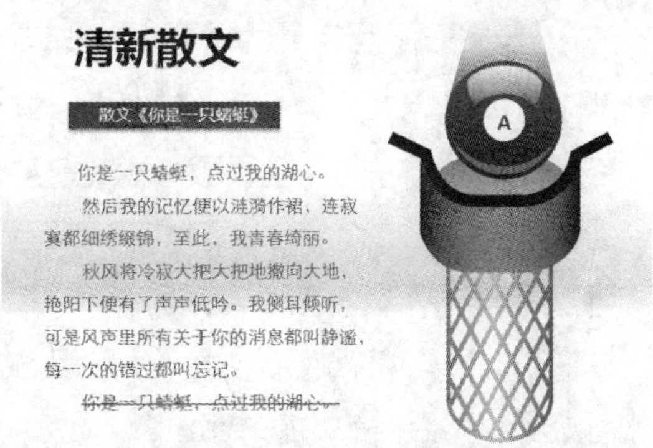

第 11 章 文稿初成：演示文稿基本操作

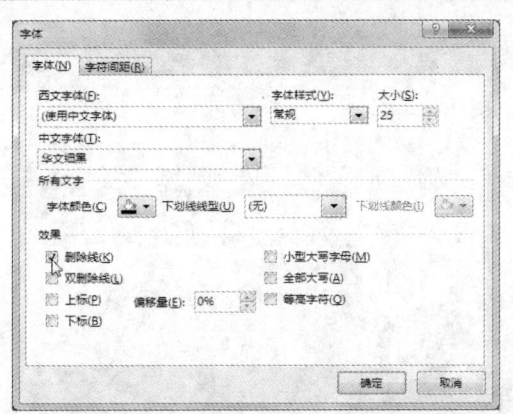
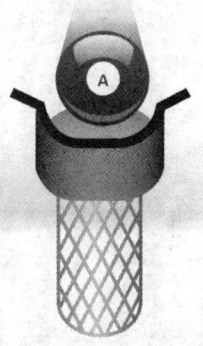

> **专家指点**
>
> 除了运用上述方法可以设置文本删除线外，在"字体"选项板中单击"删除线"按钮，也可设置文本删除线。

11.5.7 轻松复制与粘贴文本

在演示文稿的文本编辑过程中，在同一个演示文稿中有一些文本内容需要重复使用或改变所在位置。此时，用户可以运用复制和粘贴功能来实现。

STEP 01 打开一个素材文件

在 PowerPoint 2013 中，打开一个素材文件，如下图所示。

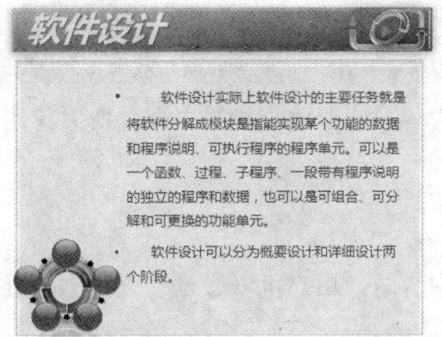

STEP 02 选择需要复制的文本

在编辑区中，选择需要复制的文本，如下图所示。

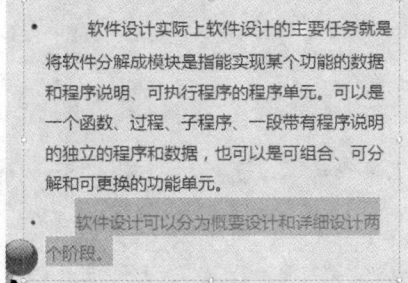

STEP 03 选择"复制"选项

在选择的文本上，单击鼠标右键，弹出快捷菜单，选择"复制"选项，如下图所示。

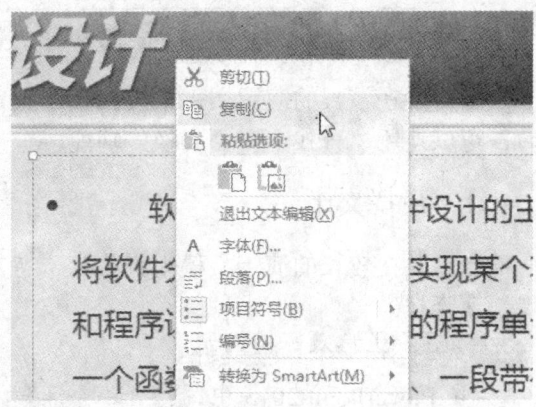

STEP 04 单击"保留源格式"按钮

执行操作后即可复制文本，将鼠标指针移至合适位置，再次单击鼠标右键，在弹出的快捷菜单中，单击"粘贴选项"选项区中的"保留源格式"按钮，如下图所示。

STEP 05 粘贴文本对象

执行操作后，即可粘贴文本对象，如下图所示。

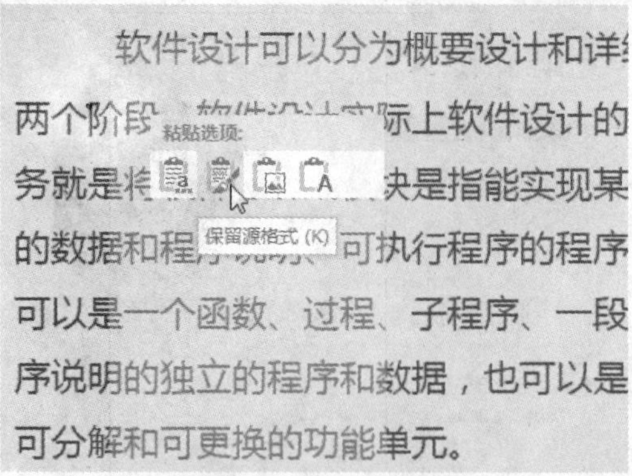

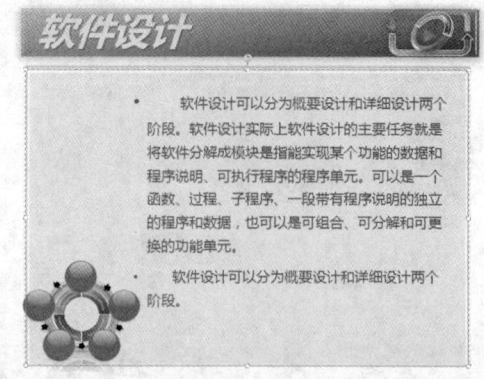

11.5.8 轻松撤销和恢复文本

若用户在进行编辑的过程中，对文本进行了不必要的操作，这时执行某个命令或按钮，即可恢复文本，有以下两种方法。

❂ 单击快速访问工具栏中的"撤销键入"按钮 和"重复键入"按钮 ，可以执行撤销和恢复操作。

❂ 按【Ctrl+Z】组合键，即可恢复上一步的操作。

> **专家指点**
>
> 在默认情况下，PowerPoint 2013 最多可以撤销 20 步操作，用户也可以根据需要在"PowerPoint 选项"对话框中设置撤销的次数。但是，如果将可撤销的数值设置过大，将会占用较多的系统内存，从而影响 PowerPoint 的运行速度。

11.5.9 轻松查找与替换文本

当需要在较长的演示文稿中查找某个特定的内容，或要将查找的内容替换为其他内容时，可以使用"查找"和"替换"功能。

1. 查找文市

当需要在较长的演示文稿中查找某一特定的内容时，用户可以通过"查找"按钮来实现快速查找。

STEP 01 打开一个素材文件

在 PowerPoint 2013 中，打开一个素材文件，如下图所示。

STEP 02 单击"查找"按钮

在"开始"面板的"编辑"选项板中单击"查找"按钮，如下图所示，弹出"查找"对话框。

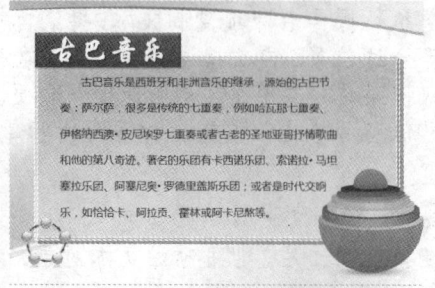

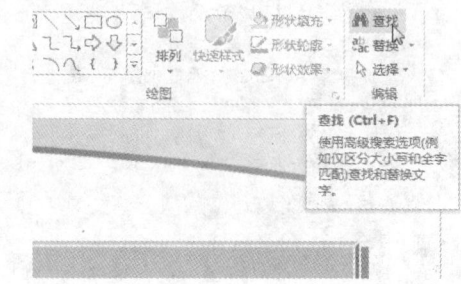

第 11 章 文稿初成：演示文稿基本操作

STEP 03 输入需要查找的内容

在"查找内容"文本框中输入需要查找的内容，如下图所示。

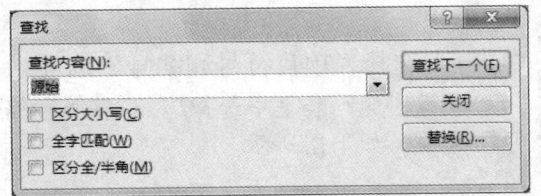

STEP 04 查找出文本中需要的内容

单击"查找下一个"按钮，即可依次查找出需要的内容，如下图所示。

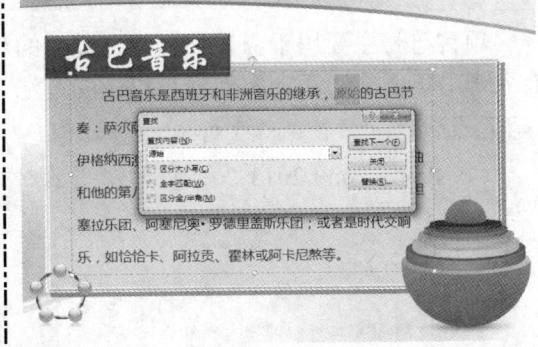

2. 替换文本

在文本中输入大量的文字后，如果出现相同错误的文字很多，可以使用"替换"按钮对文字进行批量更改，以提高工作效率。

STEP 01 打开一个素材文件

在 PowerPoint 2013 中，打开上一例的素材文件，如下图所示。

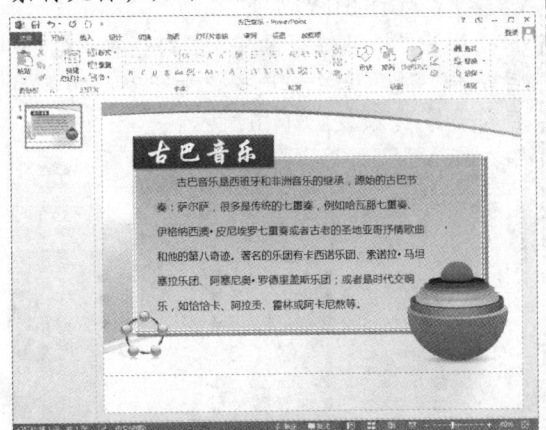

STEP 02 选择"替换"选项

在"开始"面板的"编辑"选项板中，单击"替换"下拉按钮，在弹出的列表框中选择"替换"选项，如下图所示。

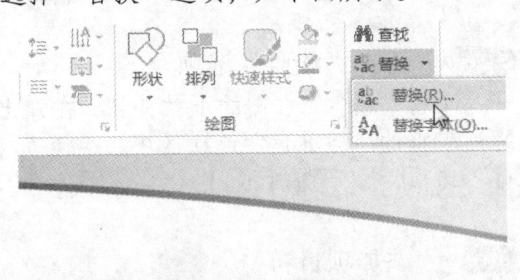

STEP 03 输入相应内容

弹出"替换"对话框，在"查找内容"文本框和"替换为"文本框中分别输入相应内容，如下图所示。

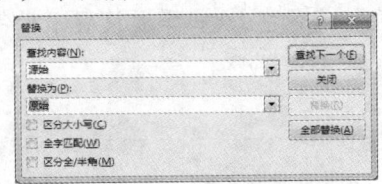

STEP 04 单击"确定"按钮

单击"全部替换"按钮，弹出信息提示框，单击"确定"按钮，如下图所示。

STEP 05 替换文本

返回到"替换"对话框，单击"关闭"按钮，即可替换文本，如下图所示。

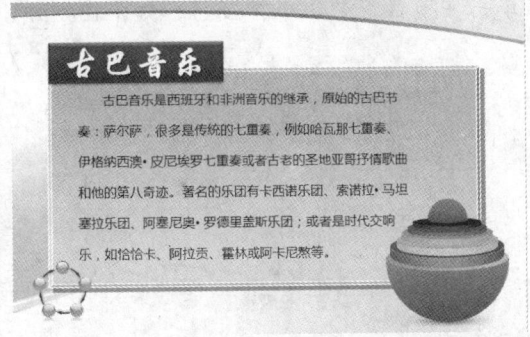

11.5.10 添加常用项目符号

项目符号主要用于强调一些特别重要的观点或条目，它可以使主题更加美观、突出和有条理。下面介绍添加常用项目符号的方法。

STEP 01 打开一个素材文件

在 PowerPoint 2013 中，打开一个素材文件，如下图所示。

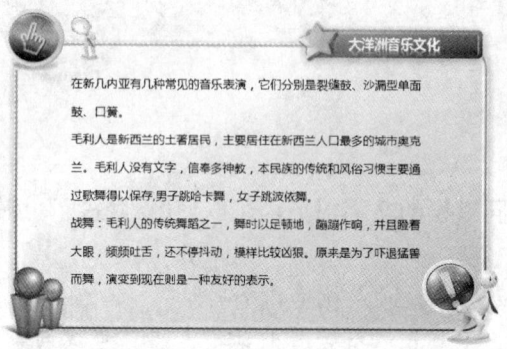

STEP 02 选择相应文本

在编辑区中，选择需要设置项目符号的文本，如下图所示。

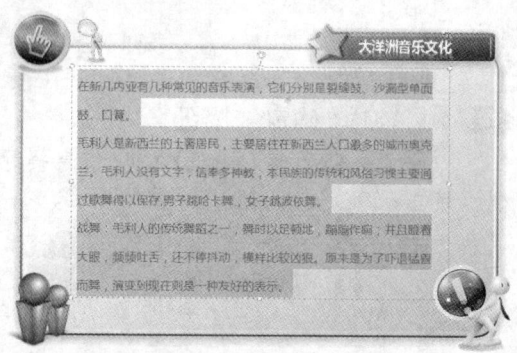

STEP 03 单击"项目符号"下拉按钮

在"开始"面板的"段落"选项板中，单击"项目符号"下拉按钮，如下图所示。

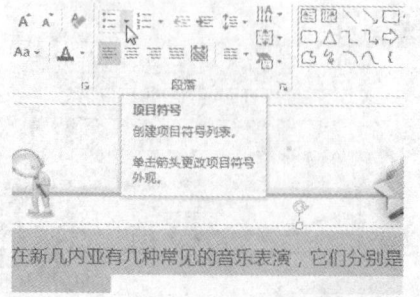

STEP 04 选择"项目符号和编号"选项

在弹出的列表框中选择"项目符号和编号"选项，如下图所示。

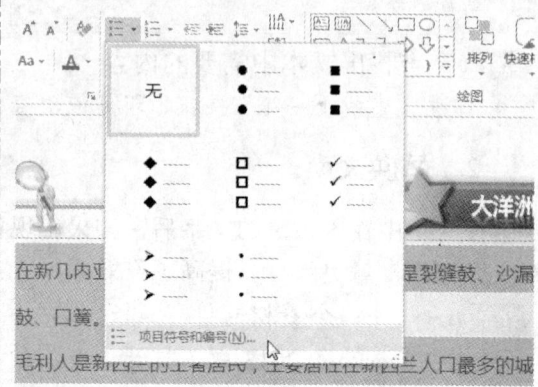

STEP 05 选择相应选项

弹出"项目符号和编号"对话框，在"项目符号"选项卡中，选择"加粗空心方形项目符号"选项，如下图所示。

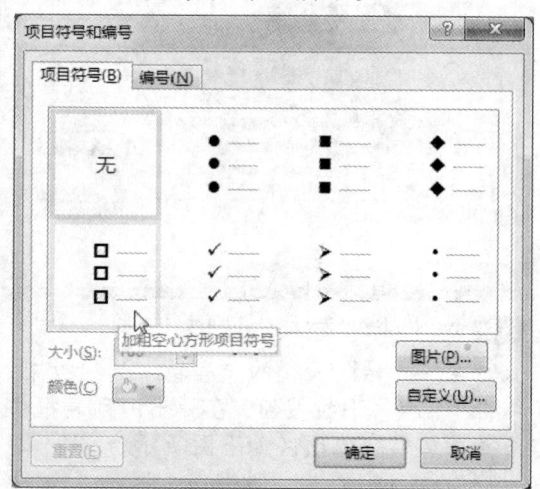

STEP 06 选择"浅蓝"选项

单击"颜色"右侧的下拉按钮，在弹出的列表框的"标准色"选项区中，选择"浅蓝"选项，如下图所示。

STEP 07 添加项目符号

单击"确定"按钮，即可添加项目符号，如下图所示。

第 11 章 文稿初成：演示文稿基本操作

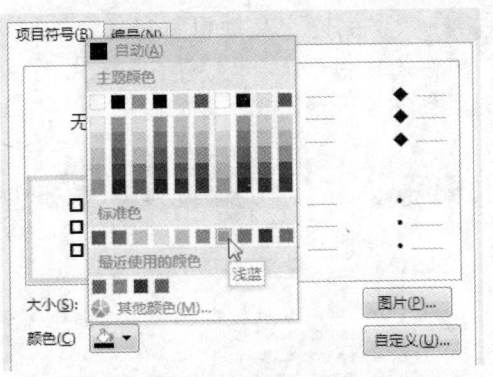

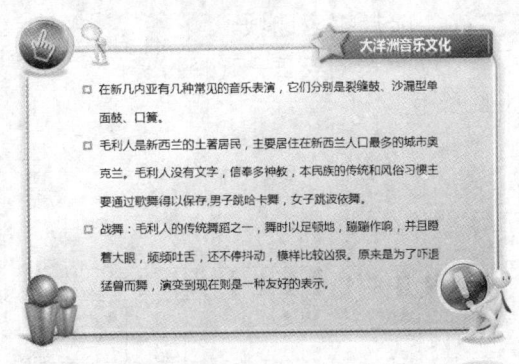

11.5.11 添加自定义项目符号

在 PowerPoint 2013 中，如果常用项目符号不能满足用户的需求，还可以通过"符号"对话框添加自定义的项目符号。

STEP 01 打开一个素材文件

在 PowerPoint 2013 中，打开一个素材文件，如下图所示。

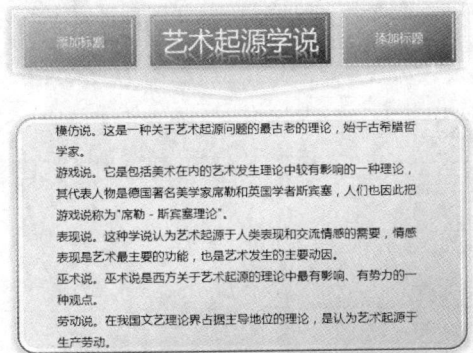

STEP 02 选择相应文本

在编辑区中，选择需要设置项目符号的文本，如下图所示。

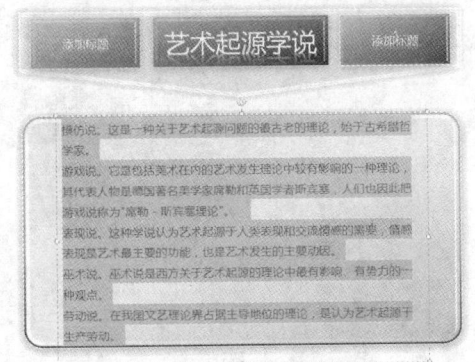

STEP 03 单击"自定义"按钮

在"项目符号"列表框中选择"项目符号和编号"选项，弹出"项目符号和编号"对话框，单击"自定义"按钮，如下图所示。

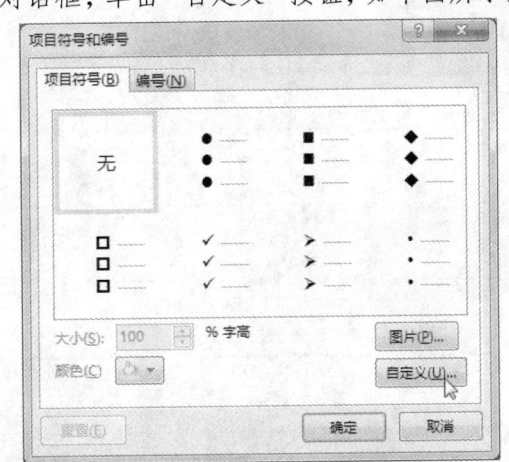

STEP 04 选择"几何图形符"选项

弹出"符号"对话框，单击"子集"下拉按钮，在弹出的列表框中，选择"几何图形符"选项，如下图所示。

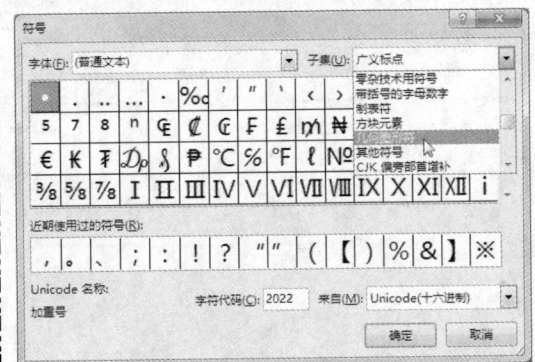

STEP 05 选择相应选项

在中间的列表框中选择所需的符号，如下图所示。

STEP 06 添加自定义项目符号

依次单击"确定"按钮，即可添加自定义项目符号，如下图所示。

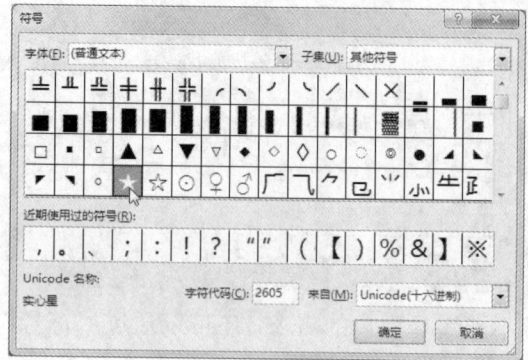

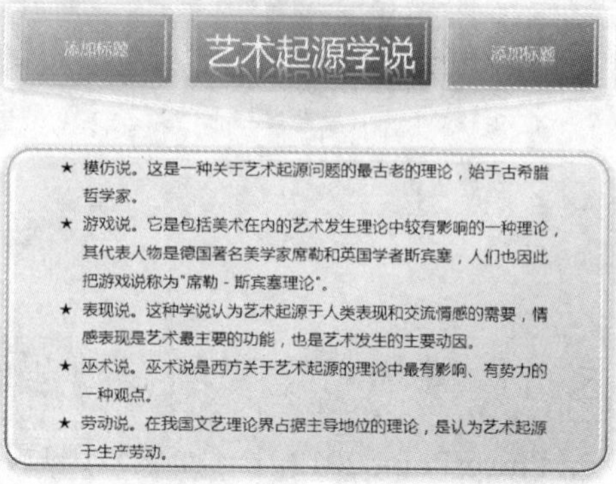

读书笔记

Chapter 12

章前知识导读

在幻灯片中添加图片和图形，可以更加生动形象地阐述主题和表达思想，在插入图片时，应注意图片与幻灯片之间的联系，使图片与主题统一。本章主要介绍插入图片、绘制自选图形、插入 SmartArt 图形、美化幻灯片版式以及修饰幻灯片的声音和视频等内容。

完美展现：美化修饰演示文件

重点知识索引

- 快速插入图片
- 快速绘制矩形图形
- 快速插入关系图形
- 轻松设置幻灯片主题
- 插入文件中的声音

效果图片赏析

人才补充

公司销售增长趋势

双击此处添加标题文字

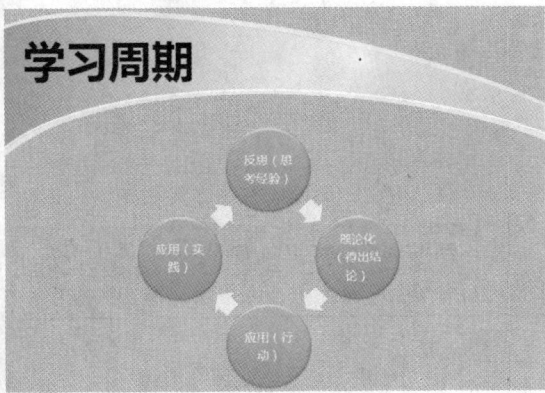

学习周期

音乐唱法大致可分为：
- 气声唱法
- 朦胧唱法
- 喊声唱法
- 美国乡村歌手唱法
- 摇滚唱法

12.1 轻松插入与编辑图片

在 PowerPoint 2013 中，如果软件自带的图片不能满足用户的需求，则可以将外部图片插入到演示文稿中，并且可以对插入的图片进行相应编辑。本节主要介绍快速插入图片、快速插入剪贴画以及快速编辑剪贴画等内容。

12.1.1 快速插入图片

在演示文稿中插入图片以后，可以更加生动形象地阐述主题和思想，在插入图片时，要充分考虑幻灯片的主题，使图片和主题和谐一致。

STEP 01 打开一个素材文件

在 PowerPoint 2013 中，打开一个素材文件，如下图所示。

STEP 02 单击"图片"按钮

切换至"插入"面板，在"图像"选项板中，单击"图片"按钮，如下图所示。

STEP 03 选择需要插入的图片

弹出"插入图片"对话框，在相应文件夹中，选择需要插入的图片，如下图所示。

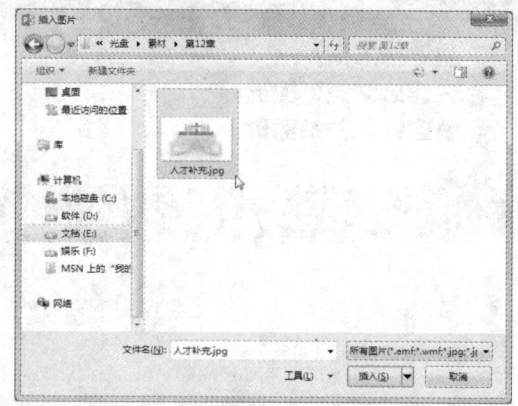

STEP 04 插入并调整图片

单击"插入"按钮，即可在幻灯片中插入图片，调整图片位置和大小，如下图所示。

> **专家指点**
> 在弹出的"插入图片"对话框中，按住【Ctrl】键的同时单击鼠标左键，可一次选择多张图片。

12.1.2 快速调整图片大小

在 PowerPoint 2013 中，用户在编辑窗口插入图片后，便可以对插入的图片进行大小和位置的调整。

STEP 01 打开一个素材文件

在 PowerPoint 2013 中，打开一个素材文件，如下图所示。

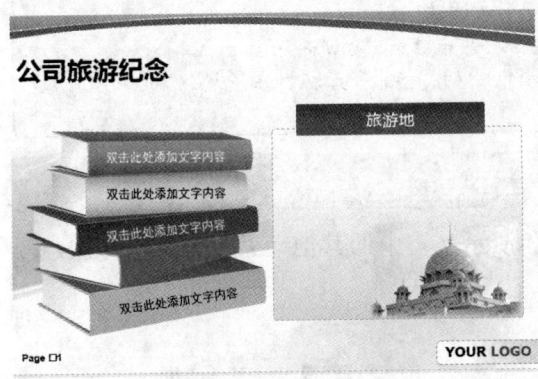

STEP 02 切换至"格式"面板

在编辑区中选择需要调整大小的图片，切换至"图片工具"中的"格式"面板，如下图所示。

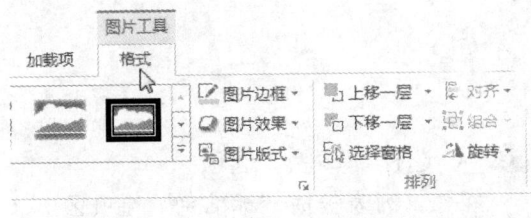

STEP 03 单击"大小和位置"按钮

在"大小"选项板中，单击右下角的"大小和位置"按钮，如下图所示。

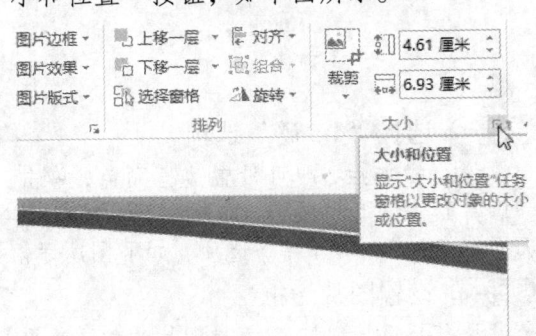

STEP 04 弹出"设置图片格式"窗格

执行操作后，弹出"设置图片格式"窗格，如下图所示。

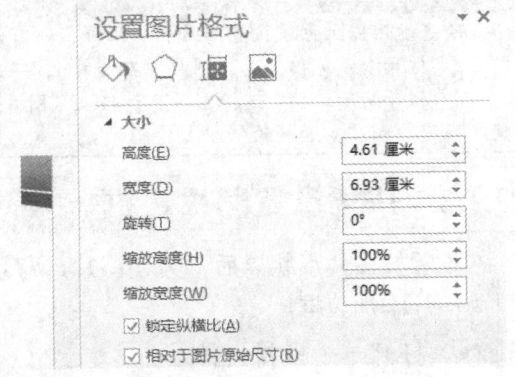

STEP 05 设置各选项

在"大小"选项区中，取消选中"锁定纵横比"复选框，设置"高度"为"7.06厘米"、"宽度"为"10.63厘米"，如下图所示。

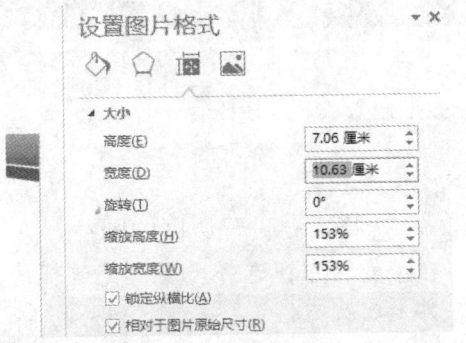

STEP 06 调整图片大小

在"设置图片格式"窗格的右上角，单击"关闭"按钮，即可调整图片大小，适当调整图片位置，如下图所示。

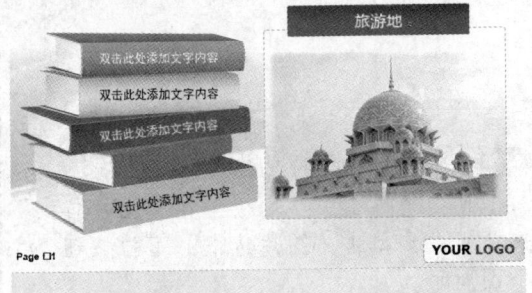

> **专家指点**
>
> 在"设置图片格式"窗格中,显示出4个大的选项区,在各选项区的上方,分别是"填充线条"选项区、"效果"选项区、"大小属性"选项区以及"图片"选项区。

> **专家指点**
>
> 除了运用以上方法设置图片大小以外,还有以下两种方法。
> ⊙ 打开演示文稿,选择图片,在图片上按住鼠标左键并拖曳控制点即可。
> ⊙ 打开演示文稿,选择图片,切换至"图片工具"中的"格式"面板,在"大小"选项板中设置"高度"和"宽度"的值即可。

12.1.3 快速设置图片边框

在设置好图片形状以后,为使图片、背景和演示文稿中的其他元素区分开来,用户还可以为图片添加边框。

STEP 01 打开一个素材文件

在 PowerPoint 2013 中,打开一个素材文件,如下图所示。

STEP 02 选择需要设置边框的图片

在编辑区中,选择需要设置边框的图片,如下图所示。

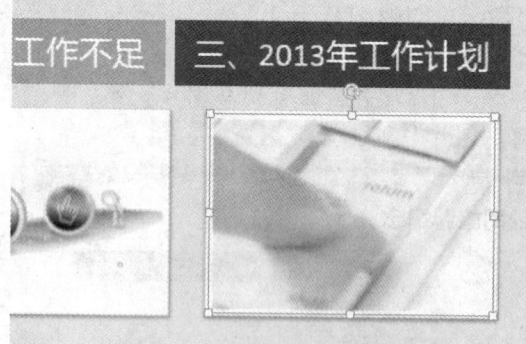

STEP 03 单击"图片边框"下拉按钮

切换至"格式"面板,在"图片样式"选项板中,单击"图片边框"下拉按钮,如下图所示。

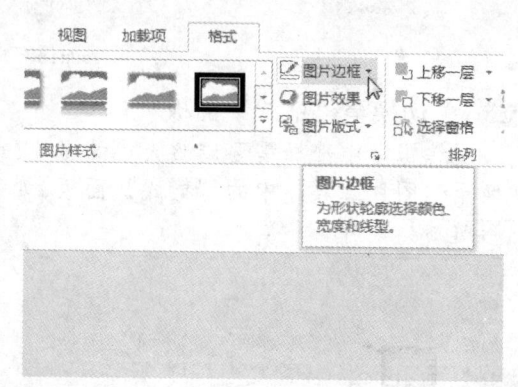

STEP 04 选择"黄色"选项

在弹出列表框的"标准色"选项区中,选择"黄色"选项,如下图所示。

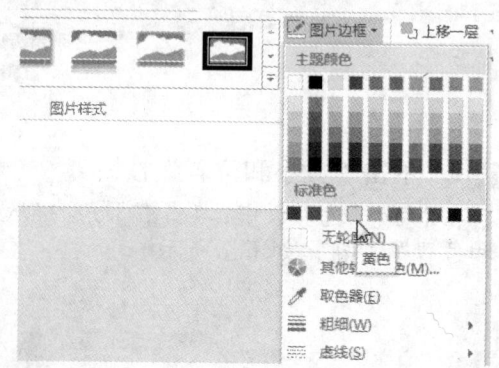

STEP 05 选择"4.5磅"选项

执行操作后,即可设置边框颜色,单击"图片边框"下拉按钮,在弹出的列表框中选择"粗细"|"4.5磅"选项,如下图所示。

STEP 06 设置图片边框

执行操作后,即可设置图片边框,效果如下图所示。

第 12 章　完美展现：美化修饰演示文件

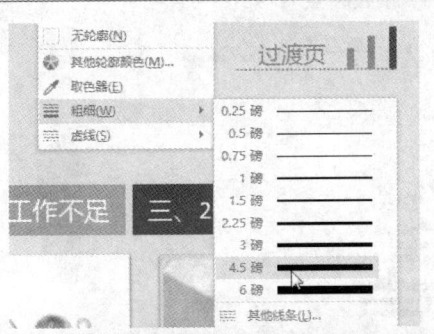
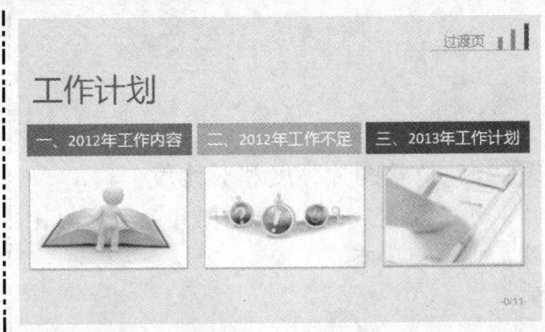

12.1.4　设置图片亮度和对比度

对于 PowerPoint 2013 中插入的颜色偏暗的图片，用户可以通过"更正"按钮，对图片的亮度和对比度进行相应调整，使插入的图片更加明亮。

STEP 01 打开一个素材文件

在 PowerPoint 2013 中，打开一个素材文件，如下图所示。

STEP 02 选择图片

在编辑区中，选择需要调整亮度和对比度的图片，如下图所示。

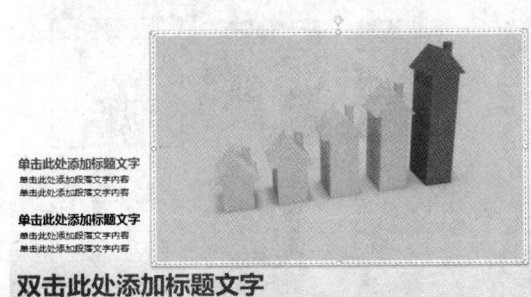

STEP 03 单击"更正"下拉按钮

切换至"图片工具"中的"格式"面板，在"调整"选项板中，单击"更正"下拉按钮，如下图所示。

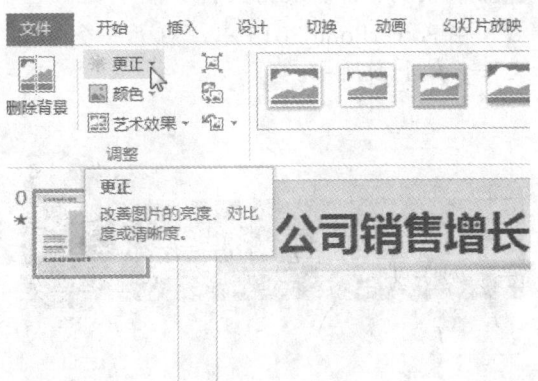

STEP 04 选择相应选项

弹出列表框，在"亮度/对比度"选项区中，选择所需选项，如下图所示。

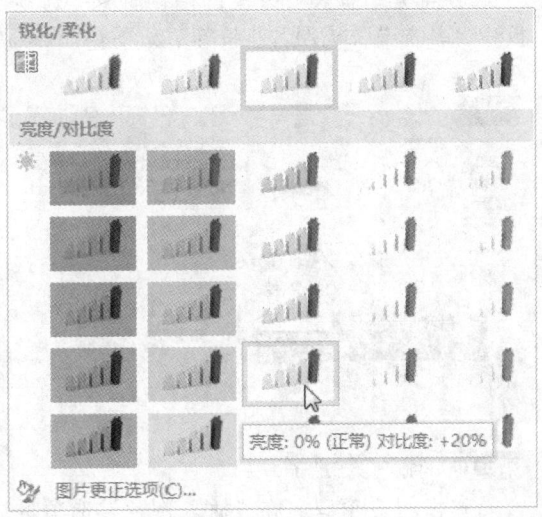

221 Page

STEP 05 调整图片亮度和对比度

执行操作后，即可调整图片亮度和对比度，如下图所示。

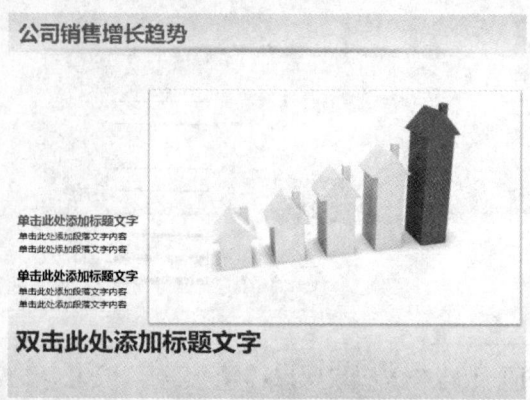

12.1.5 快速插入剪贴画

在 PowerPoint 2013 中，用户可以运用"联机图片"按钮，在幻灯片中插入剪贴画。

STEP 01 打开一个素材文件

在 PowerPoint 2013 中，打开一个素材文件，如下图所示。

STEP 02 单击"联机图片"按钮

切换至"插入"面板，在"图像"选项板中，单击"联机图片"按钮，如下图所示。

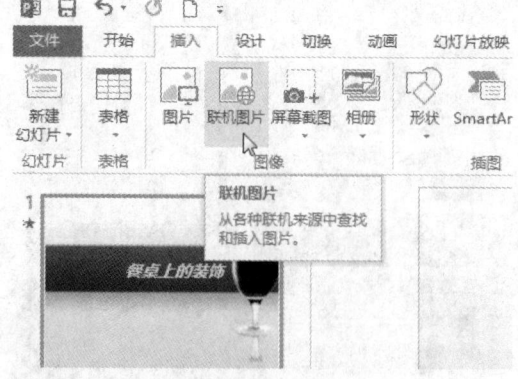

STEP 03 输入关键字

弹出相应窗口，在"插入图片"选项区中的"Office.com 剪贴画"右侧的搜索文本框中输入关键字，如下图所示。

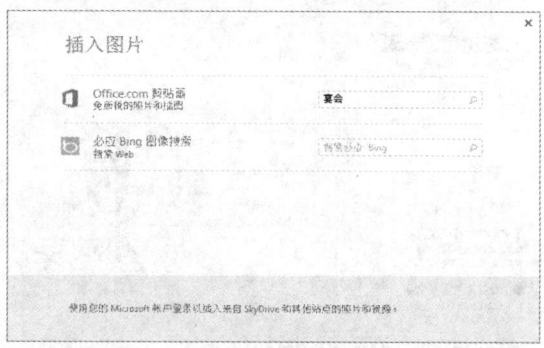

STEP 04 选择"花瓶中的插花"剪贴画

单击"搜索"按钮，在下方的列表框中，将显示搜索出来的相关剪贴画，选择"花瓶中的插花"剪贴画，如下图所示。

STEP 05 插入剪贴画

单击"插入"按钮，即可下载该剪贴画并插入到幻灯片中，如下图所示。

第 12 章 完美展现：美化修饰演示文件

对剪贴画进行适当的调整，效果如下图所示。

STEP 06 调整剪贴画

12.1.6 快速编辑剪贴画

在 PowerPoint 2013 中，插入剪贴画以后，用户可以根据需要设置剪贴画的颜色、样式以及效果等。

STEP 01 打开一个素材文件

在 PowerPoint 2013 中，打开一个素材文件，如下图所示。

切换至"图片工具"中的"格式"面板，在"调整"选项板中，单击"颜色"下拉按钮，如下图所示。

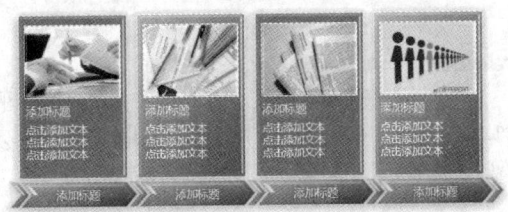

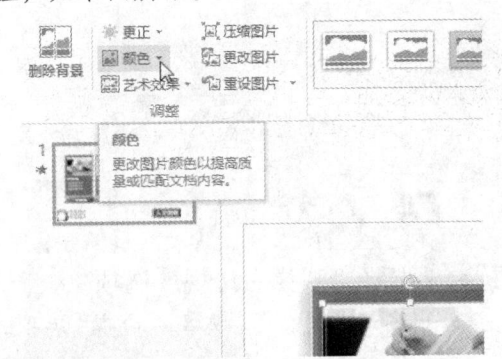

STEP 02 选择剪贴画

在编辑区中，选择需要进行编辑的剪贴画，如下图所示。

STEP 04 选择相应选项

弹出列表框，在"颜色饱和度"选项区中，选择所需选项，如下图所示。

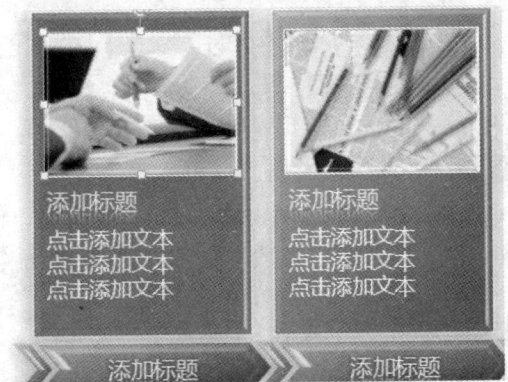

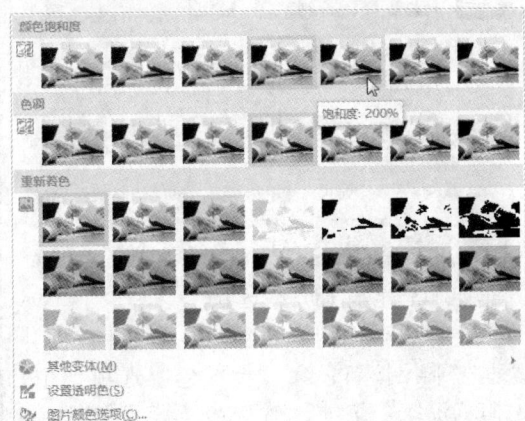

STEP 03 单击"颜色"下拉按钮

STEP 05 设置剪贴画的颜色

执行操作后，即可设置剪贴画的颜色，如下图所示。

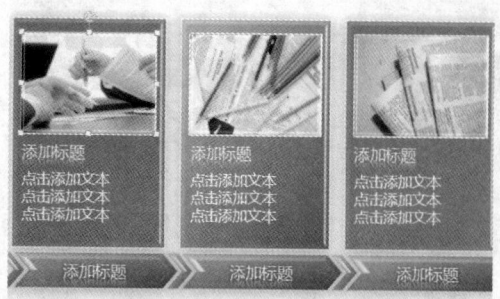

STEP 06 单击"其他"下拉按钮

在"图片样式"选项板中，单击"其他"下拉按钮，如下图所示。

STEP 07 选择"映像右透视"选项

弹出列表框，选择"映像右透视"选项，如下图所示。

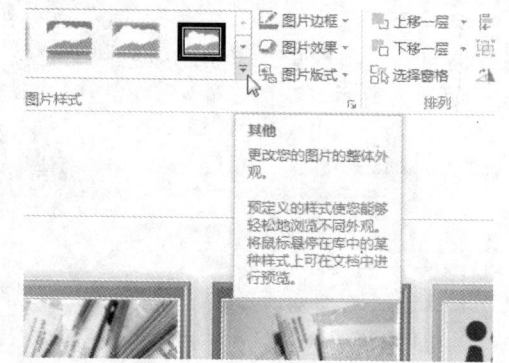

STEP 08 选择"3磅"选项

在"图片样式"选项板中，单击"图片边框"下拉按钮，在"标准色"选项区中，选择"浅绿"选项，然后选择"粗细"|"3

磅"选项，如下图所示。

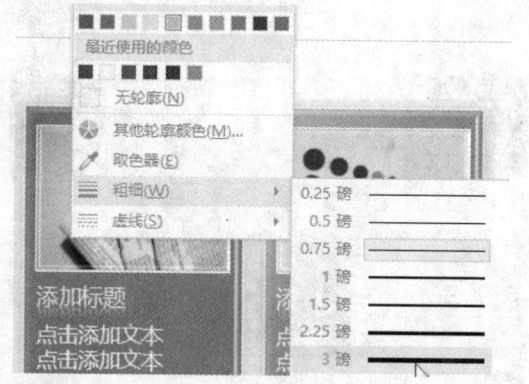

STEP 09 设置剪贴画边框

执行操作后，即可设置剪贴画边框，如下图所示。

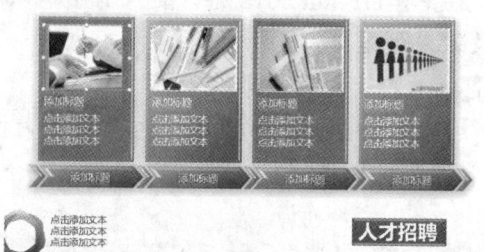

STEP 10 选择相应选项

单击"图片效果"下拉按钮，在弹出的列表框中，选择"发光"|"橄榄色，8pt发光，着色3"选项，如下图所示。

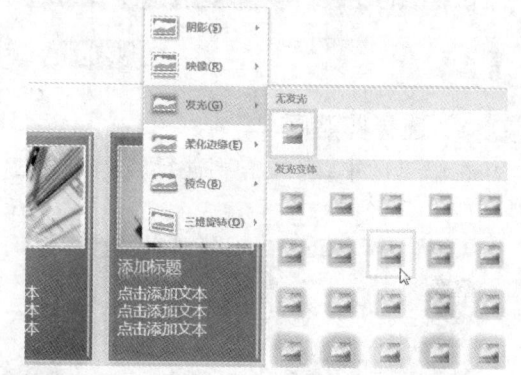

STEP 11 选择"柔圆"选项

再次单击"图片效果"下拉按钮，在弹出的列表框中，选择"棱台"|"柔圆"选项，如下图所示。

STEP 12 完成剪贴画的编辑

执行操作后，即可完成剪贴画的编辑，如下图所示。

第 12 章 完美展现：美化修饰演示文件

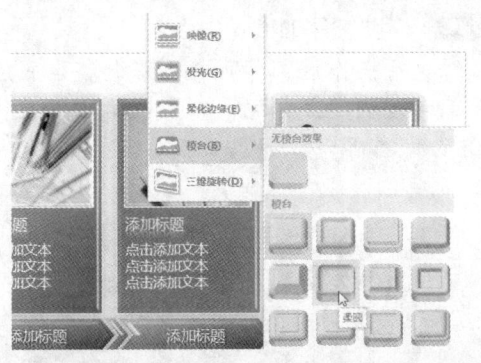

12.2 轻松绘制与编辑自选图形

在 PowerPoint 2013 中，可以方便地绘制直线和矩形等基本图形，还可以对绘制的自选图形进行相应的编辑。本节主要介绍快速绘制矩形图形、快速绘制标注形状以及快速调整叠放次序等内容。

12.2.1 快速绘制矩形图形

在 PowerPoint 2013 中，用户可以方便地对制作的演示文稿绘制矩形图形，以丰富演示文稿内容，使演示文稿条理更加分明。

STEP 01 打开一个素材文件

在 PowerPoint 2013 中，打开一个素材文件，如下图所示。

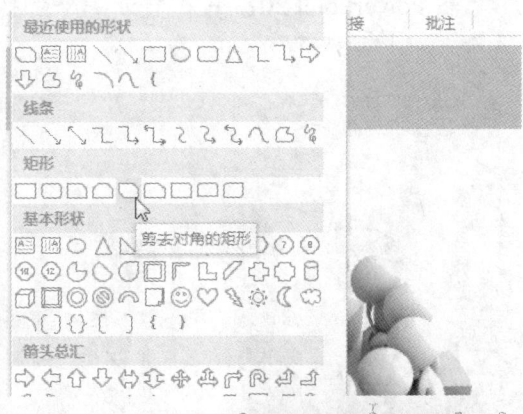

STEP 02 选择"剪去对角的矩形"选项

切换至"插入"面板，在"插图"选项板中，单击"形状"下拉按钮，在弹出的列表框中，选择"剪去对角的矩形"选项，如下图所示。

STEP 03 绘制图形

在幻灯片的编辑区中，鼠标指针呈十字形显示，在合适位置绘制相应的矩形图形，如下图所示。

STEP 04 选择"置于底层"选项

在绘制的图形上单击鼠标右键，弹出快

捷菜单，选择"置于底层"|"置于底层"选项，如下图所示。

STEP 05 设置字体颜色

执行操作后，即可将图形调整至底层，设置合适的字体颜色，如下图所示。

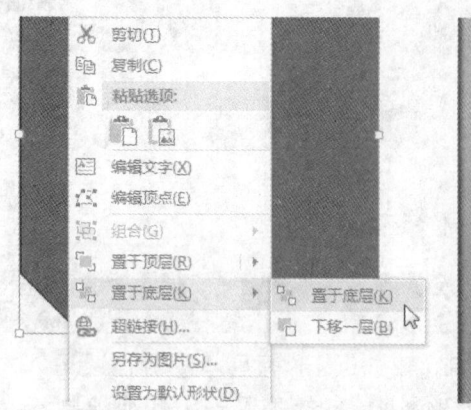

12.2.2 快速绘制标注形状

在 PowerPoint 2013 中，用户可为幻灯片中的图片和文字等对象添加标注形状，以丰富幻灯片的内容。

STEP 01 打开一个素材文件

在 PowerPoint 2013 中，打开一个素材文件，如下图所示。

STEP 02 选择"圆角矩形标注"选项

切换至"插图"选项板，单击"形状"下拉按钮，在弹出的列表框的"标注"选项区中，选择"圆角矩形标注"选项，如下图所示。

STEP 03 绘制标注

在编辑区的合适位置，按住鼠标左键并拖曳，至合适位置后释放鼠标左键，绘制圆角矩形标注形状，并对绘制的形状进行细微调整，如下图所示。

STEP 04 选择相应选项

双击绘制的标注形状，切换至"绘图工具"中的"格式"面板，单击"形状样式"选项板中的"其他"按钮，在弹出的列表框中选择"细微效果-红色，强调颜色6"选项，如下图所示。

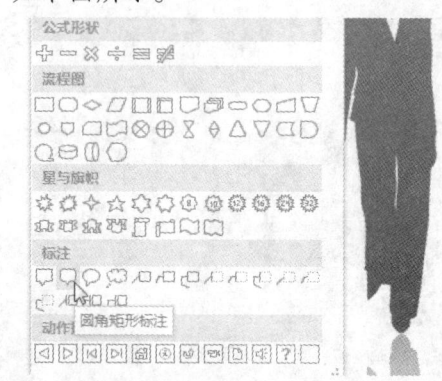

第 12 章　完美展现：美化修饰演示文件

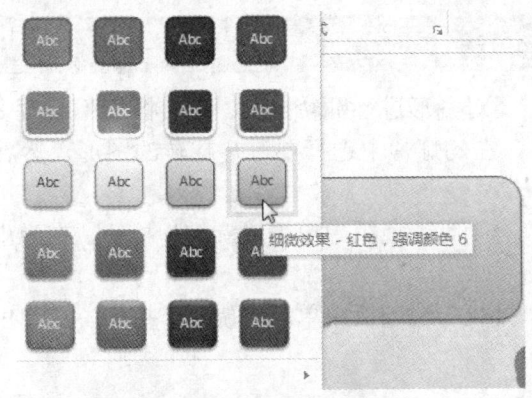

STEP 05　设置形状样式

执行操作后，即可设置相应颜色的形状样式，如下图所示。

绘制标注形状

STEP 06　选择"编辑文字"选项

在绘制的标注上单击鼠标右键，在弹出快捷的菜单中选择"编辑文字"选项，如下图所示。

STEP 07　单击"其他"下拉按钮

在标注中输入文字，选中输入的文字，切换至"格式"面板，单击"艺术字样式"选项板中的"其他"下拉按钮，如下图所示。

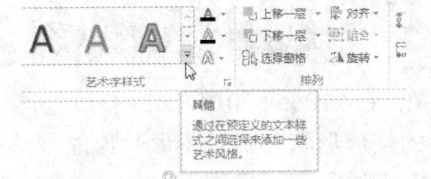

STEP 08　选择相应选项

在弹出的列表框中，选择"填充-白色，轮廓-着色 2，清晰阴影-着色 2"选项，如下图所示。

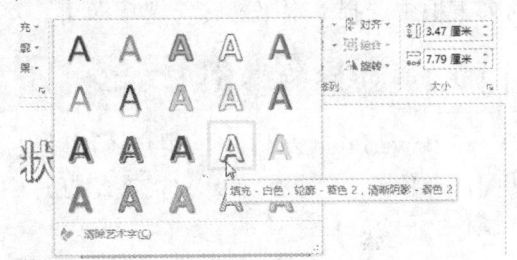

STEP 09　设置文字效果

执行操作后，即可设置文字效果，如下图所示。

绘制标注形状

STEP 10　设置字体属性

选择设置的艺术字，在弹出的浮动工具栏中设置"字体"为"隶书"、"字号"为 35，适当调整标注形状的大小，如下图所示。

绘制标注形状

12.2.3 快速翻转图形对象

在 PowerPoint 2013 中，用户还可以根据需要对图形进行翻转操作，翻转图形不会改变图形的整体形状。翻转图形对象的方法很简单，在幻灯片中选择要进行翻转的图形，然后根据需要进行下列操作之一。

● 垂直翻转：切换至"格式"面板，在"排列"选项板中单击"旋转"按钮，在弹出的列表框中选择"垂直翻转"选项即可。

● 水平翻转：切换至"格式"面板，在"排列"选项板中单击"旋转"按钮，在弹出的列表框中选择"水平翻转"选项即可。

12.2.4 快速旋转图形对象

在 PowerPoint 2013 中，用户还可以根据需要对图形进行任意角度的自由旋转操作。旋转图形对象的方法很简单，只需在幻灯片中选择要进行旋转的图形，然后根据需要进行下列操作之一。

● 向左旋转 90°：切换至"格式"面板，在"排列"选项板中，单击"旋转"按钮，在弹出的列表中选择"向左旋转 90°"选项即可。

● 向右旋转 90°：切换至"格式"面板，在"排列"选项板中，单击"旋转"按钮，在弹出的列表中选择"向右旋转 90°"选项即可。

● 自由旋转：将鼠标指针放置到图形上方的旋转控制点上，当鼠标指针呈 ↻ 状时，拖曳鼠标即可旋转图形。

> **专家指点**
> 单击"旋转"按钮，在弹出的列表框中选择"其他旋转选项"选项，在弹出的对话框中进行适当操作，也可以旋转图形。

12.2.5 快速调整叠放次序

在同一区域绘制多个图形时，最后绘制的图形将自动覆盖前面图形的部分或全部，即重叠的部分会被遮掩。

调整叠放次序的方法是，选择需要调整叠放次序的图形，切换至"格式"面板，在"排列"选项板中选择相应的叠放次序即可，如右图所示。

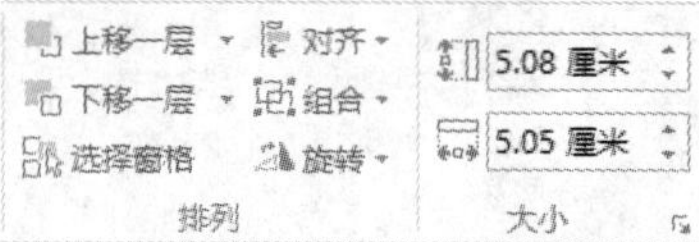

在 PowerPoint 2013 中，有 4 种叠放次序，其含义如下。

在"排列"选项板中设置叠放次序

● 上移一层：将选择的图形对象在整个叠放对象中的位置向上移动一层。
● 置于顶层：将选择的图形对象显示在所有叠放对象的最顶层。
● 下移一层：将选择的图形对象在整个叠放对象中的位置向下移动一层。
● 置于底层：将选择的图形对象显示在所有叠放对象的最底层。

> **专家指点**
> 选择需要调整叠放次序的图形，单击鼠标右键，在弹出的快捷菜单中，也可以选择所需选项，调整图形叠放次序。

第 12 章 完美展现：美化修饰演示文件

12.3 轻松插入与编辑 SmartArt 图形

SmartArt 图形是信息和观点的视觉表示形式。创建 SmartArt 图形可以非常直观地说明层级、附属、并列、循环等各种常见的关系，而且制作出来的图形漂亮精美，具有很强的立体感和画面感。本节将介绍快速插入关系图形、快速插入列表图形以及快速设置图形样式等内容。

12.3.1 快速插入关系图形

SmartArt 图形中的循环关系图形主要用于显示与中心观点的关系，级别 2 文本以非连续方式添加且限于 5 项，只能有一个级别 1 项目。

STEP 01 打开一个素材文件

在 PowerPoint 2013 中，打开一个素材文件，如下图所示。

STEP 03 选择"循环关系"选项

弹出"选择 SmartArt 图形"对话框，切换至"关系"选项卡，在中间的列表框中，选择"循环关系"选项，如下图所示。

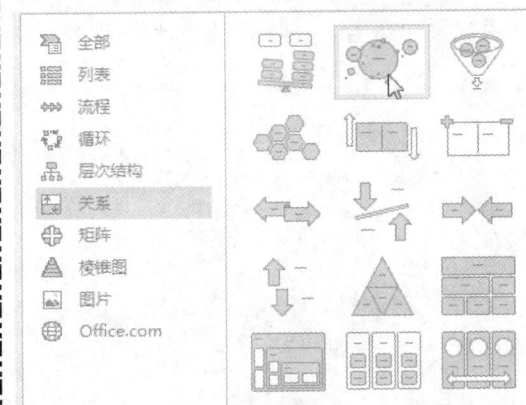

STEP 02 单击 SmartArt 按钮

切换至"插入"面板，在"插图"选项板中，单击 SmartArt 按钮，如下图所示。

STEP 04 插入循环关系图形

单击"确定"按钮，即可插入循环关系图形，调整图形的大小和位置，如下图所示。

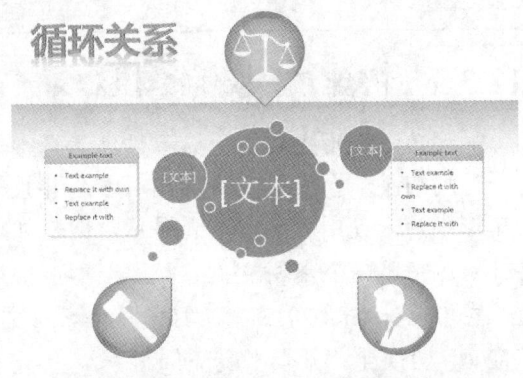

12.3.2 快速插入列表图形

在 PowerPoint 2013 中，插入列表图形可以将分组信息或相关信息显示出来。

229 Page

STEP 01 打开一个素材文件

在PowerPoint 2013中，打开一个素材文件，如下图所示。

STEP 02 单击SmartArt按钮

切换至"插入"面板，然后在"插图"选项板中单击SmartArt按钮，如下图所示。

STEP 03 选择"垂直框列表"选项

弹出"选择SmartArt图形"对话框，切换至"列表"选项卡，在中间的列表框中选择"垂直框列表"选项，如下图所示。

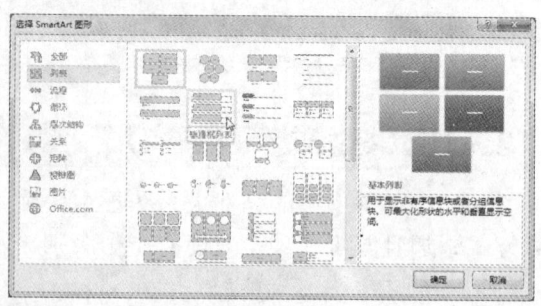

STEP 04 插入列表图形

单击"确定"按钮，即可插入列表图形，如下图所示。

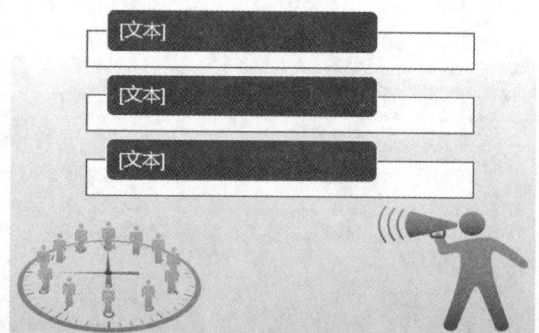

> **专家指点**
>
> 将SmartArt图形保存为图片格式，只需要选中图形并单击鼠标右键，在弹出的快捷菜单中选择"另存为图片"选项，在弹出的"另存为"对话框中选择要保存的图片格式及位置，再单击"保存"按钮即可。

12.3.3 快速插入矩阵图形

循环矩阵图形主要用于显示循环进行中与中央观点的关系。级别1是指文本前4行的每一行均与某一个楔形或饼形相对应，并且每行的级别2文本，将显示在楔形或饼形旁边的矩形中，未使用的文本不会显示，但是如果切换布局，这些文本仍将可用。

STEP 01 打开一个素材文件

在PowerPoint 2013中，打开一个素材文件，如下图所示。

STEP 02 切换至"矩阵"选项卡

调出"选择SmartArt图形"对话框，切换至"矩阵"选项卡，如下图所示。

STEP 03 选择"循环矩阵"选项

在中间的列表框中，选择"循环矩阵"选项，如下图所示。

第 12 章 完美展现：美化修饰演示文件

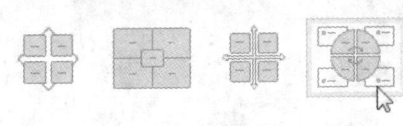

STEP 04 插入循环矩阵图形

单击"确定"按钮，即可插入循环矩阵图形，调整至合适位置，如下图所示。

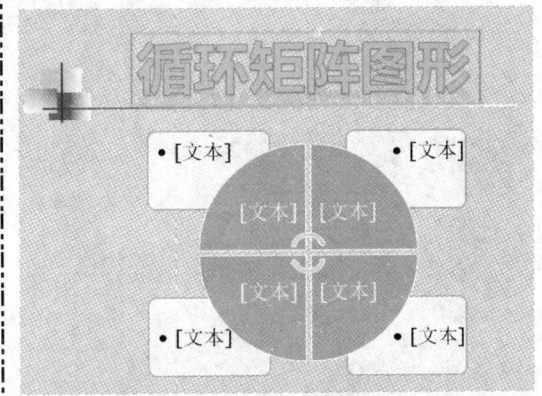

12.3.4　快速更改图形布局

在 PowerPoint 2013 中，当用户添加 SmartArt 图形之后，还可以方便地修改已经创建好的图形布局。

STEP 01 打开一个素材文件

在 PowerPoint 2013 中，打开一个素材文件，如下图所示。

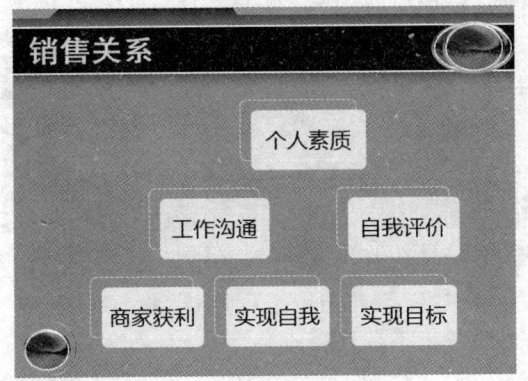

STEP 02 单击"其他"下拉按钮

选择幻灯片中的 SmartArt 图形，切换至"SmartArt 工具"中的"设计"面板，在"布局"选项板中，单击"其他"下拉按钮，

如下图所示。

STEP 03 选择"其他布局"选项

弹出列表框，选择"其他布局"选项，如下图所示。

STEP 04 选择"表层次结构"选项

弹出"选择 SmartArt 图形"对话框，在中间列表框的"层次结构"选项区中选择"表层次结构"选项，如下图所示。

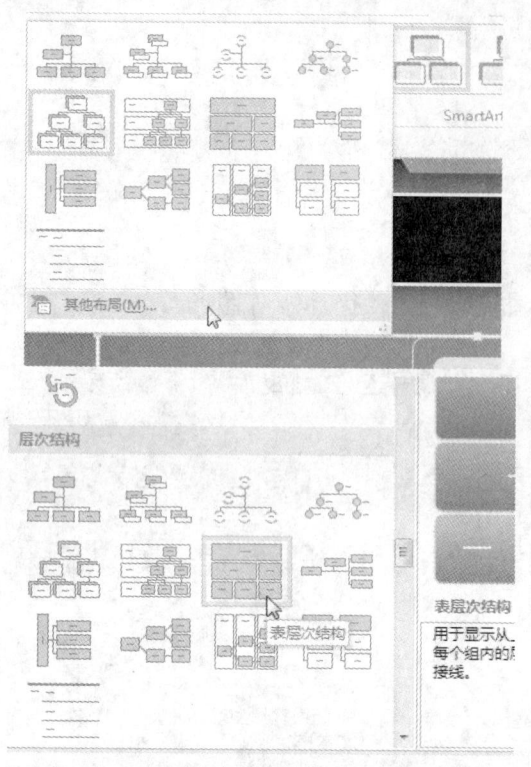

STEP 05 更改图形布局

单击"确定"按钮,即可更改图形布局,如下图所示。

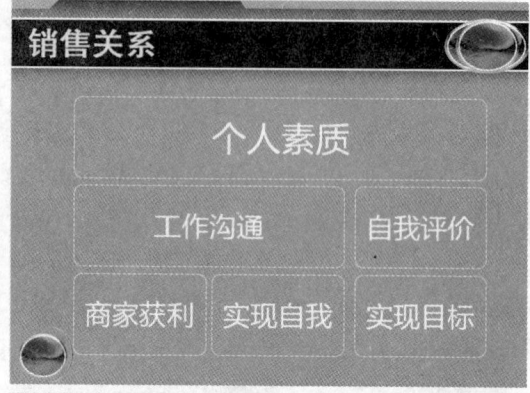

> **专家指点**
>
> 用户在图形上单击鼠标右键,在弹出的快捷菜单中选择"更改布局"选项,在弹出的"选择SmartArt图形"对话框中,选择所需的样式,然后单击"确定"按钮,即可更改图形布局。

12.3.5 快速设置图形样式

在创建SmartArt图形之后,图形本身带了一定的样式,用户也可以根据需要更改SmartArt图形的样式。

STEP 01 打开一个素材文件

在PowerPoint 2013中,打开一个素材文件,如下图所示。

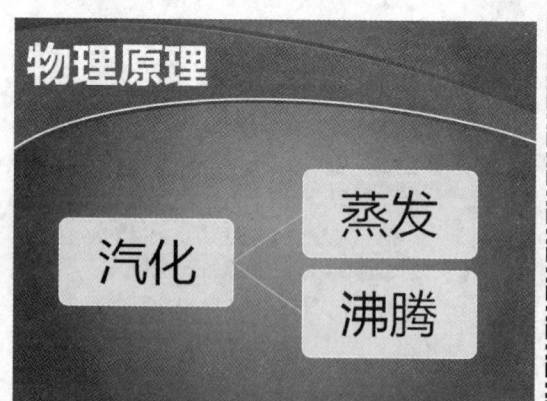

STEP 02 选择所有单个图形

在编辑区中,选择SmartArt图形,按住【Shift】键的同时,选择所有单个图形,如下图所示。

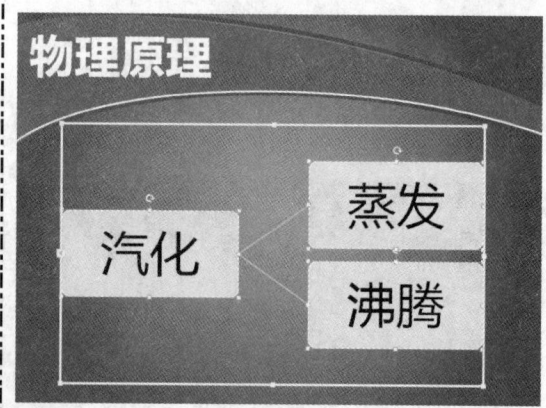

STEP 03 单击"其他"下拉按钮

切换至"SmartArt工具"中的"格式"面板,在"形状样式"选项板中,单击"其他"下拉按钮,如下图所示。

STEP 04 选择相应选项

弹出列表框,选择"细微效果-深红,强调颜色4"选项,如下图所示。

第 12 章 完美展现：美化修饰演示文件

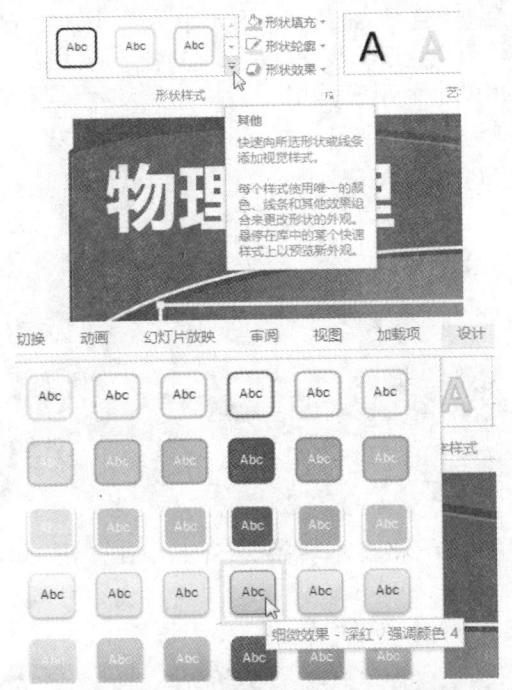

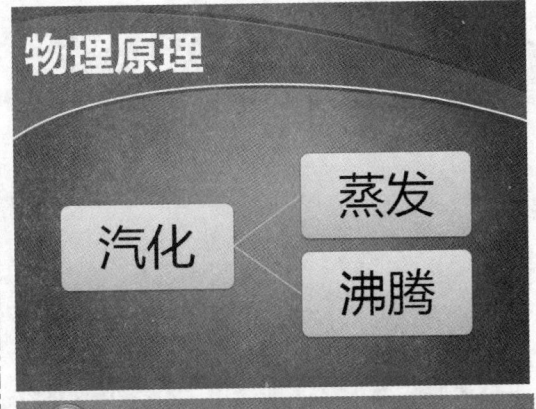

STEP 05 应用形状样式

执行操作后，即可应用形状样式，如下图所示。

> **专家指点**
>
> 在 PowerPoint 2013 中，在编辑区选择形状后，在"形状样式"选项板中，用户还可以设置"形状轮廓"和"形状效果"。

12.3.6 快速转换文本与图形

在 PowerPoint 2013 中，用户可以将文本直接转为 SmartArt 图形，使用这个功能可以方便地处理图形。

STEP 01 打开一个素材文件

在 PowerPoint 2013 中，打开一个素材文件，如下图所示。

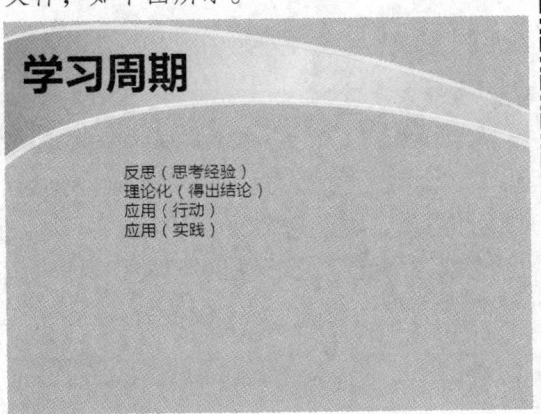

STEP 02 单击相应的下拉按钮

在编辑区中，选择幻灯片中的文本，在"开始"面板中的"段落"选项板中，单击"转换为 SmartArt 图形"下拉按钮，如下图所示。

STEP 03 选择"其他 SmartArt 图形"选项

弹出列表框，选择"其他 SmartArt 图形"选项，如下图所示。

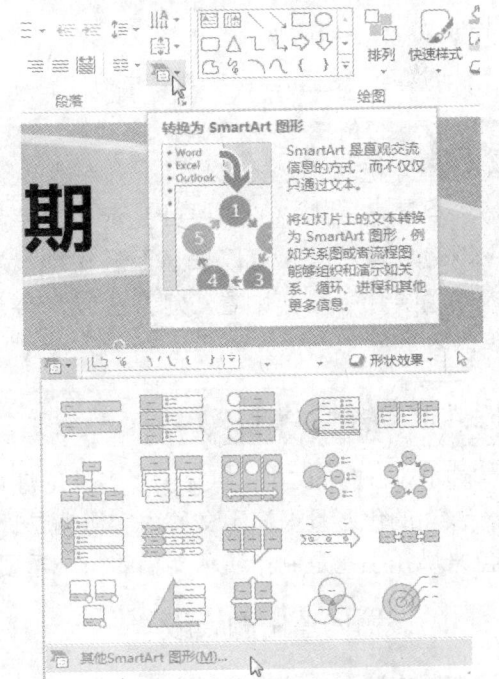

STEP 04 选择"基本循环"选项

弹出"选择 SmartArt 图形"对话框，切换至"循环"选项卡，在中间的列表框中选择"基本循环"选项，如下图所示。

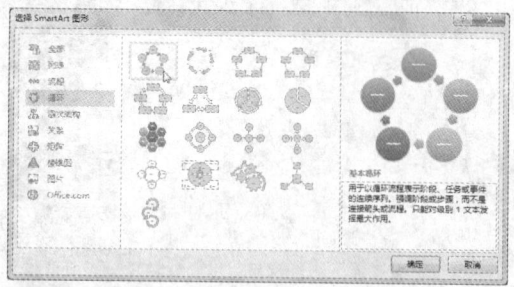

STEP 05 调整图形的大小和位置

单击"确定"按钮，即可将文本转换为 SmartArt 图形，调整图形的大小和位置，如下图所示。

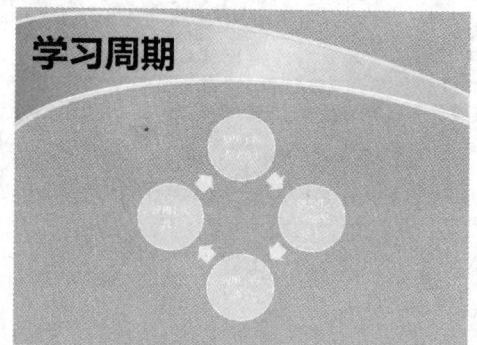

STEP 06 选择相应选项

切换至"SmartArt 工具"中的"格式"面板，选择 SmartArt 图形中的形状，在"形状样式"选项板中，单击"其他"下拉按钮，在弹出的列表框中，选择"强烈效果-水绿色，强调颜色 5"选项，如下图所示。

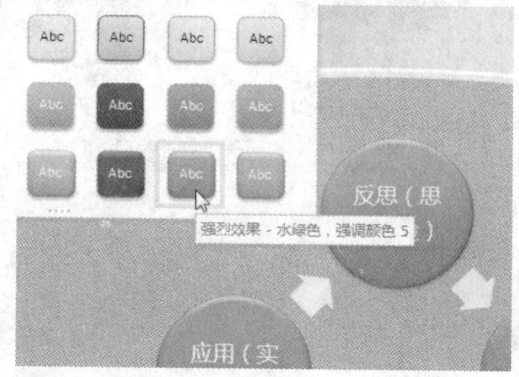

STEP 07 将文本转换为 SmartArt 图形

执行操作后，即可完成将文本转换为 SmartArt 图形的操作，如下图所示。

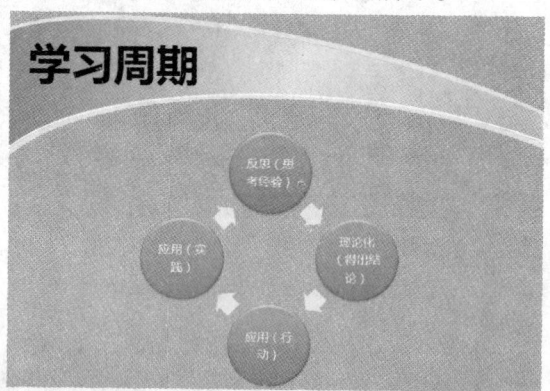

12.4 美化幻灯片版式

主题是一组统一的设计元素，是用颜色、字体和图形来设置文档的外观。通过应用幻灯片主题，可以快速而轻松地设置文档的格式，赋予它专业且时尚的外观。本节主要介绍轻松设置幻灯片主题、轻松设置幻灯片背景以及轻松设置幻灯片母版等内容。

12.4.1 轻松设置幻灯片主题

在 PowerPoint 2013 中提供了多种幻灯片主题，用户可以直接在演示文稿中应用这些主题，漂亮的色彩且与演示文稿内容协调是评判幻灯片是否成功的标准之一，所以用幻灯片配色来烘托主题是制作演示文稿的一个重要操作。

1. 设置内置主题模板

在制作演示文稿时，用户如果需要快速设置幻灯片的主题，可以直接使用 PowerPoint

第 12 章 完美展现：美化修饰演示文件

中自带的主题效果。

STEP 01 打开一个素材文件

在 PowerPoint 2013 中，打开一个素材文件，如下图所示。

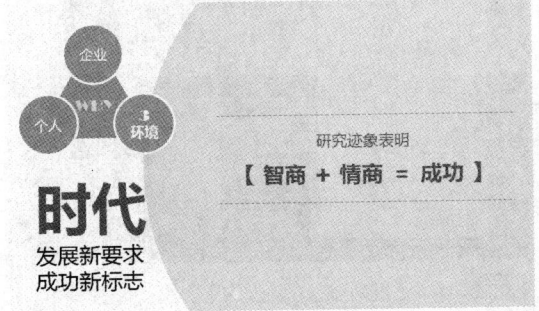

STEP 02 单击"其他"下拉按钮

切换至"设计"面板，单击"主题"选项板中的"其他"下拉按钮，如下图所示。

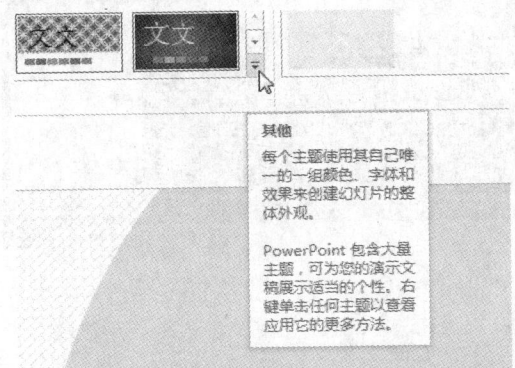

STEP 03 选择"丝状"选项

在弹出的列表框中，选择"丝状"选项，如下图所示。

STEP 04 应用内置主题

执行操作后，即可应用内置主题，如下图所示。

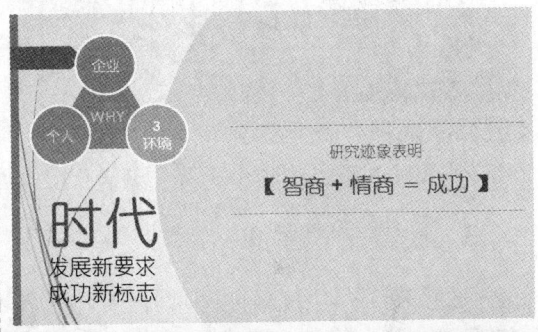

> **专家指点**
>
> 在"主题"列表框中，包含了 10 种内置主题样式，用户可以根据制作幻灯片的实际需求，选择相应的内置主题样式。

2. 设置主题颜色

在 PowerPoint 2013 中，将主题颜色设置为视点，则可以让主题颜色呈现出不同的风格。

STEP 01 打开一个素材文件

在 PowerPoint 2013 中，打开一个素材文件，如下图所示。

STEP 02 选择"离子"选项

切换至"设计"面板，在"主题"选项板中，单击"其他"下拉按钮，在弹出的列表框中，选择"离子"选项，如下图所示。

STEP 03 单击"其他"下拉按钮

执行操作后，即可将主题设置为离子样式，在"变体"选项板中，单击"其他"下拉按钮，如下图所示。

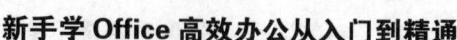

点"选项,如下图所示。

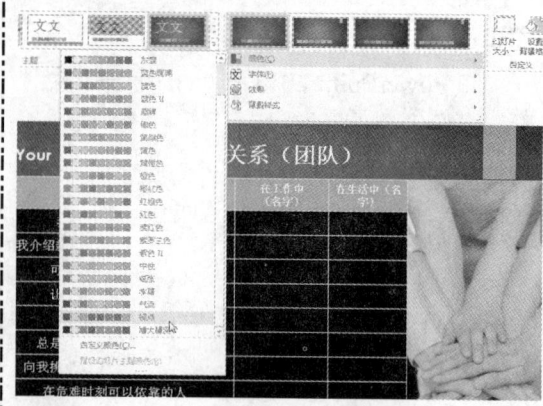

STEP 05 设置主题颜色为视点

执行操作后,即可将主题颜色设置为视点,如下图所示。

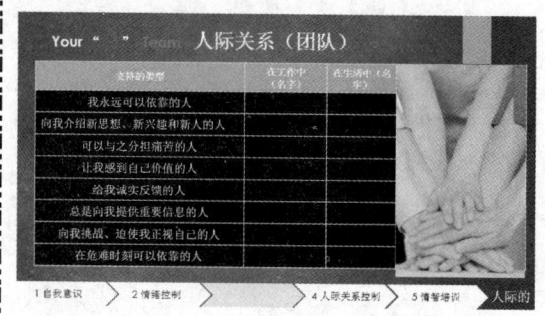

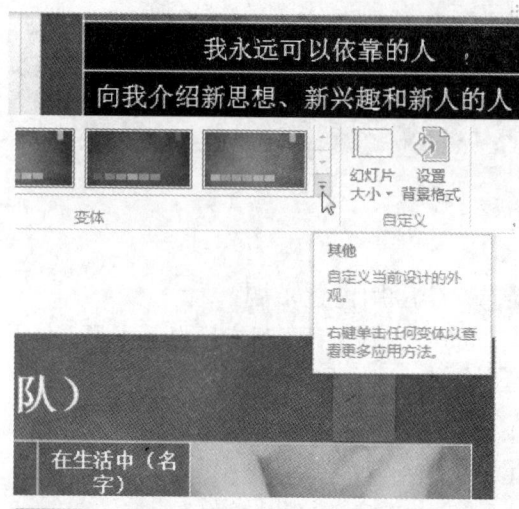

STEP 04 选择"视点"选项

弹出列表框,在其中选择"颜色"|"视

3. 设置主题字体

在幻灯片中,用户可以根据需要将主题字体设置为博大精深。

STEP 01 打开一个素材文件

在 PowerPoint 2013 中,打开一个素材文件,如下图所示。

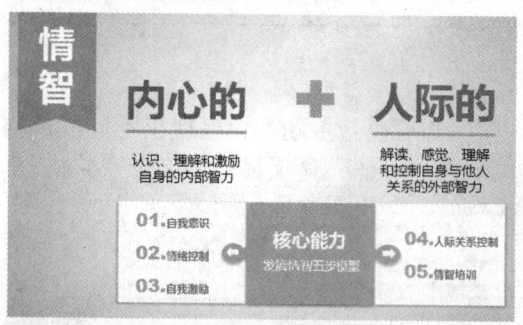

STEP 02 单击"其他"下拉按钮

切换至"设计"面板,在"变体"选项板中,单击右侧的"其他"下拉按钮,如下图所示。

STEP 03 选择"博大精深"选项

弹出列表框,选择"字体"|"博大精深"选项,如下图所示。

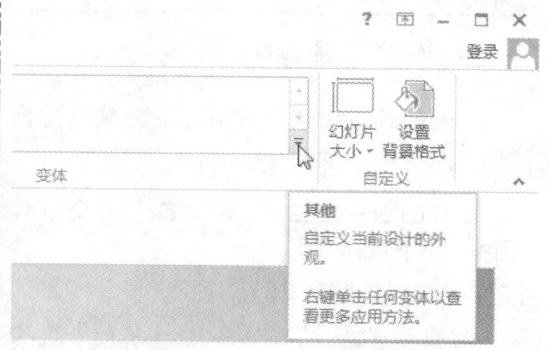

STEP 04 设置主题字体

执行操作后,即可设置主题字体为"博大精深"样式,如下图所示。

第 12 章　完美展现：美化修饰演示文件

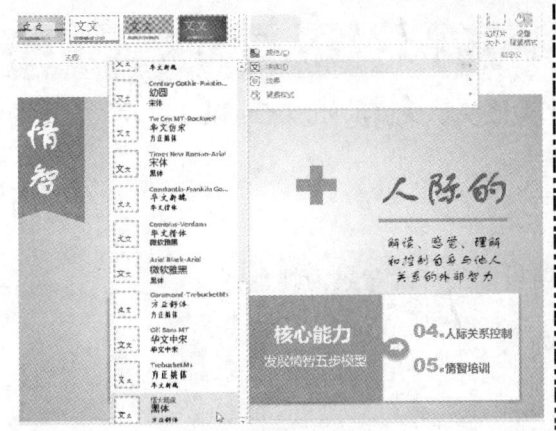
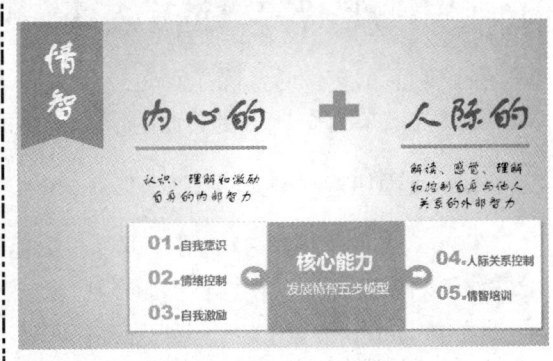

4. 设置主题效果

在制作演示文稿的过程中，用户可以为设置好的主题添加合适的效果。

STEP 01　打开一个素材文件

在 PowerPoint 2013 中，打开一个素材文件，如下图所示。

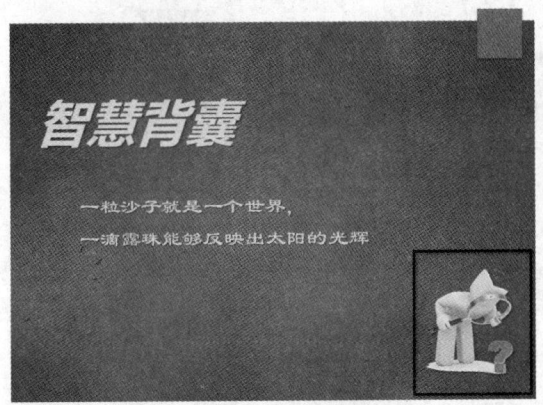

STEP 02　单击"其他"下拉按钮

切换至"设计"面板，然后在"变体"选项板中，单击"其他"下拉按钮，如下图所示。

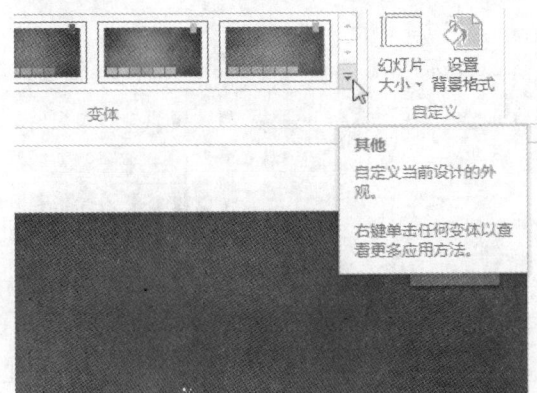

STEP 03　选择"插页"选项

弹出列表框，选择"效果"|"插页"选项，如下图所示。

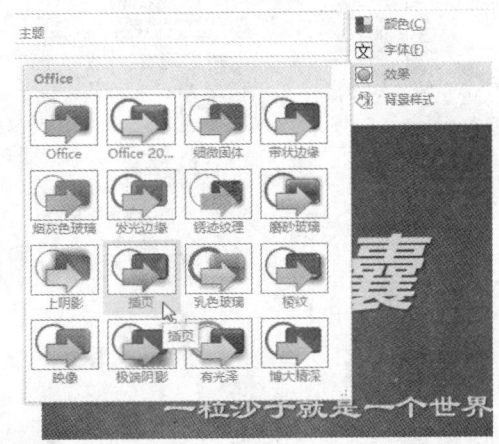

STEP 04　设置主题效果

执行操作后，即可设置主题效果为插页，如下图所示。

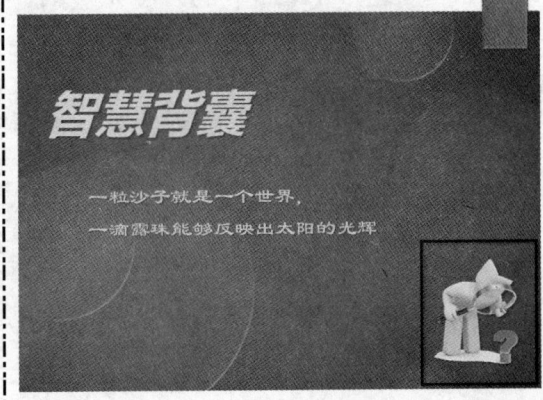

12.4.2 轻松设置幻灯片背景

在设计演示文稿时,除了通过使用主题来美化演示文稿以外,还可以通过设置合适的演示文稿背景来制作具有观赏性的演示文稿。

1. 设置纯色背景

在 PowerPoint 2013 中,用户可以根据需要设置幻灯片背景为纯色背景。

STEP 01 打开一个素材文件

在 PowerPoint 2013 中,打开一个素材文件,如下图所示。

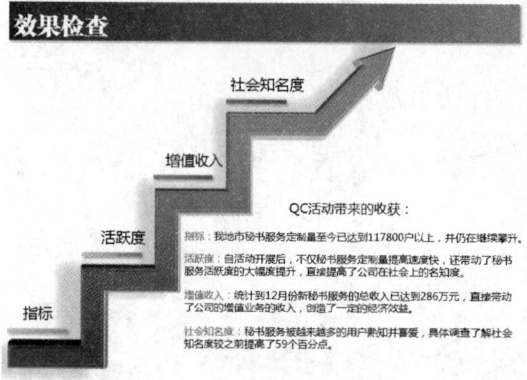

STEP 02 单击"其他"下拉按钮

切换至"设计"面板,单击"变体"选项板中的"其他"下拉按钮,如下图所示。

STEP 03 选择"设置背景格式"选项

弹出列表框,选择"背景样式"|"设置背景格式"选项,如下图所示。

STEP 04 选中"纯色填充"单选按钮

弹出"设置背景格式"窗格,在"填充"选项区中,选中"纯色填充"单选按钮,如下图所示。

STEP 05 选择"橙色"选项

在"填充"选项区下方,单击"颜色"右侧的下拉按钮,在弹出列表框的"标准色"选项区中,选择"橙色"选项,如下图所示。

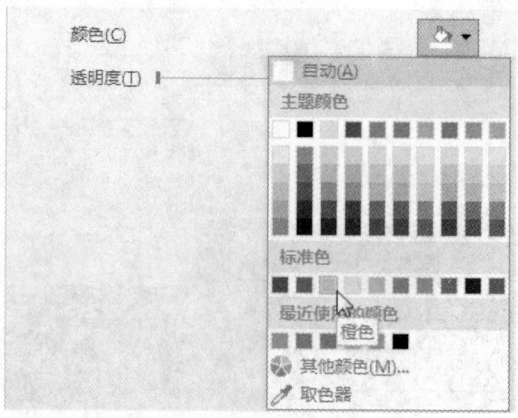

STEP 06 设置纯色背景

执行操作后，即可设置纯色背景，关闭"设置背景格式"窗格，如下图所示。

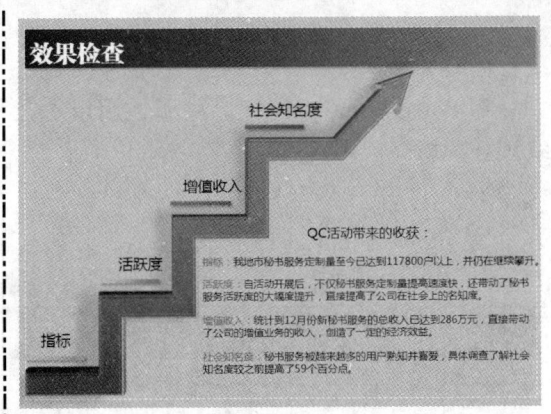

2. 设置渐变背景

背景主题不仅能运用纯色背景，还可以运用渐变色对幻灯片进行填充，应用渐变填充背景可以丰富幻灯片的视觉效果。

STEP 01 打开一个素材文件

在 PowerPoint 2013 中，打开一个素材文件，如下图所示。

STEP 02 选择"设置背景格式"选项

切换至"设计"面板，单击"变体"选项板中的"其他"下拉按钮，弹出列表框，选择"背景样式"|"设置背景格式"选项，如下图所示。

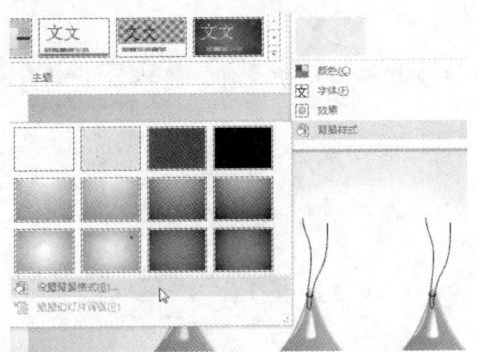

STEP 03 选择"顶部聚光灯-着色6"选项

弹出"设置背景格式"窗格，在"填充"选项区中，选中"渐变填充"单选按钮，在下方单击"预设渐变"右侧的下拉按钮，在弹出的列表框中，选择"顶部聚光灯-着色6"选项，如下图所示。

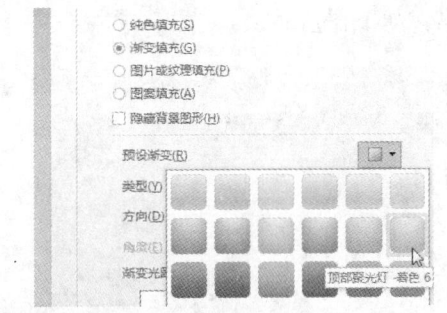

STEP 04 设置渐变背景

执行操作后，即可设置渐变背景，关闭"设置背景格式"窗格，如下图所示。

3. 设置纹理背景

在 PowerPoint 2013 中，除了运用以上几种方法来设置幻灯片的背景以外，还可以使用纹理作为背景。

STEP 01 打开一个素材文件

在 PowerPoint 2013 中，打开一个素材文件，如下图所示。

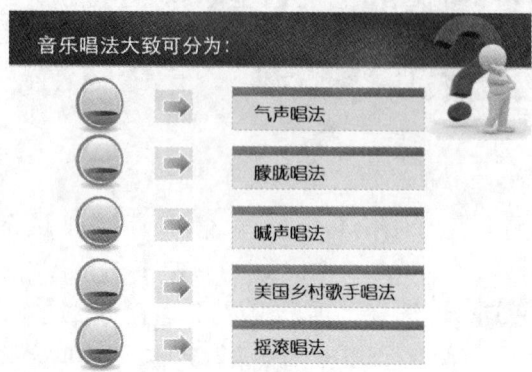

STEP 02 选择"设置背景格式"选项

在幻灯片编辑窗口中，单击鼠标右键，在弹出的快捷菜单中，选择"设置背景格式"选项，如下图所示。

STEP 03 选择"花束"选项

弹出"设置背景格式"窗格，在"填充"选项区中，选中"图片或纹理填充"单选按钮，在下方单击"纹理"右侧的下拉按钮，在弹出的列表框中，选择"花束"选项，如下图所示。

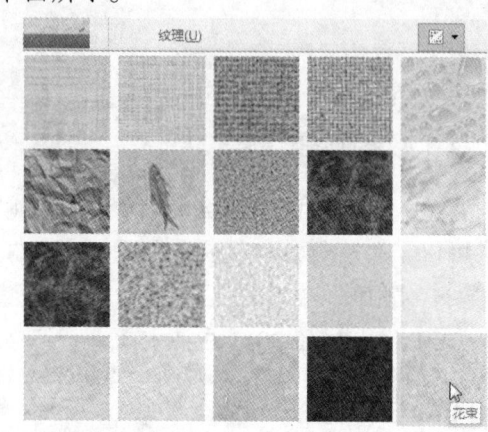

STEP 04 设置纹理背景

执行操作后，即可设置纹理背景，关闭"设置背景格式"窗格，如下图所示。

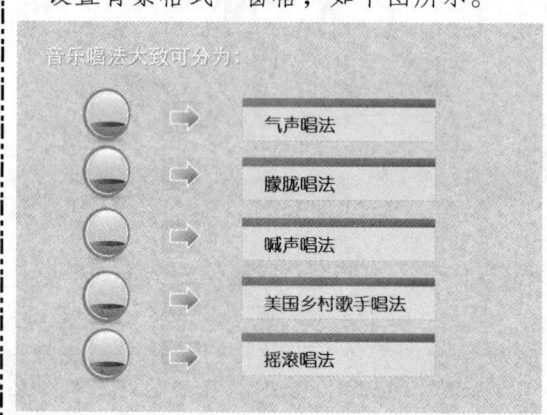

4. 设置图案背景

在 PowerPoint 2013 中，用户可以通过选中"图案填充"单选按钮，将背景设置为填充图案。

STEP 01 打开一个素材文件

在 PowerPoint 2013 中，打开一个素材文件，如下图所示。

STEP 02 选择"设置背景格式"选项

在幻灯片编辑窗口中，单击鼠标右键，在弹出的快捷菜单中，选择"设置背景格式"选项，如下图所示。

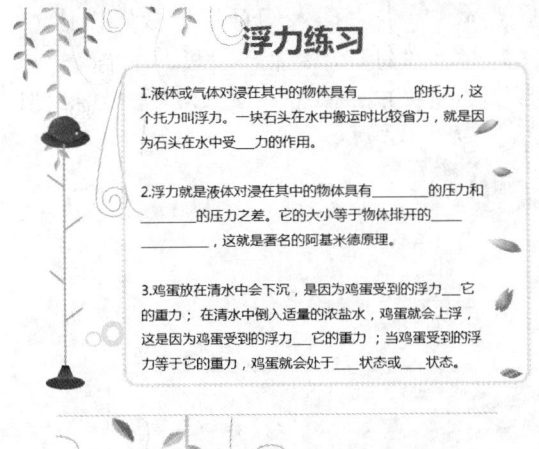

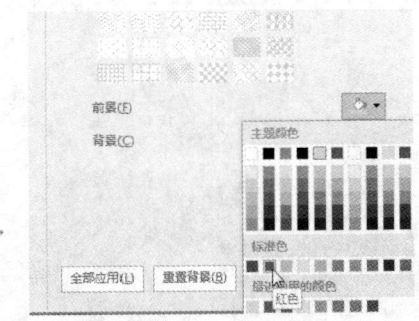

STEP 05 选择相应选项

在"图案"选项区中,选择相应选项,如下图所示。

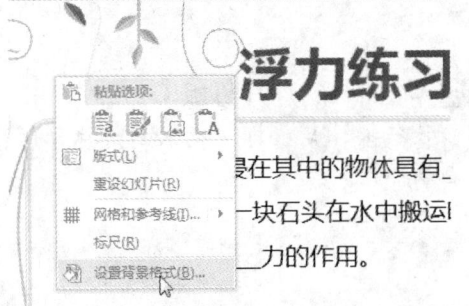

STEP 03 选中"图案填充"单选按钮

弹出"设置背景格式"窗格,在"填充"选项区中,选中"图案填充"单选按钮,如下图所示。

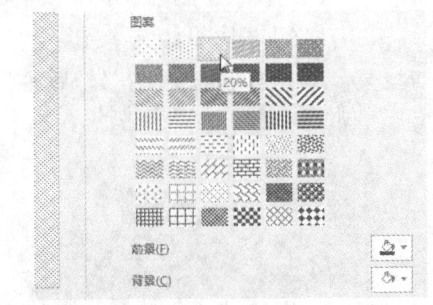

STEP 06 设置图案背景

执行操作后,即可设置图案背景,关闭"设置背景格式"窗格,如下图所示。

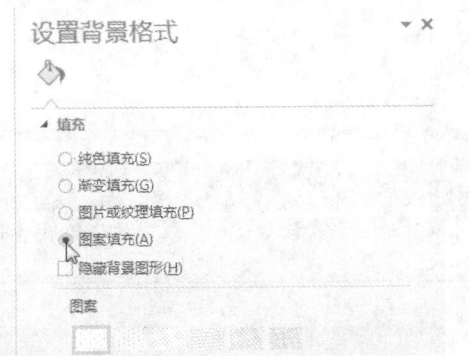

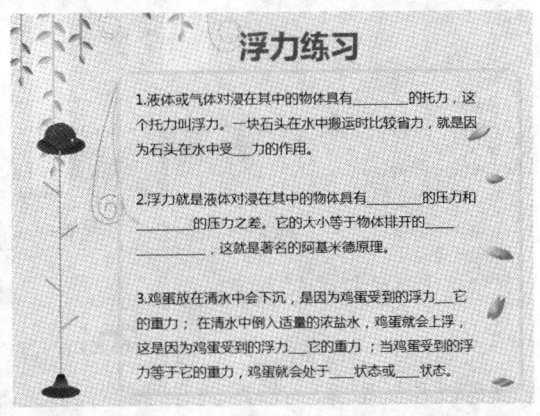

STEP 04 选择"红色"选项

单击下方"前景"右侧的下拉按钮,在弹出的列表框的"标准色"选项区中,选择"红色"选项,如下图所示。

12.4.3 轻松设置幻灯片母版

幻灯片母版用于设置幻灯片的样式,可供用户设定各种标题文字、背景、属性等,只需更改一项内容即可更改所有幻灯片的同一项设计。

1. 插入幻灯片母版

进入"幻灯片母版"面板中,用户可以根据设计主题等实际情况插入幻灯片母版。

STEP 01 打开一个素材文件

在 PowerPoint 2013 中，打开一个素材文件，如下图所示。

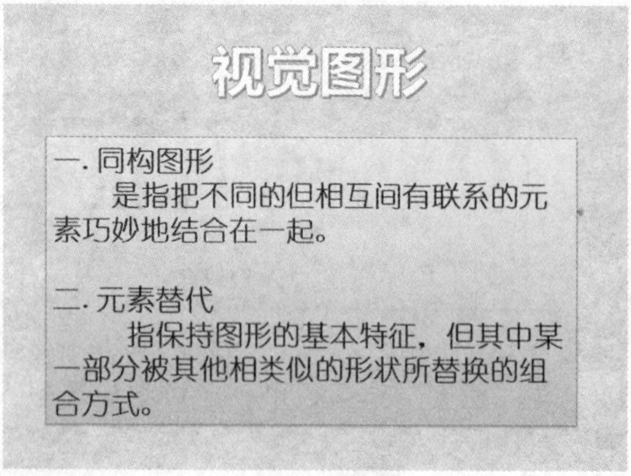

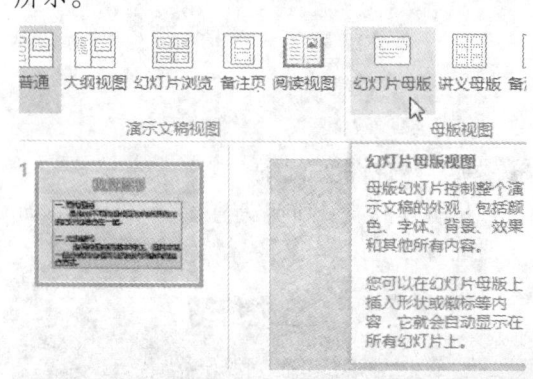

STEP 02 单击"幻灯片母版"按钮

切换至"视图"面板，在"母版视图"选项板中单击"幻灯片母版"按钮，如下图所示。

STEP 03 单击"插入幻灯片母版"按钮

进入"幻灯片母版"面板，在"编辑母版"选项板中，单击"插入幻灯片母版"按钮，如下图所示。

STEP 04 插入幻灯片母版

执行操作后，即可插入幻灯片母版，如下图所示。

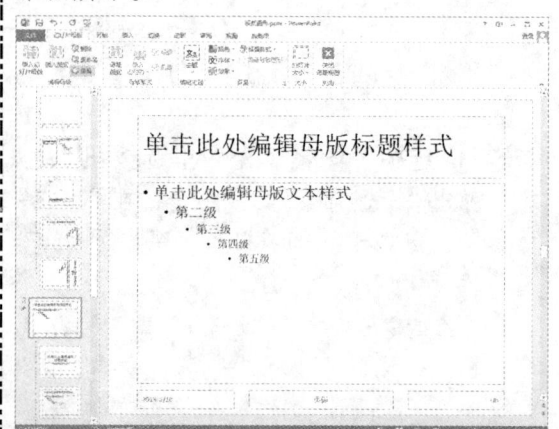

> **专家指点**
>
> 除了运用以上方法插入幻灯片母版外，用户还可以通过单击鼠标右键，在弹出的快捷菜单中，选择"插入幻灯片母版"选项，实现幻灯片母版的插入。

2. 设置占位符属性

在 PowerPoint 2013 中，占位符、文本框及自选图形对象具有相似的属性，如大小、填充颜色以及线型等，设置它们的属性操作是相似的。

STEP 01 打开一个素材文件

在 PowerPoint 2013 中，打开一个素材文件，如下图所示。

STEP 02 选择需要编辑占位符的幻灯片母版

切换至"视图"面板，单击"母版视图"选项板中的"幻灯片母版"按钮，进入"幻灯片母版"面板，选择需要编辑占位符的幻灯片母版，如下图所示。

STEP 03 选择"设置形状格式"选项

在标题占位符中单击鼠标右键，在弹出的快捷菜单中，选择"设置形状格式"选项，

第 12 章 完美展现：美化修饰演示文件

如下图所示。

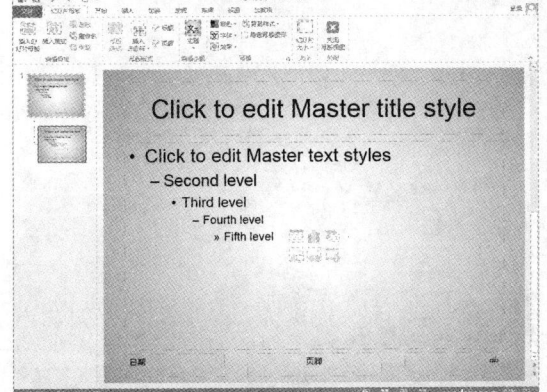

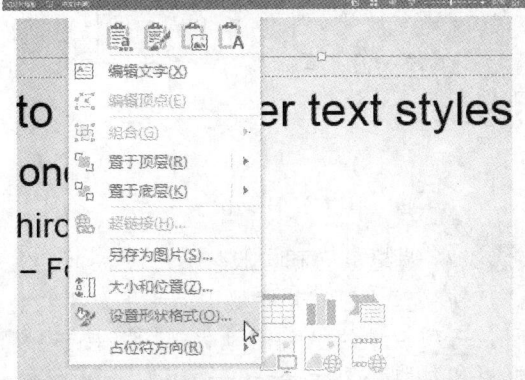

STEP 04 选中"纯色填充"单选按钮

弹出"设置形状格式"窗格，在"填充"选项区中，选中"纯色填充"单选按钮，如下图所示。

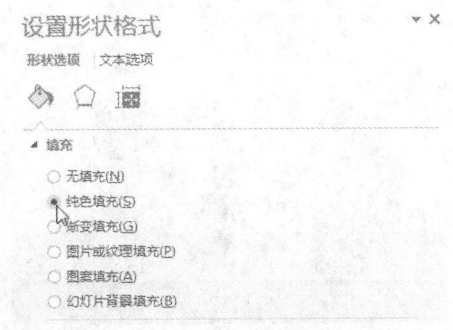

STEP 05 选择"红色"选项

单击下方"颜色"右侧的下拉按钮，在弹出的列表框中，选择"红色"选项，如下图所示。

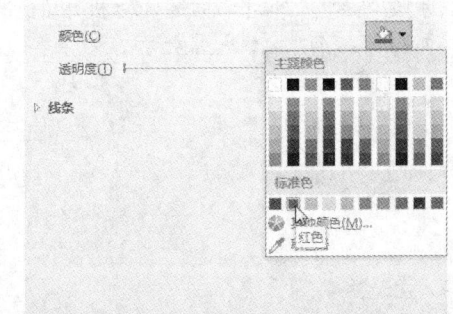

STEP 06 设置占位符属性

关闭"设置形状格式"窗格，即可设置占位符属性，如下图所示。

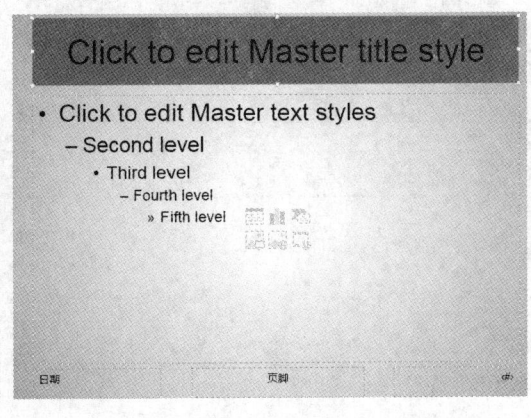

3. 设置页眉和页脚

页眉和页脚包含文本、幻灯片编号以及日期等内容，页眉和页脚可以在任何视图模式下添加。

STEP 01 打开一个素材文件

在 PowerPoint 2013 中，打开一个素材文件，如下图所示。

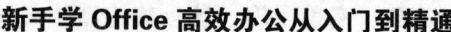

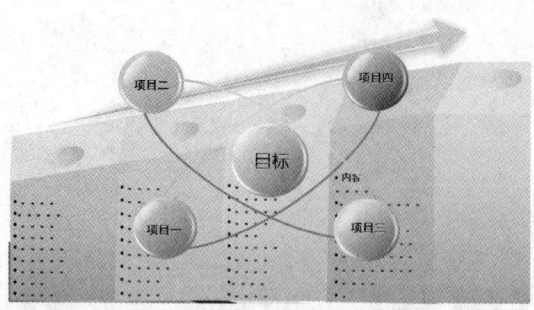

STEP 02 单击"页眉和页脚"按钮

切换至"视图"面板,单击"母版视图"选项板中的"幻灯片母版"按钮,进入"幻灯片母版"面板,单击"插入"面板中的"页眉和页脚"按钮,如下图所示。

STEP 03 选中"自动更新"单选按钮

弹出"页眉和页脚"对话框,选中"日期和时间"复选框,选中"自动更新"单选按钮,如下图所示。

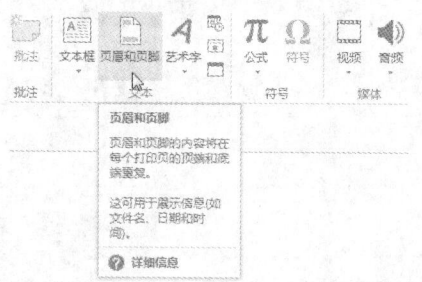

STEP 04 选中相应复选框

选中"幻灯片编号"复选框和"页脚"复选框,并在页脚文本框中输入"图表设计",然后选中"标题幻灯片中不显示"复选框,如下图所示。

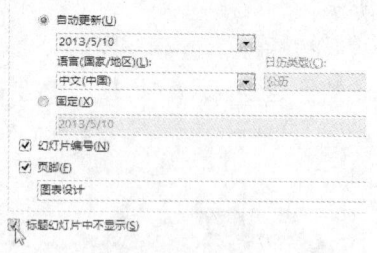

STEP 05 添加页眉和页脚

单击"全部应用"按钮,所有的幻灯片中都将添加页眉和页脚,如下图所示。

STEP 06 设置字体属性

选中页脚,在自动浮出的工具栏中,设置"字体"为"黑体"、"字号"为24,如下图所示。

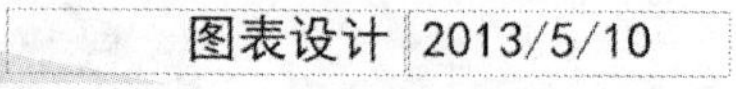

图表设计 2013/5/10

STEP 07 调整页眉和页脚位置

切换至"幻灯片母版"面板,单击"关闭"选项板中的"关闭母版视图"按钮,将页眉和页脚调整至合适位置,如下图所示。

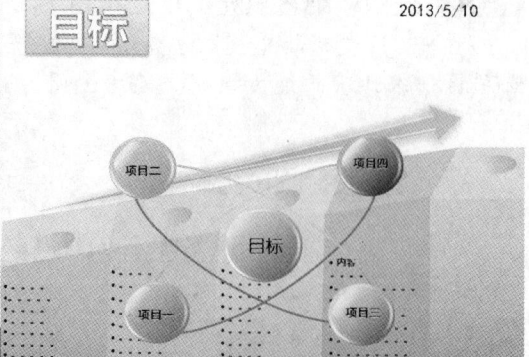

12.5 修饰幻灯片的声音和视频

在 PowerPoint 2013 中，除了在演示文稿中插入图片、形状以及表格以外，还可以在演示文稿中插入声音和视频。本节主要介绍插入文件中的声音、设置声音连续播放、快速设置视频样式以及快速设置视频选项等内容。

12.5.1 插入文件中的声音

添加文件中的声音就是将电脑中已存在的声音文件插入到演示文稿中，也可以从其他的声音文件中添加用户需要的声音。

STEP 01 打开一个素材文件

在 PowerPoint 2013 中，打开一个素材文件，如下图所示。

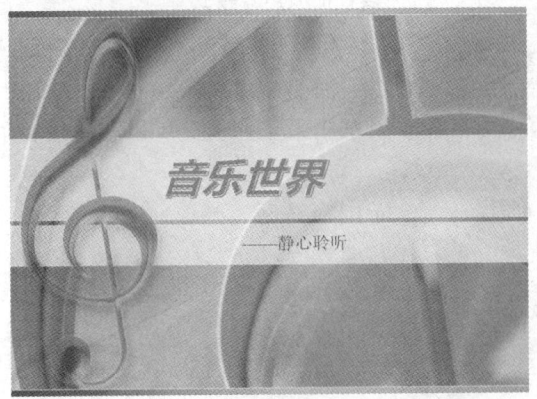

STEP 02 选择"PC 上的音频"选项

切换至"插入"面板，在"媒体"选项板中，单击"音频"下拉按钮，在弹出的列表框中选择"PC 上的音频"选项，如下图所示。

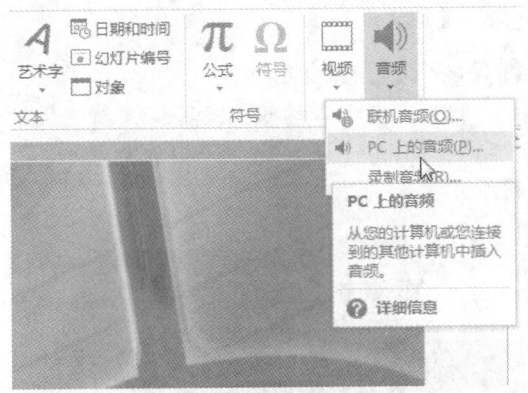

STEP 03 选择需要插入的声音文件

弹出"插入音频"对话框，选择需要插入的声音文件，如下图所示。

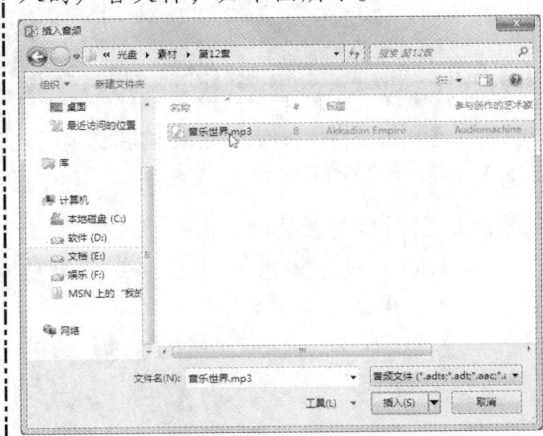

STEP 04 插入声音

单击"插入"按钮，即可插入声音，调整声音图标至合适位置，如下图所示，在播放幻灯片时即可听到插入的声音。

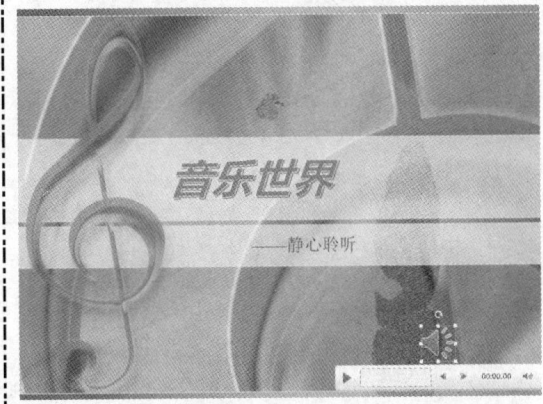

12.5.2 设置声音连续播放

在 PowerPoint 2013 中，在幻灯片中选中声音图标，切换至"播放"面板，选中"音频选项"选项板中的"循环播放,直到停止"复选框,如下图所示。在放映幻灯片的过程中会自动循环播放,直到放映下一张幻灯片或停止放映为止。

12.5.3 设置播放声音模式

单击"开始"右侧的下拉按钮,在弹出的列表框中包括"自动"和"单击时"两个选项,如下图所示,在"音频选项"选项板中选中"跨幻灯片播放"复选框时,声音文件不仅在插入的幻灯片中有效,在演示文稿的所有幻灯片中均有效。

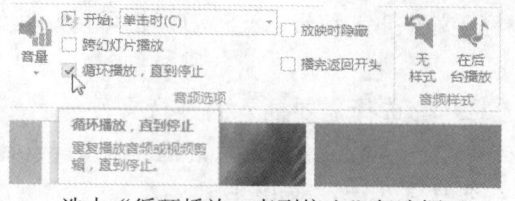
选中"循环播放,直到停止"复选框

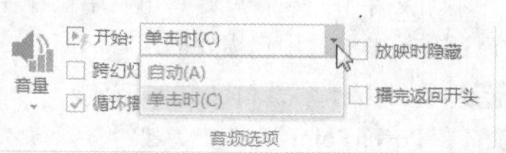
设置播放声音模式

12.5.4 插入文件中的视频

在实际应用中,PowerPoint 剪辑管理器中的视频不能满足用户的需求,此时就可以选择插入来自文件中的视频。

STEP 01 打开一个素材文件

在 PowerPoint 2013 中,打开一个素材文件,如下图所示。

STEP 02 选择"PC 上的视频"选项

切换至"插入"面板,单击"媒体"选项板中的"视频"下拉按钮,弹出列表框,选择"PC 上的视频"选项,如下图所示。

STEP 03 选择相应选项

执行操作后,弹出"插入视频文件"对话框,在计算机中的合适位置,选择相应的视频文件,如下图所示。

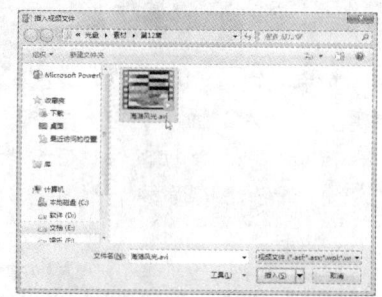

STEP 04 调整视频大小

单击"插入"按钮,即可将视频文件插入到幻灯片中,调整视频窗口的大小,如下图所示。

第 12 章 完美展现：美化修饰演示文件

> **专家指点**
> 播放视频文件，除了单击"预览"选项板中的"播放"按钮以外，还可以单击视频文件下方播放导航条上的"播放/暂停"按钮。

12.5.5 快速设置视频样式

与图表及其他对象一样，PowerPoint 也为视频提供了多种视频样式，视频样式可以使视频应用不同的视频效果、视频形状和视频边框等。

STEP 01 打开一个素材文件

在 PowerPoint 2013 中，打开一个素材文件，如下图所示。

STEP 02 选择视频

在编辑区中，选择需要设置样式的视频，如下图所示。

STEP 03 单击"其他"下拉按钮

切换至"视频工具"中的"格式"面板，在"视频样式"选项板中，单击"其他"下拉按钮，如下图所示。

STEP 04 选择"圆形对角，白色"选项

在弹出列表框的"中等"选项区中，选择"圆形对角，白色"选项，如下图所示。

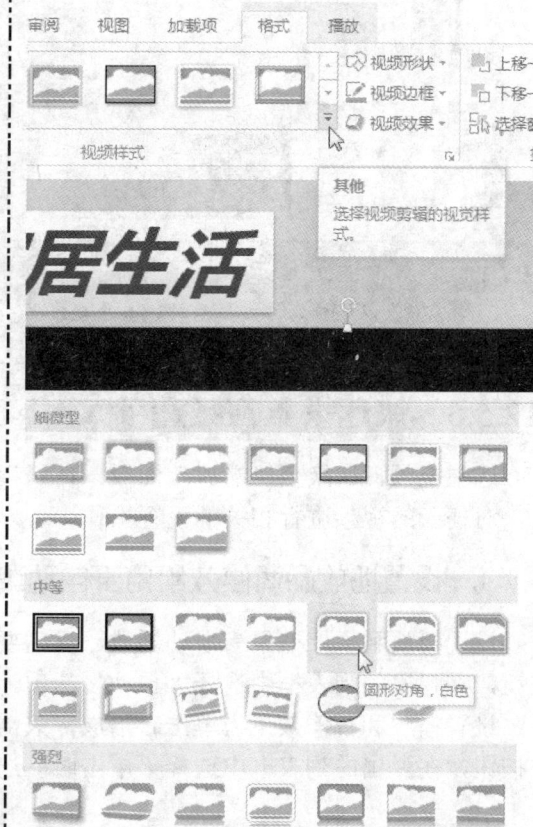

STEP 05 应用视频样式

执行操作后，即可应用视频样式，如下图所示。

新手学 Office 高效办公从入门到精通

STEP 06 选择"橙色"选项

在"视频样式"选项板中，单击"视频边框"右侧的下拉按钮，弹出列表框，在"标准色"选项区中，选择"橙色"选项，如下图所示。

STEP 07 设置视频样式效果

设置完成后，视频将以设置的样式显示，如下图所示。

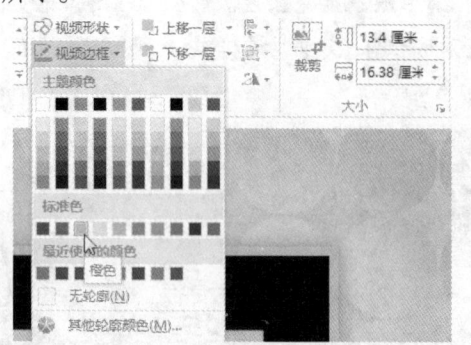

专家指点

影片都是以链接的方式插入的，如果要在另一台计算机上播放，则需要在复制演示文稿的同时复制其所链接的视频文件。

12.5.6 快速设置视频选项

选中视频，切换至"播放"面板，在"视频选项"选项板中，用户可以根据自己的需要，对插入的视频进行相关的设置操作。

1. 设置播放和暂停效果用于自动或单击时

设置播放和暂停效果为自动播放，只需要单击"视频选项"选项板中的"开始"下拉按钮，在弹出的列表框中选择"自动"选项，如下图所示，即可设置自动播放视频。

设置播放和暂停效果为单击时播放，只需要单击"视频选项"选项板中的"开始"下拉按钮，在弹出的列表框中选择"单击时"选项即可，如下图所示。

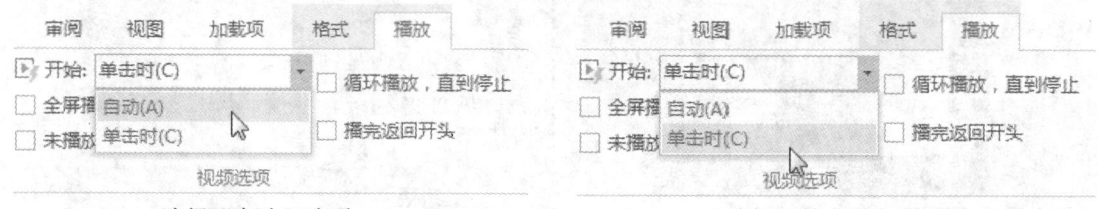

选择"自动"选项　　　　　　　　　选择"单击时"选项

2. 调整视频尺寸

调整视频尺寸的方法有两种：选中视频，切换至"格式"面板，在"大小"选项板中直接输入宽度和高度的具体数值，即可设置视频的大小，如右图所示。

调整视频尺寸

单击"大小"选项板右下角的扩展按钮，弹出"设置视频格式"对话框，在"大小"选项区中，输入宽度和高度的具体数值，即可设置视频的大小。

第 12 章 完美展现：美化修饰演示文件

3. 设置全屏播放视频

在"视频选项"选项板中，选中"全屏播放"复选框，如下图所示，在播放时 PowerPoint 会自动将视频显示为全屏模式。

4. 设置视频音量

在"音量"列表框中，用户可以根据需要选择"低"、"中"、"高"和"静音"4 个选项，对音量进行设置，如下图所示。

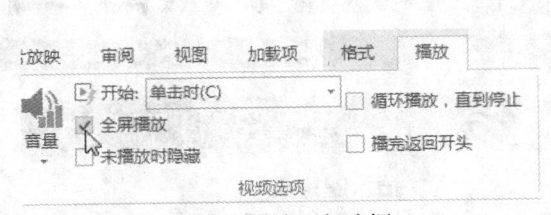

选中"全屏播放"复选框　　　　　　　　设置视频音量

5. 设置视频倒带

将视频设置为播放后倒带，视频将自动返回到第一张幻灯片，并在播放一次后停止，这只需要选中"视频选项"选项板中的"播完返回开头"复选框即可，如下图所示。

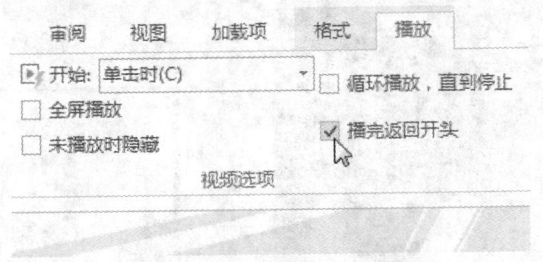

选中"播完返回开头"复选框

6. 快速设置视频循环播放

在"视频选项"选项板中，选中"循环播放，直到停止"复选框，则在放映幻灯片时，视频会自动循环播放，直到放映下一张幻灯片或停止放映为止。

Chapter 13

特效制作：制作幻灯片动画

章前知识导读

在幻灯片中添加动画和切换效果可以增加演示文稿的趣味性和观赏性，同时也能带动演讲气氛。本章主要介绍添加幻灯片动画、编辑幻灯片动画、添加切换效果以及创建交互式演示文稿等内容。

重点知识索引

- 快速添加飞入动画效果
- 快速选择动画效果
- 快速添加淡出切换效果
- 插入超链接
- 快速链接到新建文档

效果图片赏析

第 13 章 特效制作：制作幻灯片动画

13.1 轻松添加幻灯片动画

PowerPoint 中动画效果种类颇多，用户可以运用提供的动画效果，将幻灯片中的标题、文本、图表或图片等对象设置为以动态的方式进行播放。本节主要介绍快速添加飞入动画、快速添加百叶窗动画以及快速添加形状动画等内容。

13.1.1 快速添加飞入动画效果

动画是演示文稿的精华，在 PowerPoint 2013 中，"飞入"动画是最为常用的"进入"动画效果中的一种方式。

STEP 01 打开一个素材文件

在 PowerPoint 2013 中，打开一个素材文件，如下图所示。

STEP 02 选择第 1 张图片

切换至第 2 张幻灯片，选择第 1 张图片，如下图所示。

STEP 03 单击"其他"下拉按钮

切换至"动画"面板，在"动画"选项板中，单击"其他"下拉按钮，如下图所示。

STEP 04 选择"飞入"动画

弹出列表框，在"进入"选项区中，选择"飞入"动画，如下图所示。

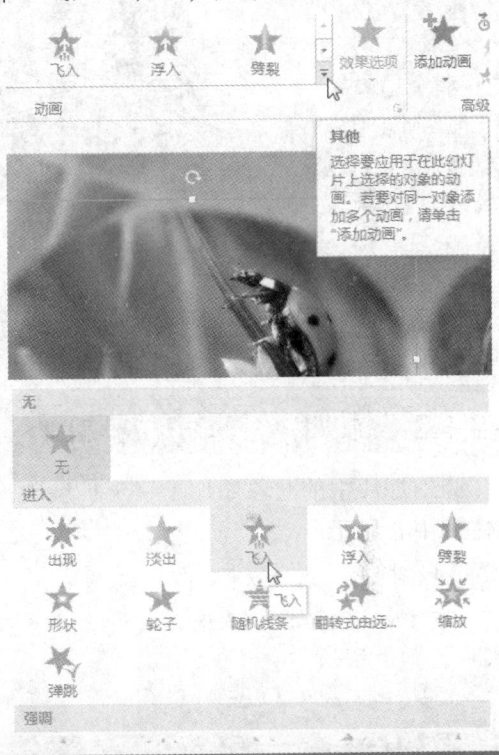

> **专家指点**
>
> 用户如果对"动画"列表框中的"进入"动画效果不满意，还可以选择"更多进入效果"选项，在弹出的"更改进入效果"对话框中，选择合适的进入动画效果。

STEP 05 预览飞入动画效果

单击"预览"选项板中的"预览"按钮，预览动画效果，如下图所示。

STEP 06 预览动画效果

用与上述相同的方法，为第 2 张幻灯片中的另外两张图片添加飞入动画效果，单击"预览"按钮，预览动画效果，如下图所示。

> **专家指点**
>
> 除了运用以上方法可以预览动画效果以外,用户还可以切换至"幻灯片放映"面板,在"开始放映幻灯片"选项板中,单击"从头开始"按钮,也可预览动画效果。

13.1.2 添加十字形扩展动画

为幻灯片中的对象添加十字形扩展动画,可以让该对象在放映时以十字的形式从四周慢慢向中心显示。

STEP 01 打开一个素材文件

在 PowerPoint 2013 中,打开一个素材文件,如下图所示。

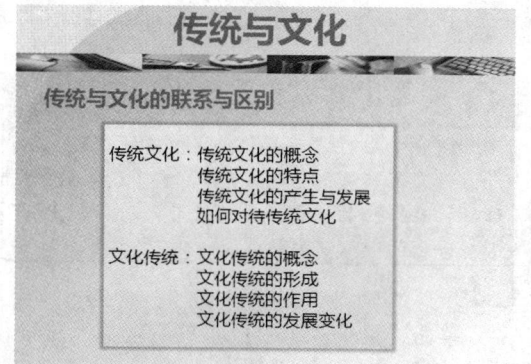

STEP 02 选择文本对象

在编辑区中,选择需要添加动画效果的文本对象,如下图所示。

STEP 03 单击"其他"下拉按钮

切换至"动画"面板,单击"动画"选项板中的"其他"下拉按钮,如下图所示。

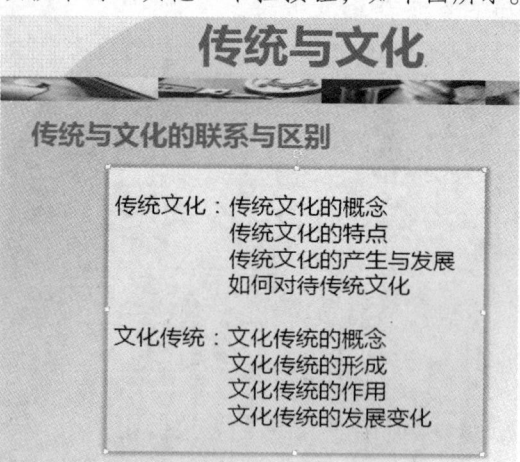

STEP 04 选择"更多进入效果"选项

在弹出的列表框中,选择"更多进入效果"选项,如下图所示。

第 13 章 特效制作：制作幻灯片动画

STEP 05 选择"十字形扩展"选项

弹出"更改进入效果"对话框，在"基本型"选项区中，选择"十字形扩展"选项，如下图所示。

STEP 06 预览十字形扩展动画效果

单击"确定"按钮，即可添加十字形扩展动画效果，单击"预览"选项板中的"预览"按钮，即可预览十字形扩展动画效果，如下图所示。

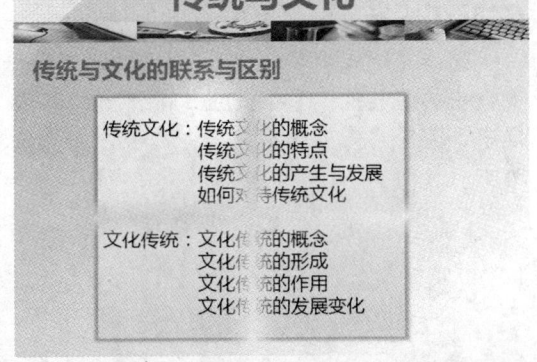

> **专家指点**
>
> 在弹出的"更改进入效果"对话框中，包括4种类型的进入动画，分别是"基本型"、"细微型"、"温和型"以及"华丽型"。

13.1.3 快速添加百叶窗动画

在 PowerPoint 2013 中，用户还可以在"更改退出效果"对话框中，将幻灯片中的对象设置为以百叶窗的形式退出屏幕。

STEP 01 打开一个素材文件

在 PowerPoint 2013 中，打开一个素材文件，如下图所示。

STEP 02 选择对象

在编辑区中，选择需要添加百叶窗动画效果的对象，如下图所示。

STEP 03 选择"更多退出效果"选项

切换至"动画"面板,单击"动画"选项板中的"其他"下拉按钮,在弹出的列表框中,选择"更多退出效果"选项,如下图所示。

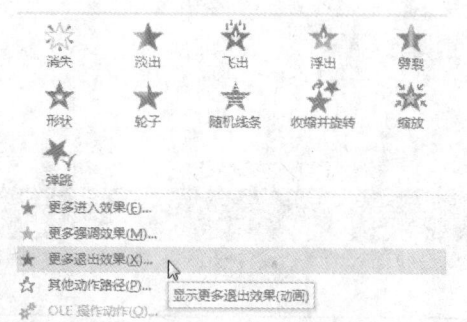

STEP 04 选择"百叶窗"选项

弹出"更改退出效果"对话框,在"基本型"选项区中,选择"百叶窗"选项,如下图所示。

STEP 05 预览百叶窗动画效果

单击"确定"按钮,即可添加百叶窗动画效果,单击"预览"选项板中的"预览"按钮,预览百叶窗动画效果,如下图所示。

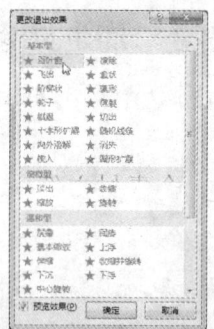

STEP 06 预览百叶窗动画效果

用与上述相同的方法,为幻灯片中的其他对象添加百叶窗动画效果,然后单击"预览"选项板中的"预览"按钮,预览添加的动画效果,如下图所示。

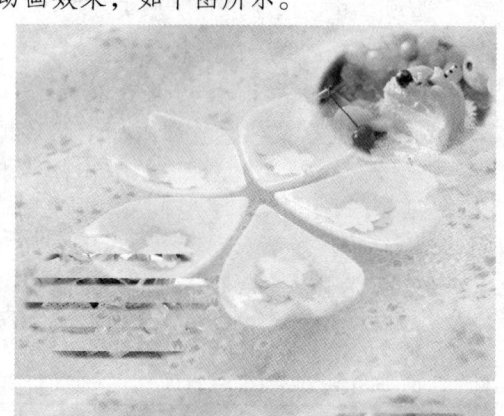

第 13 章 特效制作：制作幻灯片动画

13.1.4 快速添加形状动画

在 PowerPoint 2013 中，用户可以根据制作演示文稿的实际需要，将幻灯片中的对象，设置为形状动画效果。

STEP 01 打开一个素材文件

在 PowerPoint 2013 中，打开一个素材文件，如下图所示。

STEP 02 选择需要添加形状动画的对象

在编辑区中，选择需要添加形状动画效果的对象，如下图所示。

STEP 03 选择"形状"选项

切换至"动画"面板，在"动画"选项板中，单击"其他"下拉按钮，弹出列表框，在"退出"选项区中，选择"形状"选项，如下图所示。

STEP 04 添加形状动画效果

执行操作后，即可添加形状动画效果，如下图所示。

STEP 05 预览动画效果

单击"预览"选项板中的"预览"按钮，预览动画效果，如下图所示。

13.2 轻松编辑幻灯片动画

为对象添加动画效果之后，该对象就应用了默认的动画格式，这些动画格式主要包括动画开始运行的方式、变化方向、运行速度、延时方案及重复次数等属性，用户可以根据幻灯片内容添加相应属性。

13.2.1 快速添加动画效果

用户可以根据需要为每张幻灯片中的各个对象设置不同的动画效果,对同一个对象也可添加两种不同的动画效果。

STEP 01 打开一个素材文件

在 PowerPoint 2013 中,打开一个素材文件,如下图所示。

STEP 02 选择需要添加动画效果的对象

在编辑区中,选择需要添加动画效果的对象,如下图所示。

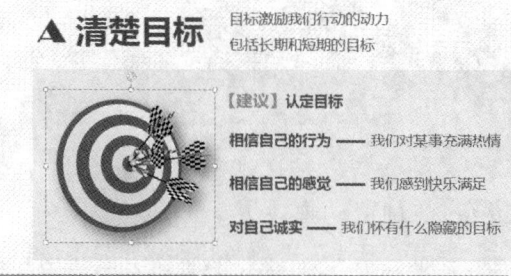

STEP 03 单击"添加动画"下拉按钮

切换至"动画"面板,单击"高级动画"选项板中的"添加动画"下拉按钮,如下图所示。

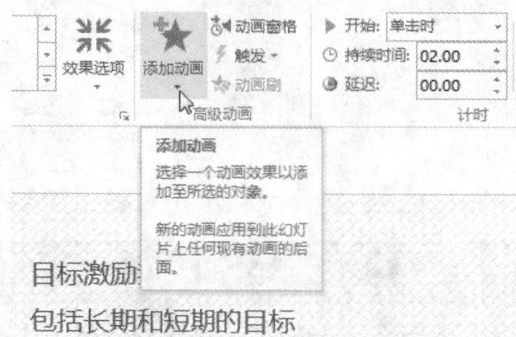

STEP 04 选择"更多退出效果"选项

弹出列表框,选择"更多退出效果"选项,如下图所示。

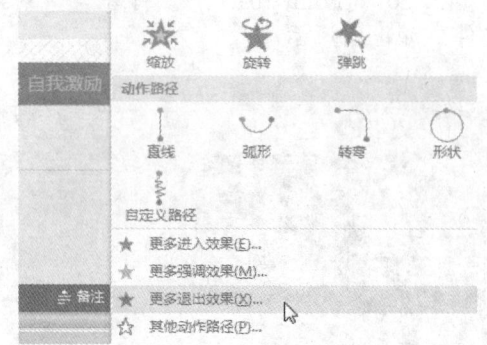

STEP 05 选择"向外溶解"选项

弹出"添加退出效果"对话框,在"基本型"选项区中,选择"向外溶解"选项,如下图所示。

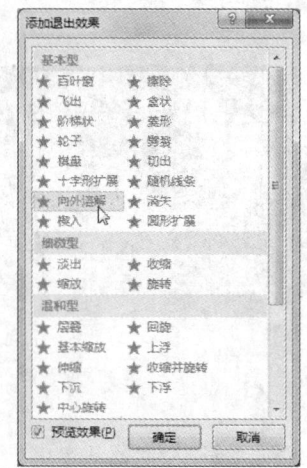

STEP 06 添加动画效果

单击"确定"按钮,即可再次为文本对象添加动画效果,如下图所示。

第 13 章 特效制作：制作幻灯片动画

STEP 07 预览动画效果

单击"预览"选项板中的"预览"按钮，即可按添加动画效果的顺序预览动画效果，如下图所示。

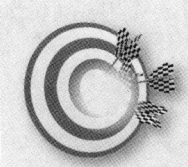

13.2.2 快速设置动画效果选项

在 PowerPoint 2013 中，动画效果可以按系列、类别或元素放映，用户可以对幻灯片中的内容进行设置。

STEP 01 打开一个素材文件

在 PowerPoint 2013 中，打开一个素材文件，如下图所示。

STEP 02 选择相应的图形

在编辑区中，选择相应的图形，如下图所示。

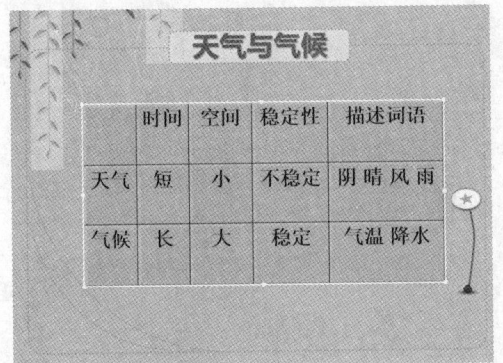

STEP 03 单击"效果选项"下拉按钮

切换至"动画"面板，在"动画"选项板中，单击"效果选项"下拉按钮，如下图所示。

STEP 04 选择"自左上部"选项

弹出列表框，选择"自左上部"选项，如下图所示。

STEP 05 预览动画效果

执行操作后，即可设置动画效果选项，单击"预览"选项板中的"预览"按钮，预览动画效果。

13.2.3 快速设置动画计时

为演示文稿中的对象添加了动画以后，用户可以在调出的"计时"选项卡中为动画设置动画计时。

STEP 01 打开一个素材文件

在 PowerPoint 2013 中，打开一个素材文件，如下图所示。

STEP 02 选择相应对象

在编辑区中选择相应对象，如下图所示。

STEP 03 单击相应按钮

切换至"动画"面板，在"动画"选项板中，单击"显示其他效果选项"按钮，如下图所示。

STEP 04 弹出"缩放"对话框

执行操作后，弹出"缩放"对话框，如下图所示。

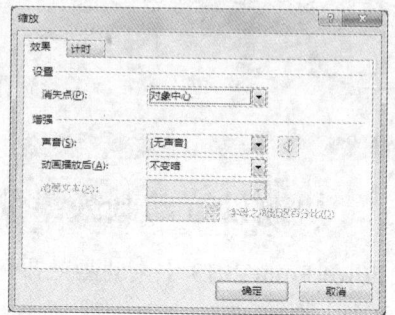

STEP 05 设置各选项

切换至"计时"选项卡，设置"开始"为"上一动画之后"、"延迟"为2秒、"期间"为"慢速（3秒）"，如下图所示。

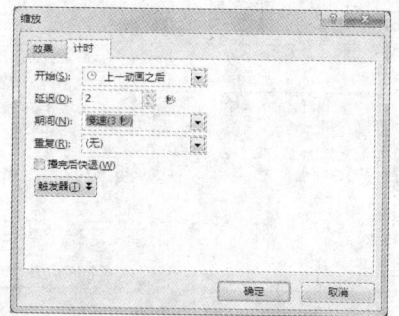

STEP 06 预览动画效果

单击"确定"按钮，即可设置动画计时，单击"预览"选项板中的"预览"按钮，预览动画效果，如下图所示。

第 13 章 特效制作：制作幻灯片动画

13.2.4 快速添加动画声音

在每张幻灯片的动画效果中，用户还可以添加相应的声音。

STEP 01 打开一个素材文件

在 PowerPoint 2013 中，打开一个素材文件，如下图所示。

STEP 02 选择对象

在编辑区中，选择需要添加动画声音的对象，如下图所示。

STEP 03 单击"显示其他效果选项"按钮

切换至"动画"面板，单击"动画"选项板右下角的"显示其他效果选项"按钮，如下图所示。

STEP 04 选择"风铃"选项

弹出"轮子"对话框，在"效果"选项卡的"增强"选项区中，单击"声音"右侧的下拉按钮，在弹出的列表框中选择"风铃"选项，如下图所示。

STEP 05 添加动画声音

单击"确定"按钮，即可为相应对象添加动画声音。

13.3 轻松添加切换效果

在 PowerPoint 2013 中，用户可以为多张幻灯片设置动画切换效果，幻灯片中自带的切换效果主要包括"细微型"、"华丽型"以及"动态内容"在内的 3 大类型。本节将介绍快速添加淡出切换效果、快速设置切换效果选项等内容。

13.3.1 快速添加淡出切换效果

在 PowerPoint 2013 中，淡出切换是指被选择的幻灯片在放映模式下将会以平缓的形式显现出来。

STEP 01 打开一个素材文件

在 PowerPoint 2013 中，打开一个素材文件，如下图所示。

STEP 02 选择"淡出"选项

切换至"切换"面板，在"切换到此幻灯片"选项板中，单击"其他"下拉按钮，弹出列表框，在"细微型"选项区中，选择"淡出"选项，如下图所示。

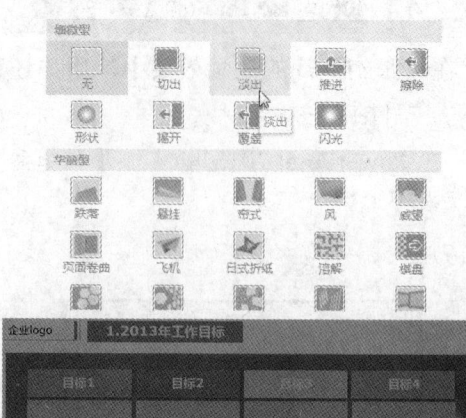

STEP 03 预览淡出切换效果

执行操作后，即可添加淡出切换效果，在"预览"选项板中单击"预览"按钮，预览淡出切换效果，如下图所示。

13.3.2 快速添加溶解切换效果

在 PowerPoint 2013 中，为某一张幻灯片设置溶解切换效果以后，该幻灯片在放映时将会以许多小正方形的形式显现出来。

STEP 01 打开一个素材文件

在 PowerPoint 2013 中，打开一个素材文件，如下图所示。

切换至"切换"面板，在"切换到此幻灯片"选项板中，单击"其他"下拉按钮，弹出列表框，在"华丽型"选项区中，选择"溶解"选项，如下图所示。

STEP 02 选择"溶解"选项

STEP 03 预览溶解切换效果

第 13 章 特效制作：制作幻灯片动画

执行操作后，即可添加溶解切换效果，在"预览"选项板中单击"预览"按钮，预览溶解切换效果，如下图所示。

13.3.3 添加摩天轮切换效果

摩天轮切换效果是指幻灯片在放映时，整张幻灯片在淡出的同时，幻灯片中的其他对象则是以摩天轮旋转的方式显示出来。

STEP 01 打开一个素材文件

在 PowerPoint 2013 中，打开一个素材文件，如下图所示。

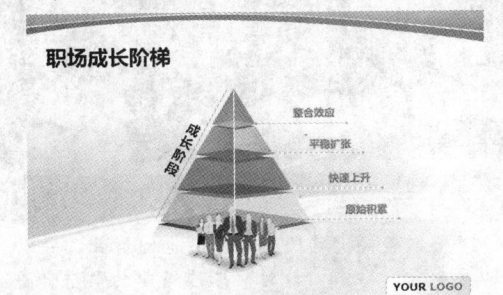

STEP 02 选择"摩天轮"选项

切换至"切换"面板，单击"切换到此幻灯片"选项板中的"其他"下拉按钮，弹出列表框，在"动态内容"选项区中，选择"摩天轮"选项，如下图所示。

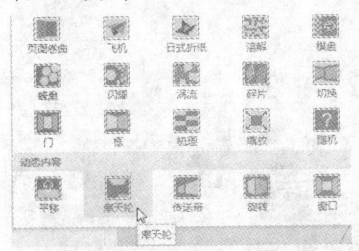

STEP 03 预览摩天轮切换效果

执行操作后，即可添加摩天轮切换效果，在"预览"选项板中单击"预览"按钮，预览摩天轮切换效果，如下图所示。

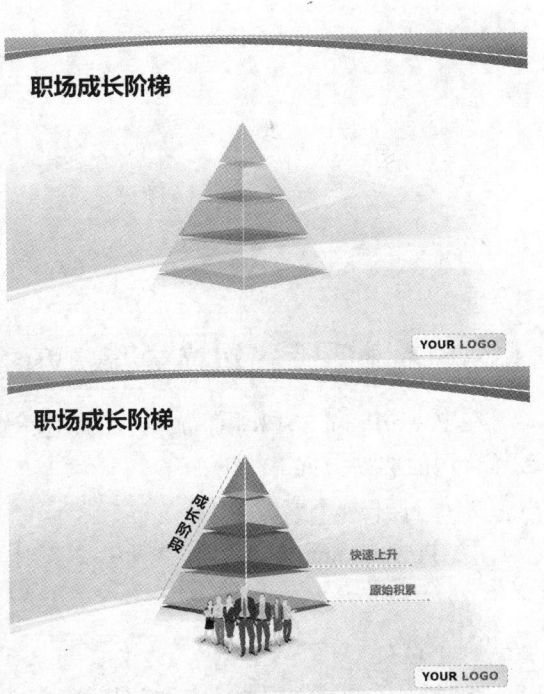

13.3.4 快速添加蜂巢切换效果

在 PowerPoint 2013 中，蜂巢切换效果是指运用该切换效果的幻灯片，在放映时以小六边形的样式由少到多，如蜂巢般逐渐显示整张幻灯片。

STEP 01 打开一个素材文件

在 PowerPoint 2013 中，打开一个素材文件，如下图所示。

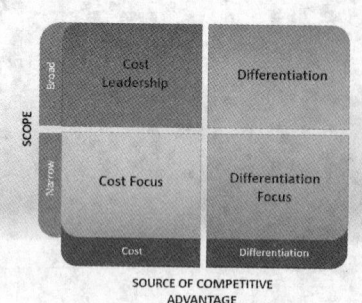

STEP 02 选择"蜂巢"选项

切换至"切换"面板，单击"切换到此幻灯片"选项板中的"其他"下拉按钮，弹出列表框，在"华丽型"选项区中，选择"蜂巢"选项，如下图所示。

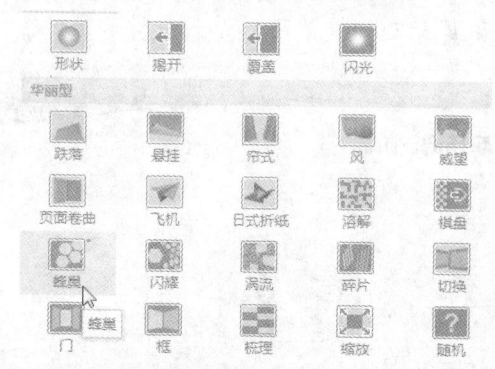

STEP 03 预览蜂巢切换效果

执行操作后，即可添加蜂巢切换效果，在"预览"选项板中单击"预览"按钮，预览蜂巢切换效果，如下图所示。

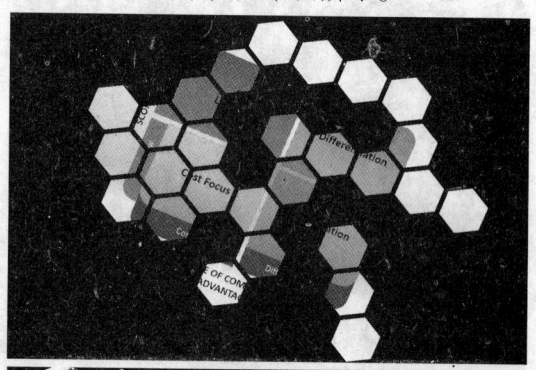

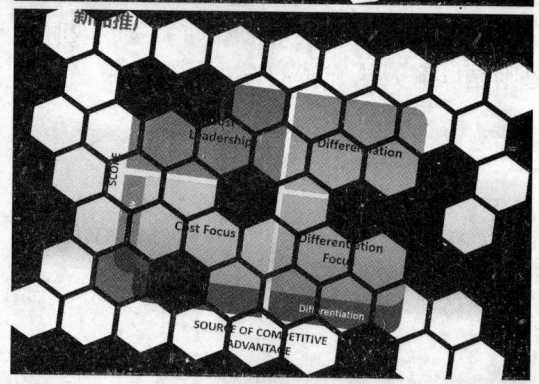

❓ 专家指点

演示文稿中的所有幻灯片也可运用同一种切换方式，单击"计时"选项板中的"全部应用"按钮，即可将所有幻灯片都应用同一种切换方式。

13.3.5 快速设置切换效果选项

在 PowerPoint 2013 中添加相应的切换效果以后，用户可以在"效果选项"列表框中，选择合适的切换方向。

STEP 01 打开一个素材文件

在 PowerPoint 2013 中，打开一个素材文件，如下图所示。

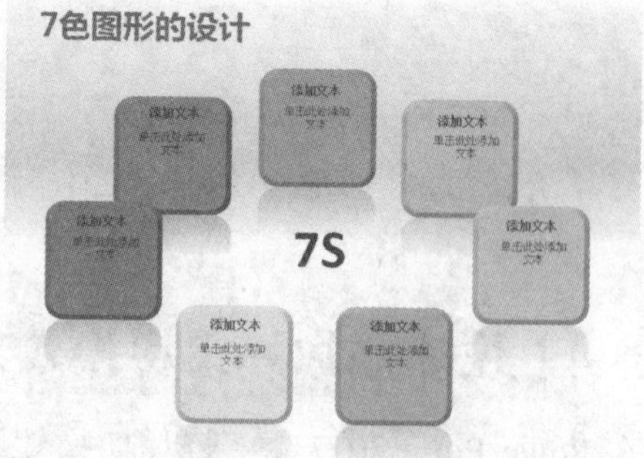

STEP 02 选择"库"选项

切换至"切换"面板，单击"切换到此幻灯片"选项板中的"其他"下拉按钮，弹出列表框，在"华丽型"选项区中，选择"库"选项，如下图所示。

第 13 章 特效制作：制作幻灯片动画

画效果。

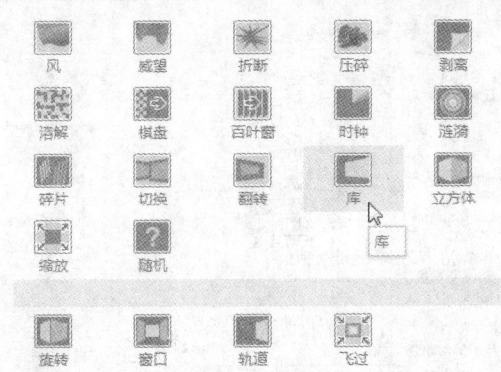

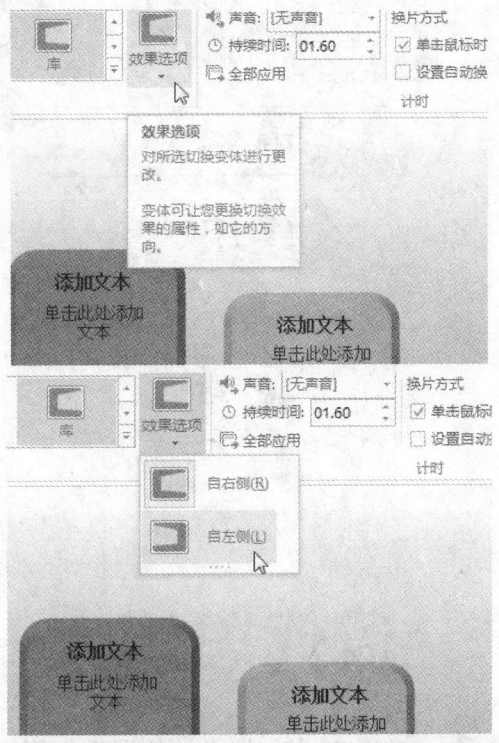

STEP 03 单击"效果选项"下拉按钮

执行操作后，即可添加切换效果，单击"切换到此幻灯片"选项板中的"效果选项"下拉按钮，如下图所示。

STEP 04 选择"自左侧"选项

弹出列表框，选择"自左侧"选项，如下图所示。

STEP 05 预览动画效果

执行操作后，即可设置效果选项，单击"预览"选项板中的"预览"按钮，预览动

13.4 创建交互式演示文稿

超链接是指向特定位置或文件的一种链接方式，运用超链接可以指定程序的跳转位置，当放映幻灯片时，可以在添加了动作的按钮或者超链接的文本上单击鼠标左键，这时程序将自动跳转至指定的幻灯片页面。本节主要介绍插入超链接、删除超链接、快速链接到新建文档以及设置屏幕提示等内容。

13.4.1 插入超链接

在 PowerPoint 2013 中放映演示文稿时，为了方便切换到目标幻灯片中，可以在演示文稿中插入超链接。

STEP 01 打开一个素材文件

在 PowerPoint 2013 中，打开一个素材文件，如下图所示。

STEP 02 选择"背景"文本

在编辑区中选择"背景"文本对象，如下图所示。

STEP 03 单击"超链接"按钮

切换至"插入"面板，在"链接"选项板中，单击"超链接"按钮，如下图所示。

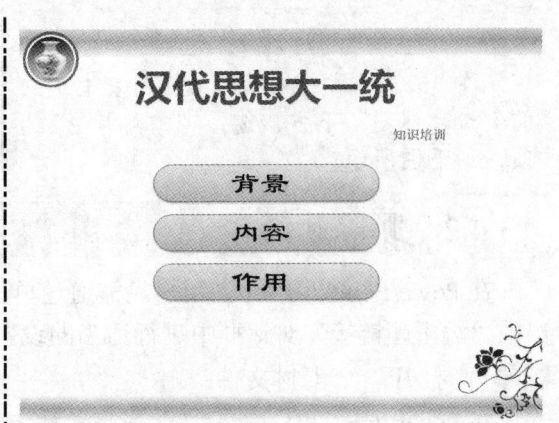

 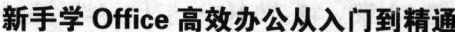

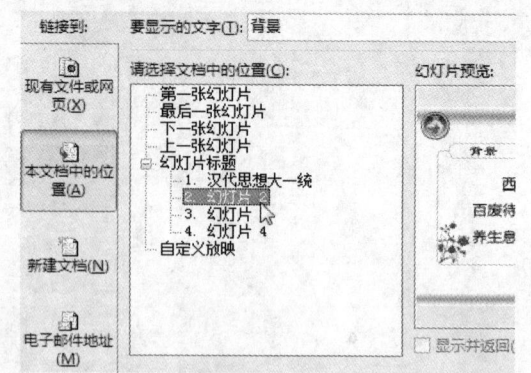

 插入超链接

单击"确定"按钮,即可为"背景"文本对象插入超链接,如下图所示。

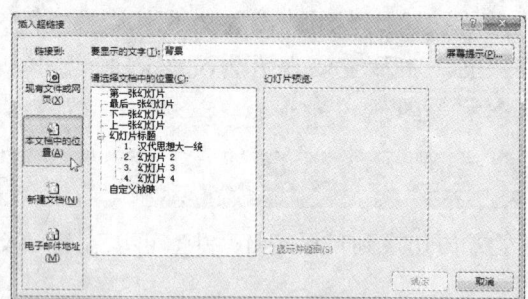 单击"本文档中的位置"按钮

弹出"插入超链接"对话框,在"链接到"列表框中,单击"本文档中的位置"按钮,如下图所示。

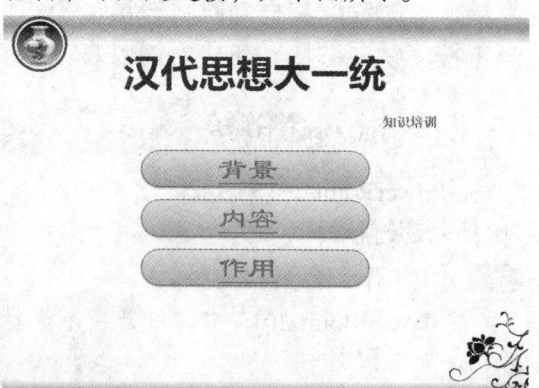 添加超链接

用与上述相同的方法,为幻灯片中的其他内容添加超链接,如下图所示。

选择"幻灯片 2"选项

在"请选择文档中的位置"列表框中的"幻灯片标题"下方,选择"幻灯片 2"选项,如下图所示。

13.4.2 删除超链接

在 PowerPoint 2013 中,用户只需通过单击"链接"选项板中的"超链接"按钮,在弹出的"编辑超链接"对话框中进行适当的设置,即可达到删除超链接的目的。

STEP 01 打开一个素材文件

在 PowerPoint 2013 中,打开一个素材文件,如下图所示。

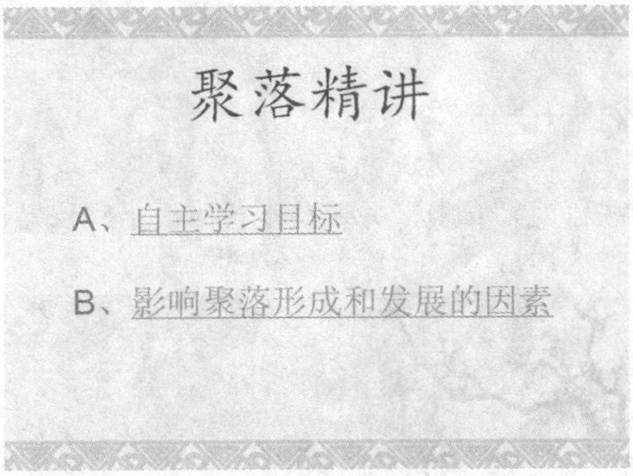

第 13 章 特效制作：制作幻灯片动画

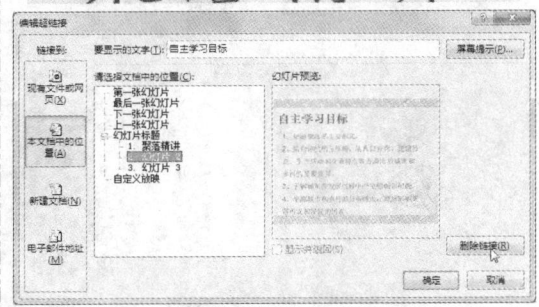

STEP 02 选择"自主学习目标"文本

在编辑区中，选择添加了超链接的"自主学习目标"文本，如下图所示。

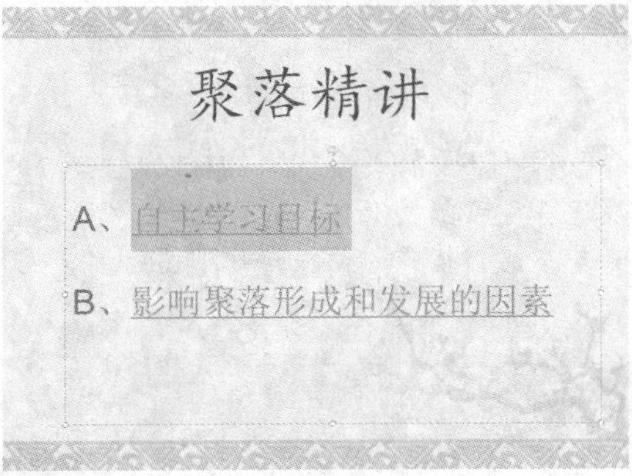

STEP 03 单击"超链接"按钮

切换至"插入"面板，在"链接"选项板中，单击"超链接"按钮，如下图所示。

STEP 04 单击"删除链接"按钮

弹出"编辑超链接"对话框，单击"删除链接"按钮，如下图所示。

STEP 05 删除超链接

执行操作后，即可删除超链接，如下图所示。

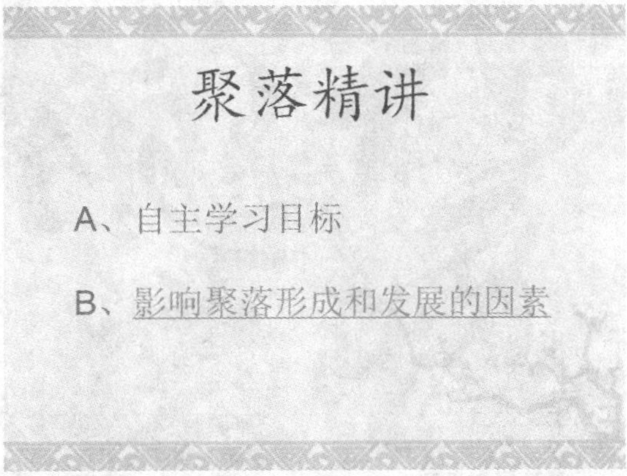

13.4.3 添加动作按钮

动作按钮是一种带有特定动作的图形按钮，应用这些按钮，可以快速实现在放映幻灯片时跳转的目的。

STEP 01 打开一个素材文件

在 PowerPoint 2013 中，打开一个素材文件，如下图所示。

STEP 02 单击"形状"下拉按钮

切换至"插入"面板，在"插图"选项板中，单击"形状"下拉按钮，如下图所示。

STEP 03 单击"前进或下一项"按钮

弹出列表框，在"动作按钮"选项区中，单击"前进或下一项"按钮，如下图所示。

STEP 04 弹出"操作设置"对话框

此时鼠标指针呈十字形，在幻灯片的右下角按住鼠标左键并拖动绘制图形，释放鼠标左键，弹出"操作设置"对话框，如下图所示。

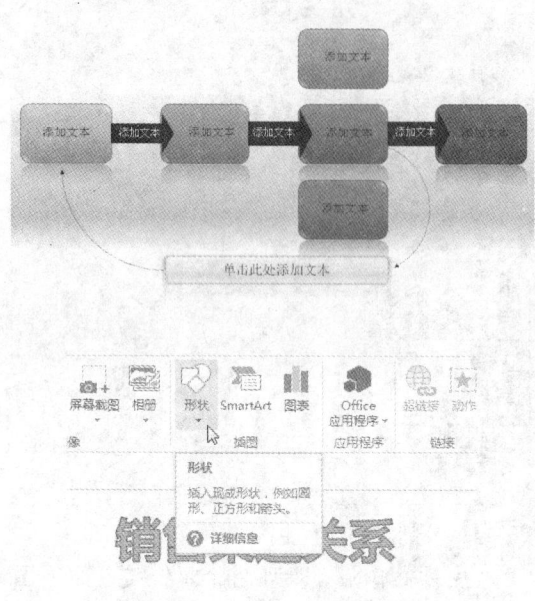

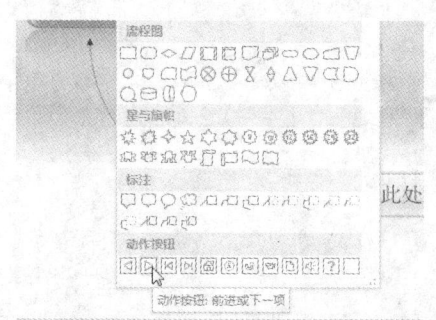

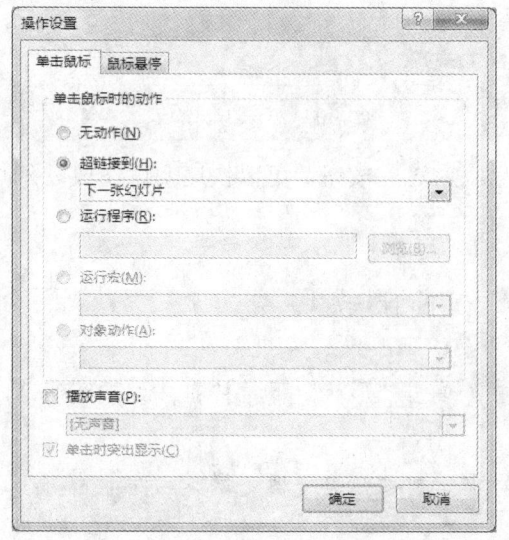

STEP 05 插入形状

保持各选项为默认设置，单击"确定"按钮，插入形状，并调整形状的大小和位置，如下图所示。

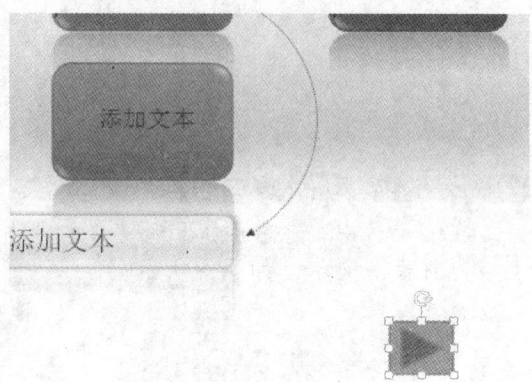

STEP 06 切换至"格式"面板

选中添加的动作按钮，切换至"绘图工具"中的"格式"面板，如下图所示。

STEP 07 选择相应选项

在"形状样式"选项板中，单击"其他"下拉按钮，然后在弹出的列表框中，选择"强烈效果-青绿，强调颜色1"选项，如下图所示。

STEP 08 设置动作按钮

执行操作后，完成动作按钮设置，如下图所示。

> **专家指点**
>
> 动作与超链接的区别：超链接是将幻灯片中的某一部分与另一部分链接起来，它可以与本文档中的幻灯片链接，也可以链接到其他文件；插入动作只能与指定的幻灯片进行链接，它突出的是完成某一个动作。

第 13 章 特效制作：制作幻灯片动画

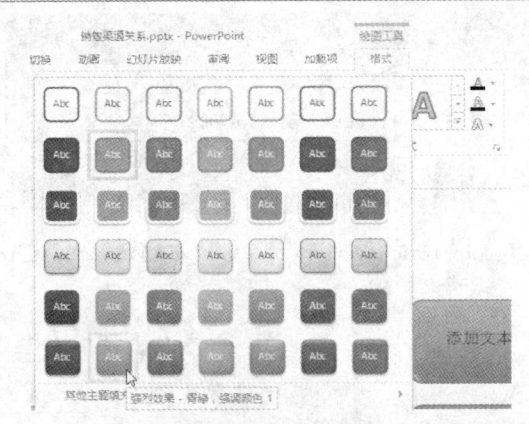

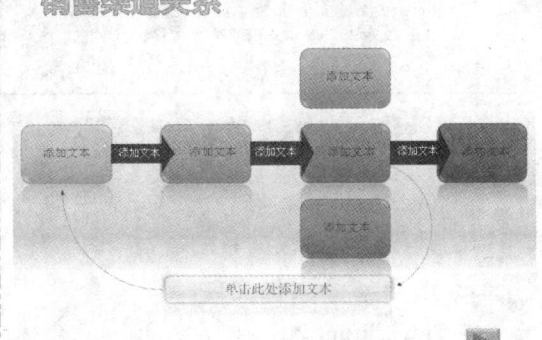

13.4.4 更改超链接

"编辑超链接"对话框和"插入超链接"对话框是相同的，用户在选中已设置的超链接的对象上单击鼠标右键，即可进入"编辑超链接"对话框，在此对话框中进行修改与编辑操作。

STEP 01 打开一个素材文件

在 PowerPoint 2013 中，打开一个素材文件，如下图所示。

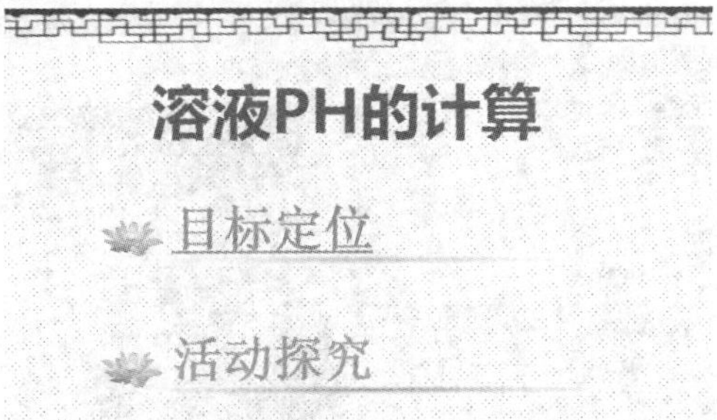

STEP 02 选择需要更改的超链接文本

在编辑区中，选择需要更改的超链接文本"目标定位"，如下图所示。

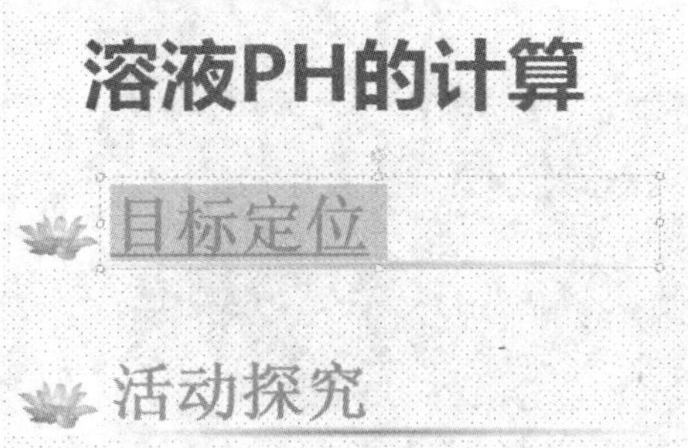

STEP 03 单击"超链接"按钮

切换至"插入"面板，在"链接"选项板中，单击"超链接"按钮，如下图所示。

STEP 04 选择"幻灯片 2"选项

弹出"编辑超链接"对话框，在"请选择文档中的位置"列表框中，选择"幻灯片 2"选项，如下图所示。

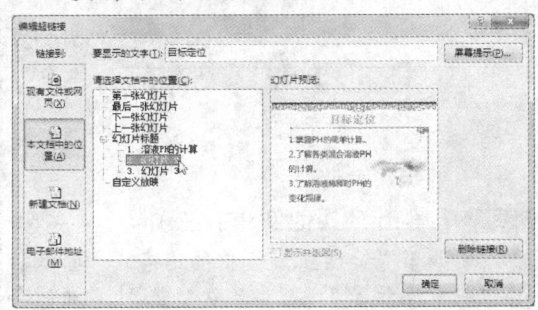

STEP 05 链接到新幻灯片位置

单击"确定"按钮，即可更改链接目标，在放映演示文稿时，只需单击幻灯片中的动作对象，即可跳转到链接的新幻灯片位置。

267 Page

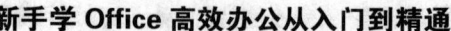

> **专家指点**
>
> 在"请选择文档中的位置"列表框中，选择相应幻灯片选项以后，在右侧的"幻灯片预览"列表框中，将出现链接的新对象缩略图，用户可以在其中查看和确认链接对象的正确性。

13.4.5 设置超链接格式

在 PowerPoint 中，在为演示文稿中的文本设置超链接以后，同样可以为超链接设置格式，以达到美化超链接的目的。

STEP 01 打开一个素材文件

在 PowerPoint 2013 中，打开一个素材文件，如下图所示。

STEP 02 选择文本

在编辑区中，选择需要设置超链接格式的文本，如下图所示。

STEP 03 单击"其他"下拉按钮

切换至"绘图工具"中的"格式"面板，在"艺术字样式"选项板中，单击"其他"下拉按钮，如下图所示。

STEP 04 选择相应选项

在弹出的列表框中，选择"填充-橙色，着色 2，轮廓-着色 2"选项，如下图所示。

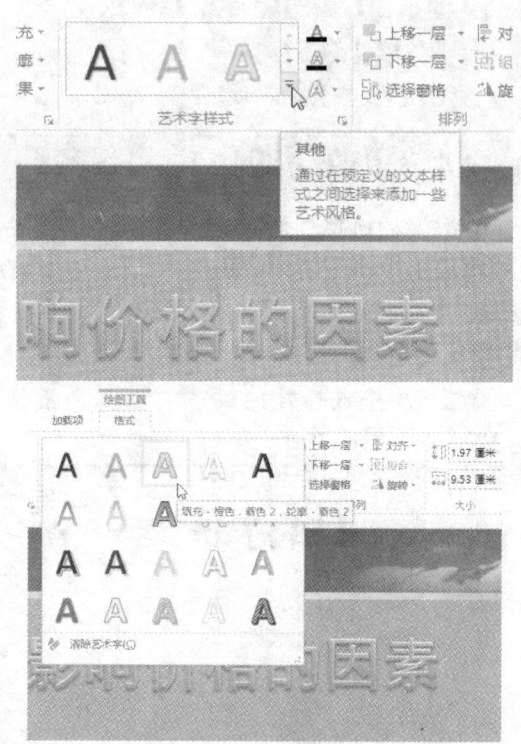

STEP 05 单击"文字效果"下拉按钮

在"艺术字样式"选项板中，单击"文字效果"下拉按钮，如下图所示。

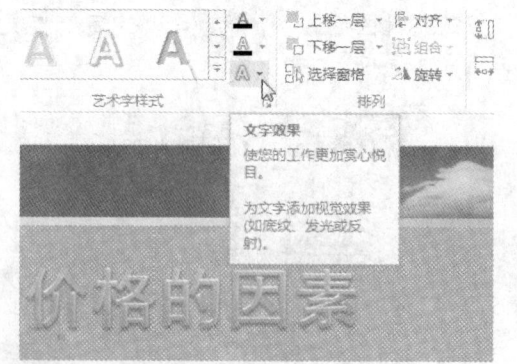

STEP 06 选择相应选项

弹出列表框，选择"发光"|"青绿，5pt 发光，着色 1"选项，如下图所示。

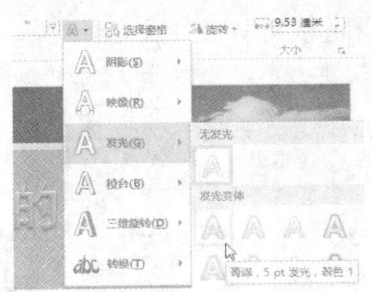

STEP 07 设置超链接格式

执行操作后,即可完成超链接格式设置,如下图所示。

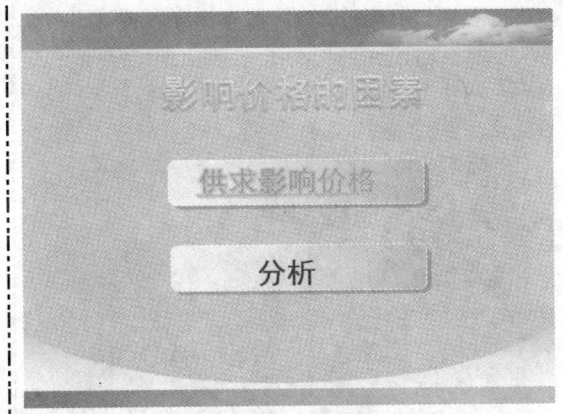

13.4.6 链接到其他演示文稿

在 PowerPoint 2013 中,用户可以在选择的对象上添加超链接,将其链接到文件或其他演示文稿。

STEP 01 打开一个素材文件

在 PowerPoint 2013 中,打开一个素材文件,如下图所示。

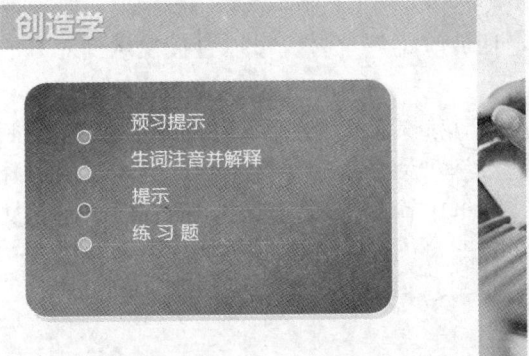

STEP 02 选择对象文本

在编辑区中,选择需要进行超链接的对象文本,如下图所示。

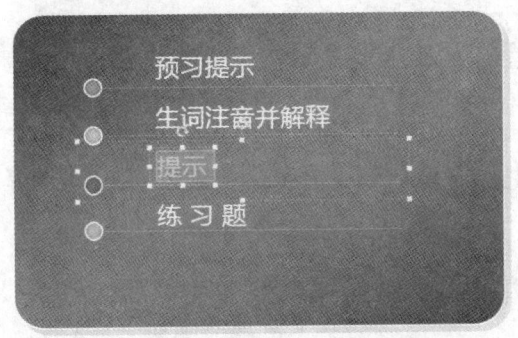

STEP 03 弹出"插入超链接"对话框

切换至"插入"面板,在"链接"选项板中单击"超链接"按钮,弹出"插入超链接"对话框,如下图所示。

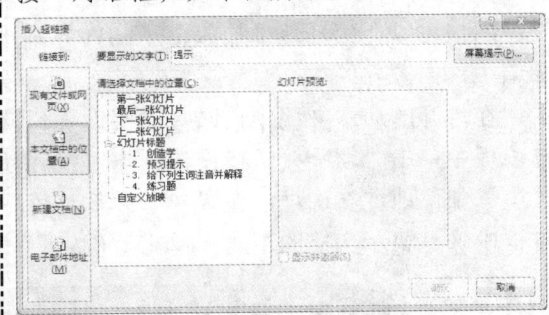

STEP 04 选择相应的演示文稿

在"链接到"列表框中,单击"现有文件或网页"按钮,在"查找范围"下拉列表框中选择需要链接演示文稿的位置,选择相应的演示文稿,如下图所示。

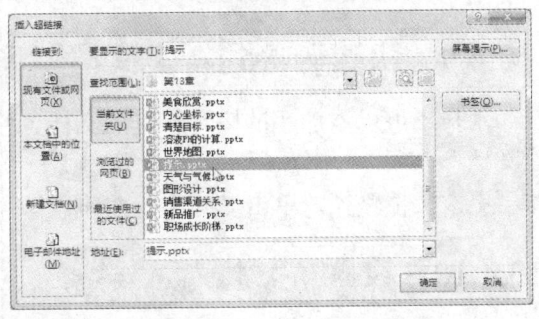

STEP 05 鼠标位置

单击"确定"按钮,即可插入超链接,

切换至"幻灯片放映"面板,在"开始放映幻灯片"选项板中,单击"从头开始"按钮,将鼠标指针移至"提示"文本对象,如下图所示,鼠标指针呈 形状。

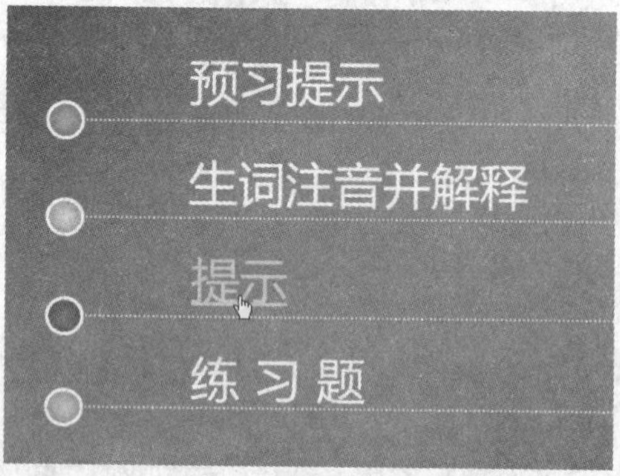

STEP 06 链接到相应演示文稿

在文本上单击鼠标左键,即可链接到相应演示文稿,如下图所示。

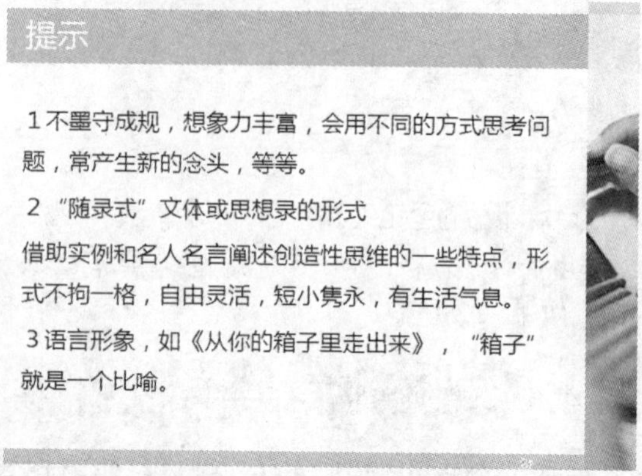

> **专家指点**
> 只有在幻灯片中的对象才能添加超链接,讲义和备注等内容不能添加超链接。添加或修改超链接的操作只能在普通视图的幻灯片中才能进行。

13.4.7 快速链接到电子邮件

用户可以在幻灯片中加入电子邮件的链接,在放映幻灯片时,可以直接发送到对方的邮箱中。

在打开的演示文稿中,选中需要设置超链接的对象,切换至"插入"面板,在"链接"选项板中单击"超链接"按钮,弹出"插入超链接"对话框,在"链接到"列表框中选择"电子邮件地址"选项,在"电子邮件地址"文本框中输入邮箱地址,然后在"主题"文本框中输入演示文稿的主题,单击"确定"按钮,即可创建电子邮件链接。

13.4.8 快速链接到网页

用户还可以在幻灯片中加入指向 Internet 的链接,在放映幻灯片时可直接打开网页。

在打开的演示文稿中,选中需要设置超链接的对象,切换至"插入"面板,单击"超链接"按钮,弹出"插入超链接"对话框,选择"现有文件或网页"链接类型,在"地址"文本框中输入网页地址,单击"确定"按钮,即可创建网页链接。

13.4.9 快速链接到新建文档

用户还可以添加超链接到新建的文档,在调出的"插入超链接"对话框中,选择"新建文档"选项,如下图所示,在"新建文档名称"文本框中输入名称,单击"更改"按钮,即可更改文件路径,单击"确定"按钮,即可链接到新建文档。

13.4.10 设置屏幕提示

在幻灯片中插入超链接后,还可以设置屏幕提示,以便在幻灯片放映时显示。

选中需要创建超链接的屏幕提示对象,切换至"插入"面板,单击"超链接"按钮,

第 13 章 特效制作：制作幻灯片动画

弹出"插入超链接"对话框，单击"屏幕提示"按钮，弹出"设置超链接屏幕提示"对话框，在文本框中输入文字，如下图所示，单击"确定"按钮，返回到"插入超链接"对话框，即可设置屏幕提示文字。

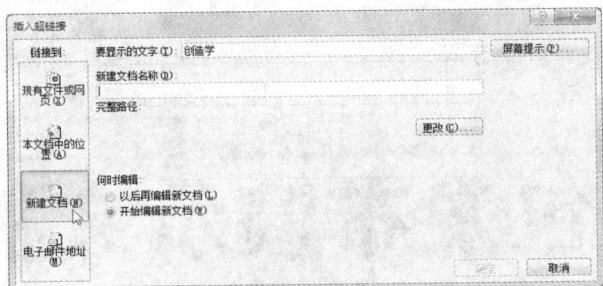
"插入超链接"对话框

"设置超链接屏幕提示"对话框

● 读书笔记

Chapter 14

章前知识导读

在 PowerPoint 2013 中，演示文稿制作好以后，可以将整个演示文稿中的部分幻灯片、讲义、备注页和大纲等打印出来。本章主要介绍设置幻灯片放映方式、设置幻灯片放映、打包演示文稿、设置打印页面以及打印演示文稿等的操作方法。

后期输出：打包发布演示文稿

重点知识索引

- 设置演讲者放映
- 设置从头开始放映
- 将演示文稿打包
- 快速设置幻灯片大小
- 快速设置打印内容

效果图片赏析

职场晋升

目标细分

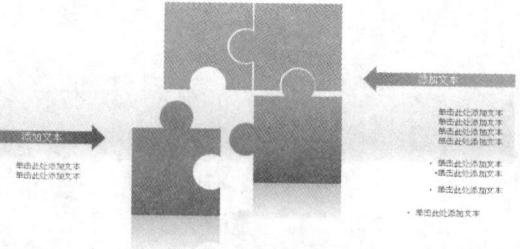

爵士乐

如果有人是爵士大师的话，那他就是路易斯.阿姆斯特朗。他是爵士音乐的缩影，而且永远都是。

——（美）杜克.艾林顿

第 14 章 后期输出：打包发布演示文稿

14.1 快速设置幻灯片放映方式

PowerPoint 提供了多种演示文稿的放映方式，最常用的是幻灯片页面的演示控制。制作好演示文稿后，需要查看制作好的效果，或让观众欣赏制作的演示文稿，此时可以通过幻灯片放映来观看幻灯片的总体效果。本节主要介绍设置演讲者放映、设置观众自行浏览、设置展台浏览放映以及设置循环放映等内容。

14.1.1 设置演讲者放映

演讲者放映方式可全屏显示幻灯片，在演讲者自行播放时，演讲者将具有完整的控制权，可以采用人工或自动方式放映，也可以将演示文稿暂停，添加更多的细节或修改错误。

STEP 01 打开一个素材文件

在 PowerPoint 2013 中，打开一个素材文件，如下图所示。

STEP 02 单击"设置幻灯片放映"按钮

切换至"幻灯片放映"面板，单击"设置"选项板中的"设置幻灯片放映"按钮，如下图所示。

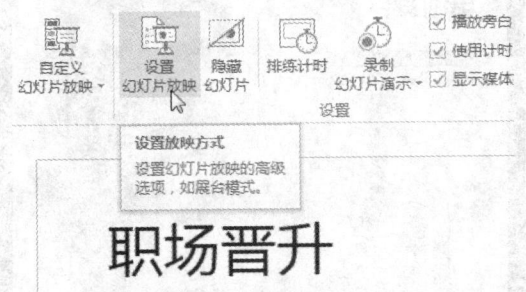

STEP 03 选中相应单选按钮

弹出"设置放映方式"对话框，在"放映类型"选项区中，选中"演讲者放映（全屏幕）"单选按钮，如下图所示。

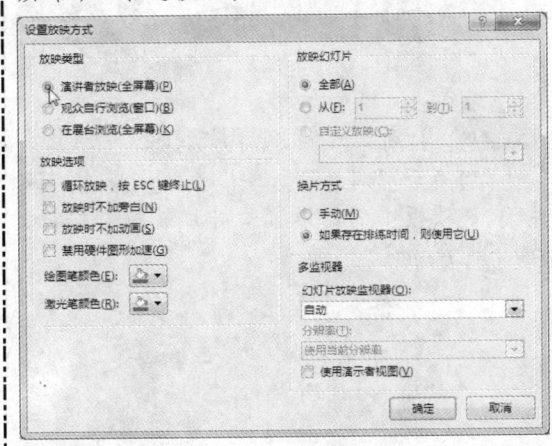

STEP 04 单击"从头开始"按钮

单击"确定"按钮，在"开始放映幻灯片"选项板中，单击"从头开始"按钮，如下图所示，即可开始放映幻灯片。

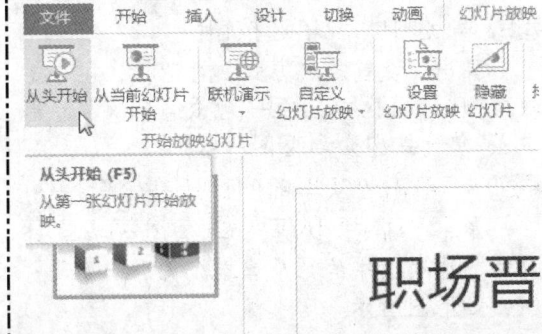

> **专家指点**
>
> 选中"演讲者放映（全屏幕）"单选按钮，可以全屏显示幻灯片，演讲者完全掌握幻灯片放映。

14.1.2 设置观众自行浏览

观众自行浏览方式将在标准窗口中放映幻灯片。通过底部的"上一张"和"下一张"按钮可选择放映的幻灯片。

STEP 01 打开一个素材文件

在 PowerPoint 2013 中，打开一个素材文件，如下图所示。

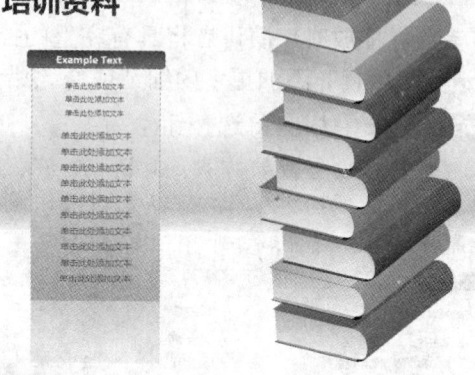

STEP 02 单击"设置幻灯片放映"按钮

切换至"幻灯片放映"面板，单击"设置"选项板中的"设置幻灯片放映"按钮，如下图所示。

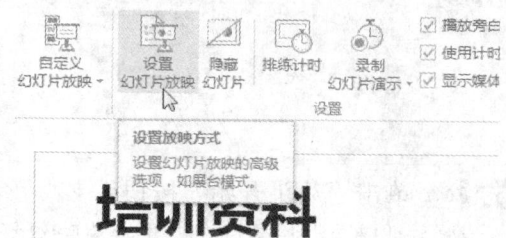

STEP 03 选中相应单选按钮

弹出"设置放映方式"对话框，在"放映类型"选项区中，选中"观众自行浏览（窗口）"单选按钮，如下图所示。

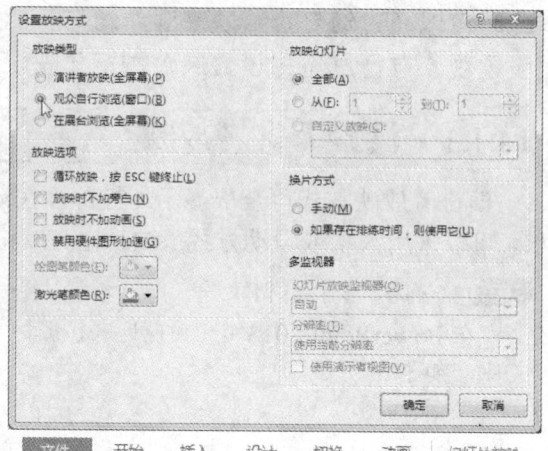

STEP 04 单击"从当前幻灯片开始"按钮

单击"确定"按钮，单击"开始放映幻灯片"选项板中的"从当前幻灯片开始"按钮，如下图所示。

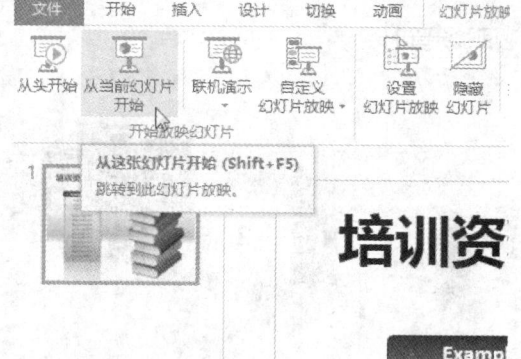

STEP 05 放映幻灯片

执行操作后，即可放映幻灯片，如下图所示。

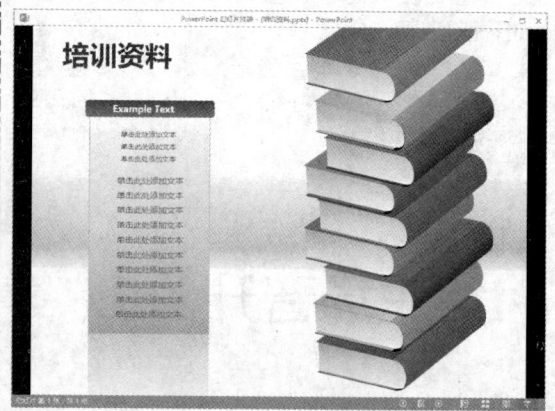

14.1.3 设置展台浏览放映

设置为展台浏览方式后，幻灯片将自动运行全屏幻灯片放映，并且循环放映演示文稿。

第 14 章 后期输出：打包发布演示文稿

在放映过程中，除了保留鼠标指针用于选择屏幕对象外，其他功能全部失效，按【Esc】键可终止放映。

STEP 01 打开一个素材文件

在 PowerPoint 2013 中，打开一个素材文件，如下图所示。

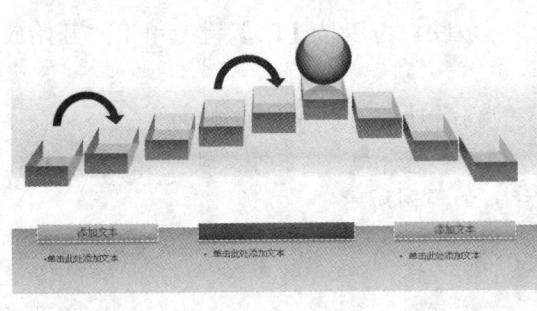

STEP 02 选中相应单选按钮

切换至"幻灯片放映"面板，单击"设置"选项板中的"设置幻灯片放映"按钮，弹出"设置放映方式"对话框，在"放映类型"选项区中，选中"在展台浏览（全屏幕）"单选按钮，如下图所示，单击"确定"按钮，完成展台浏览放映方式设置。

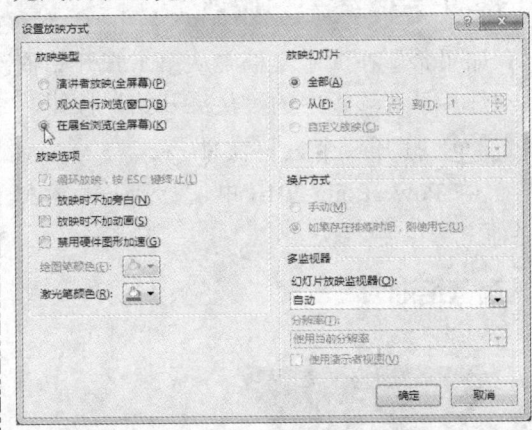

> **专家指点**
>
> 运用展台浏览方式无法单击鼠标手动放映幻灯片，但可以通过单击超链接和动作按钮来切换，在展览会或会议中运行时，若无人管理幻灯片放映，适合运用这种方式。

14.1.4 设置循环放映

设置循环放映幻灯片，只需要打开"设置放映方式"对话框，在"放映选项"选项区中，选中"循环放映，按 Esc 键终止"复选框即可，如下图所示。

14.1.5 快速放映换片方式

在"设置放映方式"对话框中，还可以使用"换片方式"选项区中的选项来指定如何从一张幻灯片移动到另一张幻灯片。打开"设置放映方式"对话框，在"换片方式"选项区中设定幻灯片放映时的换片方式，如选中"手动"单选按钮，如下图所示，单击"确定"按钮即可。

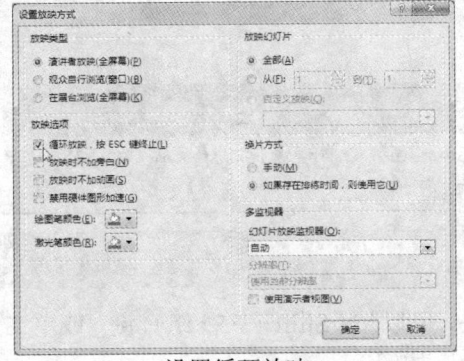
设置循环放映

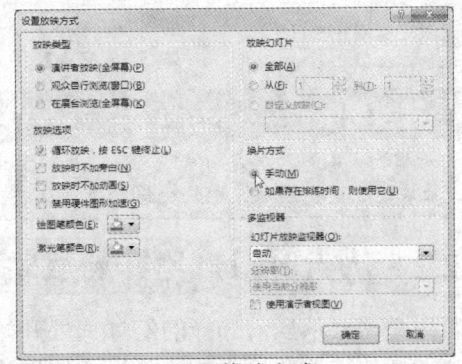
设置换片方式

14.2 快速设置幻灯片放映

在 PowerPoint 中启动幻灯片放映就是打开要放映的演示文稿,在"幻灯片放映"面板中执行操作来启动幻灯片的放映,启动放映的方法有 3 种:第 1 种是从头开始放映幻灯片;第 2 种是从当前幻灯片开始放映;第 3 种是自定义幻灯片放映。

14.2.1 从头开始放映

如果希望在演示文稿中从第 1 张开始依次进行放映,可以按【F5】键或单击"开始放映幻灯片"选项板中的"从头开始"按钮。

STEP 01 打开一个素材文件

在 PowerPoint 2013 中,打开一个素材文件,如下图所示。

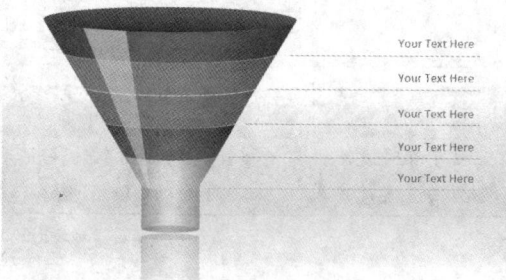

STEP 02 单击"从头开始"按钮

切换至"幻灯片放映"面板,单击"开始放映幻灯片"选项板中的"从头开始"按钮,如下图所示。

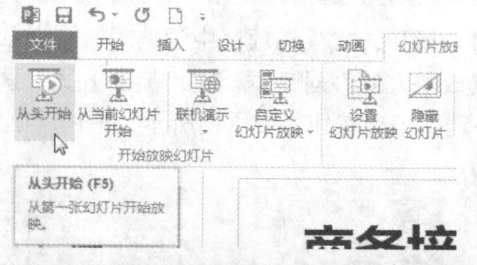

STEP 03 从头开始放映幻灯片

执行操作后,即可从头开始放映幻灯片,如下图所示。

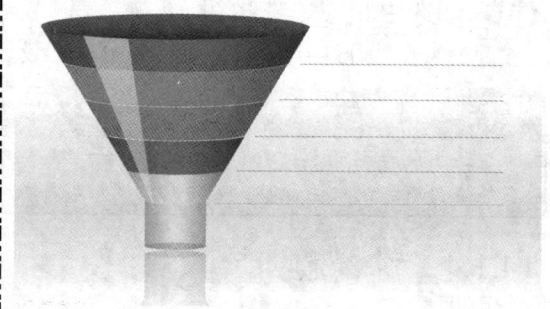

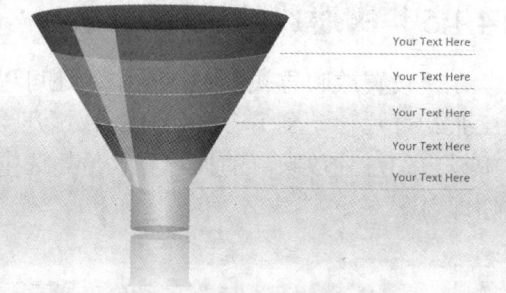

> **专家指点**
> 如果是从桌面上打开的放映文件,放映退出时 PowerPoint 会自动关闭,如果从 PowerPoint 中启动,放映退出时,演示文稿仍会保持打开状态,并可进行编辑。

14.2.2 从当前幻灯片开始放映

若用户需要从当前选择的幻灯片处开始放映,可以按【Shift+F5】组合键,或单击"开始放映幻灯片"选项板中的"从当前幻灯片开始"按钮。

第 14 章 后期输出：打包发布演示文稿

STEP 01 打开一个素材文件

在 PowerPoint 2013 中，打开一个素材文件，如下图所示。

STEP 03 从当前幻灯片处开始放映

执行操作后，即可从当前幻灯片处开始放映，如下图所示。

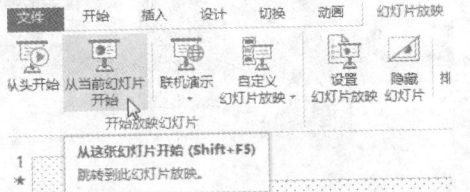

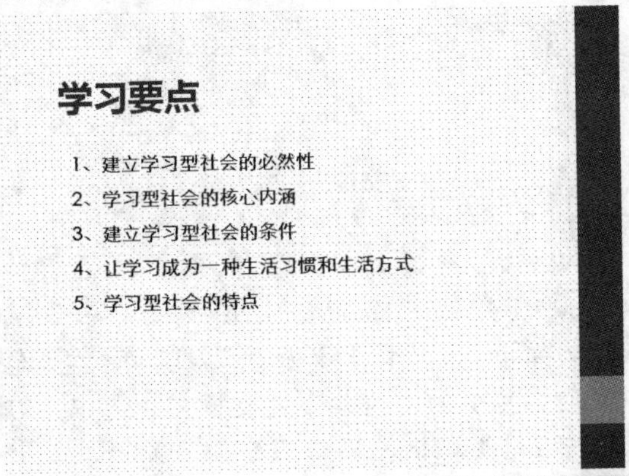

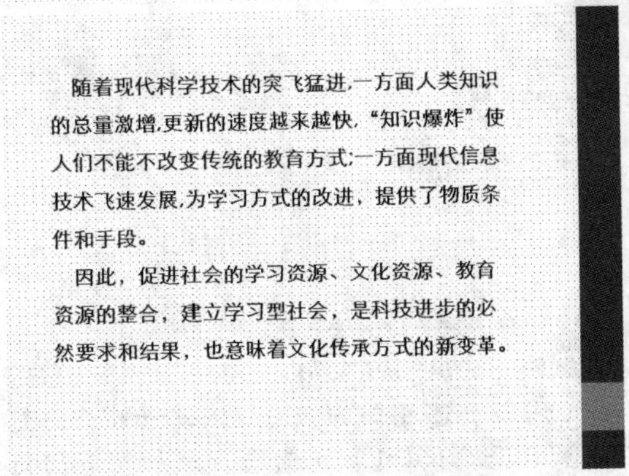

STEP 02 单击"从当前幻灯片开始"按钮

进入第 2 张幻灯片，然后切换至"幻灯片放映"面板，单击"开始放映幻灯片"选项板中的"从当前幻灯片开始"按钮，如下图所示。

14.2.3 自定义幻灯片放映

自定义幻灯片放映是按设定的顺序播放，而不会按顺序依次放映每一张幻灯片，用户可在"定义自定义放映"对话框中设置幻灯片的放映顺序。

STEP 01 打开一个素材文件

在 PowerPoint 2013 中，打开一个素材文件，如下图所示。

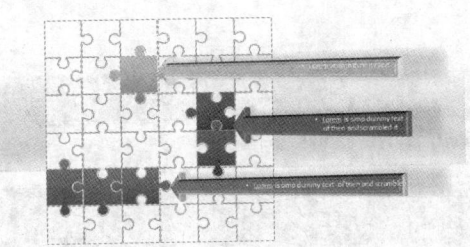

STEP 02 选择"自定义放映"选项

切换至"幻灯片放映"面板，单击"开始放映幻灯片"选项板中的"自定义幻灯片放映"下拉按钮，在弹出的列表框中选择"自定义放映"选项，如下图所示。

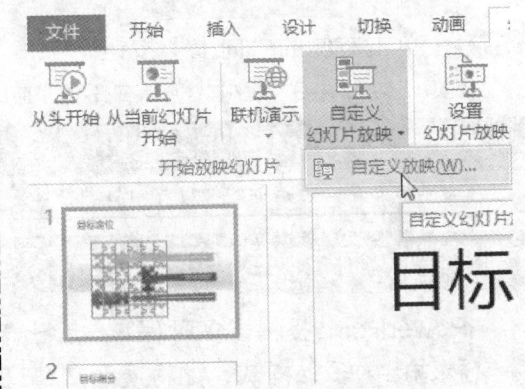

STEP 03 单击"新建"按钮

弹出"自定义放映"对话框,单击"新建"按钮,如下图所示。

STEP 04 单击"添加"按钮

弹出"定义自定义放映"对话框,在"在演示文稿中的幻灯片"列表框中,选中"幻灯片 2"复选框,单击"添加"按钮,如下图所示。

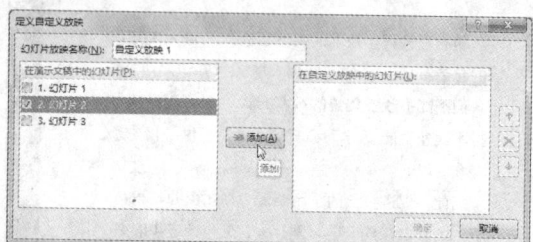

STEP 05 添加相应幻灯片

用与上述相同的方法,依次选中"幻灯片 3"、"幻灯片 1"复选框,添加相应幻灯片,如下图所示。

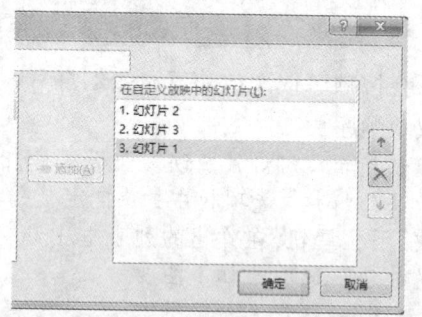

STEP 06 单击右侧的"向上"按钮

选择"幻灯片 3"选项,单击右侧的"向上"按钮,如下图所示,将"幻灯片 3"移至"幻灯片 2"上方。

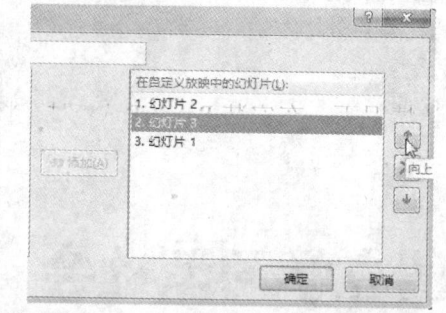

STEP 07 按自定义幻灯片顺序放映

单击"确定"按钮,返回"自定义放映"对话框,单击"放映"按钮,即可按自定义幻灯片顺序放映幻灯片,如下图所示。

目标细分

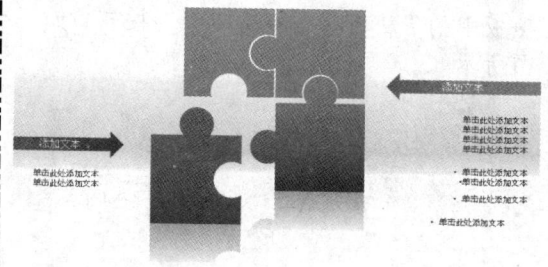

目标递进

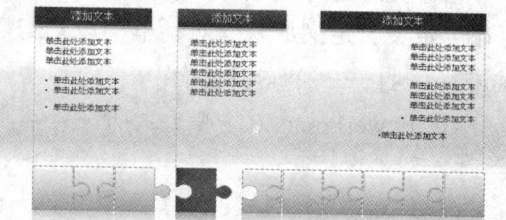

❓ 专家指点

如果用户需要将添加的幻灯片向后调整位置,则可以单击"向下"按钮。

14.3 快速打包演示文稿

PowerPoint 提供了多种保存、输出演示文稿的方法,用户可以将制作出来的演示文稿输出为多种样式,如将演示文稿打包,以网页、文件的形式输出等。

第 14 章　后期输出：打包发布演示文稿

14.3.1　将演示文稿打包

如果在没有安装 PowerPoint 的电脑上运行演示文稿，需要 Microsoft Office PowerPoint Viewer 的支持。

默认情况下，在安装 PowerPoint 时，将自动安装 PowerPoint Viewer，因此可以直接使用"将演示文稿打包成 CD"功能，从而将演示文稿以特殊的形式复制到可刻录光盘、网络或本地磁盘驱动器中，并在其中集成一个 PowerPoint Viewer，以便在任何电脑上都能进行演示。

STEP 01 打开一个素材文件

在 PowerPoint 2013 中，打开一个素材文件，如下图所示。

STEP 02 单击"打包成 CD"命令

单击"文件"|"导出"|"将演示文稿打包成 CD"|"打包成 CD"命令，如下图所示。

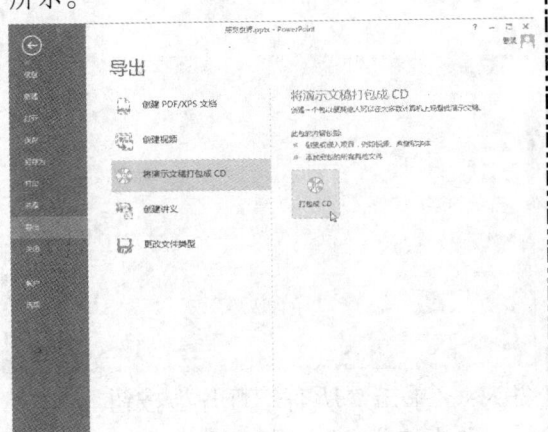

STEP 03 单击"复制到文件夹"按钮

弹出"打包成 CD"对话框，单击"复制到文件夹"按钮，如下图所示。

STEP 04 单击"浏览"按钮

弹出"复制到文件夹"对话框，单击"浏览"按钮，如下图所示。

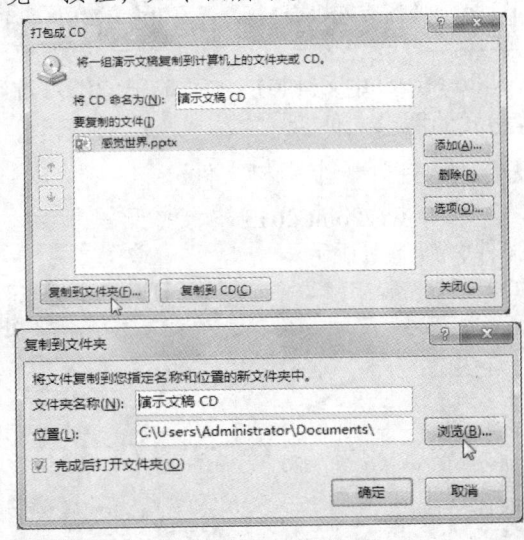

STEP 05 选择需要保存的位置

执行操作后，弹出"选择位置"对话框，在该对话框中选择文件要保存的位置，如下图所示。

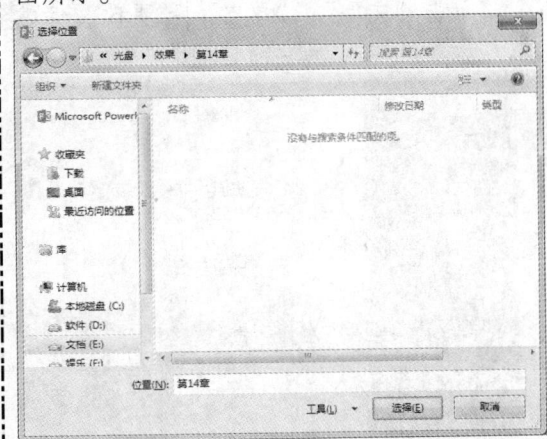

STEP 06 单击"确定"按钮

单击"选择"按钮，返回到"复制到文件夹"对话框，单击"确定"按钮，如下图所示。

STEP 08 完成演示文稿的打包操作

弹出"正在将文件复制到文件夹"对话框，待演示文稿中的文件复制完成后，单击"打包成 CD"对话框中的"关闭"按钮，即可完成演示文稿的打包操作，在保存位置可查看打包成 CD 的文件。

STEP 07 单击"是"按钮

在弹出的提示信息框中，单击"是"按钮，如下图所示。

14.3.2 快速输出为图形文件

PowerPoint 支持将演示文稿中的幻灯片输出为 GIF、JPG、TIFF、BMP、PNG 以及 WMF 等格式的图形文件。

STEP 01 打开一个素材文件

在 PowerPoint 2013 中，打开一个素材文件，如下图所示。

STEP 02 单击"更改文件类型"命令

单击"文件"|"导出"|"更改文件类型"命令，如下图所示。

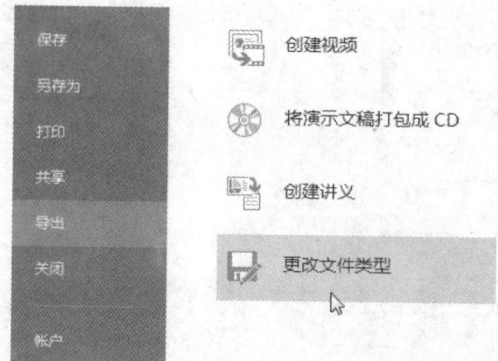

STEP 03 选择"JPEG 文件交换格式"选项

在"更改文件类型"列表框的"图片文件类型"选项区中，选择"JPEG 文件交换格式"选项，如下图所示。

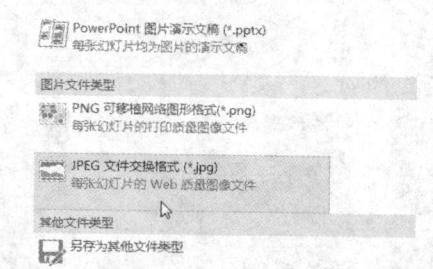

STEP 04 选择相应的保存文件类型

执行操作后，弹出"另存为"对话框，选择相应的保存文件类型，如下图所示。

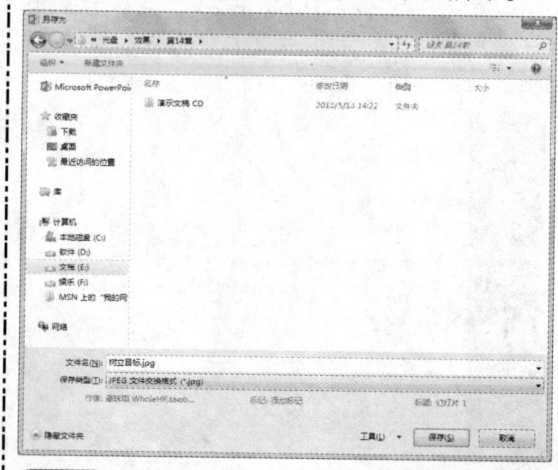

STEP 05 单击"所有幻灯片"按钮

单击"保存"按钮，弹出提示信息框，单击"所有幻灯片"按钮，如下图所示。

第 14 章　后期输出：打包发布演示文稿

STEP 06 单击"确定"按钮

执行操作后，弹出提示信息框，单击"确定"按钮，如下图所示。

STEP 07 查看输出的图像文件

执行操作后，即可输出演示文稿为图形文件，打开所存储的文件夹，查看输出的图像文件，如下图所示。

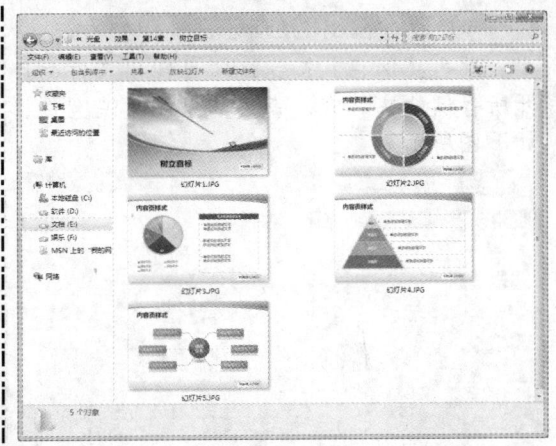

14.3.3　快速输出为放映文件

在 PowerPoint 中经常用到的输出格式还有幻灯片放映文件格式。幻灯片放映是将演示文稿保存为总是以幻灯片放映的形式打开的演示文稿，每当打开该类型文件时，PowerPoint 将自动切换到幻灯片放映状态，而不会出现 PowerPoint 编辑窗口。

STEP 01 打开一个素材文件

在 PowerPoint 2013 中，打开一个素材文件，如下图所示。

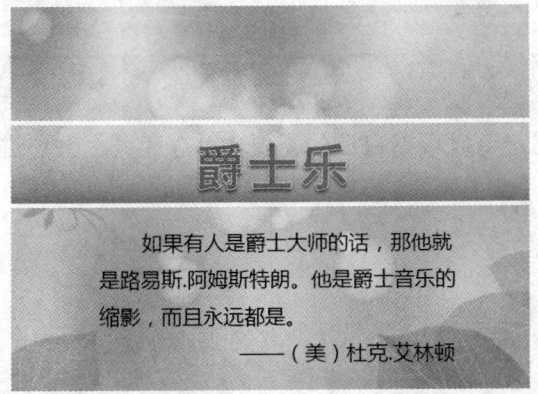

STEP 02 单击"更改文件类型"命令

单击"文件"|"导出"|"更改文件类型"命令，如下图所示。

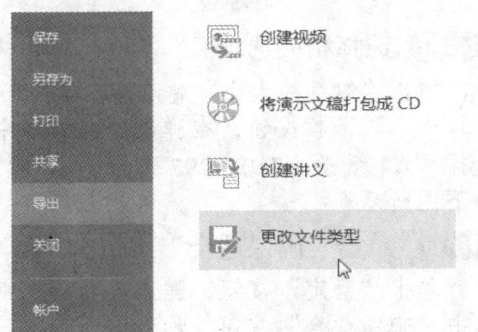

STEP 03 选择"PowerPoint 放映"选项

在"更改文件类型"列表框的"演示文稿文件类型"选项区中，选择"PowerPoint 放映"选项，如下图所示。

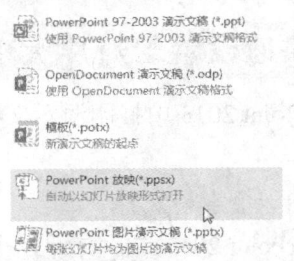

STEP 04 选择需要存储的文件类型

执行操作后，弹出"另存为"对话框，选择需要存储的文件类型，如下图所示。

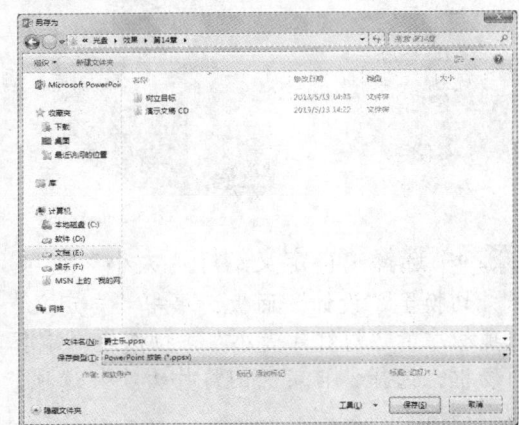

STEP 05 查看输出的放映文件

单击"保存"按钮,即可输出文件,打开所存储的文件夹,查看输出的放映文件,如下图所示。

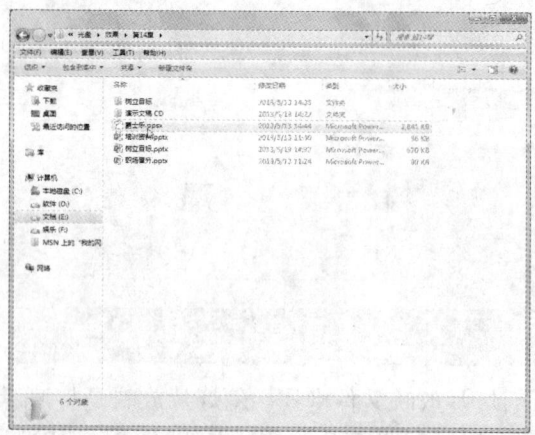

STEP 06 放映文件

在保存的文件夹中双击文件,即可放映文件,如下图所示。

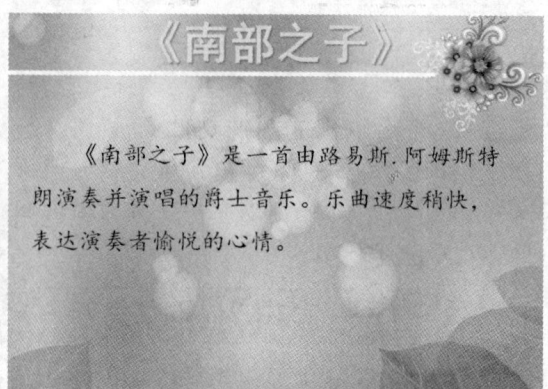

14.4 轻松设置打印页面

通过"幻灯片大小"对话框,可以设置用于打印的幻灯片大小、方向和其他版式。幻灯片每页只打印一张,在打印前,应先调整好它的大小以适合各种纸张的大小,还可以自定义打印的方式和方向。

14.4.1 快速设置幻灯片大小

在 PowerPoint 2013 中打印演示文稿前,用户可以根据自己的需要,对打印页面大小进行设置。

STEP 01 打开一个素材文件

在 PowerPoint 2013 中,打开一个素材文件,如下图所示。

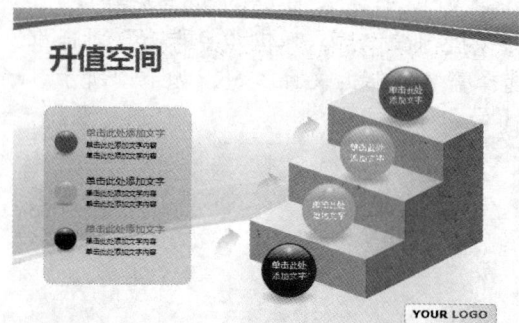

STEP 02 选择"自定义幻灯片大小"选项

切换至"设计"面板,单击"自定义"选项板中的"幻灯片大小"下拉按钮,弹出列表框,选择"自定义幻灯片大小"选项,如下图所示。

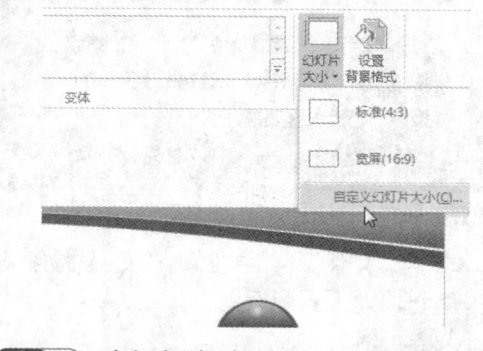

STEP 03 选择相应选项

弹出"幻灯片大小"对话框,单击"幻灯片大小"下拉按钮,在弹出的列表框中,选择"A4纸张(210×297毫米)"选项,如下图所示。

STEP 04 单击"确保适合"按钮

单击"确定"按钮,弹出提示信息框,单击"确保适合"按钮,如下图所示。

第 14 章 后期输出：打包发布演示文稿

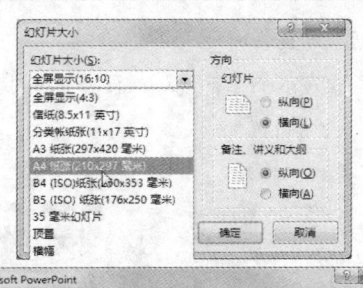

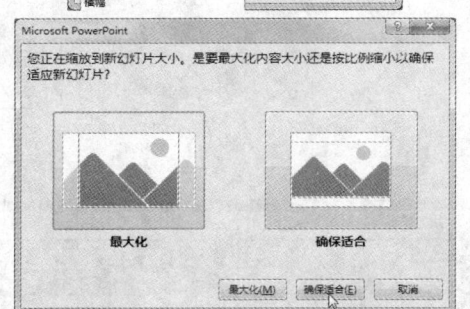

STEP 05 设置幻灯片大小

执行操作后，完成幻灯片大小设置，如下图所示。

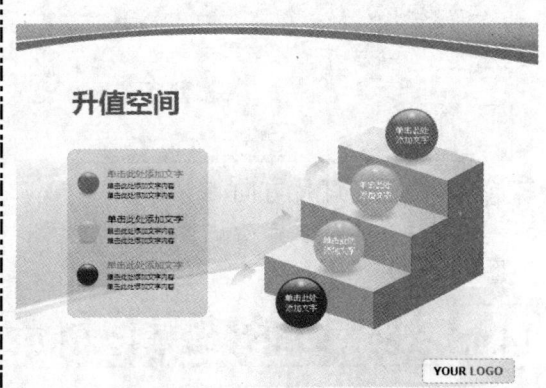

14.4.2 快速设置幻灯片方向

要设置演示文稿中幻灯片的方向，只需在"幻灯片大小"对话框的"方向"选项区中选中"横向"或"纵向"单选按钮即可。

STEP 01 打开一个素材文件

在 PowerPoint 2013 中，打开一个素材文件，如下图所示。

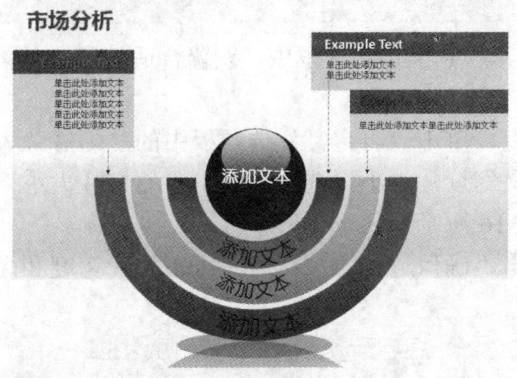

STEP 02 选择"自定义幻灯片大小"选项

切换至"设计"面板，单击"自定义"选项板中的"幻灯片大小"下拉按钮，弹出列表框，选择"自定义幻灯片大小"选项，如下图所示。

STEP 03 选中"纵向"单选按钮

弹出"幻灯片大小"对话框，在"方向"选项区中，选中"幻灯片"选项区中的"纵向"单选按钮，如下图所示。

STEP 04 单击"确保适合"按钮

单击"确定"按钮，弹出提示信息框，单击"确保适合"按钮，如下图所示。

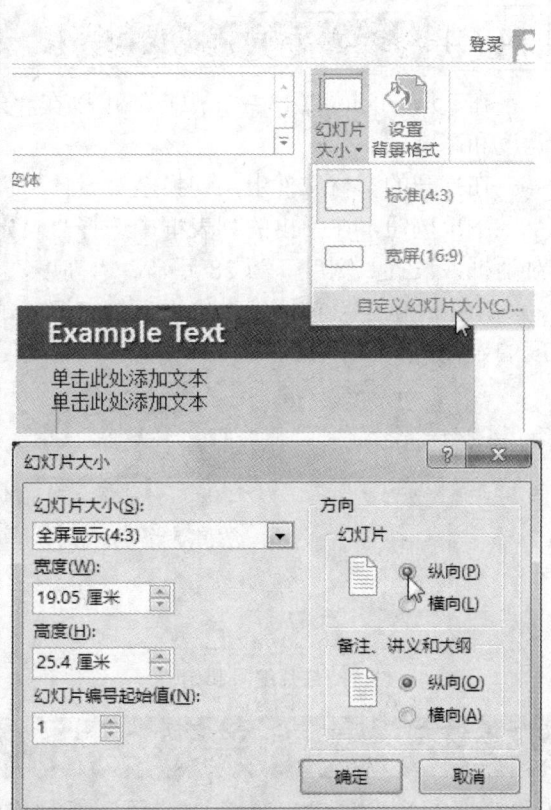

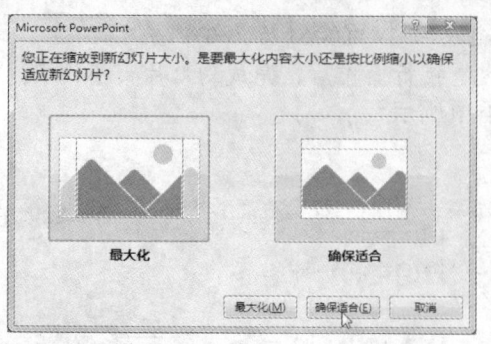
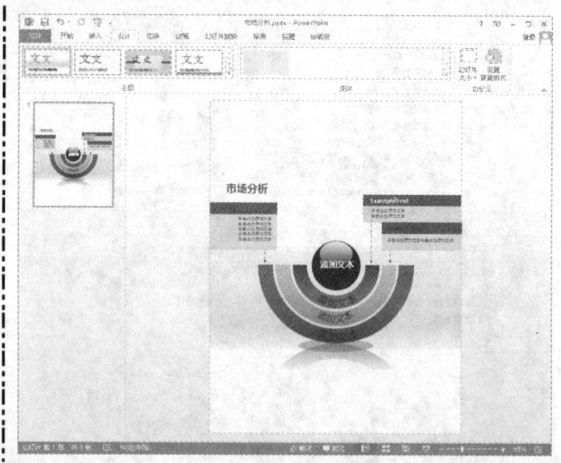

STEP 05 设置幻灯片方向

执行操作后，完成幻灯片方向设置，如下图所示。

14.4.3 设置幻灯片编号起始值

如果需设置演示文稿中幻灯片编号的起始值，只需打开"幻灯片大小"对话框，然后在"幻灯片编号起始值"数值框中输入幻灯片的起始编号，如下图所示，并单击"确定"按钮即可。

> **专家指点**
>
> 在"幻灯片大小"对话框中设置的起始编号，对整个演示文稿中的所有幻灯片、备注、讲义和大纲均有效。

14.4.4 设置幻灯片宽度和高度

在 PowerPoint 2013 中，用户还可以在"幻灯片大小"对话框中，设置合适的幻灯片的宽度和高度。

在打开的素材文件中，切换至"设计"面板，单击"自定义"选项板中的"幻灯片大小"下拉按钮，在弹出的列表框中选择"自定义幻灯片大小"选项，弹出"幻灯片大小"对话框，设置"宽度"为 28 厘米、"高度"为 16 厘米，如下图所示。

单击"确定"按钮，弹出提示信息框，单击"确保适合"按钮，完成幻灯片宽度和高度的设置。

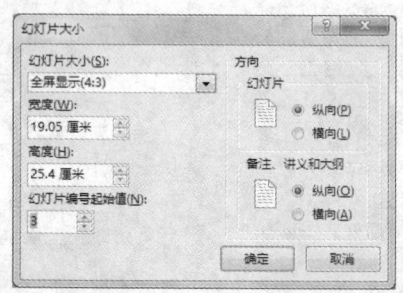
设置幻灯片编号起始值

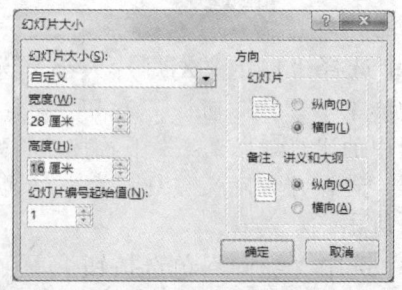
设置幻灯片宽度和高度

14.5 轻松打印演示文稿

在 PowerPoint 2013 中，可以将制作好的演示文稿打印出来。在打印时，根据

第 14 章 后期输出：打包发布演示文稿

不同的实际需求将演示文稿打印成不同的形式，常用的打印稿形式有幻灯片、讲义、备注和大纲视图。

14.5.1 快速设置打印方式

单击"文件"|"打印"命令，在"设置"选项区中单击"整页幻灯片"下拉按钮，在弹出的列表框中，用户可根据需要选择打印方式。

STEP 01 打开一个素材文件

在 PowerPoint 2013 中，打开一个素材文件，如下图所示。

STEP 02 切换至"打印"选项卡

单击"文件"|"打印"命令，切换至"打印"选项卡，如下图所示。

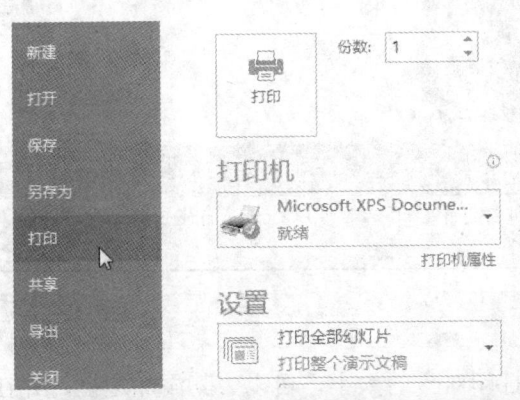

STEP 03 选择"2 张幻灯片"选项

在"设置"选项区中，单击"整页幻灯片"下拉按钮，弹出列表框，在"讲义"选项区中，选择"2 张幻灯片"选项，如下图所示。

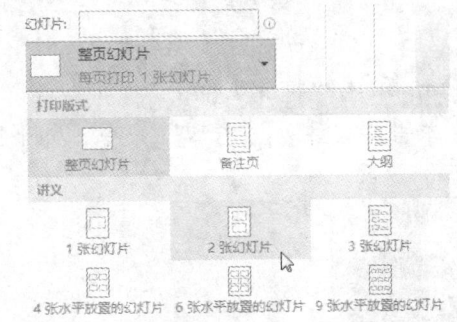

STEP 04 显示预览

执行操作后，即可显示 2 张竖排放置的幻灯片，如下图所示。

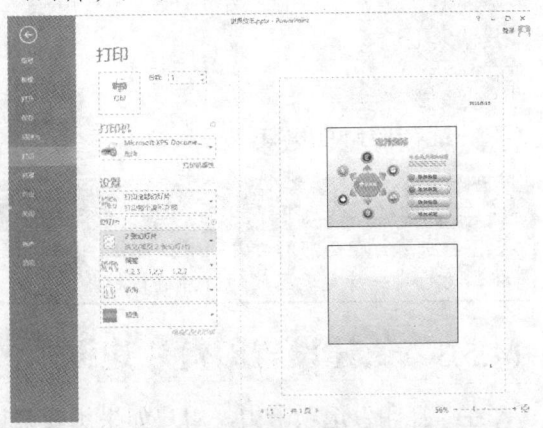

> **专家指点**
>
> 单击"整页幻灯片"下拉按钮，弹出列表框，打印页面会根据用户选择的幻灯片数量，自行设置好版式。

14.5.2 快速设置打印内容

在 PowerPoint 2013 的"打印"选项板中，用户可以根据制作演示文稿的实际需要设置打印的内容，可以打印全部幻灯片，也可以只打印当前幻灯片。

STEP 01 打开一个素材文件

在 PowerPoint 2013 中，打开一个素材文件，如下图所示。

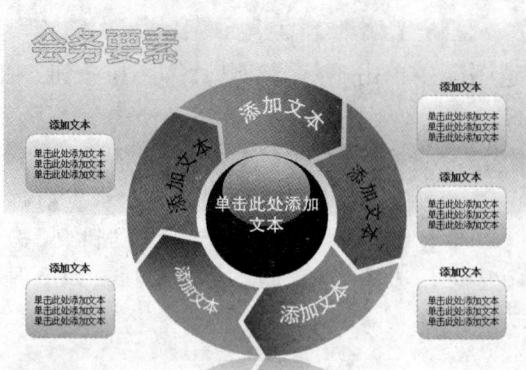

STEP 02 单击"打印"命令

单击"文件"|"打印"命令，如下图所示。

STEP 03 预览打印效果

切换至"打印"选项卡，即可预览打印效果，如下图所示。

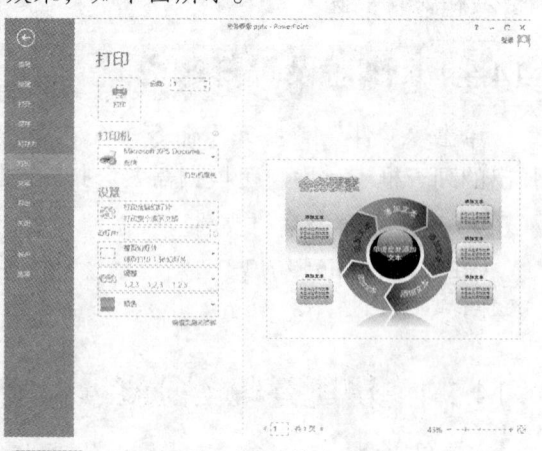

STEP 04 选择"打印当前幻灯片"选项

在"设置"选项区中，单击"打印全部幻灯片"下拉按钮，在弹出的列表框中，选择"打印当前幻灯片"选项，如下图所示。

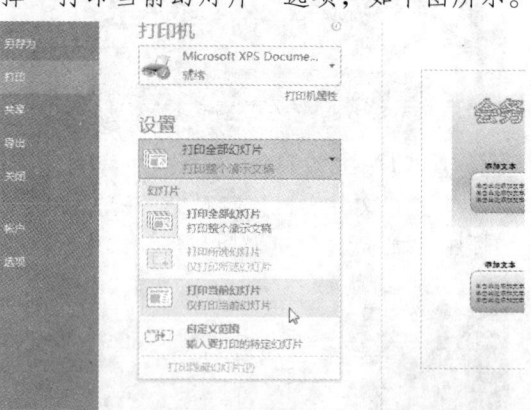

> **专家指点**
>
> 单击"打印全部幻灯片"下拉按钮，在弹出的列表框中，用户还可以选择"自定义范围"选项，将需要的某一特定范围的幻灯片进行打印。

14.5.3 快速设置幻灯片边框

在"打印"选项卡中，用户如果想要确认打印对象的大小，可以为其添加边框，并在右侧的预览区域中预览添加边框后的效果。

STEP 01 打开一个素材文件

在 PowerPoint 2013 中，打开一个素材文件。

STEP 02 选择"幻灯片加框"选项

单击"文件"|"打印"命令，切换至"打印"选项卡，单击"整页幻灯片"下拉按钮，在弹出的列表框中，选择"幻灯片加框"选项，如下图所示。

STEP 03 为幻灯片添加边框

执行操作后，即可为幻灯片添加边框，如下图所示。

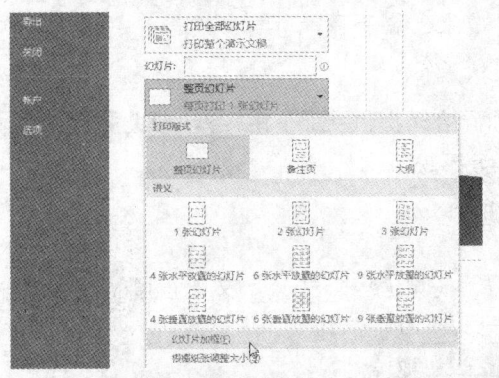 

14.5.4 快速打印当前演示文稿

在 PowerPoint 2013 中，用户可以根据需要，打印当前演示文稿。

STEP 01 打开一个素材文件

在 PowerPoint 2013 中，打开一个素材文件，如下图所示。

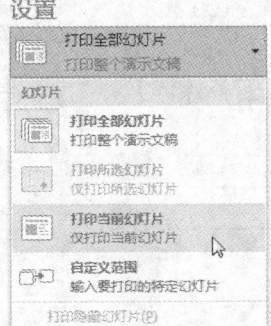

STEP 02 选择"打印当前幻灯片"选项

单击"文件"|"打印"命令，切换至"打印"选项卡，单击"打印全部幻灯片"下拉按钮，在弹出的列表框中，选择"打印当前幻灯片"选项，如下图所示。

STEP 03 单击"打印"按钮

执行操作后，在"打印"选项区中，单击"打印"按钮，如下图所示。

STEP 04 单击"保存"按钮

弹出"文件另存为"对话框，选择合适的位置，单击"保存"按钮，如下图所示，即可将打印的演示文稿进行保存。

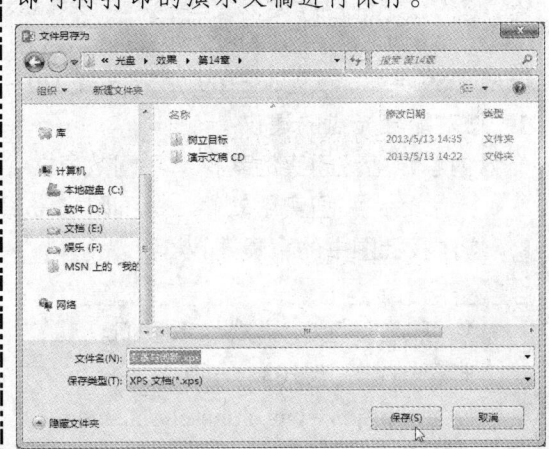

读者服务卡

亲爱的读者：

　　衷心感谢您购买和阅读了我们的图书，为了给您提供更好的服务，帮助我们改进和完善图书出版，请您抽出宝贵时间填写本表，十分感谢。

读者资料

姓名：_____ 性别：☐男 ☐女　　年龄：____ 文化程度：_____
职业：_____ 电话：_____ 电子信箱：_____
通信地址：_____ 邮编：_____

调查信息

1. 您是如何得知本书的：
☐网上书店　　☐书店　　☐图书网站　　☐网上搜索
☐报纸/杂志　☐他人推荐　☐其他

2. 您对电脑的掌握程度：
☐不懂　　☐基本掌握　　☐熟练应用　　☐专业水平

3. 您想学习哪些电脑知识：
☐基础入门　☐操作系统　☐办公软件　☐图像设计
☐网页设计　☐三维设计　☐数码照片　☐视频处理
☐编程知识　☐黑客安全　☐网络技术　☐硬件维修

4. 您决定购买本书有哪些因素：
☐书名　　☐作者　　☐出版社　　☐定价
☐封面版式　☐印刷装帧　☐封面介绍　☐书店宣传

5. 您认为哪些形式使学习更有效果：
☐图书　　☐上网　　☐语音视频　　☐多媒体光盘　　☐培训班

6. 您认为合理的价格：
☐低于20元　☐20～29元　☐30～39元　☐40～49元
☐50～59元　☐60～69元　☐70～79元　☐80～100元

7. 您对配套光盘的建议：
光盘内容包括：☐实例素材　☐效果文件　☐视频教学　☐多媒体教学
　　　　　　　☐实用软件　☐附赠资源　☐无需配盘

8. 您对我社图书的宝贵建议：_____
_____

　您可以通过以下方式联系我们。
　邮箱：北京市2038信箱　　　　邮编：100026
　网址：http://www.china-ebooks.com　　电话：010-80127216
　E-mail：joybooks@163.com　　　传真：010-81789962